第二版

# 液压试验
## 技术及应用

王起新　黄志坚　编著

化学工业出版社
·北京·

## 内 容 简 介

《液压试验技术及应用》第二版归纳了作者近年来在教学、科研及工程实践方面的经验，保持了第一版的编写风格、篇章结构及案例丰富、与时俱进、实用性强的特点。

第二版在第一版内容基础上增加了新兴的液压试验技术，删除了部分旧标准，并对读者就第一版中提出的问题进行了补充修改和完善。全书共分7章，依次介绍了液压试验技术的现状和发展趋势，并结合大量实例阐述了液压试验台、液压泵-马达、液压阀、液压缸的试验技术及应用，以及液压试验关键技术和新技术等内容。

本书的读者主要是液压元件与系统的设计开发、使用与维修人员，液压试验相关人员，高校相关专业的师生。

**图书在版编目（CIP）数据**

液压试验技术及应用/王起新，黄志坚编著. —2版. —北京：化学工业出版社，2024.5（2024.11重印）
ISBN 978-7-122-45217-7

Ⅰ.①液… Ⅱ.①王… ②黄… Ⅲ.①液压传动-试验 Ⅳ.①TH137-33

中国国家版本馆CIP数据核字（2024）第052705号

责任编辑：黄　滢　　装帧设计：刘丽华
责任校对：李露洁

出版发行：化学工业出版社
（北京市东城区青年湖南街13号　邮政编码100011）
印　　装：北京科印技术咨询服务有限公司数码印刷分部
787mm×1092mm　1/16　印张16½　字数446千字
2024年11月北京第2版第2次印刷

购书咨询：010-64518888　　售后服务：010-64518899
网　　址：http://www.cip.com.cn
凡购买本书，如有缺损质量问题，本社销售中心负责调换。

定　　价：99.00元

PREFACE

# 第二版序

《液压试验技术及应用》再版最突出的特点是较全面地阐述了数字液压元件试验技术与应用，在一定程度上体现了我国近年来的液压试验技术在数字液压时代的发展与进步。

我国液压产业目前处于“弃仿兴创”的发展阶段，数字液压是我国在液压工业 2.0 的基础上迈向液压工业 4.0 的无法或缺的抓手，或者说是我们液压行业发展的迫切需求。但是创新的液压元件必定需要通过试验技术与设备取得必要的验证数据才能走向市场，投入应用，这就是本书的意义与作用所在。

目前，我国的数字液压技术和高端工程机械技术已经站在了国际先进之列，很有必要积极开展面向高端工程机械与工业机械的数字液压技术创新，促进数字液压产业及产品试验检测技术基础服务能力的提升，早日形成数字液压技术的标准评价体系，力争走在国际液压发展前沿。因此，针对数字液压技术发展需求，构建一整套包含检测设备、检测评价体系以及检测评价数据库的技术基础公共服务平台将会成为数字液压产业发展的必经之路。

《液压试验技术及应用》所涉及的技术与试验方法，将作为液压产品更新换代的“把门神”，通过自身技术与设备的不断发展与变革，顺应工业 4.0 之大势而为，填补我国在数字液压技术基础研究与试验评价体系的空白，建立高端数字液压技术创新及试验检测平台，为数字液压元件的应用与推广提供支撑；组织数字液压区块链应用云服务平台规划和技术推广，充分利用网络技术全面推进数字液压技术领域。相信本书将为液压试验技术科技工作人员提供全新的技术，帮助行业科技人员可以深入实践，更加有所作为。

借此机会对我们液压试验技术的发展提出三个与传统理念不同、带有一定颠覆性的概念，希望液压行业从事试验工作的科技精英加以思考：

第一，液压性能试验的意义并不仅仅是液压元件性能测试的手段，更是液压行业、企业取得液压元件大数据的起点，为企业的质量提供历史性数据，为产品提供全生命周期健康管理技术的原始数据，为行业获取此液压元件运行质量与生产数量的源泉。简而言之，液压试验最基本的是电液控性能测试，是对液压元件健康管理的起点，也是行业管理的基本管理数据。

第二，液压试验不仅仅是数智液压元件本身的性能检验（目前局限于此），在数智一体化下，今后必然会成为电液转换元件、电控装置、数控软件性能的检验手段。

第三，液压传动与控制正在和电驱融合，因此今后液压试验可能远远超出“纯液压”的范围，试验的试验技术与方法远远超出当前的试验理念与设备，例如液压分布式元件（EHA）的产生会对试验的内容、手段都产生新的方法与试验设备。

本书的阐述会为我国液压试验技术变革提供一个好的开端，也为迎接液压数智化元件试验技术发展新时代的到来做贡献。

上海液压液气密封行业协会专家委员会专家
中国液压气动密封件工业协会专家委员会顾问
液压数智产业化联盟创始人
享受国务院特殊津贴教授、博导
许仰曾

PREFACE

# 第二版前言

液压试验技术作为液压元件及系统研制和生产的关键技术，是验证产品性能指标、可靠性、寿命等的重要手段，是液压技术进步与创新不可或缺的条件。液压试验与液压技术及产业进步发展密切相关。随着我国液压技术及相关技术的不断进步和演变，液压试验技术也在不断创新，正朝着数字化与智能化、网络化的方向发展。液压试验新技术将在装备体系中发挥越来越大的作用。

《液压试验技术及应用》第一版自 2019 年 3 月出版至今已过去了四年多，为了适应液压试验技术和产品不断发展的新形势，有必要进行修订更新。

《液压试验技术及应用》第二版归纳了作者近年来在教学、科研及工程实践方面的经验，保持了第一版的篇章结构和编写风格，以及案例丰富、与时俱进、实用性强的特点。内容方面主要是增加了新兴的液压试验技术，如数字液压试验技术、并行节能可靠性液压试验技术、极端气候环境可靠性模拟试验技术等，同时删除了部分旧标准，并对读者就第一版中提出的问题进行了补充、修改和完善。

本书的读者主要是液压元件与系统的设计开发、使用与维修人员、液压试验相关人员、高校相关专业的师生。

知名专家孔祥东教授、赵静一教授、刘昕晖教授、湛从昌教授、方庆琯教授、徐兵教授（长江学者）、荆宝德教授、冀宏教授、魏列江教授、施光林副教授、张健副教授等，全国液压气动标准化技术委员会罗经博士、林广高级工程师、明志茂高级工程师、赵可沦高级工程师等在液压试验技术创新活动中给予了作者多方面的有力支持与热情帮助，在此致以衷心的感谢！

广州市新欧机械有限公司侯小华、梁若霜、周世平、罗深祥、吴琼中、王辉秋、安剑、雷向雳等，以及其他设计开发人员，在液压试验领域与作者一起辛勤工作，攻坚克难，取得成绩，在此一并致谢！

编著者

PREFACE

# 第一版前言

液压技术具有功率密度高、配置灵活、可靠耐用、动力传递方便等优点，广泛应用于大中型设备。 作为自动化控制领域中关键技术之一，液压技术广泛应用于机械制造、工程建设、石化、矿山、农业、军用、建筑、轧钢、冶金等机械设备中。 提高我国的液压技术水平是中国重型装备制造业走向世界领先水平的必要条件。

液压试验及液压技术与产业发展进步密切相关。

液压技术基础研究和应用研究阶段，科研工作者要进行大量的试验，通过实际试验测试验证理论分析或者仿真成果。 在液压产品研发阶段，也需要相关液压试验技术，通过对液压元件进行测试提升关键液压部件的研发能力。 液压元件与系统的制造、安装、调试、使用及维修，也要依靠试验系统检验系统性能、产品质量与工作质量。 液压试验是液压技术进步与创新的不可或缺的条件，是液压系统高效、平稳、可靠运行的重要保障。 同时，液压试验也是高校相关专业液压课程教学的重要环节。

液压试验正朝着智能化、网络化的方向发展。 液压试验新技术将在装备体系中发挥更大作用。

本书结合大量应用实例（其中部分实例来自广州市新欧机械有限公司），系统介绍了现代液压试验技术。

全书共 7 章：第 1 章是概论；第 2 章介绍液压试验台相关控制与机电系统；第 3～5 章分别介绍液压泵与液压马达、液压阀、液压缸试验技术；第 6 章介绍液压试验的关键技术；第 7 章介绍液压试验领域新技术及应用。

本书由王起新、黄志坚合作编著。 其中第 1、2、3、6 章主要由王起新编写；第 4、5 章，及其他部分主要由黄志坚编写；第 7 章由两位作者共同编写。

本书的读者对象主要是液压元件与系统的设计开发、使用维修人员，液压试验相关人员，高校相关专业的师生。

知名专家学者许仰曾教授、孔祥东教授、湛从昌教授、方庆琯教授、徐兵教授（长江学者）、荆宝德教授、冀宏教授、魏列江教授等，全国液压气动标准化技术委员会罗经博士、林广总工程师，以及黄埔工程机械行业协会陈坤明会长等在液压试验技术创新活动中给予了作者多方面的有力支持与热情帮助，在此致以衷心的感谢！

在本书编写过程中，广州市新欧机械有限公司梁若霜、于彩新、周世平、罗深祥、吴琼中、杨威舜、王辉秋、安剑等，以及其他设计开发人员在液压试验领域与作者一起辛勤工作，攻坚克难，取得成绩，在此一并致谢！

编著者

CONTENTS

# 目录

## 第1章 液压试验概论



## 第2章 液压试验台及应用



## 第3章 液压泵-马达试验技术及应用

# 第 6 章 液压试验关键技术



# 第 7 章 液压试验新技术

# 第1章 液压试验概论

## 1.1 液压试验技术及应用概况

### (1) 液压试验的重要性

随着中国现代化进程的推进，中国的制造业得到了前所未有的发展，各项技术也都有了巨大的飞跃，中国正从“装备大国”朝着“装备强国”的方向迈进。液压技术具有功率密度高、配置灵活、可靠耐用、动力传递方便等优点，广泛应用于大中型设备，为我国的国民经济建设做出了重大的贡献。作为自动控制领域中的关键技术之一，液压技术广泛应用于石化、矿山、农业、军用、建筑、轧钢、冶金等机械设备中。提高我国的液压技术水平是中国重型装备制造业走向世界领先水平的必要条件。

液压技术的提高需要科研工作者进行大量的试验，通过实际试验测试，验证理论分析或者仿真成果。同时，通过对液压元件进行测试，提升关键液压部件的研发能力。因此，试验技术的应用和大力发展是提高国内液压技术水平的基础。

进入21世纪以来，随着我国经济的快速增长，国家发展军工行业和民用高端装备制造业的决心和能力逐步增强。尤其是2008年金融危机以来，民用主机厂家及液压专业厂家因转型升级的需要，自主研发的动力极大提升。在此背景下，液压技术作为军、民用高端装备制造业的关键技术，得到了比较大的推动，液压试验技术也因此呈现出较大的发展变化。

试验技术在液压技术领域的应用主要包括两个方面：一方面是获得符合国际标准的液压系统、液压元件性能测试报告；另一方面为液压系统及液压元件的研究提供技术基础，为测试试验提供必要条件。

### (2) 液压 CAT 技术

计算机辅助测试技术（CAT）是将计算机技术与测试技术结合起来，对系统进行控制及数据采集、传输和处理的技术，它集成了计算机、自动控制、测试、数字信号处理、可靠性等多门技术。计算机辅助测试技术应用于液压测试系统中，提高了液压测试系统的智能化程度。液压 CAT 技术是在计算机中搭建一套数据采集和测试控制系统，如图1-1所示，将计算机系统与液压试验台连接起来。液压系统中的流量、压力、转速、转矩、温度等信号由系统中的传感器测试出，并由计算机对数据进行采集和处理。在试验过程中，测试系统根据操作人员的操作及测试系统中传感器反馈的信号对整个测试过程进行控制，进而实现计算机对整个测试系统的状态监控，保证测试过程按照测试要求和指标顺利完成。同时系统具备强大的数据处理能

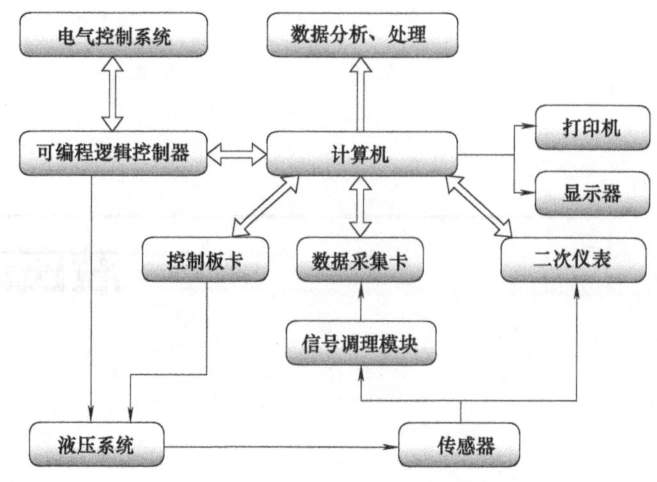


图 1-1　液压 CAT 技术结构框图

力，可以保证测试数据准确完整的采集并通过数据处理系统进行处理和存储。

随着电子技术的飞速发展，液压技术正朝着高速化、功能多样化、高智能化等方向发展。液压技术的硬件技术系统主要包括计算机主机、传感器、信号调理模块以及信号的传输接口等设备。液压测试系统的控制器已经从传统的单片机发展到目前的高速计算机，数据运算速度提高了 25 倍。传感器技术日新月异，大量新型的传感器不断涌现，传感器在量程、测试灵敏度和精度等方面都有了较大的发展。A/D、D/A 技术及信号处理技术的发展保证了采集信号的精确程度。数据总线技术的发展，大大提高了测试过程中计算机和测试系统之间的通信能力。传统的液压 CAT 系统采用相对低级的编程语言，编程难度较大。C++、Delphi 等语言的出现简化了编程过程，在一定程度上缩短了系统的开发时间。目前，以面向对象的编程语言 LabVIEW 的出现进一步促进了 CAT 技术的发展，将液压测试技术推向了一个新的高度。虚拟仪器技术以其融合计算机强大资源的能力，实现了部分硬件的软件化，增加了测试软件系统的灵活程度，打破了传统测试装备在存储、显示等方面的限制。

## 1.2 液压试验的主要作用

**(1) 验证设计要求与装配质量**

在设计液压元件时首先设定性能要求，如压力、流量、寿命、动态特性等，根据这些性能选择材料，确定配合间隙、加工精度、油口大小、摩擦力等。当液压元件制造成功后，还需通过试验来检验其性能是否达到要求。

按照图纸对加工精度、光洁程度、表面处理、装配要求，通过试验获取的结果进行检验，也能反映加工、装配的质量。

**(2) 为研发新的液压元件提供支持**

研发新的液压元件，一般是从理论分析、建立数学模型、进行仿真分析，提出液压元件结构，通过设计计算设计出加工图，进而通过加工、装配组成新的液压元件。此外，必须通过试验，测定其性能是否达到研发时提出的性能要求，若未达到，必须修改原研发方案，经过不断改进，方可实现研发新元件的目的。

**(3) 检验维修后液压元件的性能**

液压元件维修后，其性能恢复到什么程度，不通过试验是很难确定的，这将决定该液压元件能否重返原液压系统工作。一般情况下，维修后的液压元件的性能均有所降低，但降低到什么程度，是否仍可以继续使用，应通过试验来判定，切不能依靠想象来决定。

**(4) 对在用液压元件进行故障诊断**

在使用一段时间后，系统的液压元件必然有不同程度的损坏，个别元件损坏比较严重时，直接影响液压系统正常工作。一般情况下，取出已损坏的液压元件，在试验台对其性能进行检测，检测中可以发现损坏的部位，进而对其进行修复，不能修复的元件做报废处理。

**(5) 检验新购或库存液压元件的性能**

对新购或库存液压元件需进行性能检测。新购液体元件由于出厂、运输等原因对其性能会造成影响；库存液压元件由于仓库条件弱、存放时间长、搬动等原因，也会对其性能造成影响。为了使更换上线的液压元件可靠性高，使生产线能顺利投入运行，对新更换的液压元件进行性能检测也是必要的。总之，对新购或库存液压元件进行性能试验，是为了验证该元件是否达到产品样本要求，为液压系统正常工作提供保障。

**(6) 液压系统调试**

液压元件组装到主机上之后，要检验在各种实际应用工况中的表现是否符合设计时的预想，要进行测试试验。

**(7) 液压系统状况实时监测**

重大设备在运行时，都需要进行实时监测，包括液压参数。例如，远洋舰船舵机液压系统的压力都是持续监测记录的，即使没有突发性故障，在返回母港后，也会读取分析。如果设备处于不便接近的位置，如风力发电机，则利用无线通信网络和因特网远程传输数据，以便及时了解系统状况，在发生严重事故前，尽早发现问题，预防故障。

**(8) 液压课程教学**

在机电类专业液压课程教学中，一般安排理论课、实验课和课程设计等环节，液压试验是不可或缺的中间环节。学生在理论课的基础上，由此更加深入具体地掌握液压技术的工作原理及设计应用方法，后续的液压课程设计才能顺利进行。

## 1.3 液压试验的类型

液压试验的类型很多，可以根据不同角度来分。

**(1) 根据试验对象分类**

① 部件试验　试验对象越是精炼简单，成本就越低，见效就越快。所以，应该对液压元件中的关键部件，如弹簧、柱塞泵中的柱塞，先单独进行试验。

② 液压元件试验　对液压元件在标准规定的或实际应用的工况下进行试验，以了解其功能、性能。

③ 液压系统试验　将液压系统装在主机上后进行试验，以考察是否达到主机要求，判断液压元件的适用性、寻找故障等。

**(2) 根据试验内容分类**

① 功能性试验　目的在于测试被试件能否完成指定的功能，例如阀的压差-流量特性试验，密封性（泄漏量）试验，泵、马达的效率（能耗、温升）试验，换向阀的工作范围试验，液压元件的瞬态响应性能试验，噪声试验，手动元件的操作性试验。

② 长期性能试验

a. 耐压性试验　进行短时间的试验，静态试验压力为许用压力的 125%、150%，甚至 200%。目的在于了解被试件在虽不持续超过许用压力但有压力冲击，偶尔瞬间超过许用压力下的情况下能否坚持长期工作。这种试验需要的时间短、成本低，可以比较频繁地进行，但其价值有限，并不能完全代替耐久性试验。

b. 耐久性试验　比较接近实际使用工况的长时间运行。一般采取满载，为了缩短试验时间可采取超载、超速、冲击等形式进行强化试验。

c. 密封件与特殊油品的相容性试验　为了确定密封件与特殊油品是否相容，一般把密封件浸在液压油中，加热一段时间，检查密封件是否膨胀。

③ 应用环境试验　目的在于考核被试件对环境的适应能力。

a. 低温试验　主要根据产品具体的使用场合而确定。还分储存温度和工作温度。其实，特别关键的是起始工作温度，因为刚开始工作时，油温较低，油液黏度很高，油液不易进入摩擦副之间形成润滑膜，从而影响润滑状况。

b. 高温试验　高温会降低油液黏度，使之不易停留在摩擦副之间，特别是在受到高负载和冲击负载时。所以，实际上很重要的是使用什么牌号（黏度）的液压油。

c. 防水防尘 IP 等级（ISO 20653）试验　特别是对液压用电设备。

d. 耐污染试验　尤其是使用环境中灰尘多，液压油中污染颗粒较多时。

e. 耐腐蚀（盐雾）试验　如元件用于露天、海上或海水中。

f. 防爆环境试验　如用于矿井中或粉尘环境中。

g. 高压试验　如用于深海作业。

h. 负压乃至高度真空试验　如用于航空航天。

此外，还有振动、冲击试验等。

**(3) 根据试验性质分类**

① 型式试验　对产品进行全面的性能试验和考核，目的在于对产品的鉴定和新产品的定型，一般根据标准规定的项目和方法进行试验。其实测量的成分居多。

② 出厂试验　主要是针对已定型，并且有一定批量的产品，以考核其性能要求。其实主要是检查，有一些测量。

③ 研究性试验　为某些研究目的对液压系统、液压元件或其中的部件进行非标准工况下的试验。

④ 教学性试验　相关专业液压课配套的试验。

## 1.4 液压试验的过程

**(1) 分析试验目的**

鉴于不同的试验目的所要求的测试方法、测试重点、准确度等级，仪器设备也不同，因此首先要把试验目的搞清楚，究竟为什么试验，要测什么。这时，应该研究相应的国家、行业和企业标准，研究实际应用场合。试验目的最终应以试验任务书、试验合同等形式书面明确地固定下来，作为进一步准备试验的依据。

**(2) 规划试验**

在分析的基础上对整个试验方案进行全面周密的规划。规划时应重点考虑以下一些方面。

① 对被试件进行分析　在明确了试验目的后，应根据已有的理论和经验，对被试件的结构组成、工作方式、特性等，进行尽可能深入的了解与分析，从而理解、确定试验的具体内容及要求。这时不应把被试件当作黑盒子，因为分析越深入，收获会越大。

② 预估试验结果　根据已掌握的理论和经验，预先估计可能得到的试验结果、记录曲线的形态。这非常有利于提高对被试件的理解及试验的准备，同时，也有利于在试验中及时发现

测量结果中的粗大误差。

实践和理论总是有差距的，试验中还是可能出现预估之外的状况，所以，预估并不能取代试验。而通过试验，发现试验结果与预估的差别，就可以弥补经验与理论的不足。

③ 确定抽检数量与批次　确定应抽检的数量与批次时需要考虑以下因素。

a. 被试件的代价　弹簧使用量大，应多抽些检查，即大子样；而液压泵试验代价高，只能少抽些检查，即小子样。

b. 试验性质　出厂试验代价较低，一般应全检；而进行型式试验，特别是耐久性试验时，时间长、代价高，只能少试些。

c. 走访调查　应通过访问制造部门，考察生产工艺与管理，了解该产品的质量稳定性。稳定性低的，抽检数量与批次就应多些。

④ 分析设计试验回路　一些标准提供了试验回路，应取来分析参考，酌情修改。如果确实不符合自己的需要，就必须另行设计。这时设计的回路只需要原理性的、概略的、初步的。

由于实际系统中的负载常常不易安装在试验台上，所以经常用节流阀或溢流阀来模拟负载。但是，必须认识到：节流阀、溢流阀只能模拟稳态负载压力，不能模拟负载的惯量，因此不能反映系统的瞬态响应特性；节流阀模拟的负载压力随通过节流阀的流量而变，溢流阀模拟的负载压力基本不随通过溢流阀的流量而变，但可能会引入振动。

⑤ 确定试验装置与环境　应根据实验室的具体情况，确定对试验装置、测试仪表的精度以及测试环境的要求。重要的是列出那些特殊要求，如特殊的环境及低温、高温、高湿度或其他极限条件，特别是那些现有条件不足，还需要设计、制造或采购的，因为这些涉及额外的时间和费用。

⑥ 撰写试验大纲　把规划试验的结果用书面的形式固定下来，作为进一步制订试验计划的出发点。一般试验大纲撰写完成后，应送上级、有经验的同事、合同方或其他方审查。通过后，再制订详细的试验计划。

以上各步骤的顺序并非绝对固定的，也可能交叉反复进行。

如果试验比较简单，条件也比较成熟，也可以直接制订试验计划。

**(3) 制订试验计划**

在试验大纲的基础上，进一步细化，制订试验计划，一般应包括下列内容。

① 试验对象：名称、代号、材料、图样等。

② 试验的目的。

③ 试验依据的标准。

④ 详细的试验回路。应进行详细设计，如采用多粗的管道，测点安排在什么位置等。

⑤ 采用的测试设备、测量仪表。

⑥ 对试验条件的具体要求，如油源压力和流量的范围、稳压程度、液压油的性能指标、允许的油温范围、污染度要求等。

⑦ 试验步骤。

⑧ 试验记录表。至少应有以下几项：日期，时间，检测者，试验油液类型、密度、运动黏度等，试验时的实际油温，油液污染等级，观察项目，观察情况。

⑨ 记录数据的文件名。

试验计划准备得越充分，试验就会越顺利，以致达到事半功倍的效果。匆匆忙忙开始的试验常常以失败而告终：测了一系列数据，却分析不出有用的结果。

研究性、尝试性试验，在试验前，由于存在很多未知因素，很难详细准确计划。即便如此，也还是应该尽可能地计划，然后在试验过程中再根据情况修改补充。还可考虑设计一些预试验，增加了解，就可避免以后的“从头再来”。试验计划中的很多内容是以后试验报告中可以取用的。所以，试验计划越详细，以后编写试验报告就越省力。

**(4) 准备试验**

① 选择、设计或添置试验设备。

② 安装调试试验回路及测量装置。

③ 标定测量仪器及系统。

④ 准备试验环境条件：稳定油温、流量、负载、压力等，达到要求。

**(5) 进行试验**

试验过程中，应及时观察分析试验曲线是否有粗大误差，必要时应重复试验。

记录试验数据和观察到的现象等。记录要完整，试验记录越完整，参考价值越大。尝试不一定能成功，试制品不一定能成为产品，但是这并不意味着失败。某个方案、某个措施虽然不能在这个产品上应用，但可能在另一个产品上得到应用；虽然在这个环境中不适用，但可能在另外一个环境中可以应用。所以重要的是做好记录。记录下试验的环境和条件、试验的过程、试验中观察到的现象。很重要的是在试验过程中就要做记录，而不是结束以后再去补，因为那样很容易遗忘，很难保证真实完整。特别是研究性试验，有无完整的记录是十分重要的，甚至比试验结果本身更重要。

**(6) 编写试验报告**

① 基本原则

a. 要完整反映试验设备与过程，要能做到通过试验报告可再现试验结果。

b. 要真实反映试验结果，能使读者信任。

c. 要有条理，脉络清楚。

d. 要很好地归档，方便查询。

② 注意事项

a. 以下内容建议安排在试验报告的首页，一目了然，以方便领导、客户及其他急需了解试验结果的人员阅读。

ⅰ. 被试件的名称与代号。

ⅱ. 供货方、供货日期，委托试验的单位、日期等。

ⅲ. 执行试验的单位、员工、地点、日期等。

ⅳ. 试验结果、结论。

b. 要有关于被试件的详细信息：图样（装配图与零件图，含实测尺寸）、材料、生产（热处理）工艺等。

c. 试验系统与回路中要标明测点位置与代号。附上试验装置的照片。

d. 试验用油的类型、试验温度、油液污染等级。

e. 试验数据处理分析。为了去除粗大误差、随机误差，做一些适当的处理是可以的，但绝对不能修改，使试验数据失去真实性。如果曲线是根据试验数据拟合出来的，应标明实际测量点（图 1-2）。保留原始的手写试验记录表，可以增加报告的可信度。

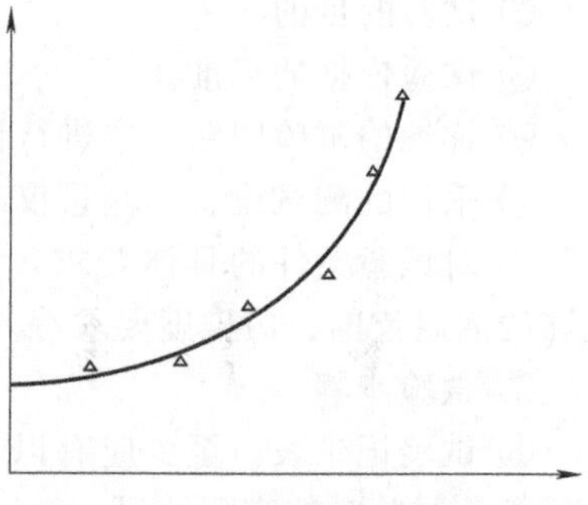

图 1-2 试验数据拟合曲线

△—实际测量点；——拟合曲线

f. 试验中如发生故障，也应真实详尽记录发生的时间、部位、现象、排除措施等。这些对改进被测件的设计及试验回路是极有价值的。

g. 试验结果分析与综述。

h. 改进试验的建议（选项）等。

要做好液压试验工作，除了要有先进的检测设备外，还要有丰富的经验，更重要的是认真的工作态度。

## 1.5 液压试验技术的发展趋势

**(1) 试验指标更加全面**

在液压试验系统中，由于人们对试验技术的需求增加，在液压技术研发时对液压系统需要试验的指标更加完善。对液压试验系统的试验指标不仅仅局限于系统的流量、压力、温度等基本参数，还需要对系统运行时的电流、电压、转速、转矩等性能进行实时监测。完善的试验系统还需要对液压元件或系统可能出现的各种工况进行测试，得到极端工况下的性能测试数据。

**(2) 试验设备的智能化程度加强**

大规模集成电路技术和信息处理技术的快速发展为试验技术的智能化奠定了良好的基础，计算机技术在试验系统中的应用也大大促进了试验设备的智能化。微处理器的应用使试验设备逐渐朝着小型化、功能多样化发展，与计算机之间的关系逐渐变得密不可分。虚拟技术的应用进一步提高了试验系统的智能化程度，也进一步提高了试验设备的分析处理能力。

**(3) 网络化测控技术的应用**

随着试验系统智能化程度的提高和计算机通信在试验技术中的应用，测试仪器已经具备网络传输数据的能力。大型试验系统正在从集中控制方式朝着成本低、智能化程度高的高性能数字网络方向发展。由于大型试验系统及远程测试技术中各测试点分布范围较广，试验设备之间需要有更强的数据传输能力，因而推动了计算机 Intranet 和 Internet 与试验技术的结合，有力促进了试验设备和网络测控技术的发展，推动液压试验系统的远程测试、远程故障诊断功能的发展。

**(4) 测试精度更高**

在测试过程中，系统精度是测试系统中一个永恒的主题。随着科学技术的发展，各领域对测试精度的要求逐步提高。系统的精度反映测试所得数值表达被测试物理量的精确程度，测试系统精度越高，测试结果越能精确传递其数值的意义。系统精度是整个系统水平的重要指标之一。在液压测试过程中，测试原理、干扰、测试仪器等原因会导致测试误差的产生，因此提升测试系统的精度也是未来液压测试系统一个重要的研究方向。

**(5) 测试数据更安全可信，更便于数据共享与交易**

区块链技术应用已应用于液压试验。这种区块链作为一种使数据库安全而不需要行政机构的授信，通过区块链各方可以获得一个透明可靠的统一信息平台，解决了数据的信任和安全问题。其更重要的一个技术特点称为智能合约。智能合约是基于这些可信的不可篡改的数据，可以自动执行一些预先定义好的规则和条款。如试验中，有人可能怀疑数据人为干预或修改，企业的测试数据客户不相信，要去找第三方检测评价等。区块链技术应用使得对“人”的信任改成了对机器的信任，任何人为的干预不起作用。

**(6) 数字液压测试技术发展**

随着数字液压的快速发展，数字液压检测需求随之而来，数字液压由于具有高频响特性，测试控制与数据采集需要有更高频响的控制元件与采集传感器保障，检测其控制响应速度、频率特性、精度、线性度、滞环等参数，同时由于数字液压本身带控制或芯片与软件，其测试需要更多关注电子芯片元件考核指标、通信能力、通信标准等，以及对于极端气候环境条件（比如高低温）更加苛刻要求的评价。

# 第2章 液压试验台及应用

## 2.1 液压试验台概述

液压试验台用于液压泵、液压马达、液压阀、液压油缸等及液压部件的性能检测试验。液压试验台主要由液压系统、电气传动系统、测控系统组成。

**(1) 液压试验台的发展**

近些年液压测试技术在计算机测试技术、传感器技术、液压技术发展的推动下取得了快速的发展。伴随着计算机辅助测试系统CAT技术的发展与成熟，计算机辅助测试系统在液压测试中得到了广泛的应用，几乎出现在所有的液压元件的测试试验台上。

现代液压CAT测控系统总体上呈现出一定的发展趋势与特点，可归结为以下几点。

① 测控过程智能化　在现代测控系统中，硬件上采用智能化仪表及控制器，软件上采用神经网络、模糊逻辑、专家系统等人工智能算法，测控系统运行过程中，无需现场操作人员过多参与，系统除了能够按照既定的程序执行试验流程、采集试验数据外，还能在发生突发状况时及时做出响应，并实现对测试装置的故障诊断与维护。

② 测控技术网络化　随着测控系统智能化程度的提高及计算机通信在测试技术中的应用，测控系统已具备了网络数据传输能力。由于大型测控系统中各测试节点分布范围较广，测试装置间需要具备更强的数据传输能力，因而推动了计算机网络技术与测试技术的结合，有力地促进了液压测控系统远程监控及远程故障诊断功能的发展。

③ 测控系统柔性化　现代测控系统与传统以硬件为主的测控系统不同，其使用标准化软件进行上、下位机系统界面的组态，并构建系统通信网络，系统不仅易于编辑与移植，使用起来也更加方便，在相同的硬件条件下只需通过软件的调整设置便可实现系统不同的测控功能。

此外，传统液压CAT系统采用相对低级的编程语言开发，编程难度大，开发周期长，C＃、C＋＋和Delphi等语言的出现简化了编程过程，在一定程度上缩短了系统的开发时间，推动了液压CAT系统技术的发展；面向对象的图形化编程语言LabVIEW的问世进一步促进了CAT技术的发展，虚拟仪器技术以其融合计算机资源的强大能力，实现了部分硬件的软件化，从而增加了测试软件系统的灵活程度，将液压测试技术推向了一个新高度。随着计算机技术、通信技术、工业控制技术的快速发展，数据采集处理、过程控制、柔性测试及信息传输等技术逐步交叉结合，软件化仪器的性能将实现更深层次的突破，虚拟仪器技术也必将在液压

CAT系统中得到更为充分、广泛的应用。

近年来，液压回路的合理设计、加入新型传感器、减小液压器件的损耗、降低液压系统对周围环境的污染、开发新型液压传感器成为液压试验台的研究热点。

**(2) 液压试验台的基本架构**

液压测控系统采用PLC与计算机相结合的工作方式，PLC作为控制核心，微型计算机作为数据处理单元，上位机软件进行测试参数的实时显示、参数设置，提供对整个试验台的操作平台。

PLC在系统中采集低速通道的数据，并将各处传感器的数据信息进行分析处理，传递给上位机，对试验台的各项性能参数进行实时监测，其另一个重要的作用就是对试验台中使用的动力源——异步电动机，通过变频器进行启动、调速、急停等控制。

上位机是整个测试系统的数据处理中心，基于微型计算机的数据处理能力和高速运算，上位机可以显示试验参数，对数据进行分析，并输出试验结果。

传感器是将现实生活中的压力、温度、振动等物理信号按照规律转化为电信号，通过将电信号调理、放大成便于计算机传输、处理、存储、记录的信号。常用的工业传感器有光敏传感器、声音传感器、位移传感器、红外传感器、温度传感器、压力传感器、转速传感器、流量传感器、接近传感器、化学传感器等。

图2-1所示为某液压泵-马达试验台的组成。

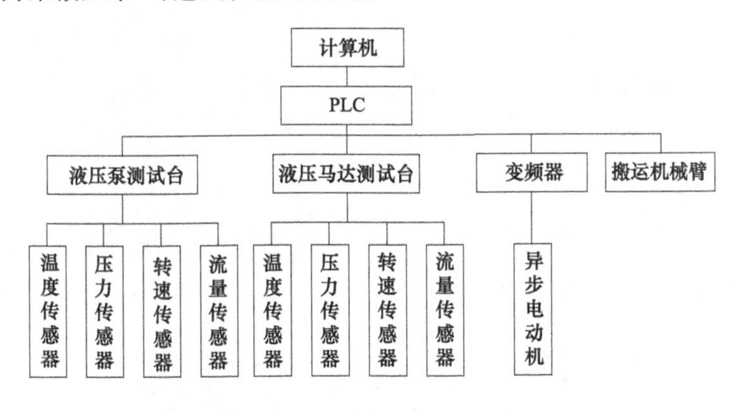


图2-1 液压泵-马达试验台的组成

图2-1所示测试系统中，上位机在微型计算机上采用LabVIEW编程语言进行搭建。在运行监测控制界面上设定设备运转需要的各种参数，显示当前被测液压泵及马达的各项运行参数等。PLC采用的是西门子S7-200，具有小型化、高配置、大容量、高速度以及强大的通信组网的特点，有丰富的可选模块，扩展性强，能够提供高性价比的小型自动化解决方案。变频器采用英威腾GD300-090G-4，具有优良的重载设计和先进的开环矢量控制功能。网络通信部分，PLC和变频器采用的RS485通信功能以减少接线，为变频器增加以及组网控制提供了方便，不需要在各个变频器上设置不同的通信频率，可直接在上位机上统一操作。

**(3) 液压试验台的分类**

① 按测试液压元件分类　液压泵试验台；液压阀试验台；液压缸试验台；液压马达试验台；液压综合试验台（可对多类液压元件测试试验）。

图2-2～图2-6所示为广州市新欧机械有限公司为客户设计制造的各类液压试验台。

② 按试验类型分类　科学研究液压试验台；液压元件或部件型式试验台；液压元件或部件可靠性试验台；液压元件或部件出厂试验台；液压元件或部件维修试验台；教学液压试验台。

图 2-2 挖掘机液压泵试验台

图 2-3 军工液压泵试验台

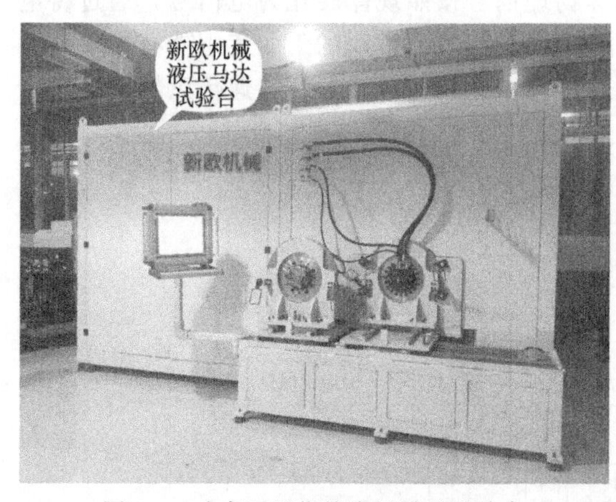


图 2-4 功率可回收的液压马达试验台

图 2-5 液压泵阀综合试验台

图 2-6 液压泵与马达耐久性试验台

## 2.2 液压试验台的设计开发

在此，以新欧机械某泵和马达联合试验台设计开发为例，介绍液压试验台的设计开发流程与方法。

### 2.2.1　液压试验台功能需求分析

本液压系统用于泵和马达联合试验台上，根据用户提出的技术要求，该试验台主要用于挖掘机液压泵和马达试验，但是该试验台的扩展性能好，也可进行其他泵和马达试验。可以对泵和马达的关键性能参数进行检测和分析研究。

泵和马达都是液压系统的关键零部件，泵是液压系统的动力元件，负责把机械能转换成液压能，提供整个系统的液压能；马达是液压系统的驱动元件，负责将液压能转换成机械能。泵和马达的性能将直接影响整个液压系统的性能。市场上的液压泵、马达种类繁多，但是它们的性能参数种类很多都相同，只是控制方式可能不同，所以本试验台的通用性大。

液压系统的缺点主要有漏、振、热，这些缺点都会导致能量的损失，液压试验台一般需要长时间连续工作，所以节能研究是一个重点。目前功率回收和变频技术是节能的重要途径，在液压系统及液压元件的试验过程中，为了完成规定项目的试验，必须对被试对象按实际工作条件进行模拟加载，这样由动力源提供的能量将被加载器吸收或通过不同的途径消耗掉。对于大功率液压系统试验、长时间的液压泵和液压马达寿命试验、超载试验等，势必要耗费大量的能量，为了将能量充分利用，必须考虑功率回收的问题。一般的功率回收方式是将原动机发出的功率传给负载，然后再经过传动装置传回动力源循环使用。在进行大型液压试验台的设计时，常设计机械补偿回收和液压补偿回收两种功率回收方案；变频技术应用在液压系统中使系统的容积调速、节流调速复合调速成为可能，变频调速可以实现电机的无级调速，最终实现液压泵的容积调速，这些只要在人机界面上改变输入参数、改变电机的输入频率就可以轻松简单地实现。

本项目是建立一个多功能泵-马达综合试验台，主要是进行出厂试验，基于该平台可以实现多种泵和马达性能测试试验及原理研究，同时也可进行基于电液控制的变量机构调节试验。

不同型号泵的额定转速和最大转速可能不同，采用变频器可以进行无级转速设定，同时也可以实现对泵的变速特性测定。因为主要是进行出厂试验，所以每种型号批量生产的，设计时考虑到基于一次仅会做一个型号的泵或马达试验，并且每次试验的时间较长，本试验台提供一个泵和马达安装位，并配置相应的控制回路和辅助回路、检测仪器仪表、快速管路接头、法兰，每次试验时只要安装被测元件，接上快速管路接头和法兰就可以，不必为每种特定型号的泵和马达试验都配置相应的管路和接头，通过电磁阀和手动阀实现油路的切换，这种设计简单方便，并且可以共用的仪器仪表尽量共用，减少投资，节约成本。系统所能进行的试验如下：液压泵前泵出厂试验；液压泵后泵出厂试验；闭式泵出厂试验；行走马达出厂试验；旋转马达出厂试验。

### 2.2.2　液压技术方案的确定

**(1) 开式泵试验系统**

开式泵试验原理如图 2-7 所示。

将被试泵安装在图 2-7 中被试泵的位置，连接好油管，通过变频器设定电机 1 的转速，通过控油口 X2 来控制插装阀 4，其中压力大小通过先导比例溢流阀 6 调节，通过插装阀的油液经流量计 8 和板式换热器 14（四个）和回油过滤器 11 回油箱，通过流量计的读数可以知道泵的流量，通过压力传感器 18 可以采集到被试泵的压力，同时通过转速转矩仪可以采集电机的转速和转矩，可计算出泵的所有参数。

**(2) 闭式泵试验系统**

根据需要做的闭式泵的试验要求，并根据国家试验标准对闭式泵的测量项目及测试精度要求，闭式泵试验原理如图 2-8 所示。

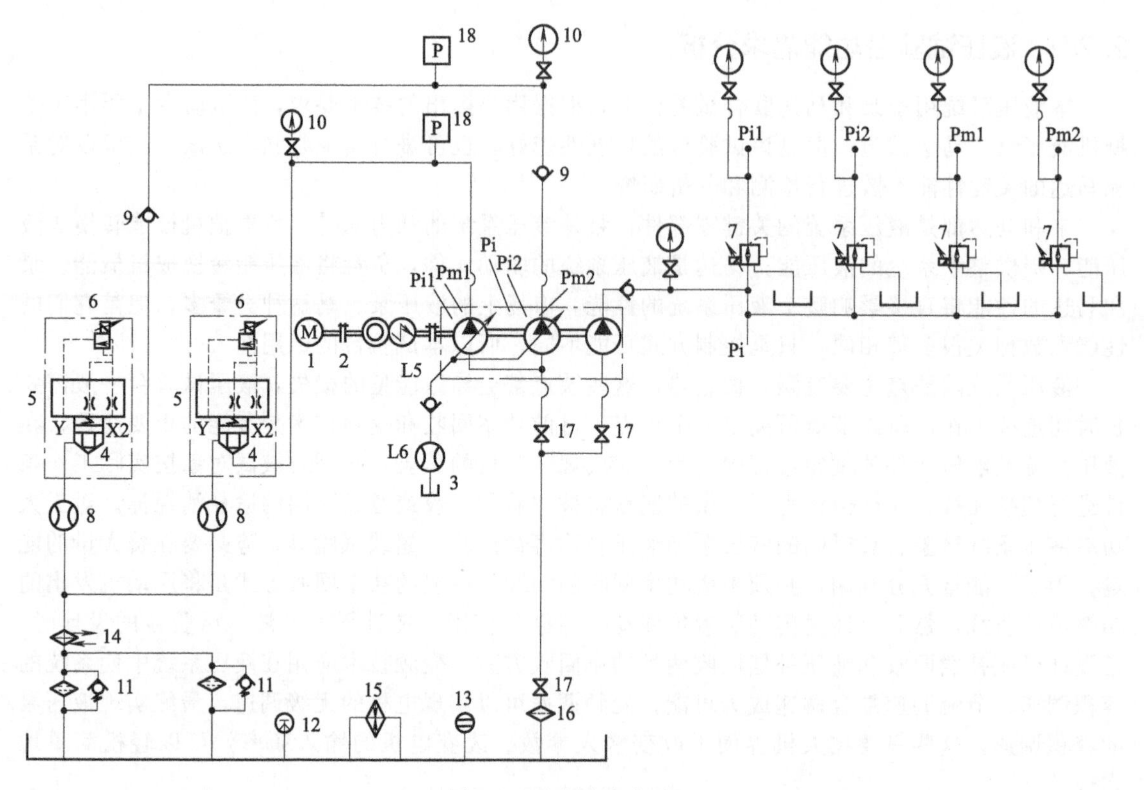


图 2-7　开式泵试验原理

1—变频电机；2—联轴器；3,8—流量计；4—插装阀；5—盖板；6—先导比例溢流阀；7—先导比例减压阀；9—单向阀；10—压力表；11—回油过滤器；12—液温计；13—液位计；14—板式换热器；15—加热器；16—吸油过滤器；17—截止阀；18—压力传感器

启动马达 1 通过联轴器带动闭式泵 3，最终油液通过单向阀 11、插装阀 9、流量计 10、板式散热器 12（四个）和回油过滤器到达油箱，整个系统的压力通过先导比例溢流阀 7 调节和设定，该参数可以在触摸屏上设定或者通过电位器来调节，油液到达流量计 10 时可以测量流量大小，采集到了系统的流量和压力便可以知道闭式泵的待测参数。泵 19 是为闭式系统补油用的，当吸油能力不够时补油泵为系统提供充足的液压油，其中补油泵的输出压力可以通过先导式溢流阀 21 和先导比例溢流阀 7 联合设定和调节。P5 口是备用的，提供一个外控压力，当没有独立的外控泵时 P5 就可以用上，并且 P5 的压力可以通过先导式溢流阀 22 和先导比例溢流阀 7 联合设定和调节。

**(3) 马达试验系统**

根据被试马达的试验要求，并且根据国家标准对马达试验的测试项目及测试精度要求，马达试验原理如图 2-9 所示。

三联泵（驱动泵）19 为液压系统提供动力源，由插装阀 11 组成的阀组及换向阀 12 一起来控制被试马达 15 的转向，转速转矩采集仪 28 测量被试马达的转速和转矩以及功率，被试马达 15 的进油口和出油口处都安装有压力传感器以测量进、出口的压力，马达进油口的压力通过比例溢流阀 14 加载，返回油箱的油液在流量计 8 处被采集测量，换向阀 5 实现功率回收，控制马达回油口的流量是直接回油箱还是再次进入系统，当要实现功率回收时马达的回油口就需要堵塞，通过回油口的比例溢流阀 14 来压死回油。泵 27 是实现加载功能的，插装阀 9 组成一个阀组，实现被试马达正、反方向加载而不受换向的影响，泵 3 为补油泵，为加载泵 27 补油，加载压力由比例溢流阀 13 设定和控制。

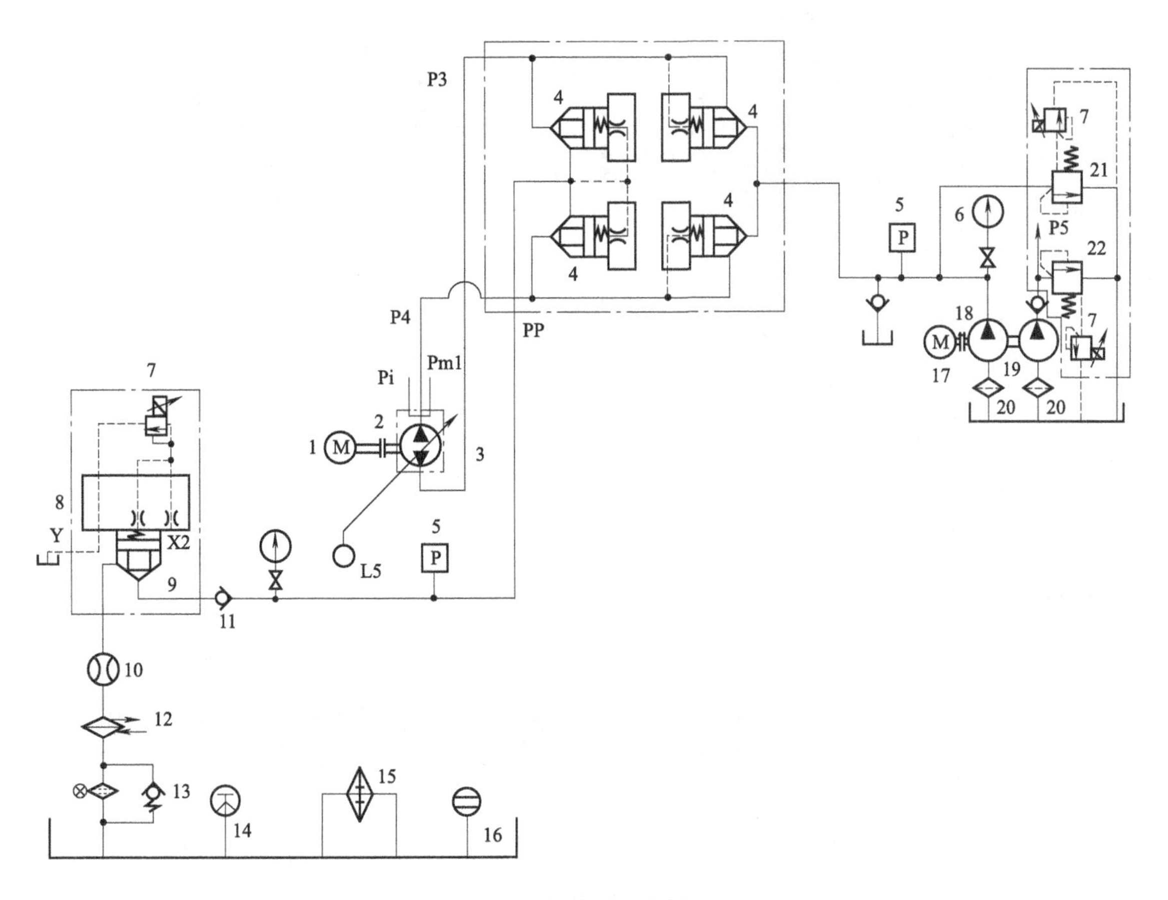


图 2-8 闭式泵试验原理

1,17—马达；2,18—联轴器；3—被试闭式泵；4,9—插装阀；5—压力传感器；6—背接式压力表；7—先导比例溢流阀；8—盖板；10—流量计；11—单向阀；12—板式散热器；13—回油过滤器；14—液温传感器；15—加热器；16—液位计；19—双联泵；20—吸油过滤器；21,22—先导式溢流阀

## 2.2.3 测试系统设计

系统中需要采集的对象包括压力、流量、转速、转矩、油温等信息，转换为电信号，进入系统参与控制，并且变频器、比例阀、电磁阀要被操作台和触摸屏远程控制，同时消除变频器对系统的干扰。

**(1) 测试系统组成**

液压试验台的测试系统主要由转速转矩采集仪、数据采集卡、各类传感器、比例放大板、工控机、抗干扰电路及外围设备组成，图 2-10 是测试系统的硬件结构框图。所有的数据都是通过转速转矩采集仪和数据采集卡传输到工控机上，实现数据处理和显示。转速转矩采集仪把采集到的数据通过 R232/R485 接口传输到工控机 COM 口，数据采集卡插在计算机 PCI 插槽中，通过采集到的数据对比例阀、电机、油温加温器等进行控制和操作。

传感器把采集到的物理信号转换成电信号，经过抗干扰电路处理后送入数据采集卡转换成计算机可以识别处理的标准数字量信号，工控机进行数据采集、处理和显示并参与液压系统控制。所有的模拟数据输出量是通过 PLC 模拟量输出模块（AO）进行输出的，输出控制量主要有压力、电机转速、油液温度，用户可以在触摸屏上输入控制参数大小，结合采集反馈的信号对比例放大板、变频器进行联合控制。

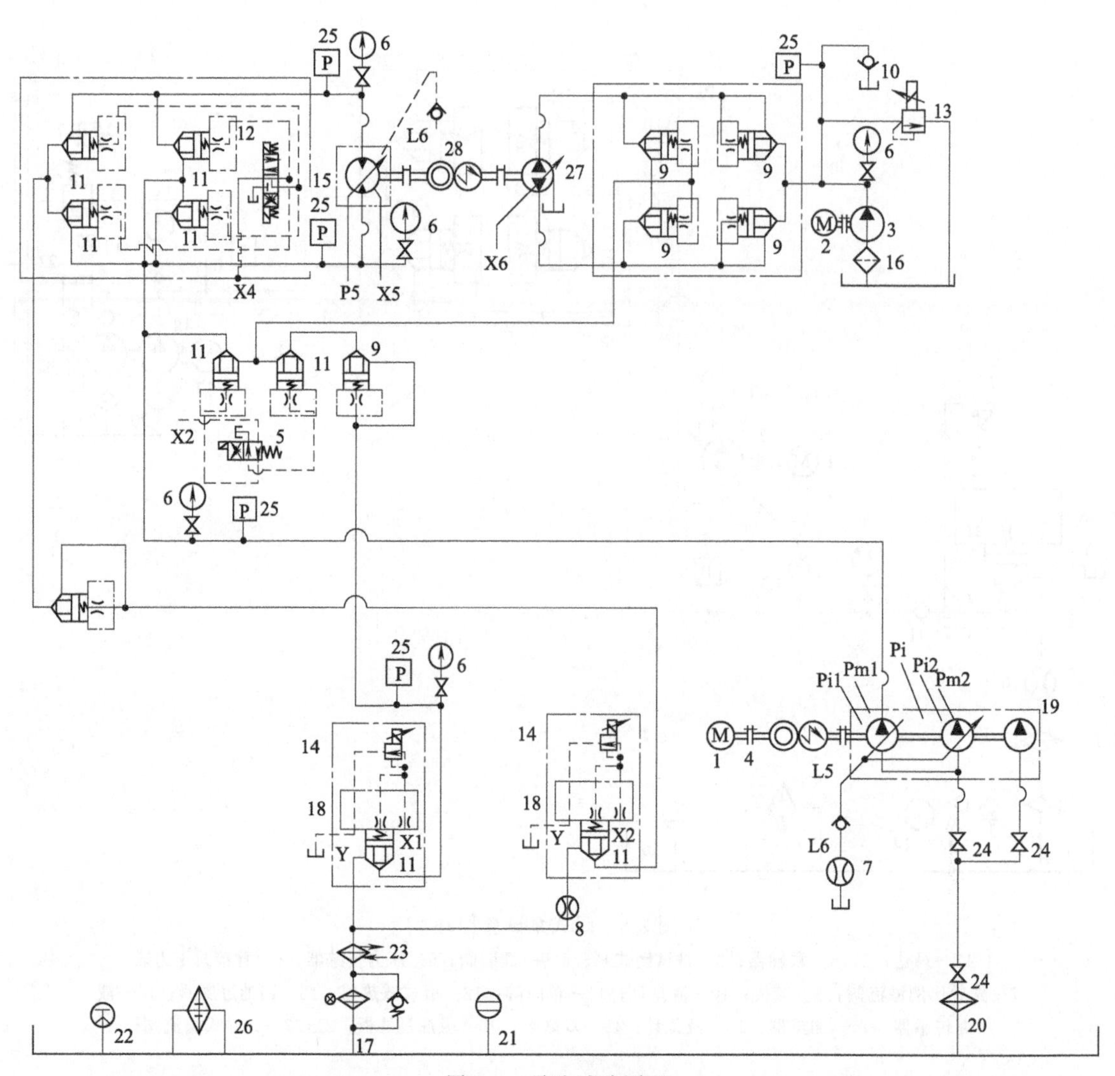


图 2-9　马达试验原理

1—变频电机；2—电机；3—补油泵；4—联轴器；5—二位四通电磁换向阀；6—背压式压力表；7—流量计（测试泄漏量）；8—流量计；9，11—插装阀；10—单向阀；12—三位四通换向阀（中位机能为 P 型）；13—比例溢流阀；14—比例溢流阀；15—被试马达；16—吸油过滤器；17—回油过滤器；18—盖板；19—驱动泵；20—吸油过滤器；21—液位计；22—液温计；23—电加热器；24—手动蝶阀；25—压力传感器；26—加热器；27—加载泵；28—转速转矩采集仪

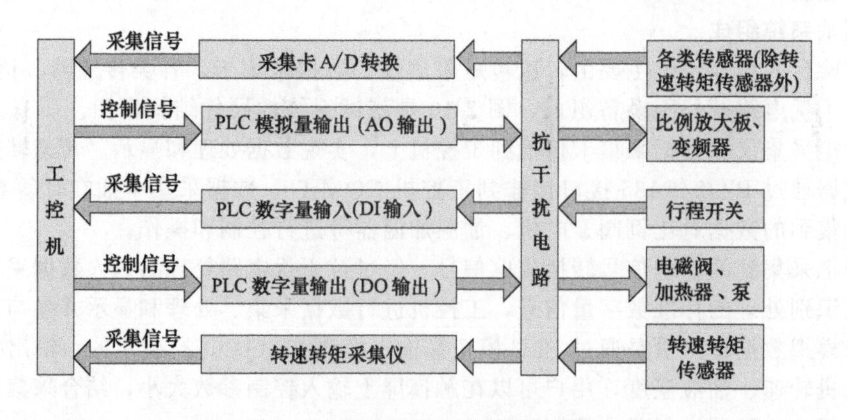


图 2-10　测试系统的硬件结构框图

(2) 传感器

针对液压泵和液压马达的出厂测试，被测试的信号都是进入采集卡，这就要求被测的压力、流量、转矩、转速、温度等信号要经过电信号转换，转换成计算机可以识别的标准数字信号输入到计算机中。为了规范模拟量的输入以及提高传感器采集的信号在传输过程中的抗干扰能力，试验台的压力、流量、温度传感器都选择二线制的电流型传感器，供电电源为 DC24V，输出电流为 4～20mA。

① 压力传感器　考虑到被试验压力的量程，所有压力传感器为瑞士 HUBA 公司制造的 5110EM 压力变送器，量程为 60MPa，该压力变送器的线性、迟滞和重复性之和小于±0.3%fS，零点及满量程的精度可调整到小于±0.3%fS。

② 流量传感器　其用来测量被试泵和马达的流量以及泄漏量，采用 CT 系列涡轮流量计，图 2-9 中 7 为 CT50-5V-B-B，量程为 60L/min，8 为 CT600HP-5V-S-B，量程为 600L/min。

③ 温度传感器　其用来测量液压油箱中液压油的温度，选用 SBWZ-2480K2300B400 热电阻温度传感器，其量程为－50～100℃。

④ 转速转矩传感器　其用来测试被试泵和马达的转速、转矩以及功率，此处选用 NJ 型转速转矩传感器。

NJ 型转速转矩传感器工作原理如图 2-11 所示。弹性轴两端各装一个信号齿轮，各齿轮上方装有一个信号线圈，线圈内部装磁钢，磁钢和信号齿轮组成信号发生器。这两对信号发生器可以产生两组交流信号，它们的频率相同且和轴转速成正比，故可测出转速。在弹性轴受扭力时，将产生扭转变形，使两组交流电信号之间的相位差发生变化，在弹性变形范围内，相位差变化的绝对值与转矩的大小成正比，故可测出转矩。

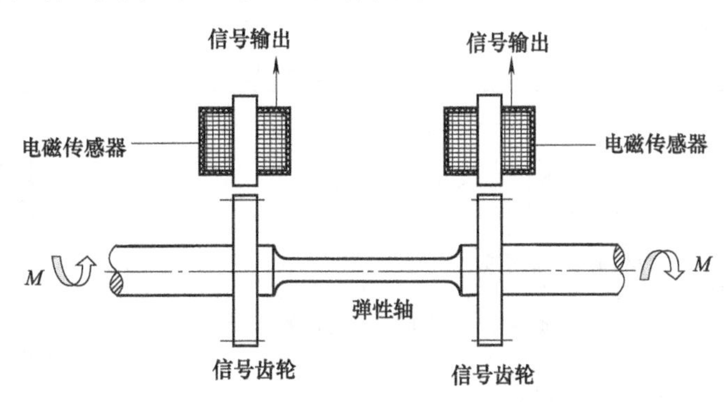


图 2-11　NJ 型转速转矩传感器工作原理

转矩测量精度分为 0.1 级和 0.2 级。静校——直接用砝码产生标准力矩校准时，其测量误差 0.1 级不大于额定值的±0.1%，0.2 级不大于额定值的±0.2%。转速变化的附加误差——在规定转速范围内变化时，转矩读数变化不大于额定转矩的±0.1%（国家标准为±0.2%）。

⑤ 其他传感器　如蝶阀上的行程开关、液位计等都是开关量信号，供电电源为 DC24V，回路输出信号到 PLC，电压为 0V 或 24V。

(3) 转速转矩采集仪

NC-3 型转速转矩采集仪与磁电式相位差型 NJ 转速转矩传感器配套使用，可以精确测定各种动力机械的转速、转矩和功率。NC-3 型转速转矩采集仪采用高速数字信号处理器（DSP）和大规模可编程逻辑芯片（CPLD）构成简洁高效的数据采集和处理系统，独特的设计和先进的表面贴装工艺大大提高了系统的可靠性和抗干扰能力，硬件具有两级看门狗功能，保证系统在异常时能及时复位。

NC-3 型转速转矩采集仪功能强大，有极大的灵活性和通用性：支持 RS232/RS485 或者

CAN通信方式，可以和计算机简便、灵活、快速通信；支持正反转双向调零，单点或多点调零；模拟量输入可以适应0～5V和1～5V(4～20mA)；最快采样时间为1ms。

**(4) 比例放大器**

所用到的比例放大器均配合比例压力阀使用，控制电磁铁的电流大小，根据比例控制器或电位器输入的信号调节阀芯的位置控制比例阀的压力大小，通过人机界面上输入和电位器控制输入信号大小。选用阿托斯公司生产的E-MI-AC-01F，该放大器是一个快速插入式的，放大器放在铝盒里，使用起来方便简单。该比例放大器具有上升/下降、对称（标准）或非对称斜坡发生器，输入和输出线上增加了电子滤波器。

比例放大器的主要特性如表2-1所示，接线如图2-12所示。

表 2-1 比例放大器的主要特性

| | |
|---|---|
| 电源：正极接点1，负极接点2 | 额定24VDC，整流及滤波 $V_{RMS}$=21～33V(最大峰值脉冲为±10%) |
| 最大功率消耗 | 40W |
| 供给电磁铁电流 | $I_{max}$=2.7A，PWM型方波[电磁铁型号为ZO(R)-A，电阻为3.2Ω] |
| 额定输入信号（工厂预调） | 接点4 0～10VDC |
| 输入信号编号范围（增益调整） | 0～10V[0～5V(最小)]，对应电流信号为0～20mA |
| 信号输入阻抗 | 电压信号 $R_i$>50kΩ，电流信号 $R_i$=250Ω |
| 向电位器供电 | 从接点3供+5VDC 10mA |
| 斜坡时间 | 最大10s(输入信号0～10V时) |
| 接线 | 5芯屏蔽电缆，带屏蔽层，规格是0.5～1.0mm² 截面积(20AWG～18AWG) |
| 连接点形式 | 7个接点，呈带状接线端子 |
| 盒子格式 | 盒上配有DIN43650-IP65型插头，VDE0110管接式电磁铁 |
| 工作温度 | 0～50℃ |
| 放大器质量 | 190g |
| 特点 | 输出到电磁铁的电路有防意外短路保护功能 |

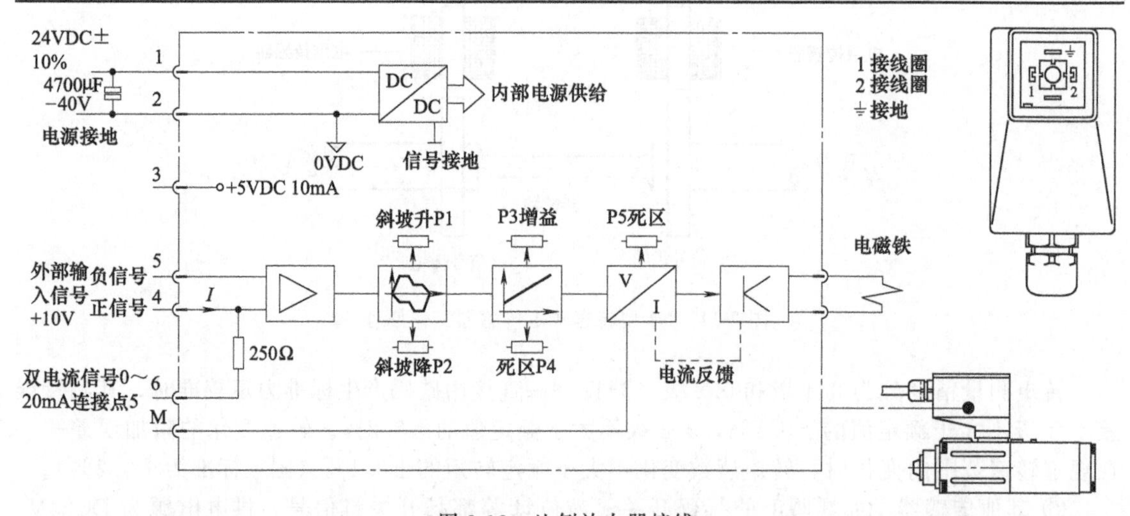


图 2-12 比例放大器接线

① 电源 电源必须足够稳定或经整流和滤波：用单向整流器至少要10000μF/40V的电容器；用三相整流器至少要4700μF/40V的电容器。输入信号和主电气控制柜之间的连接电缆必须是屏蔽十字电缆，注意正、负极绝对不能反接，将电缆屏蔽可以避免电磁噪声干扰，要符合EMC规范，将屏蔽层连接到无噪声地。放大器应远离辐射源，如大电流电缆、电机、变频器、中继器、便携式收音机等。

② 输入信号 电子放大器接受电位器输入的0～5V电压信号；接受由PLC送来的0～10V电压信号。

③ 增益调整　驱动电流和输入信号之间的关系可用增益调整器调整，即调整图 2-13 中的 P3。

④ 偏流调整（死区调整）　死区调整是为了使阀的液压零（初始位置调整）与电气零位置相对应，电子放大器与配用的比例阀调整校准，当输入电压等于或大于 100mV 时才有电流。

⑤ 斜坡调整　内部斜坡发生器电流将输入的阶跃信号转换为缓慢上升的输出信号，电流的上升/下降时间可通过图 2-13 中的 P1 调整，输入信号幅值从 0V 上升到 10V 所需最长时间可为 10s。

图 2-13 中接线共有 7 个端子：M 检测点信号（驱动电路）；1 正极电源；2 接地端子；3 输出＋5VDC 10mA；4 正信号输入；5 负信号输入；6 双电流信号与 5 点连接。调整开关一共有 6 个：P1 斜坡升；P2 非对称斜坡降；P3 增益；P4 偏流；P5 颤振；L1 使能指示灯。

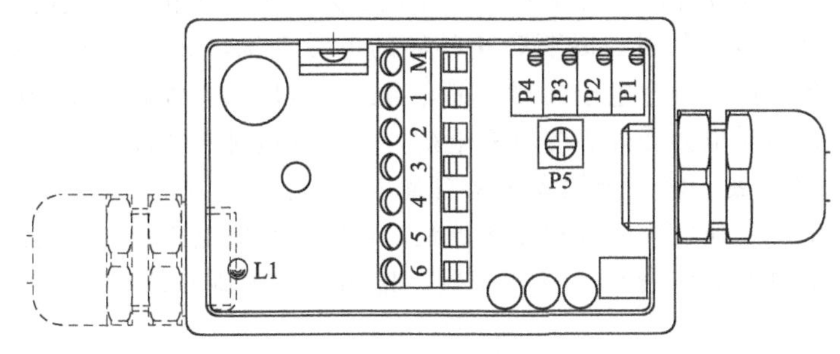


图 2-13　调整示意

### (5) 数据采集卡

液压泵-马达综合试验台液压系统共有 21 个模拟量输入，控制和采集系统的数字量输入和输出都是通过 PLC 实现的。从性价比综合衡量，最终选用研华的两块 PCI-1711L 数据采集卡，特性如表 2-2 所示。

表 2-2　PCI-1711L 数据采集卡特性

| 特　　性 | 详 细 介 绍 |
|---|---|
| 即插即用 | PCI-1711L 完全符合 PCI 规格 Rev2.1 标准，支持即插即用。在安装插卡时，用户不需要设置任何跳线和 DIP 拨码开关。所有与总线相关的配置，如基地址、中断，均由即插即用功能完成 |
| 灵活的输入类型和范围设定 | PCI-711L 有一个自动通道/增益扫描电路。在采样时，这个电路可以自己完成对多路选通开关的控制。用户可以根据每个通道不同的输入电压类型来进行相应的输入范围设定。所选择的增益值将存储在 SRAM 中。这种设计保证了为达到高性能数据采集所需的多通道和高速采样(可达 100KS/s)。<br>PCI-1711L 卡上提供了 FIFO(先入先出)存储器，可存储 1K A/D 采样值。用户可以起用或禁用 FIFO 缓冲器中断请求功能。当启用 FIFO 中断请求功能时，用户可以进一步指定中断请求发生在 1 个采样产生时还是在 FIFO 半满时。该特性提供了连续高速的数据传输及 Windows 下更可靠的性能 |
| 卡上可编程计数器 | PCI-1711L 有 1 个可编程计数器，可用于 A/D 转换时的定时触发。计数器芯片为 82C54 兼容的芯片，它包含了三个 16 位的 10MHz 时钟的计数器。其中有一个计数器作为事件计数器，用来对输入通道的事件进行计数。另外两个计数器级联成一个 32 位定时器，用于 A/D 转换时的定时触发 |
| 16 路数字输入和 16 路数字输出 | PCI-1711L 提供 16 路数字输入和 16 路数字输出，使客户可以灵活地根据自己的需要来应用 |
| 模拟量信号连接 | PCI-1711L 提供 16 路单端模拟量输入通道，当测量一个单端信号源时，只需一根导线将信号连接到输入端口，被测的输入电压以公共的地为参考 |
| 触发源连接 | ①内部触发源连接<br>PCI-1711L 带有一个 82C54 或与其兼容的定时器/计数器芯片，它有三个 16 位连在 10MHz 时钟源的计数器。Counter0 作为事件计数器或脉冲发生器，可用于对输入通道的事件进行计数。另外两个 Counter 1、Counter 2 级联在一起，用作脉冲触发的 32 位定时器。从 PACER-OUT 输出一个上升沿触发一次 A/D 转换，同时也可以用它作为其他同步信号<br>②外部触发源连接<br>PCI-1711L 也支持外部触发源触发 A/D 转换，当＋5V 连接到 TRG-GATE 时，就允许外部触发，当 EXT-TRG 有一个上升沿时触发一次 A/D 转换，当 TRG-GATE 连接到 DGND 时，不允许外部触发 |

续表

| 特　性 | 详细介绍 |
| --- | --- |
| 外部输入信号测试 | 测试时可用 PCL-10168(两端针型接口的 68 芯 SCSI-II 电缆,1m 和 2m)将 PCI-1711L 与 ADAM-3968(可 DIN 导轨安装的 68 芯 SCSI-II 接线端子板)连接,这样 PCL-10168 的 68 个针脚和 ADAM-3968 的 68 个接线端子一一对应,可通过将输入信号连接到接线端子来测试 PCI-1711L |

**(6) 测试系统抗干扰措施**

在电机的各种调试方式中，变频调速传动占有极其重要的地位，此处的电机就是选用变频器调试。但是变频器大多运行在恶劣的电磁环境，且作为电力电子设备，内部由电子元器件、微处理芯片等组成，会受外界的电磁干扰。另外，变频器的输入和输出侧的电压、电流含有丰富的高次谐波。当变频器运行时，既要防止外界的电磁干扰，又要防止变频器对外界的传感器、二次仪表等设备干扰。每个电子元器件都有自己的电磁兼容性，即每个电子元器件都会对外界产生电磁干扰，同时也会受外界的电磁干扰，为了使这种干扰降到最小，采用以下方案。

① 强、弱电分离方案　电气干扰大多来自强电系统，所以本系统在布线和设计时严格按照强、弱电分离原则，把强电统一放在变频器柜，弱电放在弱电操作柜，并且布线是强电和弱电分槽布线，弱电的电源盒信号线也分开布置。传感器的电源和继电器的电源各使用独立的电源。

② 多重屏蔽方案　在布线过程中变频器柜要接地，并且变频器到电机的电缆必须采用屏蔽电机电缆，电缆屏蔽层必须连接到变频器外壳和电机外壳，当高频噪声电流必须流回变频器时，屏蔽层形成一条有效的通道。弱电操作柜也要采取屏蔽措施减少外界电磁干扰。传感器信号线也全部采用屏蔽线，并且屏蔽层要接地。

③ 采用滤波器　滤波器是用来消除干扰杂信的器件，将输入或输出经过过滤而得到纯净的直流电，对特定频率的频点或该频点以外的频率进行有效滤除，在此把滤波器主要安装在传感器电源的输入端，提高传感器供电电源的稳定性。

## 2.2.4 PLC 控制系统设计

**(1) 系统构成**

如图 2-14 所示，系统中除了压力、温度、流量、转速等模拟量信号外还有数字量输入信号（行程开关），安装行程开关可以起到监控作用，当行程开关没有达到正确的位置时就不允许启动相应的泵。

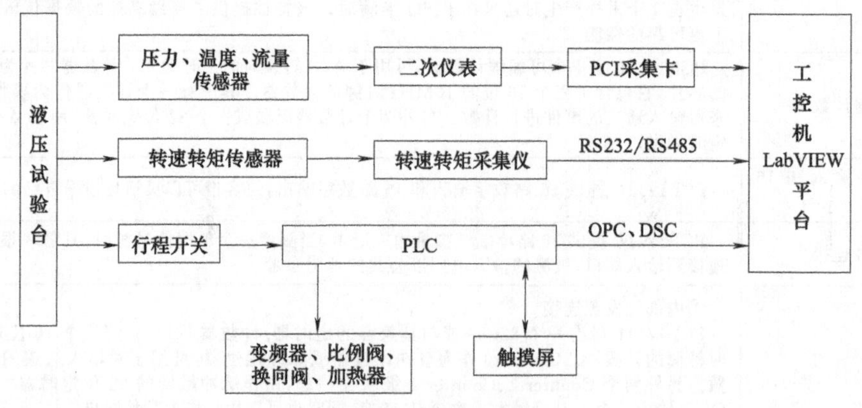


图 2-14　控制系统框图

采集卡和 PLC 分工协作，采集卡只采集模拟量信号，PLC 采集数字量信号使用数字量输入模块。输出信号全部由 PLC 来负责，模拟量输出控制使用模拟量输出模块，数字量输出控

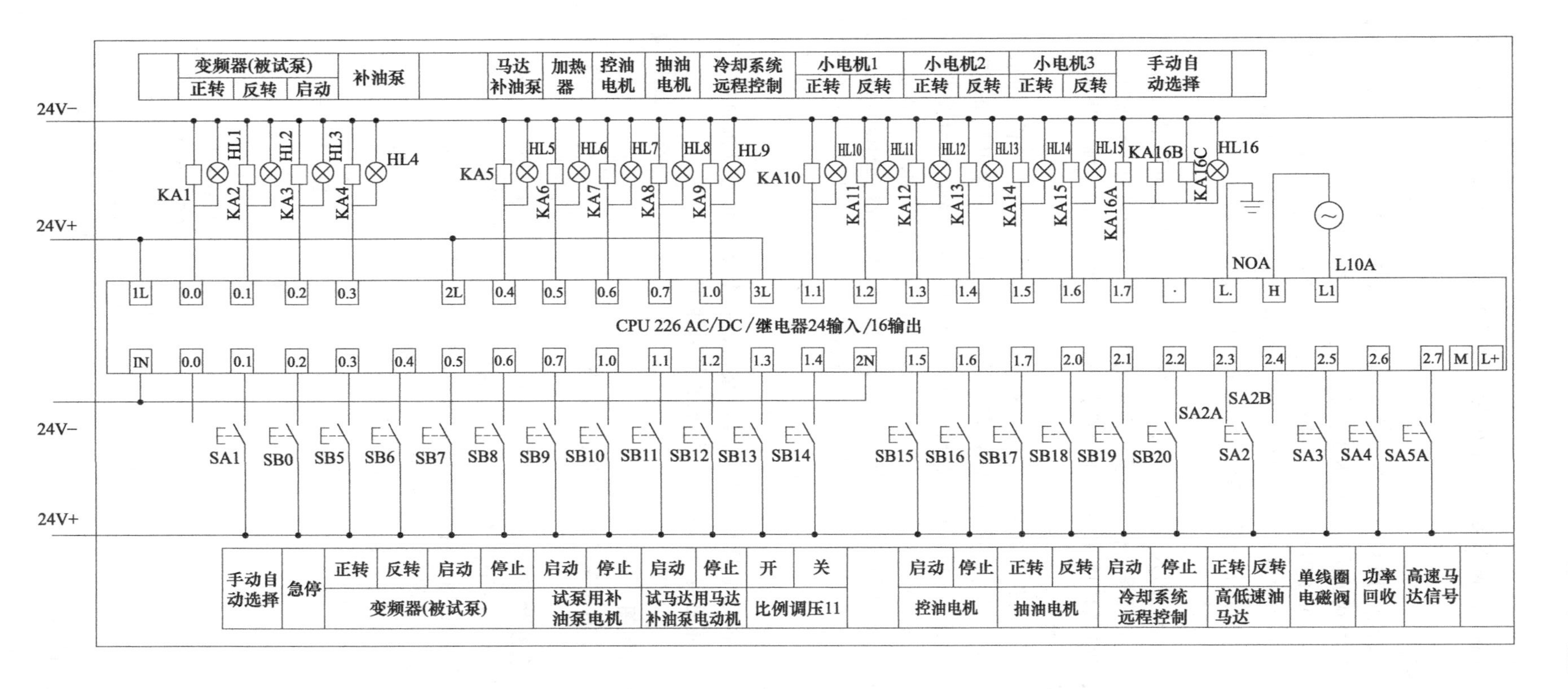

变频器(被试泵)
正转
反转
启动
补油泵
马达补油泵
加热器
控油电机
抽油电机
冷却系统远程控制
小电机1
小电机2
小电机3
手动自动选择
24V−
24V+
CPU 226 AC/DC/继电器24输入/16输出
NOA
L10A
SA2A
SA2B
手动自动选择
急停
停止
试泵用补油泵电机
试马达用马达补油泵电动机
开
关
比例调压11
高低速油马达
单线圈电磁阀
功率回收
高速马达信号


图 2-15　PLC 接线

制使用数字量输出模块。

选用 PLC 作为电气控制部分，采用维纶通触摸屏为人机界面，采集卡只采集模拟量而不参与控制。

**(2) PLC 的选择**

PLC 的主要参数包括 PLC 的类型、输入输出（I/O）点数的估算、处理速度、存储器容量的估算、输入输出模块的选择、电源的选择、存储器的选择、冗余功能的选择、经济性的考虑等。选择西门子 S7-200 CPU226 继电器型 PLC，共有 24 个输入点、16 个输出点。两个数字量输入、输出扩展模块 EM223，一个数字量输入模块 EM221，每个 EM223 有 16 个数字量输入点和 16 数字量个输出点，每个 EM221 有 16 个数字量输入点。

**(3) 触摸屏的选择**

触摸屏作为一种全新的人机互话设备，操作人员通过触摸屏可以输入相应被控制设备的控制参数、监控设备、报警等，利用触摸屏对应的编程软件用户可自己任意组态，这样方便用户自己定义一些易记醒目的图标作为提示，即使不懂计算机的人员也能很快熟悉操作流程和一些文字提示注意事项或报警。

触摸屏用来输入设备控制参数，主要是被控压力、电机转速、电机的正反转、设备的动作顺序；被监控的参数主要包括手动阀的状态信号、液位高度、液温以及采集项目；报警项目包括被检查的项目是否超过了设定值以及被检测的行程开关的状态。结合技术要求以及操作界面的复杂程度选用维纶通（Weinview）MT8150X，编程软件为 EB8000 V3.4.5，该型号触摸屏参数如下：显示器 15in 1024×768 65536 色 TFT LCD；处理器 AMD Geode LX800/500MHz core processor；内存 256MB；存储 256MB（自带配方内存）；串口 Com1（RS232/RS485 2W/4W）、Com2（RS232）、Com3（RS232/RS485 2W）；以太网口 10/100Base-T；3 个 USB 2.0 接口；电压 24VDC（1.6A）。

西门子 S7-200 CPU226 具有两个 RS485 接口，一个接口和上位机通信，另一个接口和维纶通 MT8150X 触摸屏通信。PLC 和上位机通信采用 PC/PPI 电缆。

**(4) PLC I/O 接线图**

编写 PLC 程序之前要先分配 I/O 地址，图 2-15 所示为 PLC 的接线。

**(5) PLC 控制程序的设计**

使用编程软件为西门子配套软件 V4.0 STEP 7 MicroWIN SP4，由于该控制程序涉及的试验繁多，同时控制程序分为手动和自动两种模式，故程序比较复杂，考虑到程序的可移植性和扩展性，本程序采用模块化的设计方法。功能模块如图 2-16 所示。

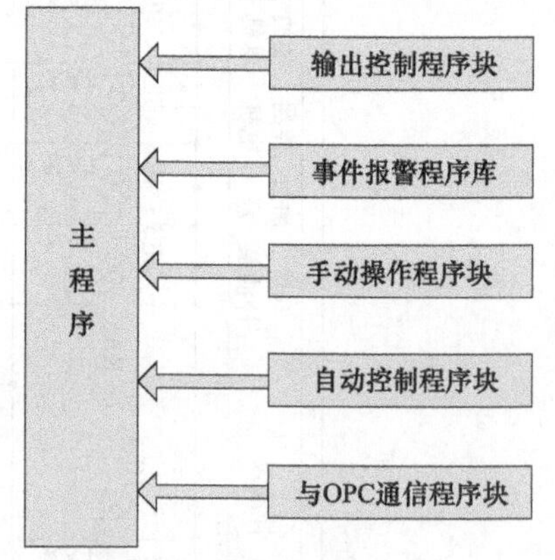


图 2-16　PLC 程序功能模块

主程序代码如下：

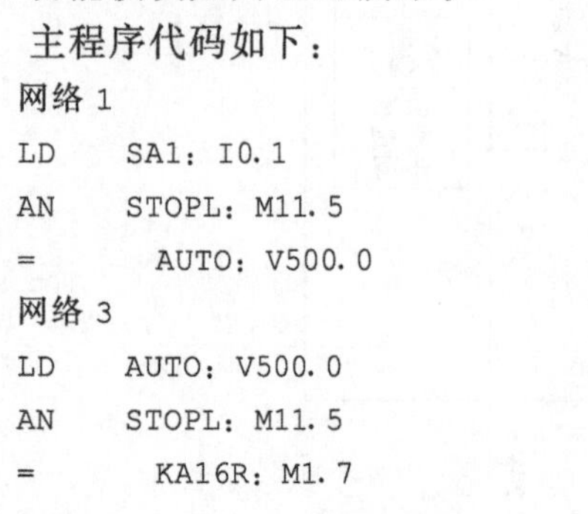

```
网络 1
LD     SA1：I0.1
AN     STOPL：M11.5
=        AUTO：V500.0
网络 2
LDN    SA1：I0.1
AN     STOPL：M11.5
=        MAN：V500.1
网络 3
LD     AUTO：V500.0
AN     STOPL：M11.5
=        KA16R：M1.7
网络 4
LD     KA16R：M1.7
=        KA16A (KA16B，KA16C)：Q1.7
```

```
网络 5
LD     MAN: V500.1
AN     STOPL: M11.5
=        KA34R: M4.2
网络 6
LD     KA34R: M4.2
=        KA34: Q4.2
网络 7
LD     MAN: V500.1
ED
=        tz1: M5.6
网络 8
LD     AUTO: V500.0
ED
=        tz2: M5.7
网络 9
LDN    SSB1 (STOPL): I0.2
O      MOTGUZHUANG: M4.7
O      TIS5: M4.6
O      STOPL: M11.5
AN     SSB4: I7.1
=        STOPL: M11.5
网络 10
LD     Always_ On: SM0.0
CALL   手动自动公用部分: SBR0
CALL   手动: SBR2
CALL   马达空跑效率超载试验: SBR5
CALL   定量泵前泵后泵排量超载: SBR10
网络 11
LD     Always_ On: SM0.0
CALL   输出控制: SBR1
CALL   事件报警: SBR3
CALL   相关清 0: SBR4
CALL   电压与压力关系: SBR6
CALL   触摸半自动: SBR7
CALL   OPC: SBR8
```

**(6) 触摸式人机界面**

设计人机界面主要考虑操作的简便性和程序的可重用性。根据试验项目要求，人机界面设计分为主界面、开式泵前泵排量效率冲击超载（冲击）测试界面、开式泵前泵变量特性测试界面、开式泵后泵排量效率超载（冲击）测试界面、开式泵后泵变量特性测试界面、闭式泵前泵排量效率超载（冲击）测试界面、闭式泵变量特性测试界面、马达空跑效率超载（冲击）测试界面、马达变量特性测试界面、手动测试界面、系统参数设定界面、报警信息查询界面。主界面如图 2-17 所示，主界面包含一个试验原理图。

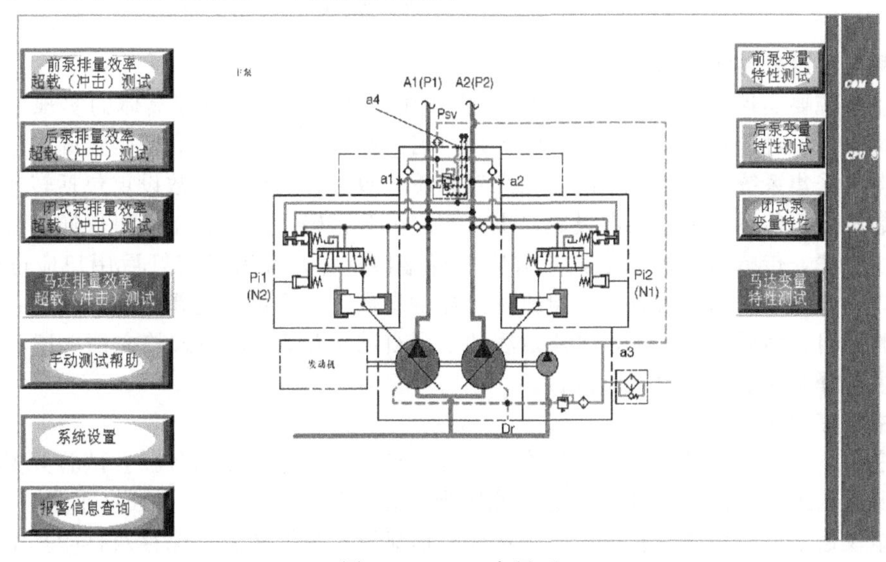


图 2-17　HMI 主界面

## 2.2.5 测试软件的开发

选择 LabVIEW9.0 作为软件开发平台，采用研华 PCI-1711L 数据采集卡，可以在较短时间内充分利用研华板卡功能和资源，编写强大的数据处理和图形显示软件。

**(1) 软件模块组成**

液压试验台测试系统软件包含的功能强大，包括参数设置、用户登录、数据采集、与 PLC 通信、与转速转矩采集仪通信、信号处理和分析、数据和波形显示、数据和波形保存及打印。根据上面要实现的功能种类可以把软件划分为几个模块，包括参数设置模块、用户登录模块、数据采集模块、与 PLC 通信模块、显示及操作模块、数据存储模块等，如图 2-18 所示。

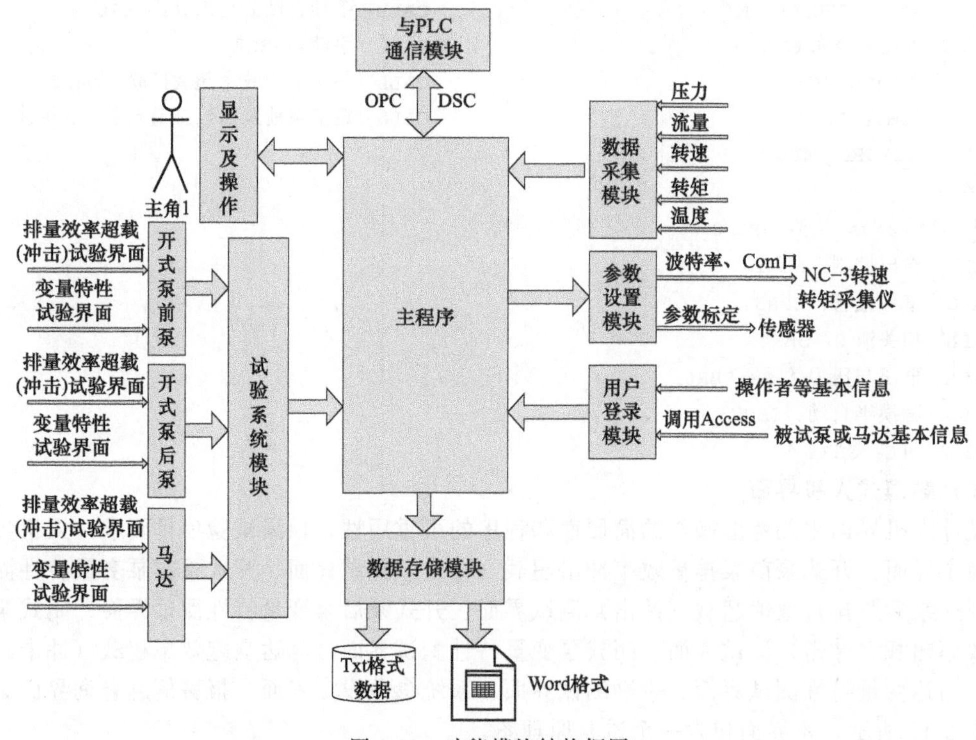


图 2-18 功能模块结构框图

**(2) 测试系统软件流程**

根据该系统要实现的功能，软件操作流程如图 2-19 所示。该流程具体的实现过程为，打开测试系统软件，进入系统登录界面，输入用户名和密码，若用户名和密码正确则进入采集系统，否则退出采集系统。进入该系统后用户对系统参数进行设定，参数设定包括转速转矩采集仪通信参数设定、传感器标定系数设定、更改用户名和密码，转速转矩采集仪通信参数设定包括串口和波特率，传感器系数标定就是对应的传感器量程；参数设定好后用户应进行试验登录，试验登录包括用户基本信息、试验概况、环境参数、被测设备选择、备注信息；用户登录后选择试验项目，然后开始采集，采集过程的数据自动保存为 txt 格式的文档，试验完成后用户可以自主选择是否需要保存试验报告。

**(3) 主程序模块**

主程序模块包括数据显示及工具操作。主程序模块分为主界面和各独立试验分支界面，主界面显示所有的采集参数，工具栏自定义能实现参数设置、用户登录、数据采集、与 PLC 通信、与转矩仪通信、信号处理和分析、数据和波形显示、数据和波形保存及打印基本功能。

本系统是连续工作并且需要多任务同时执行，在数据采集的同时要进行数据处理、数据显示、数据存储等，并且要接收来自键盘和鼠标的输入，这就是系统的多任务进程。

多任务是指一个程序同时执行多个流程。现代的芯片处理器采用分时处理。芯片在执行分时处理时把系统程序划分为很小的时间片段，每个时间片段执行不同的程序。

在 Windows 系统环境下多任务分为多线程和多进程。多进程是指 Windows 系统允许在内存或一个程序中同时存在多个程序并且在内存中可以允许存在多个副本。进程有自己的内存、文件句柄或者其他系统资源的运行程序。单个线程可以包含独立的执行路径。在 Windows 操作系统下，每个线程被分配不同的 CPU 时间片，在某个时刻，CPU 只执行一个时间片内的线程，多个时间片中的相应线程在 CPU 内轮流执行，由于每个时间片的时间很短，所以对用户来说仿佛各个线程在计算机中是并行处理的。

如果程序只存在一个主线程，所有的处理函数都放在主线程中，则当程序需要停止时，会出现程序响应很慢，甚至停不下来的情况。这是因为系统开始工作后 CPU 的占用率很高，而窗口发出的停止消息优先级较低，而使消息被挂起，得不到执行。因此程序设计时应把数据采集放在一个单独的线程中。当程序启动时，主线程开始工作，随后启动工作线程。当程序需要停止时，通过给主线程发送消息以改变状态参数，从而使数据处理过程停止。

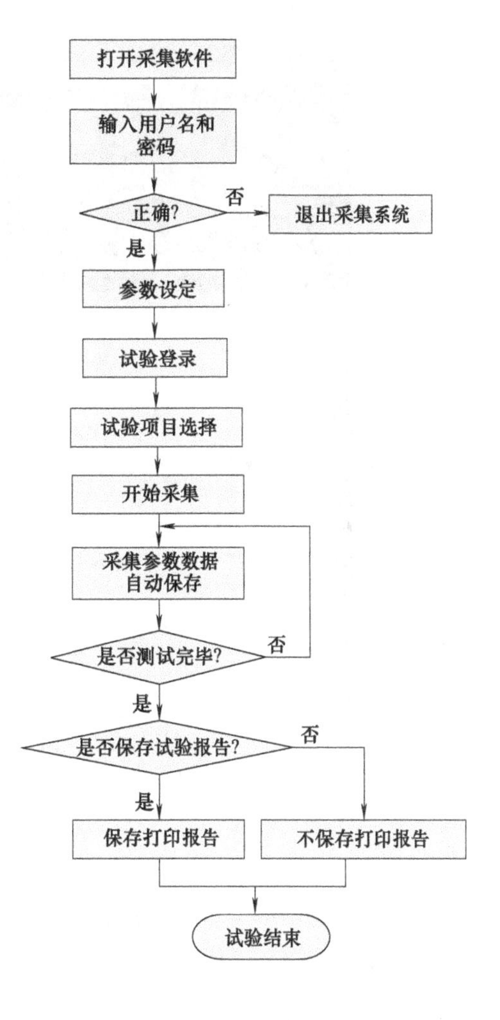


图 2-19　软件操作流程

为了保证系统采集的精度和速率，利用多线程技术实现数据采集和数据处理，数据采集和与 PLC 通信一直在主程序中运行，数据存储和处理、用户登录、参数设置线程由用户在主程序中调用。主程序组成框图如图 2-20 所示，根据上述功能完成的主界面如图 2-21 所示。

自动程序流程如图 2-22 所示。

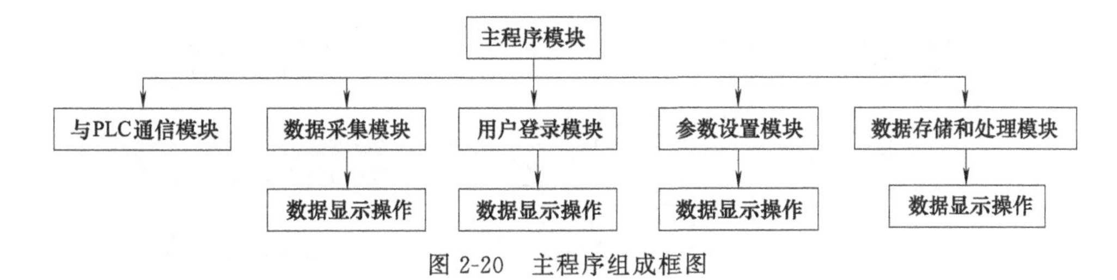


图 2-20　主程序组成框图

**(4) 数据库应用**

数据库技术已经广泛应用于数据管理和数据共享。著名的数据库管理系统有 SQL Server、Oracle、DB2、Sybase ASE、Visual ForPro、Microsoft Access 等。数据库访问接口种类也有很多，包括 DAO、ODBC、RDO、UDA、OLE DB、ADO 等。

Microsoft Access 是在 Windows 环境下非常流行的桌面型数据库管理系统，它作为 Microsoft

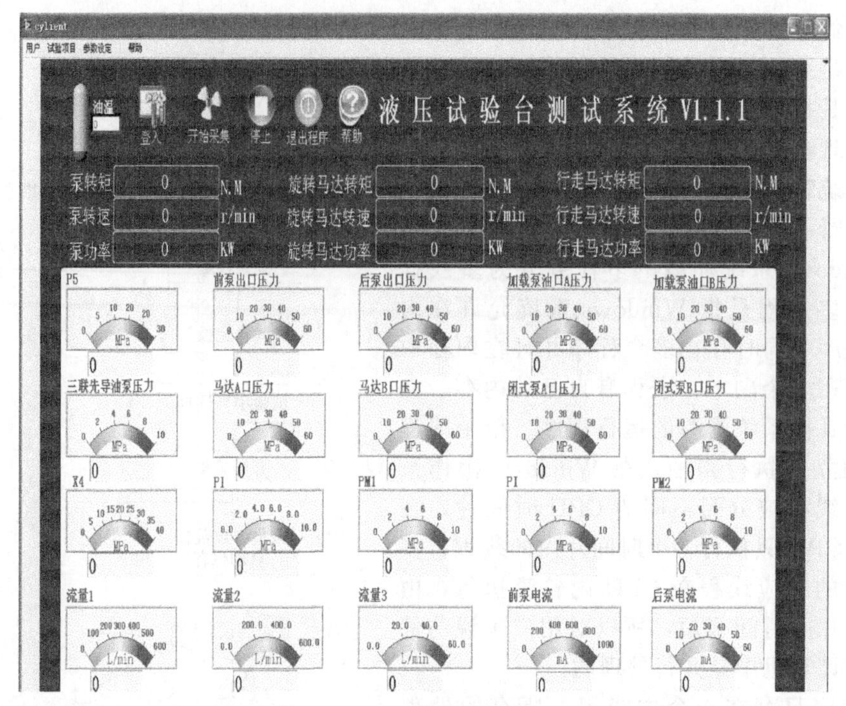


图 2-21　采集主界面

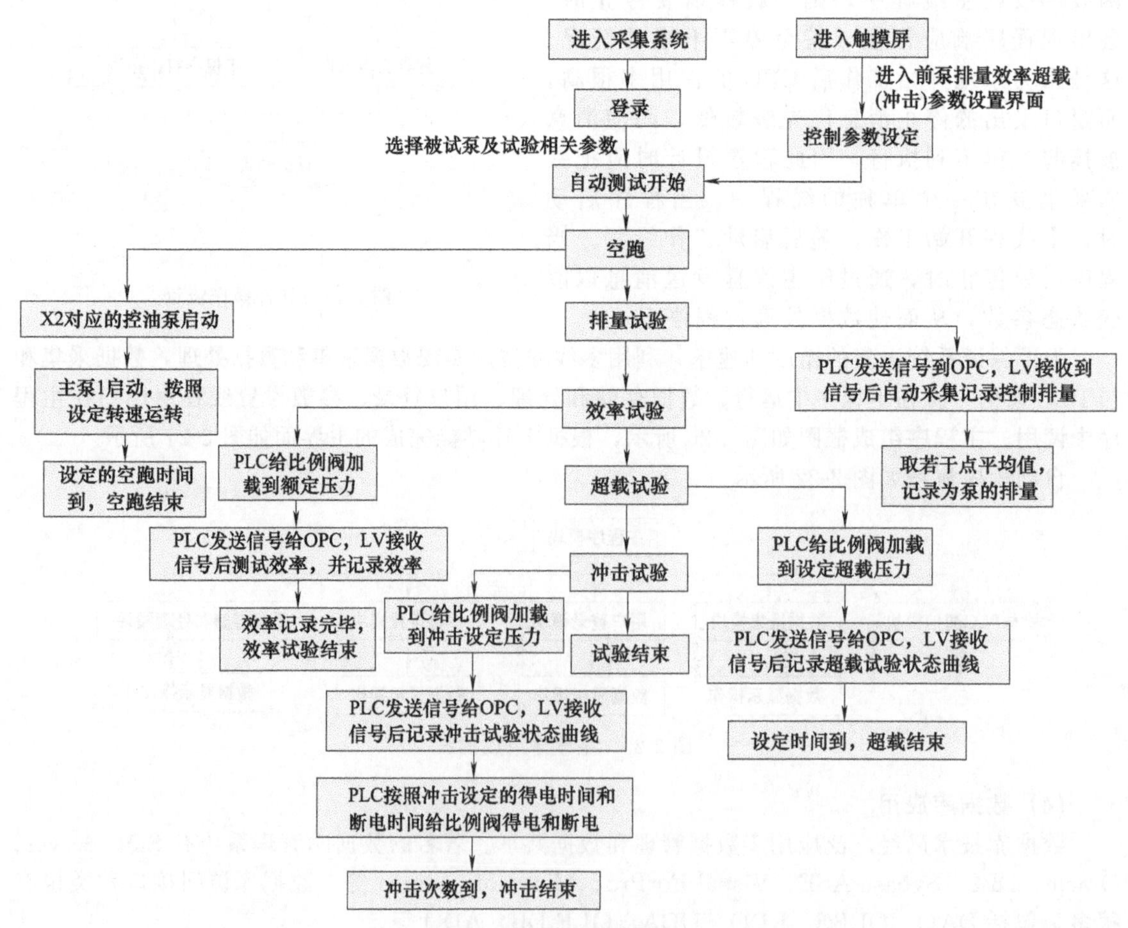


图 2-22　自动程序流程

Office 组件之一，是一个功能比较齐全的数据库管理软件，能够管理、收集、查找、显示以及打印商业活动或者个人信息。Access 支持多种类大信息量的数据，微软已经做好了普通数据库管理的初始工作，安装和使用都非常方便，并且支持 SQL 语言，所以本项目采用 Access 数据库。

① DSN 链接数据库　LabVIEW 数据库工具包基于 ODBC（Open Database Connectivity）技术。如图 2-23 所示，在使用 ODBC API 函数时，需要提供数据源名 DSN（Data Source Names）才能链接到实际数据库，所以需要首先创建 DSN。

② UDL 链接数据库　Microsoft 设计的 ODBC 标准只能访问关系型数据库，对非关系型数据库则无能为力。为解决这个问题，Microsoft 还提供了另一种技术：Active 数据对象 ADO（ActiveX Data Objects）技术。ADO 是 Microsoft 提出的应用程序接口（API）用以实现访问关系或非关系数据库中的数据。ADO 使用通用数据链接 UDL（Universal Data Link）来获得数据库信息以实现数据库链接。

由于使用 DSN 链接数据库需要考虑移植问题，把代码发布到其他机器上时，需要手动重新建立一个 DSN，工程复杂，可移植性不好，故选择 UDL 链接数据库。

LabVIEW Application
SQL Toolkit VIs
ODBC API
ODBC Driver
Database

图 2-23　基于 ODBC 技术的 LabVIEW 数据库工具包

## 2.2.6　试验系统的应用

### (1) 开式泵前泵流量、效率、超载、冲击试验

该试验被试泵为川崎 K5V140DTP-1K9R-YTOK-HV，按照机械行业试验相关标准中关于泵的测试方法，试验流程如图 2-24 所示。

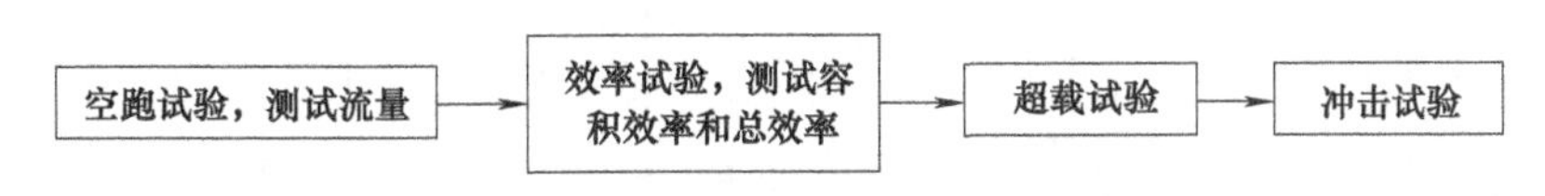


图 2-24　流量、效率、超载、冲击试验流程

① 流量试验　在空载工况下启动，泵和电机转速达到额定转速并排净空气后连续平稳运转 2min 以上后测试泵的流量，采集软件自动记录泵的流量。

② 效率试验　当泵的压力和转速达到泵的额定压力和额定转速下测定泵的容积效率和总效率，此时转速和压力稳定后取 5 个点分别求出泵的容积效率和总效率，求平均值。

③ 超载试验　在额定转速、125%额定压力的工况下，连续运转。试验时被试泵进油口油温为 30～60℃。

④ 冲击试验　此试验在额定转速、额定压力下，冲击频率为 10～30 次/min。

从图 2-25 中可以看出试验的过程。从压力和转矩曲线可以看出，刚起步时压力和转矩基本为零，当电机速度平稳后有一个空载时的压力和转矩；随后压力和转矩曲线以一定的斜率上升，这是加压进入额定压力阶段，达到设定值后压力和转矩曲线基本是水平的；保压时间到后进入超载加压阶段，当压力达到超载设定压力后压力和转矩曲线呈水平状态，超载时间到后压力降到额定压力，随后的锯齿波形是冲击试验。

### (2) 开式泵前泵变量特性试验

通过电流信号调变量机构实现变量条件，变量特性曲线如图 2-26 所示。通过调整电流信号大小改变二次压力和流量大小。

图 2-26 中有两组曲线，一组是电流正向增大，另一组是电流减小，电流在 200mA 左右是一个拐点，这是泵上的变量特性阀的特性，随后电流增大流量变大，电流和流量成正比。

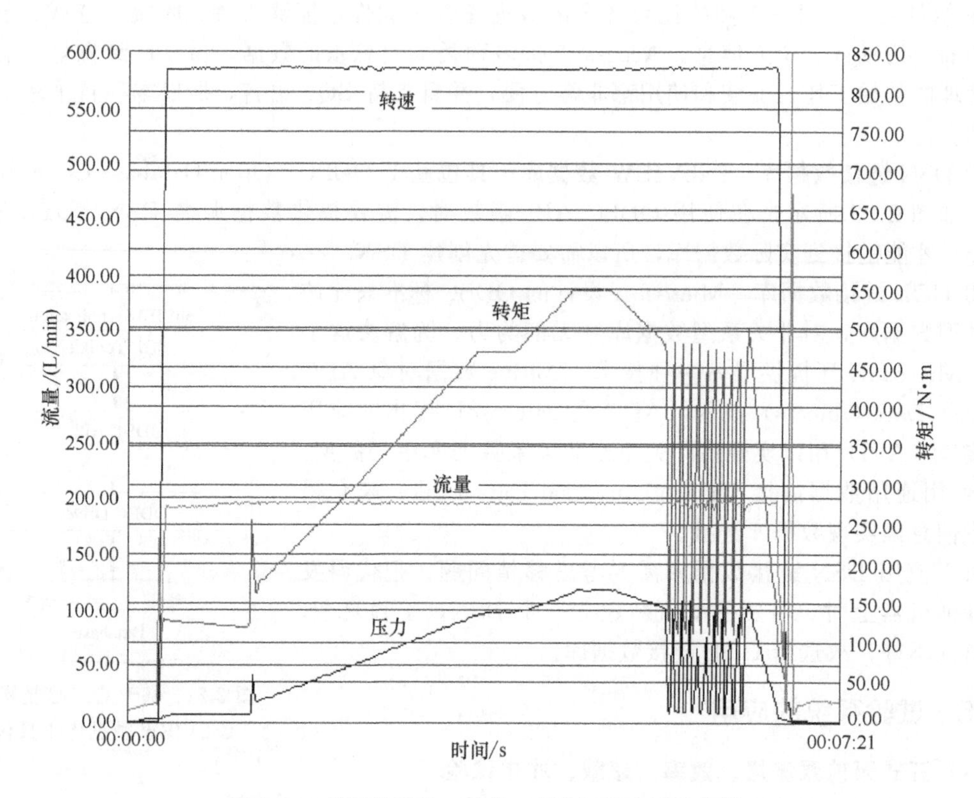


图 2-25 前泵的流量、效率、超载、冲击试验曲线

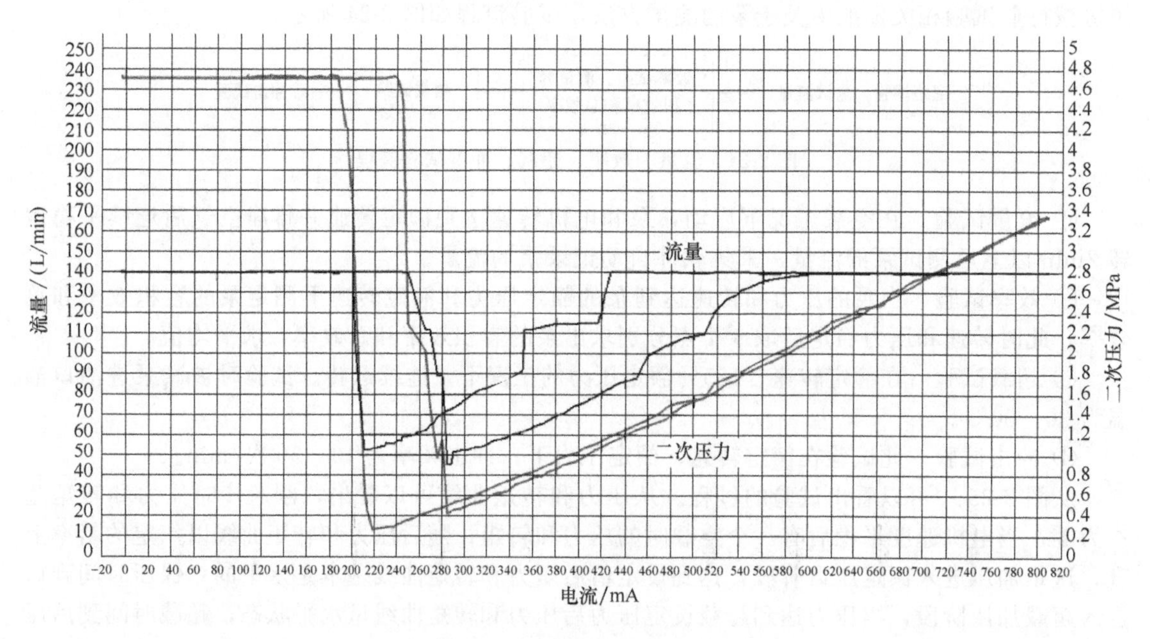


图 2-26 前泵变量特性曲线

**(3) 开式泵后泵压力-流量、转矩试验**

该试验被试泵为川崎 K5V140DTP-1K9R-YTOK-HV，测试的压力-流量、转矩曲线如图 2-27 所示。

转速稳定时，压力慢慢增大，当压力达到泵的拐点时流量降低，这是一个恒功率的泵。

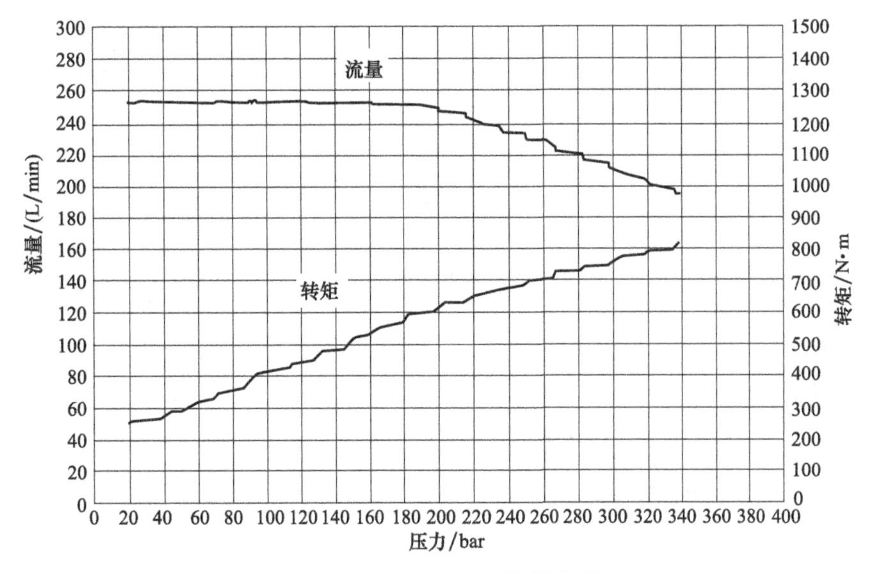


图 2-27　压力-流量、转矩曲线

1bar＝0.1MPa

**(4) 开式泵后泵变量特性试验**

该试验被试泵为川崎 K5V140DTP-1K9R-YTOK-HV，在试验台上测试的变量特性曲线如图 2-28 所示。

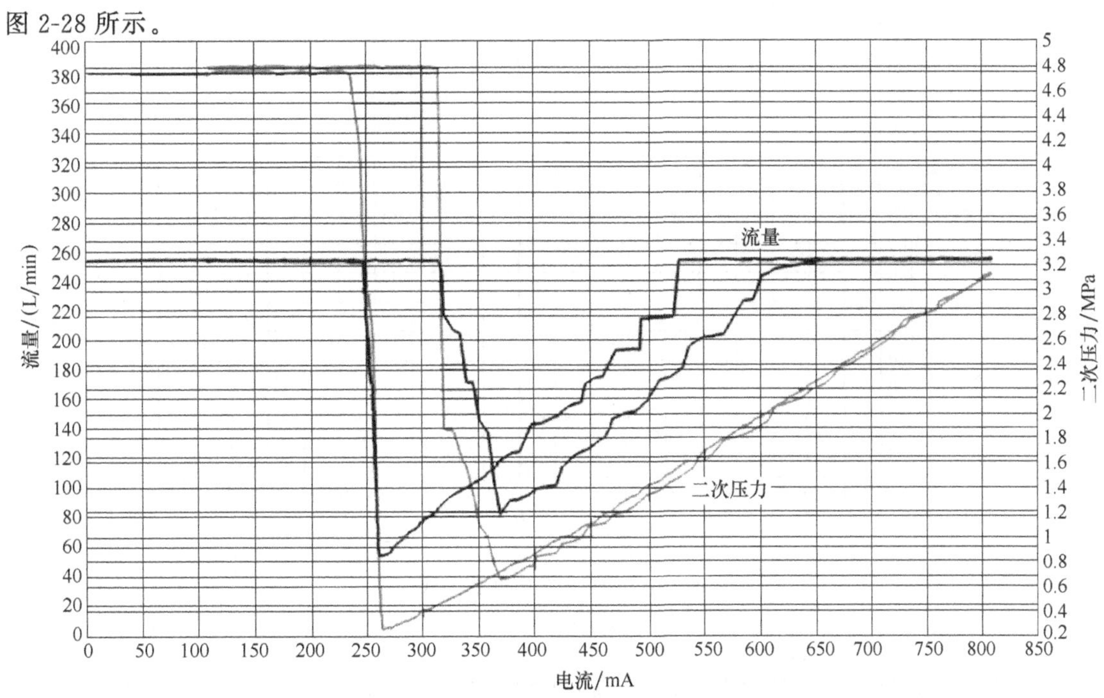


图 2-28　后泵变量特性曲线

两组曲线，一组是比例电流增大，另一组是比例电流减小。调变量特性阀，电流在 250mA 左右时有一个拐点，随后电流增大流量增大，电流和流量成正比。

**(5) 马达试验测试**

被测试液压马达的型号为 M5×130CHB-10A-41C/295，额定压力为 32.4MPa，峰值压力为 39.2MPa，排量为 130mL/r，最高转速为 1850r/min。马达试验测试曲线如图 2-29 和图 2-30 所示。

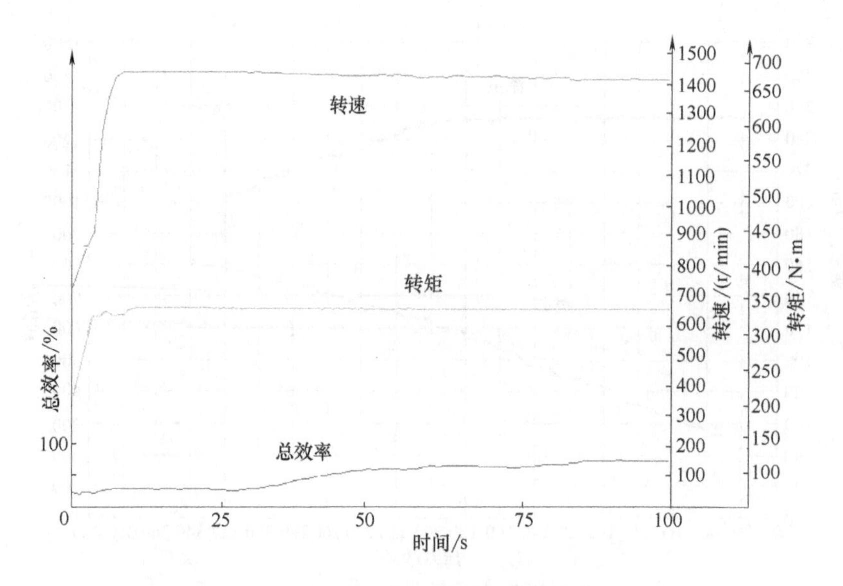


图 2-29 马达性能波形曲线

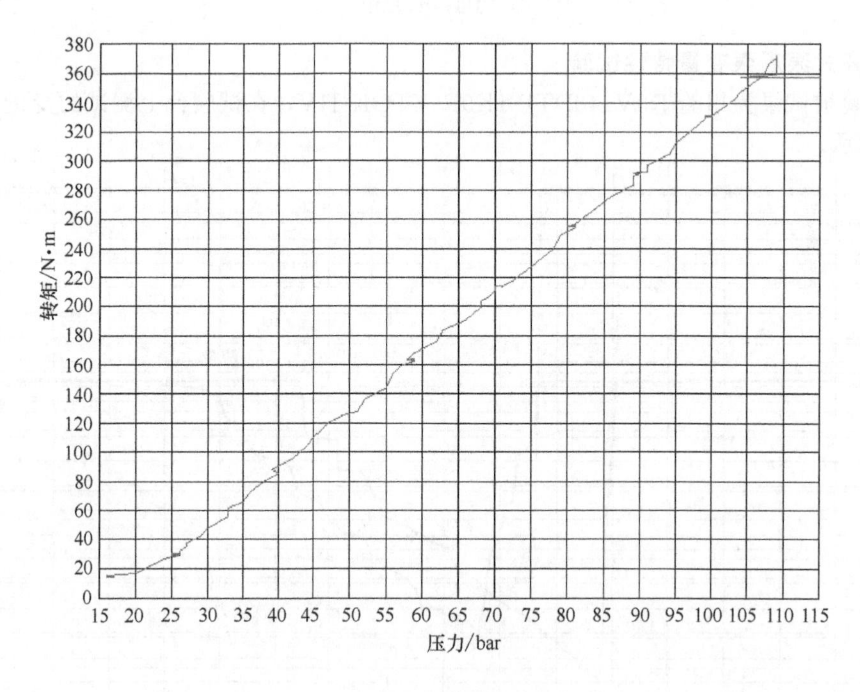


图 2-30 马达压力-转矩曲线

1bar＝0.1MPa

波形曲线是被试马达的总效率、转矩、转速随时间变化的关系图。随着压力的上升，马达转矩也随着成正比例地上升。

## 2.3 液压试验台应用实例

液压试验台在液压测试及其他领域有广泛的应用。在此，通过实例进一步介绍液压试验台的结构原理及技术特点。

### 2.3.1　工程机械液压多路阀试验台

**(1) 工程机械液压多路阀试验台概述**

① 多路换向阀　其是将两个以上的阀块组合在一起，用以操纵多个执行元件的运动。它可根据不同的液压系统的要求，把安全阀、过载阀、补油阀、分流阀、制动阀、单向阀等组合在一起，结构紧凑，管路简单，压力损失小，安装简便，因此在工程机械、起重运输机械和其他要求操纵多个执行元件运动的行走机械中广泛应用。

多路换向阀有整体式和分片式（组合式）两种；按照油路连接方式，多路阀可分为并联、串联、串并联复合油路；卸载方式有中位卸载和安全阀卸载两种。

图 2-31 所示为某两联多路阀外形及主要连接口与附件，图 2-32 所示为其油路。

② 试验台的功能　工程机械多路阀试验台主要用于工程机械中挖掘机、装载机、叉车等机械的液压多路阀性能检测试验，可试验多种规格系列的多路阀。

由广州市新欧机械有限公司为客户湖南大学设计并制造的工程机械液压系统液压多路阀性能测试试验台，用于液压元件的性能试验，并满足工程机械多路阀的研究开发测试要求。

本试验台采用整体式结构，外观美观大方，操作安全方便，减少尘埃污染，降低噪声，减少占地面积。试验台主要由液压主泵站、过滤循环温控系统、整体试验台架、漏油回收系统、数据采集显示系统和电气控制系统组成。按国家或液压行业颁布的最新试验标准中型式试验的要求进行多路阀检测试验。

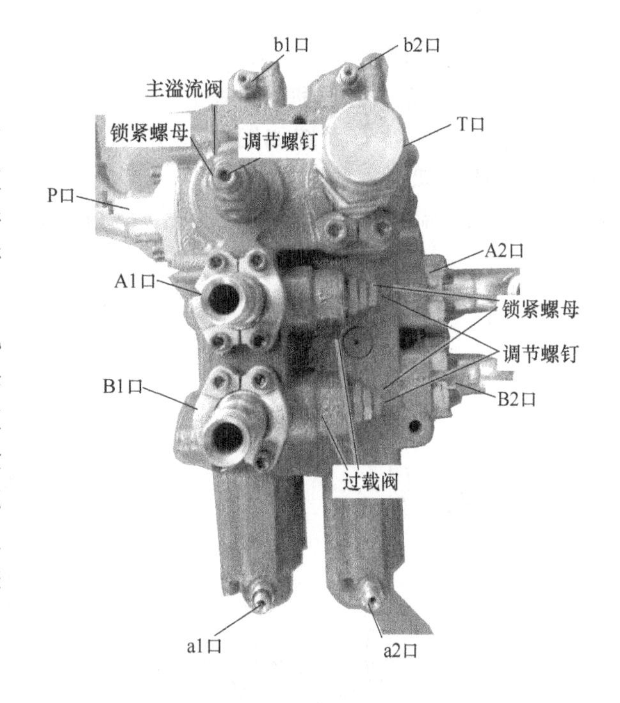


图 2-31　两联多路阀外形及主要连接口与附件

③ 试验台的性能参数

a. 系统最大工作压力 42MPa。

b. 流量计最大测试流量 600L/min。

c. 总驱动功率不小于 120kW(30kW+30kW+30kW+辅助系统)，主电机变频调速。

d. 动力站主油箱容积 2000L。

e. 试验台液压系统工作液采用 46＃抗磨液压油。

f. 液压系统油温自动控制，可控制在 (50±2)℃。

g. 输入电压三相 380V AC，电流 500A，控制电路电压 24VDC。

h. 工作液清洁度等级按 NAS8 设计，油液过滤精度最小 5μm。

i. 试验台测试仪器精度 A 级，压力±0.3%，流量±0.5%，温度±2.0℃。

**(2) 试验项目**

试验台完成液压多路阀出厂性能试验项目，主要如下。

① 内泄漏测试。

② 压力损失测试。

③ 安全阀性能试验。

④ 补油阀开启压力试验。

⑤ 过载阀、补油阀泄漏量试验。

⑥ 流量特性测试。

⑦ 响应特性、阀芯特性及控制滞环测试。

⑧ 阀杆位移测试。

⑨ 阀杆先导压力测试。

⑩ 微动特性试验。

⑪ 背压试验。

⑫ 稳态试验。

⑬ 瞬态试验。

⑭ 动作复合测试。

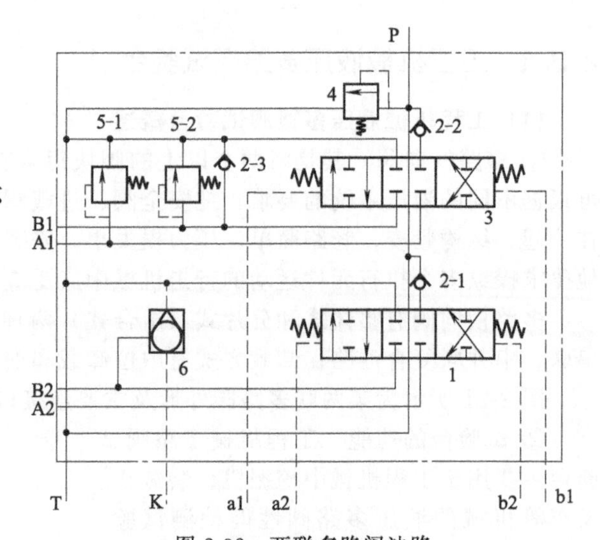


图 2-32 两联多路阀油路

1—动臂换向阀；2-1～2-3—单向阀；3—铲斗换向阀；4—安全阀；5-1，5-2—过载补油阀；6—液控单向阀

**(3) 试验台的液压与机械设备**

① 液压主泵站 系统如图 2-33 所示，主要由油盘底架、主油箱（2000L）、油泵电机组、滤油器、测试控制阀组、流量压力检测仪等组成。

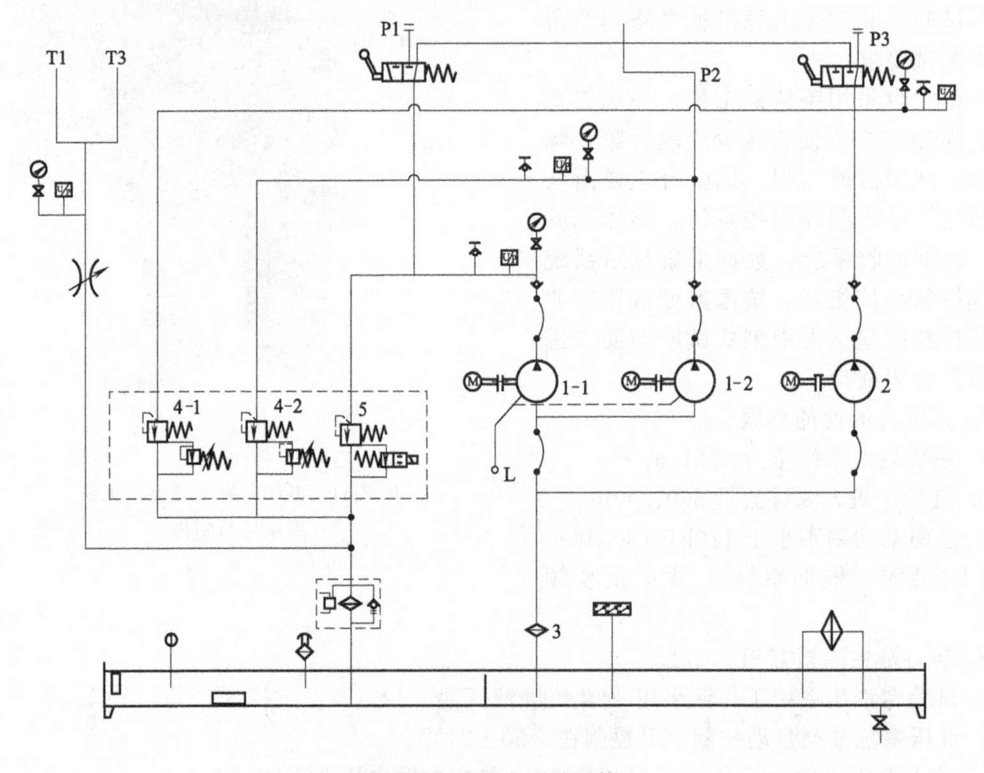


图 2-33 液压主泵站系统

1-1，1-2—高压电机泵组；2—大流量电机泵组；3—吸油过滤器；4-1，4-2，5—溢流阀

油泵电机组分别为：两台高压电机泵组 1-1 和 1-2，电机功率 30kW，油泵排量 28mL/r，提供测试时的高压油源，可分开供油（适用于有两个进油口的多路阀），也可合流供油（提供高压大流量）；一台大流量电机泵组 2，电机功率 30kW，油泵排量 160mL/r，用于测试低压大流量的情况。

多路阀有很多种，有的很复杂。特别是挖机的多路阀，要实现多种功能，有的有两个 P 口。为了测试复杂多路阀，用两个高压加载泵组 1-1 和 1-2 来提供液压油。三个泵的油都从吸油过滤器 3 流出，这是个侧面安装的过滤器，带有发信器，当过滤器堵住，通过发信器报警，预防泵吸空毁坏。三个泵的出口处都装有管式单向阀，可预防负载突然过大而憋坏泵。有的大流量测试不需要高压，因此加一个低压大流量的泵组 2。

三台 30kW 的电机带动三个提供给多路阀油源的泵。为了使多路阀油源压力可控，在泵出口加溢流阀 4-1、4-2 和 5，而为了能够远程调控压力，用远程控制阀控制主安全阀的开启压力。在单向阀和安全阀之间装压力传感器，引到多路阀 P 口的油也从这之间引出。由于有一个测试项目需要使多路阀进口压力随时间上升下降，因此一个安全阀用电磁溢流阀 5。

② 先导控制　此油路如图 2-34 所示，一台控油电机泵组用于提供测试时的先导控制油。电机功率 2.2kW，额定转速 1450r/min，对应油泵流量 12L/min。

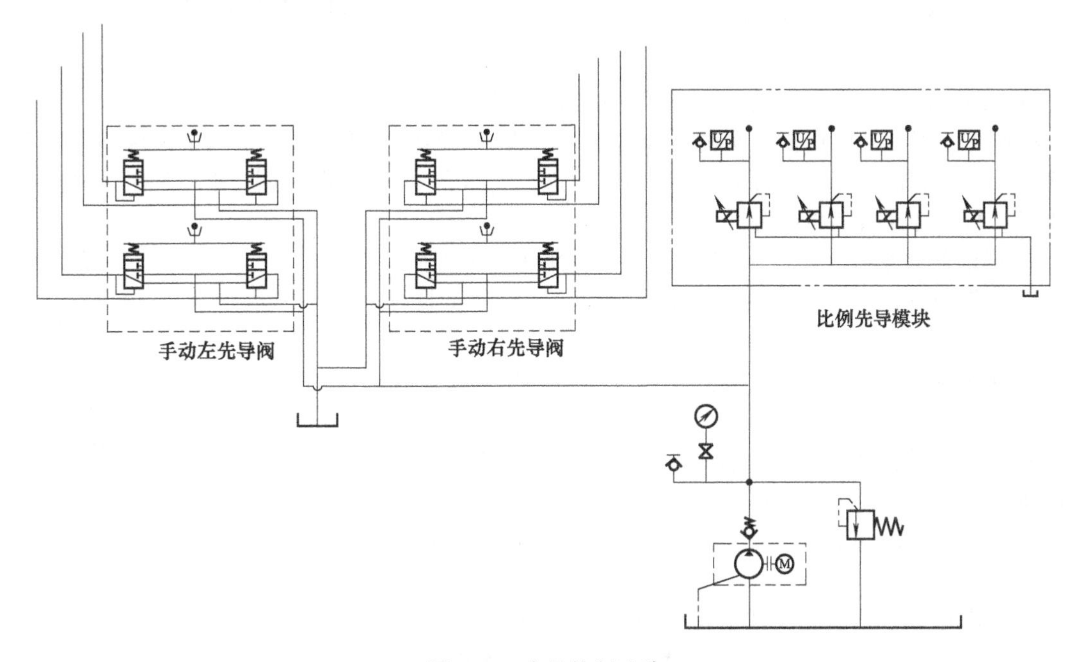


图 2-34　先导控制油路

先导手柄用来模拟装载机操作手柄功能。操作手柄输出的先导油压力快速上升，用于某些需要快速升压的测试项目。

比例减压阀输出的先导油压力增加缓慢，可以测试先导油缓慢上升的相关参数变化。

③ 负载模拟　多路阀工作油口的负载模拟，用一个由四个插装式单向阀 1-1～1-4 组成的液压桥路来实现，如图 2-35 所示。桥路装一个比例溢流阀 2 加载，实现工况模拟。加载阀后面装流量计以测量流过每一联的实际流量。

当油从 A1 口进入时，经过单向阀 1-3，然后到加载阀 2，加载阀溢流出来的油从单向阀 1-2 到 B1 口；当油从 B1 口进入，经过单向阀 1-1，然后到加载阀 2 后，再从单向阀 1-4 到 A1 口。

④ 过滤温控系统及喷淋防锈系统　如图 2-36 所示。

温控系统可由安装在主油箱内的温度传感器通过 PLC 程序实现自动冷却/加热，试验台的温控系统可分为自动和手动两种模式。系统默认的自动加热温度为 10℃，自动冷却的温度为 55℃（客户可根据需要自己调整控制温度）。

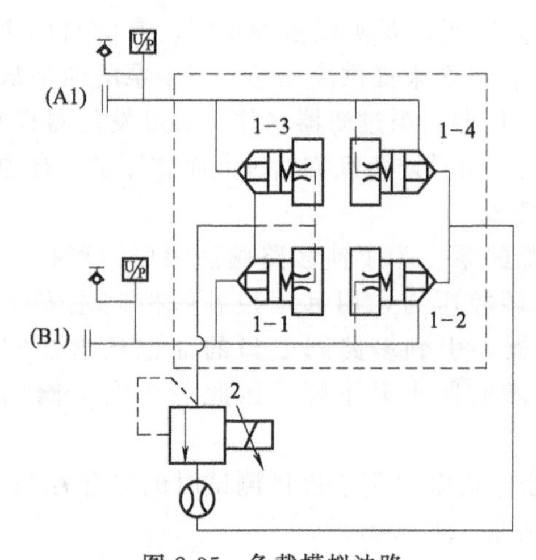


图 2-35 负载模拟油路

1-1～1-4—插装式单向阀；2—比例溢流阀

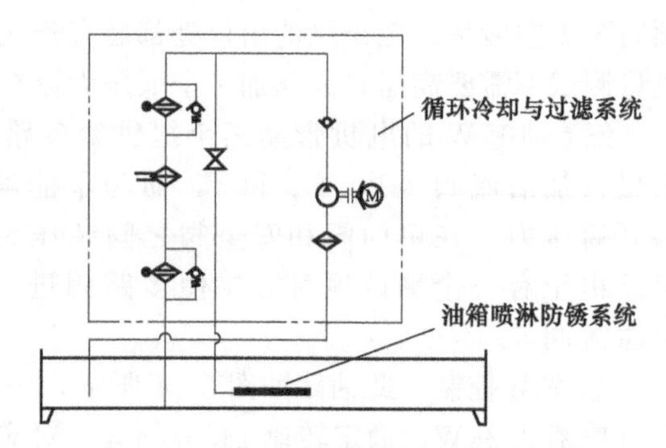


图 2-36 过滤温控系统及喷淋防锈系统

液压站主油箱由强力磁铁＋喷淋系统承担油箱的内部防锈功能，其中喷淋系统起到了举足轻重的作用。喷淋是引用循环泵的油液对油箱内表面喷洒油雾状的油液，喷淋油压即为循环泵开启时管路过滤器的背压。每天喷淋 1min 可起到有效的防锈作用。喷淋时，先打开控制喷淋的球阀，然后打开循环泵即可。

⑤ 漏油回收系统 如图 2-37 所示，主要用于以下方面。

a. 收集测试过程中换管漏下试验台的油，小集油箱装有液位继电器和电磁水阀，当油液满到一定程度时液位继电器给信号到 PLC，控制电磁水阀开启并启动抽油电机自动抽油。

b. 当大油箱需要放油，可打开相应球阀用抽油电机抽油到外面。

c. 当大油箱需要加油，可打开相应球阀往大油箱加油。

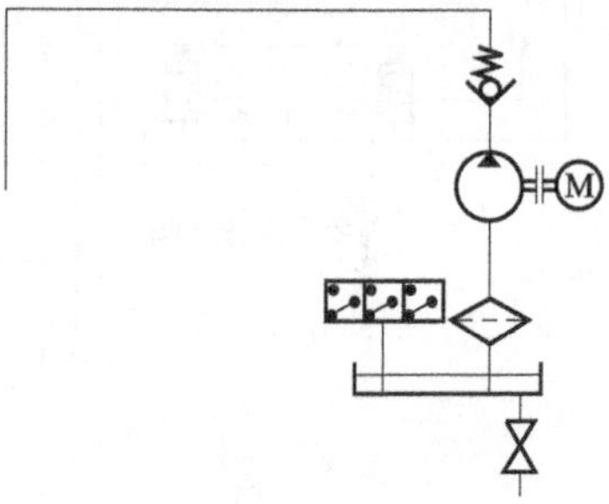

图 2-37 漏油回收系统

⑥ 试验台架

a. 技术指标 试验台架技术指标如表 2-3 所示。

表 2-3 试验台架技术指标

| 试验参数 | 额定范围 | 试验参数 | 额定范围 |
|---|---|---|---|
| 阀前压力(P11、P12) | 0～37MPa | 安全阀压力 | 0～37MPa |
| 阀后压力(P21、P22) | 0～37MPa | 二次过载阀压力 | 0～39MPa |
| 阀前流量(Q11、Q12) | 600L/min | 补油阀开启压力 | — |
| 阀后流量(Q21、Q22) | 600L/min | 反馈压力(Pi1、Pi2) | 0～3.2MPa |
| 阀芯推力(N) | — | 背压 | — |
| 阀杆先导压力(Pi") | 0～3.9MPa | 阀芯中位回油压力 | 0～3.2MPa |

b. 主要功能实现方式

ⅰ. 测试多路阀：主电机驱动动力油泵供油给被试多路阀，加载测量被试多路阀参数。

ⅱ. 两路加载测试：液压多路阀安装支架两个方向自由度可以适应不同尺寸、不同高度的液压多路阀的安装，便于测试前后的调整。

**(4) 试验台电气控制系统**

试验台电气控制系统框图如图 2-38 所示，相关电气元件如表 2-4 所示。

① 中央操作控制台（琴台式操作台）

a. 控制系统采用西门子 PLC。

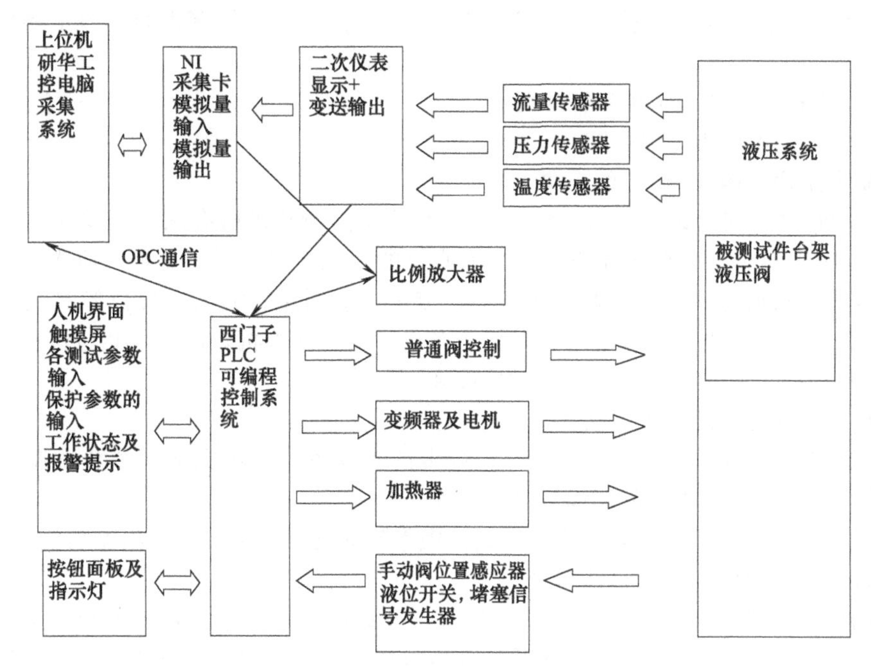


图 2-38　试验台电气控制系统框图

b. 控制电压采用 24V DC，保证安全性。

c. 压力、流量、转速、比例电流数显表显示。

d. 所有控制都在中央操作控制台（阀台除外）完成。

**表 2-4　相关电气元件**

| 元件 | 供货方 | 技术参数及特点 |
|---|---|---|
| 温度传感器 | | WZPK-625 PT100 热电阻(长 650mm，插深 600mm，螺纹 M20×1.5) |
| 加热器 | | 铜头紫铜管 380V9kW(三相) |
| PLC | 西门子 | 模块 6ES7288-ISR40-OAAO　24 输入 16 输出 CPU |
| | 西门子 | 模块 6ES7288-3AM06-OAAO　4 模拟量输入 2 模拟量输出 |
| | 西门子 | 模块 6ES7288-3AQ02-OAAO　2 模拟量输出 |
| 通信线 | | S7-200 西门子　USB-PPI+电缆 |
| 开关电箱 | | 开关电箱 300×250×150 |
| | | 开关电箱 400×300×150 |
| 航空插头 | 威浦 | 航空插头插座 WS24-4 芯 |
| 航空插头 | 威浦 | 航空插头插座 WS24-10 芯 |
| 工业电脑机箱 | 研华 | 机箱 IPC-6606 |
| 电缆 | | 68PIN NI-PCI 电缆 1m(SCSI V68 公-SCSI DB68 公 1m SCSI68 芯线) |
| 接线盒 | | (NI)接线盒，端子板 CB-68LPR 直角 |
| 采集卡 | | 采集卡 NI PCI-6220 |
| 工业电脑键盘 | | 工业键盘 |
| 工业电脑鼠标 | | 鼠标(IBM) |
| 工业电脑显示器 | | 嵌入式液晶显示器 |

e. 有手动、自动功能。手动模式下，通过操作台的按钮和电位器即可完成所有测试项目。自动模式下，在采集柜 CAT 软件里面设定好参数，即可完成自动加载和自动采集。

f. 有各类保护，如高压保护、回油堵塞保护、电机超载保护、液位保护、流量计保护等，当出现报警时，进行相应保护动作并报警，在CAT界面中显示报警内容，提示操作人员如何处理。

② CAT计算机采集（标准电脑机柜）

a. 工控电脑采用研华工控电脑。

b. 采集卡采用美国NI公司的采集卡。

c. 试验台计算机辅助试验（简称液压CAT）系统为新欧机械有限公司采用美国国家仪器公司的LabVIEW软件开发的采集软件，具有自己的知识产权，界面美观，功能强大。

d. 液压计算机辅助试验系统能完成压力、流量、泄漏量、油温、液位等参数的自动采集（测试）；根据测试项目进行数据处理、存储与备份，并由计算机自动生成相应试验曲线及试验报告；并能将数据、曲线及试验报告及时保存和打印输出。

e. 试验报告由计算机自动生成。

f. 测试系统预留与生产管理系统接口，待生产管理系统建设完成后能将试验数据与结果上传并接收生产管理系统下传的试验计划与安排。

g. 计算机测试系统具备数据库管理功能，操作界面友好，报表具有组态功能。

h. 测试系统自动生成试验元件编号。

③ 防电磁干扰措施　在数据采集器内选用工业级高可靠抗干扰稳压电源，工频交流电经变压、整流、滤波、稳压后得到系统所需的各挡电压，并通过增加滤波级数、加大滤波电容等方式消除来自电网的传导噪声和因滤波不佳引起的纹波噪声，具有稳压精度高、抗干扰性能强等特点，有较高的共模抑制比及串模抑制比，能在较宽频率范围内抑制干扰。

电脑采用研华工业机箱，所配电源为研华工业级电源。

开关电源采用明纬工业开关电源，并且传感器和线圈电感性（如电磁阀）电源为不同电源。

模拟量采集信号经过隔离变送器，对频响要求高的信号采用高速隔离器。

所有控制全部通过西门子PLC完成，由上位机给PLC指令，由PLC完成指令动作，这是新欧控制系统的特点。

PLC为能适应强电磁干扰的成熟产品。

传感器选择4～20mA信号，电流信号抗干扰能力强。

信号线选择双绞屏蔽线，信号线所走线槽采用镀锌线槽，线槽外壳接地。

强电线槽和弱电线槽分开。

对采集要求较高的场合，如伺服阀动态试验需要制作伯德图片，会根据需要改为软启动，用比例变量泵调节流量，减少变频器对信号的干扰。

控制电源和动力电源分开，减少电机电流、电压波动对控制采集电源的干扰。

动力电源地和控制电源地分开，单独接地。

**(5) 试验台测试项目举例：多路阀压力损失测试**

① 阀P口接试验台P2口，阀T口接试验台A1口，试验台B1口接试验台T口；开启大流量合流球阀；拧紧操作台的“P3压力调节”和“P2压力调节”手柄。

② 点击电脑桌面上的“多路阀测试系统”图标，进入开始界面，如图2-39所示。

③ 点击“进入测试界面”按钮，进入主操作界面，如图2-40所示。

主界面主要包括七大块（见图2-40中带圈数字）：数值显示栏，系统数据观察用；报警窗口栏；当前测试样品的型号编号显示；测试图显示栏，用于选择切换试验项目的实时图；辅助泵启动栏；泵启动与压力调节栏；测试开始停止与其他子界面切换栏。

④ 点击主操作界面中“测试开始”按钮，选择“压力损失”，进入如图2-41所示界面。

⑤ 点击“开始采集”，再开总开关，再开压差曲线的开关，即可得到压差曲线。

图 2-39 开始界面

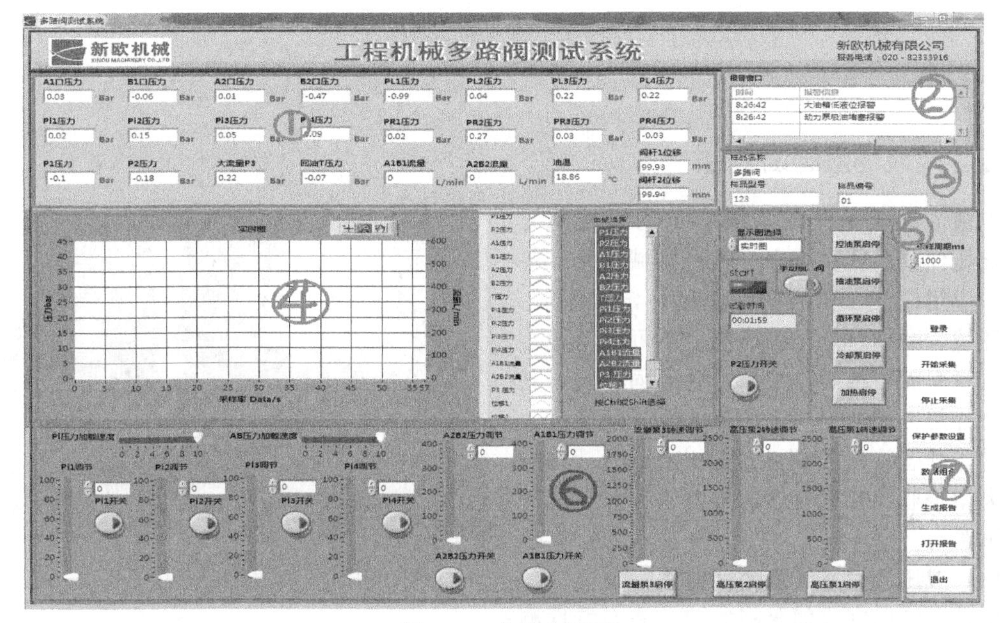


图 2-40 主操作界面

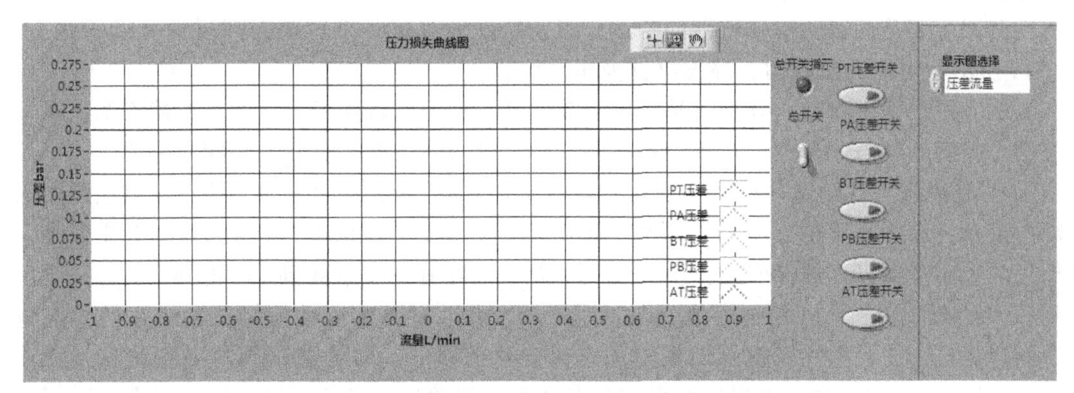


图 2-41 压差曲线界面

⑥ 点击屏幕的“显示图选择”框，选择“打印曲线选择”，选择“流量压差”采集压力损失随流量变化的曲线；点击“生成报告”；点击“打开报告”，即可看到对应的流量压差曲线，如图 2-42 所示。

试验台实体照片如图 2-43 所示。

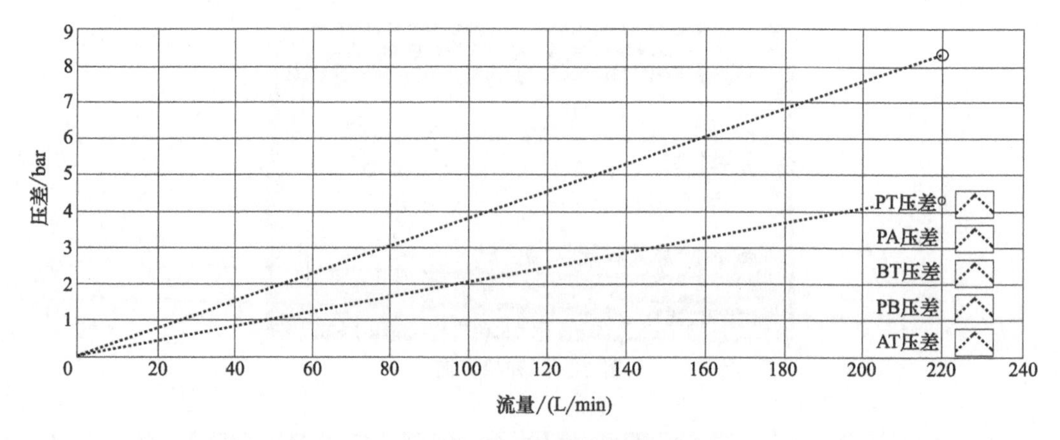


图 2-42 流量压差曲线

1bar=0.1MPa

## 2.3.2 电液伺服阀试验台

电液伺服阀是测控系统中常用的控制元件，液压伺服系统在冶金、工程机械、化工等行业中应用广泛。伺服阀在使用一定时间后，由于环境、磨损、老化等因素，不可避免地会出现故障而需要维修，维修之后的伺服阀，其各种特性是否能达到规定的要求，必须通过一定的动、静态特性检测才能得出结论。因此，许多大型企业都根据自己的需要建有独立的伺服阀试验台。

图 2-43 试验台实体照片

**(1) 液压测试系统及测试方法**

试验台可以完成伺服阀的动、静态特性测试：静态特性测试的内容包括空载流量特性、压力增益特性、流量-压力特性、泄漏特性；动态特性测试主要是伺服阀频率特性的测试。以上特性的测试结果需要以图形的方式绘制出来。图 2-44 所示为电液伺服阀动、静态测试液压系统。

测试时根据测试项目，分别将被试阀安装在动、静态测试阀板上。在进行静态测试时，将开关阀 8 关闭，将阀 6 打开；在进行动态测试时，则将开关阀 8 打开，将阀 6 关闭。

① 空载流量特性测试方法　先将开关阀 18、7 关闭，打开阀 17、9，使被试电液伺服阀的两输出口 A、B 之间压差 $\Delta p_L=0$。然后向被试阀通入频率为 0.01Hz 的三角波电流信号，电流信号的大小按照以下规律变化：由 0 变到 $+i_{max}$，再由 $+i_{max}$ 变到 0，再到 $-i_{max}$，然后再回到 0。由涡轮流量计 16 检测电流变化过程中的流量，并将测得的流量值和输入的相应电流值送到计算机中去，由计算机画出流量随电流变化的曲线，即为被试阀的空载流量特性曲线 $\pm q=f(\pm i)_{\Delta p_L}=0$。并可以根据测得的数据计算出阀的流量增益、对称性、零漂和滞环等重要性能。

② 负载流量特性测试方法　打开开关阀 18、9，关闭阀 17、7，使测试时 A、B 两口的油液通过单向阀组 23 和比例溢流阀 22。用比例溢流阀（最低可调节压力小于 0.5MPa）可以改变测试时负载压力，用涡轮流量计 16 可以测量各种负载工况下的流量。测试时，先调节溢流阀 3，使系统的压力为被试电液伺服阀的额定压力，再向被试阀线圈输入频率为 0.1Hz 的三角

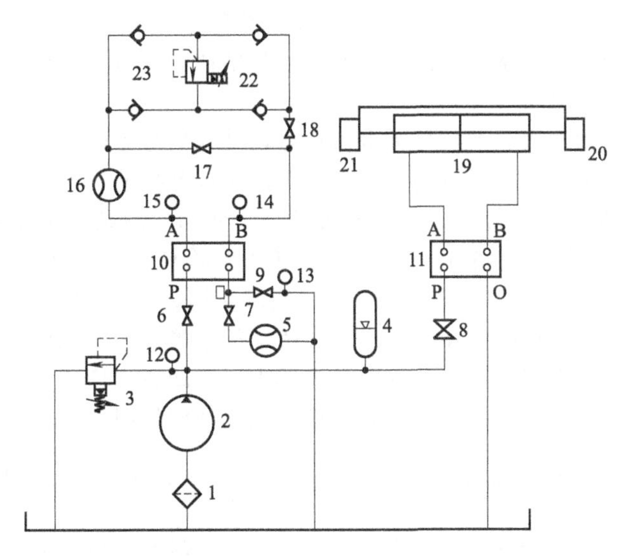


图 2-44 电液伺服阀动、静态测试液压系统

1—过滤器；2—液压泵；3—溢流阀；4—蓄能器；5,16—涡轮流量计；6～9、17、18—开关阀；10—静态测试阀位；11—动态测试阀位；12～15—压力传感器；19—动态缸；20—速度传感器；21—位移传感器；22—比例溢流阀；23—单向阀组

波电流信号，然后通过控制比例溢流阀 22 使负载压力从零按一定增量逐渐变化到额定压力，测量每一增量下的流量，输入到计算机中。再改变输入电流的幅值（频率不变），重复以上过程，可测得多组曲线，此即为电液伺服阀的负载流量特性曲线$\pm q=f(\pm\Delta p_L)_i=$Cout。

③ 压力特性测试方法　先关闭开关阀 17、18、7，打开阀 9，使被试阀的输出流量为零，调节溢流阀 3 使系统压力等于被试阀的额定压力与回油压力（由压力传感器 13 测得）之和。然后向被试阀线圈通入 0.1Hz 三角波电流信号，由计算机读取压力传感器 14、15 的值，即可测出伺服阀两输出口之间的压差。改变输入电流信号的幅值，可测得不同电流幅值下的压差值。根据电流值和压差值可以绘出被试阀的压力增益特性曲线$\pm\Delta p_L=f(\pm i)_{\Delta q}=0$。

④ 泄漏特性测试方法　先将开关阀 17、18、9 关闭，将阀 7 打开，调节溢流阀 3 使系统压力达到被试阀的额定压力，然后向被试阀线圈通入激励电流，用涡轮流量计 5 测量泄漏流量的大小，并将泄漏信号和给定的激励电信号经采样输送到计算机，由测试系统绘出泄漏特性曲线 $q_r(\pm i)$。

⑤ 动态特性测试　根据国标，电流伺服阀的动态特性主要是指其幅频特性曲线－3dB 时的幅频宽和相频特性曲线－90°时的相频宽。测试时需要用 10 个不同频率的正弦信号作为被试阀线圈的激励信号，然后依次测量其输出的流量信号，并滤除流量信号中与激励信号频率不同的成分后作为被试伺服阀的响应信号。这两个信号经采样分别输入到计算机，由系统测试软件求出激励信号的自功率谱 $G_{xx}(f)$ 和激励信号与响应信号的互功率谱 $G_{xy}(f)$，由此可得频率响应 $H(f)=G_{xx}(f)/G_{xy}(f)$。

动态特性测试时先将开关阀 6 关闭，将阀 8 打开，由独立的信号发生器产生扫频正弦信号，经放大之后，输入到伺服放大器，使动态缸产生运动，根据安装在动态缸上的速度传感器，可以求出被试伺服阀的输出流量，而安装在另一端的位移传感器可用于防止动态缸偏离中心位置。

**(2) 测试系统电路结构**

测试系统在静态特性试验时需要采集的信号包括被试伺服阀线圈的电流信号、进油口 P 的压力信号、负载口 A 和 B 的压力信号、泄漏口 O 的压力信号、负载口 A 和 B 之间的流量信号、泄漏口 O 的流量信号；动态特性测试时需要采集的信号有被试阀线圈的电流信号、速度传感器输出的电压信号。测试系统输出的控制信号包括比例溢流阀的压力设定值、信号发生器产生的被试阀线圈激励信号。

以上信号中的被试阀伺服放大信号为电流信号，其他信号为电压信号。由于传感器检测的这些信号通常包含有噪声或经过了调制，在输入到测试计算机前，都需要经过相应的处理，然后才经 A/D 转换器转换成数字信号，供计算机进一步使用。测试中采用独立的数字信号发生器，该信号发生器由 16 位单片机作为核心，可以产生频率为 0～800Hz 的三角波、正弦波、方波、线性扫频正弦波等多种信号波，供伺服阀测试所用。信号发生器通过 RS232 与主机通信，测试时由主机将生成波形的类型、波形的幅值和频率等参数告知信号发生器，信号发生器生成规定的波形之后，输入到被试阀的伺服放大器中。在动态特性测试时，同时将生成的波形数据传送给主机，供计算动态特性使用。测试系统电路结构如图 2-45 所示。

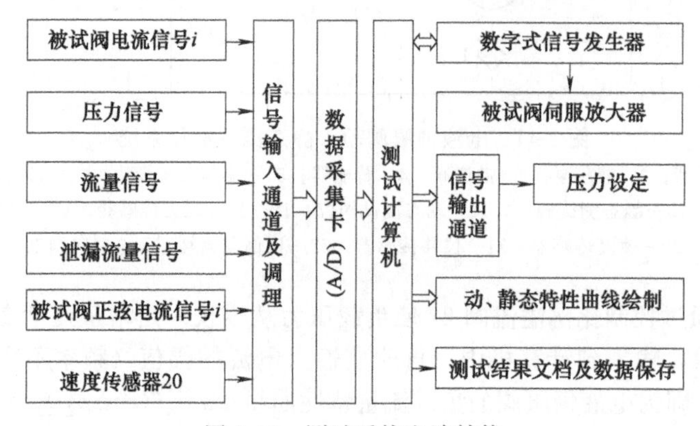


图 2-45　测试系统电路结构

**(3) 测试系统软件**

软件系统的主要功能是完成测试数据的处理和测试曲线的绘制，因此从功能上划分，可分为信号处理模块、数据通信模块、界面管理模块和负责测试文档处理及数据保存的辅助功能模块。这些模块又分别包含有多个子模块，子模块再调用基本的函数库函数，完成各自的功能。

信号处理模块是测试系统最重要的模块，其子模块包括数字滤波、曲线拟合及插值、频响计算、误差补偿等。数字滤波可以采用的算法有中值滤波、相关滤波、限幅滤波等方法，可以根据现场干扰情况选择合适的滤波方法。曲线拟合采用常用的最小二乘法原则，使拟合后的曲线点的误差平方和最小。频响计算主要包括自相关计算和互相关计算，采用快速傅里叶变换和反变换实现快速相关算法。

通信模块的功能包括读写输入/输出数据缓冲区、数字信号发生器相互通信子模块。在测试前，由操作人员根据测试项目，将需要采集的压力、流量信号的通道号及信号发生器的波形参数输入到系统，系统将调用缓冲区建立函数和通信函数建立各通道的数据缓冲区，并向信号发生器输出参数，同时启动 D/A 和 A/D 数据转换，各通道采用中断方式向缓冲区写入数据，CPU 每隔 1s 时间读取各缓冲区数据，在对数据进行处理后调用界面管理模块刷新输出界面。界面管理模块主要负责静、动态特性曲线的绘制，由各特性曲线子模块调用 Plot( )函数完成。辅助功能模块包括测试数据的格式化输出到文件以及测试文档和数据的打印。

整个测试系统采用微软公司的 VC6.0 开发，其总体操作流程如图 2-46 所示。

**(4) 测试举例**

表 2-5 是 MOOG 公司生产的 D072-386 伺服阀经维修后的检测生成的试验报告，报告中列出了伺服阀的主要试验项目结果和标准规定的值。

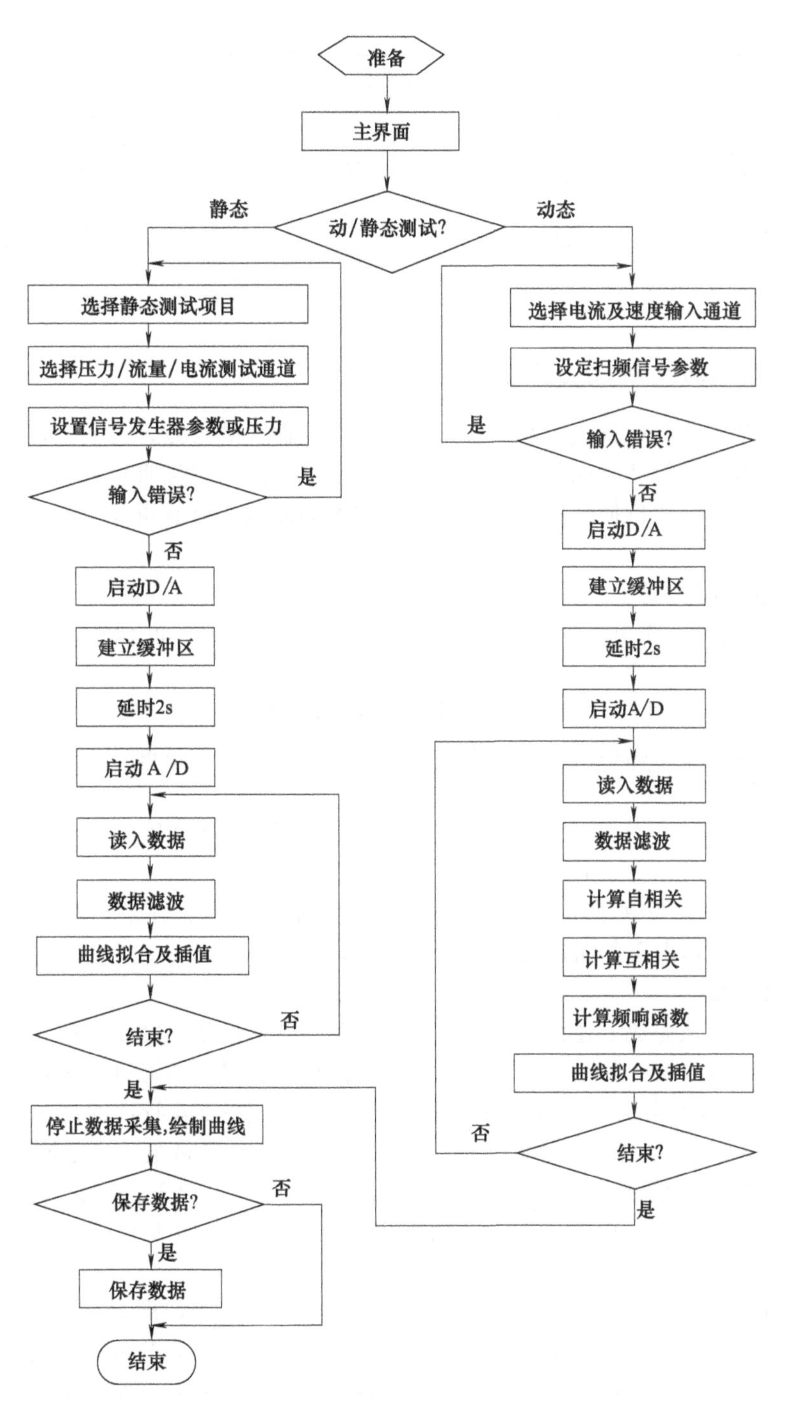


图 2-46　测试软件操作流程

**表 2-5　电液伺服阀试验报告**

| 伺检字　　第(0001)号 | | | |
|---|---|---|---|
| 产品名称 | 电液伺服阀 | 型号规格 | MOD-D072-386 |
| | | 元件编号 | S/N213 |
| 额定流量 | 60L/min | 额定压力 | 21MPa |
| 额定输入 | ±12.5(mA) | 接线方式 | A+,B-加 18mA 偏置:<br>C+,D-信号 |
| 检验依据 | GB 20233 | | |

续表

| 试验结果 | | | | | | | |
|---|---|---|---|---|---|---|---|
| 测试项目 | | 测量位置及单位 | | 规定值 | 检修后实测值 | 结论 | 备注 |
| 01 | 线圈阻抗 | Ω | A、B间 | 200±8 | 199 | OK | |
| | | Ω | C、D间 | 200±8 | 199 | OK | |
| 02 | 绝缘 | MΩ | | >50 | 50 | OK | |
| 03 | 额定流量 | L/min | | ±10% | 57.6 | OK | |
| 04 | 压力增益 | % | | >30 | 38 | OK | |

### 2.3.3 大流量电液比例插装阀测试试验台

电液比例插装阀具有流量大、响应快、耐高压、寿命长等特点，可满足快速、平稳、高精度的技术要求。电液比例插装阀作为关键液压元件，其性能的好坏直接影响到整个系统的可靠性，研发高品质的电液比例插装阀并进行全面、准确的测试，具有重要意义。

**（1）测试项目**

① 稳态控制特性测试

a. 流量-压差特性：是电液比例插装阀在实际应用中最受关注的性能之一，反映了电液比例插装阀的通流能力。

b. 滞环特性：由滞环指标 $H_x$ 表示，是指元件内存在的磁滞、静摩擦、弹性滞环等因素对元件稳态控制特性的影响程度，反映了电液比例插装阀的控制精度。

② 动态控制特性测试

a. 流量突变时的抗干扰能力：在输入信号一定（即被试阀的开口一定）的情况下，测试在输入流量阶跃变化时，被试阀主阀芯位移的稳定性。

b. 阶跃响应特性：反映了电液比例插装阀的快速响应能力。在设计的试验台中，对被试阀在低压情况和高压情况下的阶跃特性均进行了准确的测试。

**（2）液压试验台**

为了更有针对性地完成上述测试项目，电液比例插装阀的液压测试试验台分为低压大流量试验系统和高压试验系统。其中高压试验系统包括高压小流量和瞬态高压大流量两部分。

① 低压大流量试验系统　该试验系统主要可以进行流量-压差特性的试验，液压系统原理如图 2-47 所示。该液压系统由主回路、循环过滤回路和控制回路组成。主回路由 6 台双轴电动机驱动 12 台定量齿轮泵提供油源，在工作压力为 2MPa 的情况下，能够提供 3600L/min 的流量。控制回路为先导阀提供压力油。被试阀前后均设置了压力表和压力传感器，用以检测压力。

在进行流量-压差特性测试时，给定被测阀一定的输入信号，即令其主阀开口固定不变，改变泵的输入流量，由于设置了 12 台泵，所以能够保证 12 组不同的流量输入，记录在不同流量情况下被试阀前后压差，这样便可以得到 12 组数据，从而可以得到被试阀在全开情况下的流量-压差的特性曲线。除了流量-压差特性的测试，该试验系统还能对被试阀的静态滞环特性、抗流量干扰能力和低压时的动态响应特性进行测试。

② 高压试验系统　该试验系统主要进行被试阀的阶跃响应试验，液压系统原理如图 2-48 所示。该液压系统主要由主回路、蓄能器组和控制回路组成。高压小流量系统主回路由 2 台 PVG-10 比例变量泵提供油源，最大稳态流量为 300L/min，最大压力为 31.5MPa。瞬态高压大流量系统由 4 个容积为 100L 的气囊式蓄能器串联而成，能提供瞬态的高压大流量，功耗低，又能验证被试阀的动态性能。控制回路为先导阀提供压力油。

在进行阶跃响应特性测试时，首先对阀输入关闭信号，比例变量泵开启向蓄能器充液，当

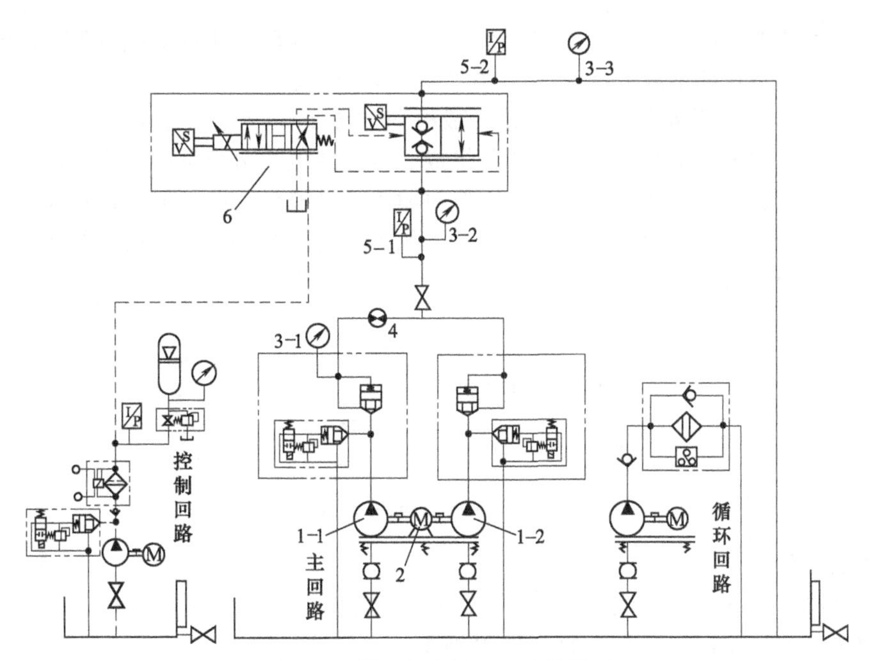


图 2-47　低压大流量试验系统原理

1-1,1-2—齿轮泵；2—电动机；3-1～3-3—压力表；4—流量计；5-1,5-2—压力传感器；6—被试阀

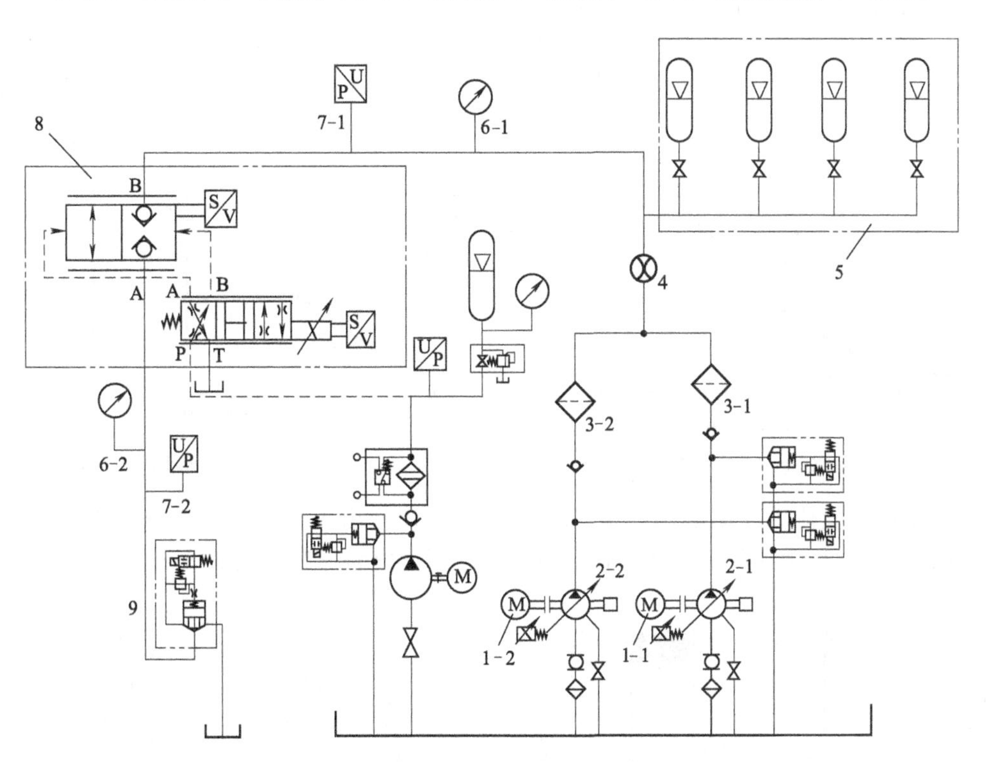


图 2-48　高压瞬态大流量试验系统原理

1-1,1-2—电动机；2-1,2-2—比例变量泵；3-1,3-2—过滤器；4—流量计；5—蓄能器组；
6-1,6-2—压力表；7-1,7-2—压力传感器；8—被试阀；9—背压阀

蓄能器充满液，压力达到设定值后，给被试阀以阶跃信号，这时蓄能器和比例变量泵一起向被试阀供液。数据采集系统记录被试阀前后压力变化和阀芯位移情况，可以得到主阀芯的阶跃响应曲线。

在不使用蓄能器组的情况下，该试验系统还可以进行高压小流量情况下的动态响应特性测试，并且可以对小流量范围内的流量-压差特性进行补充试验。

③ 测试系统　该试验系统的测试系统组成框图如图 2-49 所示，主要由测试试验台、传感器、控制放大板、数据采集与显示四个部分组成。传感器包括两个位移传感器和两个压力传感器，控制放大板是测试系统的控制单元，主要对输入信号进行处理放大，最终控制被测元件主阀芯的位移。数据采集卡采用研华 4711A，是一块 12 位多功能 USB 数据采集卡，可进行数字信号和模拟信号的输入输出，采样速率高达 150KS/s。利用虚拟仪器软件 LabVIEW 实现数据记录和图像输出。

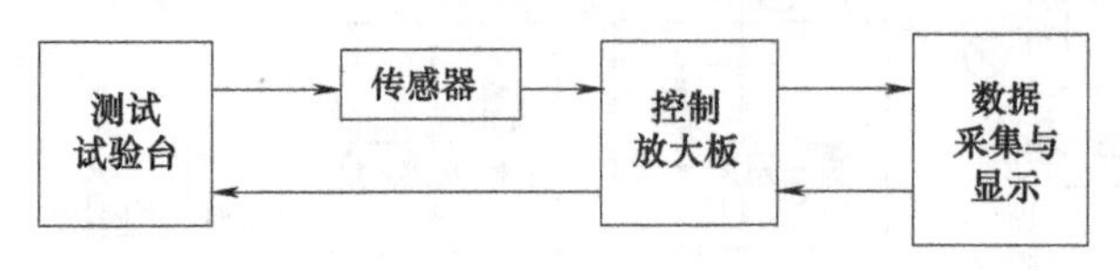


图 2-49　测试系统组成框图

### (3) 测试结果

① 被试阀具有良好的通油能力。在被试阀主阀全开，阀前后压差为 0.35MPa 的情况下，流量能达到 3000L/min，测试曲线如图 2-50 所示。

② 静态滞环测试曲线如图 2-51 所示，可以看出阀芯开启和关闭的反馈信号与输入信号的曲线基本重合，最终计算滞环指标 $H_x$ 仅为 0.13%。

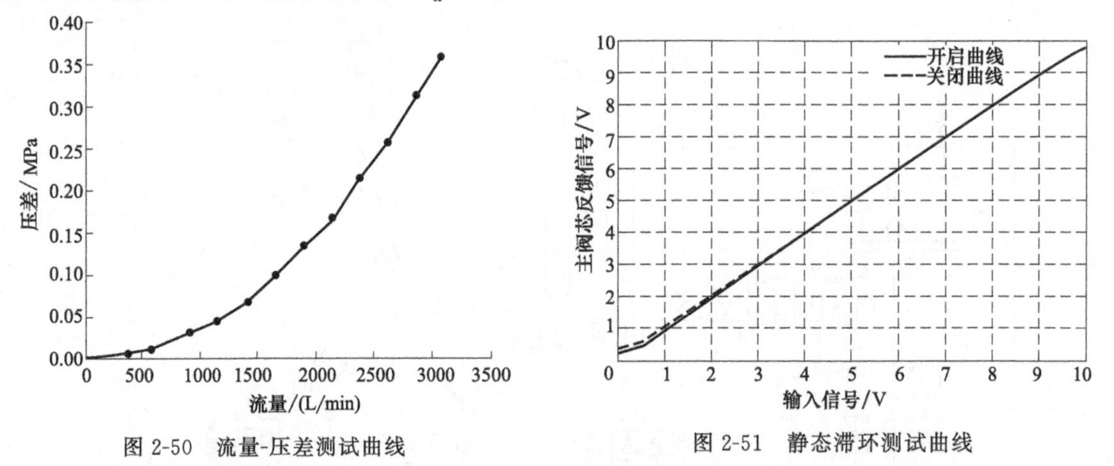


图 2-50　流量-压差测试曲线

图 2-51　静态滞环测试曲线

③ 抗流量干扰能力测试如图 2-52 所示。当输入流量由 1200L/min 到 3600L/min 阶跃变化时，被测试进口压力也阶跃变化，但其位移基本不受影响，有较强的抗干扰能力。

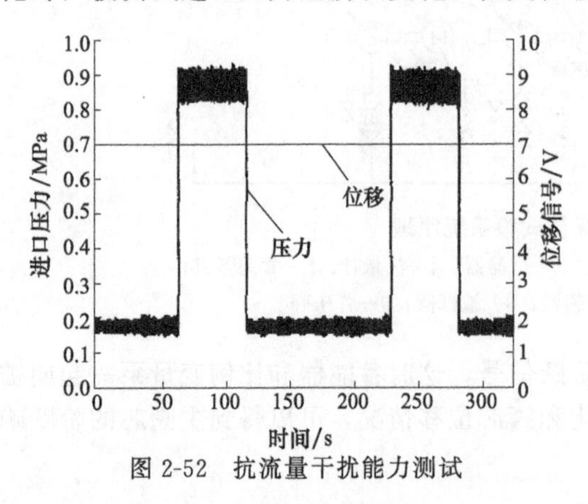


图 2-52　抗流量干扰能力测试

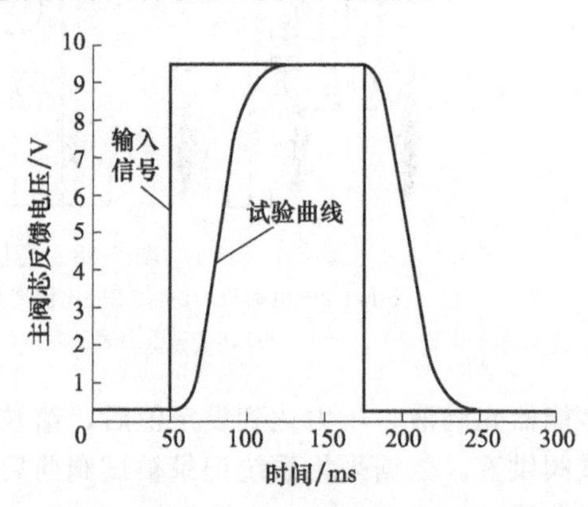


图 2-53　阶跃响应曲线

④ 在系统压力为 15MPa 左右，输入阶跃信号值为 0.3～9.5V 情况下，阶跃响应曲线如图 2-53 所示。

从图 2-53 中可以看出，阶跃上升时间和下降时间以 10%～90%计算，响应时间在 30～40ms 之间。

### 2.3.4 液压阀疲劳及耐高压试验台

液压阀抗疲劳及耐高压性能是其可靠性的重要技术指标。液压阀疲劳及耐高压试验台主要用于液压阀体的疲劳试验及液压阀耐高压试验，通过长时间对阀加载交变高压油液，测试各类液压元件的耐高压程度和疲劳破坏的加载应力。据此可进一步分析元件失效的因素与机理，并为元件的可靠性改进提供依据。测试技术与液压元件可靠性密切相关。液压阀疲劳及耐高压测试的难点是压力高、要提供高频液压脉冲，对节能与可靠性也有较高要求。广州市新欧机械有限公司为此进行了积极探索，设计开发了新型液压阀疲劳及耐高压试验台。

**(1) 主要技术参数和技术要求**

根据用户工程机械多路阀疲劳试验及耐高压试验需求，确定了主要技术参数和技术要求。

① 交变应力加载疲劳试验对试验台的技术要求

a. 泵工作流量：普通电机配变频器调速，最大流量 80L/min。

b. 系统输出最高压力：60MPa。

c. 系统输出交变压力频率：1～3Hz，实际试验频率与被试件高压腔容积有关，高压腔容积增大，实际试验频率减小。

d. 系统输出交变压力振幅：最大压力振幅 40MPa，可调。

e. 输出交变压力的波形可以调节为三角波、正弦波和方波，其中方波的占空比可调。

f. 连续工作时间：>200h。

g. 试验油温：50～80℃可控。

h. 长时间对阀体加载交变高压静态油液，测试阀体疲劳破坏的加载应力。当出现外泄漏或疲劳破坏，即视为故障件。出现故障件时应发出信号，提醒试验员换件。外泄漏采用人工监测。应能对无故障试验时间和每只被试件的循环加载次数进行自动记录。

② 耐高压试验对试验台的技术要求

a. 系统输出工作压力：50～90MPa，可调。

b. 试验油温：50～80℃可控。

c. 系统输出的高压流量：0.1～1L/min，可调。

d. 单次耐高压时间最长 5min，5min 内工作压力需保持稳定，振摆小于±2%。

e. 长时间（时间可人为设定）对液压元件加载高压静态油液，测试液压元件的耐高压程度。油液加载高压有快慢两种方式，快速方式时加载到规定压力的时间小于 1s，慢速方式时加载到规定压力的时间大于 30s，加载到规定压力后，被试件无泄漏时，试验台要求能够保持压力稳定 5min。试验台在高压试验过程中，当液压元件出现屈服或断裂破坏、出现外泄漏，即视为故障件。出现故障件时根据压降判断发出信号，提醒试验员换件。外泄漏采用人工监测。应能对每只被试件的无故障试验时间和破坏压力进行自动记录。

**(2) 液压系统**

① 液压系统　采用二级增压系统，主液压源采用变频器，控制柱塞泵，实现流量的无级稳定调控，以主泵为动力源，配置比例溢流阀和安全溢流阀，实现压力精确控制，以 2 个增压比为 4∶1 的增压缸，同时配置 2 个美国进口 MOOG 伺服阀，分别实现高频与低频压力检测，以增压比为 4.5∶1 的大增压缸实现高压耐压检测。系统如图 2-54 所示。

② 增压缸及主控制阀　增压缸及主控制阀是系统的关键元件，根据不同技术要求进行了

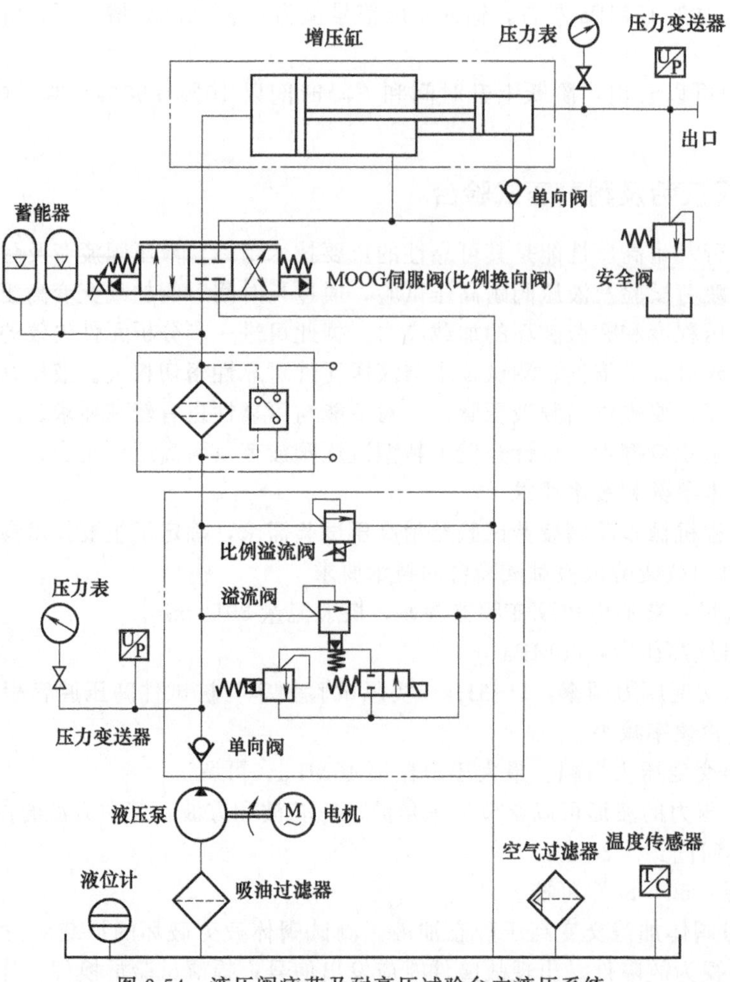


图 2-54　液压阀疲劳及耐高压试验台主液压系统

选择。

增压比为 4∶1 的高频增压缸 1，大活塞直径是 80mm，小活塞直径是 40mm，给大面积活塞腔 25MPa 的压力，小面积腔可产生 100MPa 的压力，设计压力是 100MPa。活塞最大行程是 70mm，活塞往复运动频率是 2～4Hz。

增压比为 4∶1 的低频增压缸 2 大活塞直径是 100mm，小活塞直径是 50mm，给大面积活塞腔 20MPa 的压力，小面积腔可产生 80MPa 的压力，设计压力是 80MPa。活塞最大行程是 200mm，活塞往复运动频率是 1～2Hz。图 2-55 所示为增压缸结构。

增压缸 1 和增压缸 2 的控制阀选用美国 MOOG 公司生产的伺服阀，额定压力在 28MPa 以上，阀压降为 3MPa 时的通过流量大于 100L/min，带压力反馈。

增压比为 4.5∶1 的高压增压缸 3，大活塞直径是 150mm，小活塞直径是 70mm，给大面积活塞腔 25MPa 的压力，小面积腔可产生 115MPa 的压力，设计压力是 115MPa。活塞最大行程是 500mm。增压缸 3 的控制阀选用 ATOS 公司的三位四通比例换向阀。

高频增压缸 1、低频增压缸 2、高压增压缸 3（耐压缸）出口都设有安全溢流阀，设定压力为 100MPa。

③ 液压泵站　主泵选用力源柱塞泵，压力由比例溢流阀电气调节，流量由变频器控制电机转速调节。

电机为三相异步电机，变频调速。

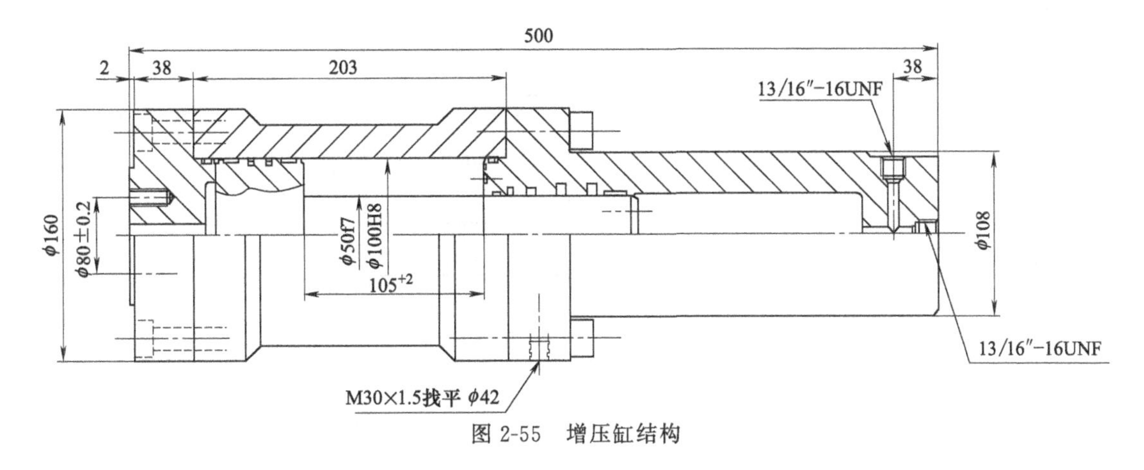

图 2-55 增压缸结构

设有精密过滤器，保证油液系统的清洁度在 NAS1638 规定中的 5 级以上，确保 MOOG 伺服阀的正常工作。

粗过滤器用于保证油液的初步清洁要求，保护油泵及控制阀的正常运行。

电磁比例溢流阀用于实现电气系统自动控制。软件参数设置调压功能。其中比例电磁铁起先导溢流控制作用，比例电磁铁不得电，系统相当于全开，压力为零。当给电磁铁一定的电流，系统对应一定的压力。

电磁安全溢流阀用于实现电气系统自动控制。软件参数设置安全卸压功能，设定一个比系统压力稍高的定值，当系统压力突然超过此定值，则安全阀起卸压作用，卸除部分压力，系统压力下降到设定值以下，安全阀弹簧自动复位。其中电磁阀起旁通开关作用，当电磁阀不给电，则系统流体经旁通油路流回油箱，系统不憋压。当电磁阀给电后，系统才憋压，安全阀才起作用。安全溢流阀设定压力为 30MPa。

温度传感器用于监测油液系统的温度。

液位传感器用于监测油箱油液位置，当液位低于设定位置，则关闭电源，停止泵的工作。

另设有冷却系统、齿轮泵系统，实现油液的循环、冷却、加油、充油、清洁过滤作用。

**(3) 电气控制及数据采集系统**

电气控制采用西门子 S7-300 系列 PLC（表 2-6），并通过总线将 PLC 与上位机进行通信连接。PLC 主要完成动力系统的控制及各项保护，PLC 采用 S7 编程软件编程。

采集系统研华采集卡向伺服阀提供交变控制信号，实现对泵站输出压力的控制。系统能对无故障试验时间和每只被试件的循环加载次数进行自动记录。上位机用 LabVIEW 软件编程。LabVIEW 软件具有面向对象功能，可将试验操作步骤程序化、具体化、简单化。

电气控制柜需具有通风冷却功能，保证强、弱电隔离。各传感器和仪表的信号线必须采用带屏蔽的通信电缆，进出控制柜的电缆必须通过全封闭的工业航空插座引入、引出，信号线和强电必须分离。

**表 2-6 西门子 S7-300 系列 PLC 主要模块及上位机**

| 名称 | 型号/规格 | 厂家 | 数量 |
|---|---|---|---|
| CPU 模块 | 6ES7315 | 西门子 | 1 |
| 开关输入模块 64 | 6ES7321 | 西门子 | 1 |
| 开关输出模块 32 | 6ES7322 | 西门子 | 1 |
| 模拟量输入 | 6ES7331 | 西门子 | 1 |
| 模拟量输出 | 6ES7332 | 西门子 | 1 |
| 电源模块 | 6ES7307 | 西门子 | 1 |
| 存储卡 | 6ES7953 | 西门子 | 1 |
| 显示器正屏 | E190S | DELL | 1 |
| 研华工控机 | IPC-610P4 | 研华 | 1 |
| 采集卡 | PCI-1711 | 研华 | 1 |

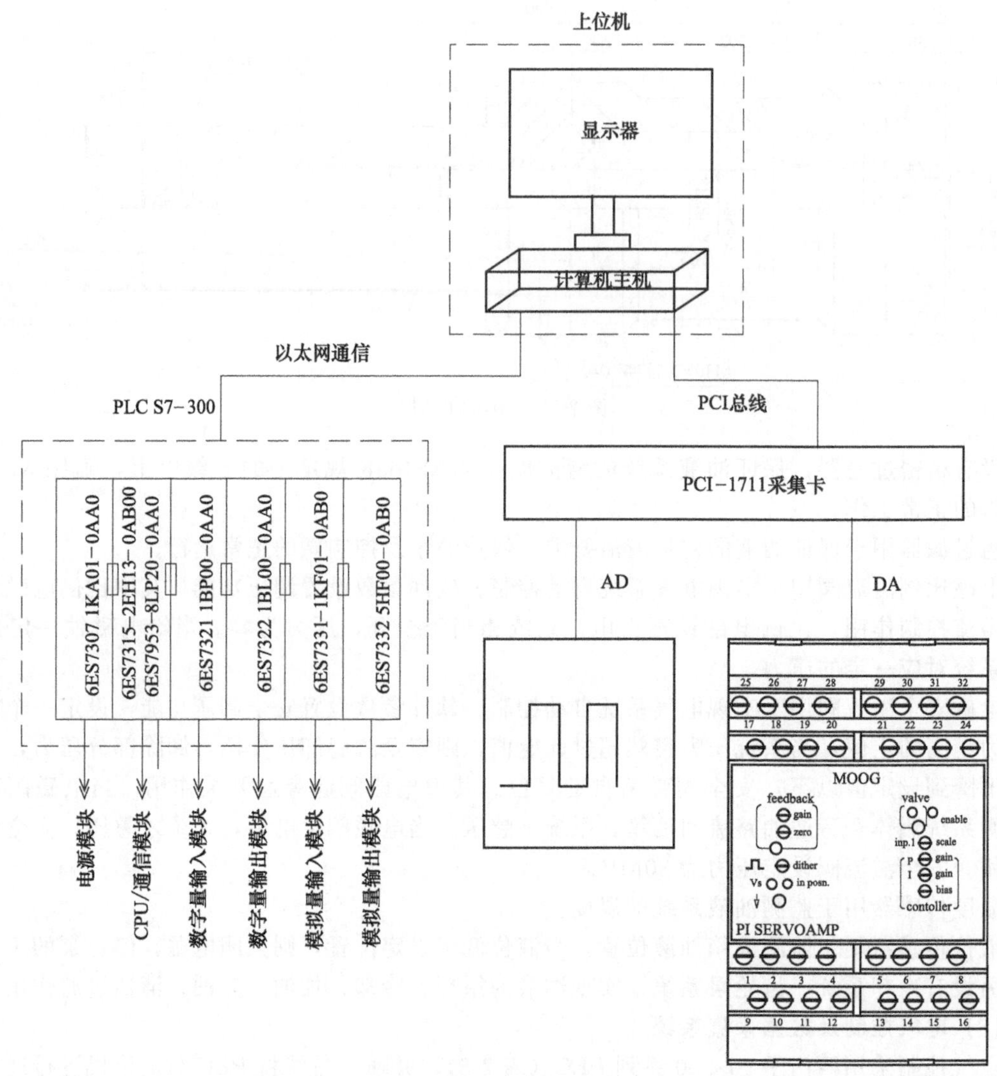


图 2-56　电气系统

电气设计和安装符合相应专业及安全标准，选用优质电气元件，性能可靠，稳定性高。低压电气元件采用正泰产品，中间继电器、稳压电源采用施耐德产品。所有压力表均采用耐振型，由专用测压线和测压点接头相连。压力传感器采用 SENEX（森纳士）和 HUBA 产品。各油口的压力，除了在显示屏上显示外，还在试验台架上用压力表显示。电磁阀为 24V DC 控制。传感器 24V DC 供电，4～20mA 输出。

电气系统如图 2-56 所示。

(4) 软件操作界面

疲劳耐压试验台软件系统设有操作界面，由此可对液压阀壳体工件进行高频脉冲测试、低频脉冲测试和耐压测试三种试验。双击图标进入，登录界面如图 2-57 所示。

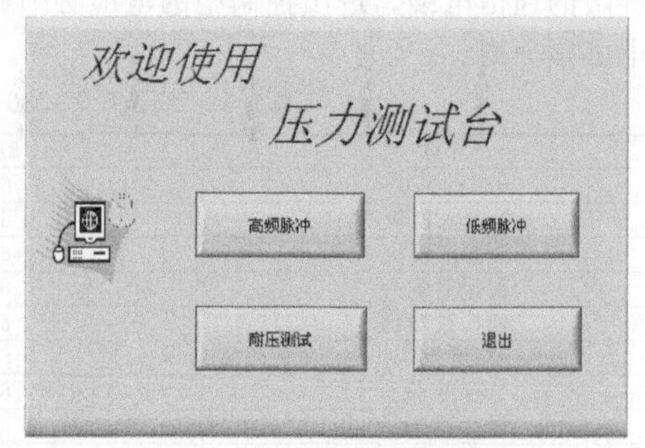


图 2-57　登录界面

① 脉冲测试　图 2-58 所示为脉冲测试软件主界面。主界面包含左上角的曲线显示区，左下角的参数区，右上角的指示灯显示区，右下角的

参数设置区和按钮区。

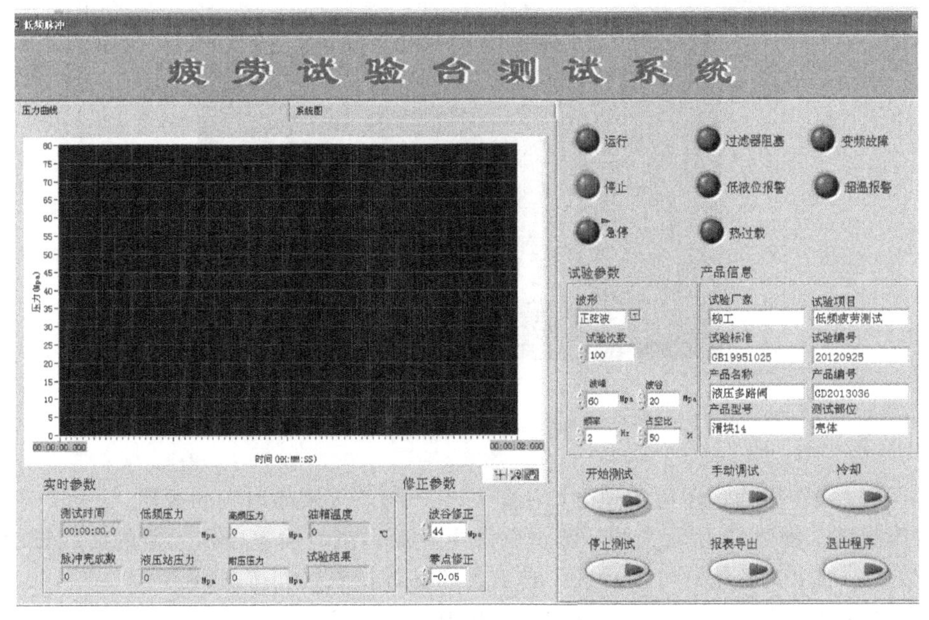


图 2-58　脉冲测试软件主界面

测试期间，曲线显示区绘制系统的输出压力与时间的曲线。图 2-59 所示为曲线区域放缩工具。

参数区显示测试期间实时参数、试验结果和修正参数。

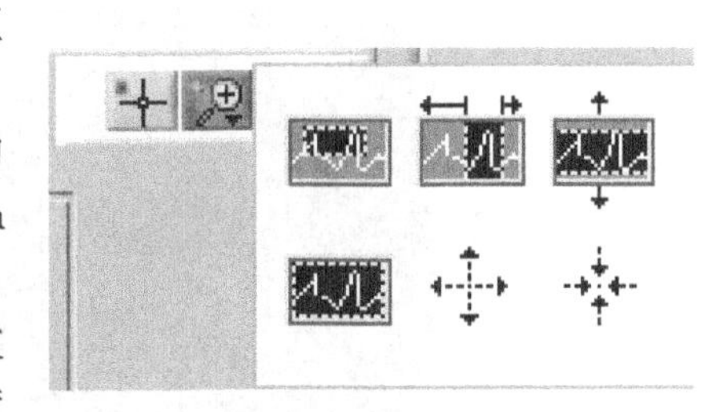

图 2-59　曲线区域放缩工具

修正参数区用于方波。波谷修正：调整波谷值的大小，默认值为 44（相对值），当波谷值低于 20MPa 时，稍微往上调波谷修正值，可达到所需的波谷值，修正值与波谷实际值成正比关系。零点修正：调整波谷曲线倾斜度，默认值为“－0.05”，波谷曲线倾斜度越小，曲线越平稳。

指示灯显示区指示测试系统的状态与报警信号。

参数设置区包括试验参数与产品信息两部分，如图 2-60 所示。

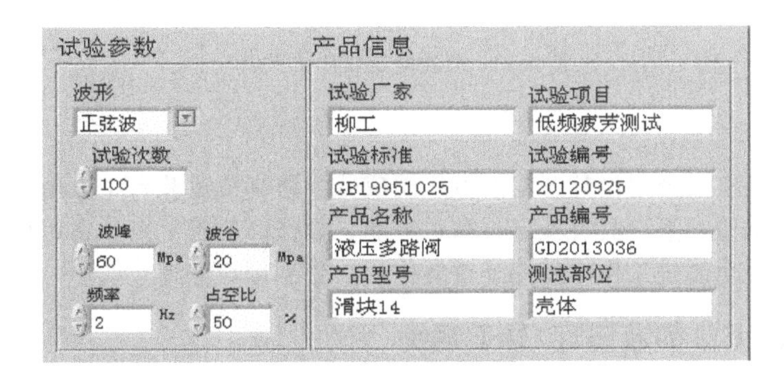


图 2-60　参数设置区

测试波形如图 2-61 所示。

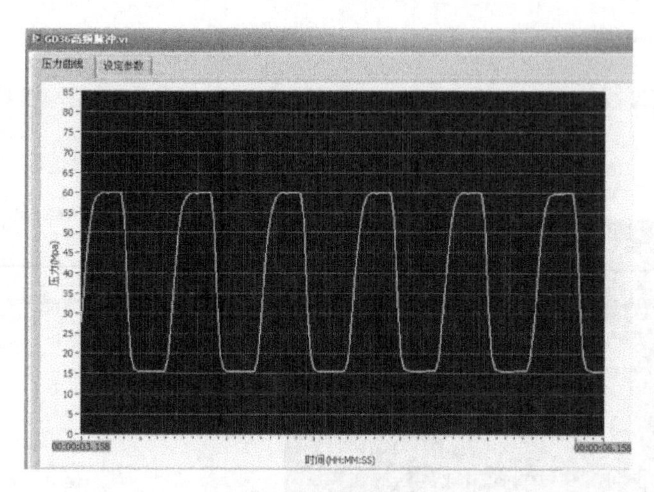


图 2-61　测试波形

此外，通过操作界面，还可实现“增压缸对中”与“报表导出”的操作。

② 耐压测试　图 2-62 所示为耐压测试软件主界面。主界面包含左上角的曲线显示区，左下角的参数区，右上角的指示灯显示区，右下角的参数设置区和按钮区。

耐压测试具体操作界面及方法与脉冲测试相似。

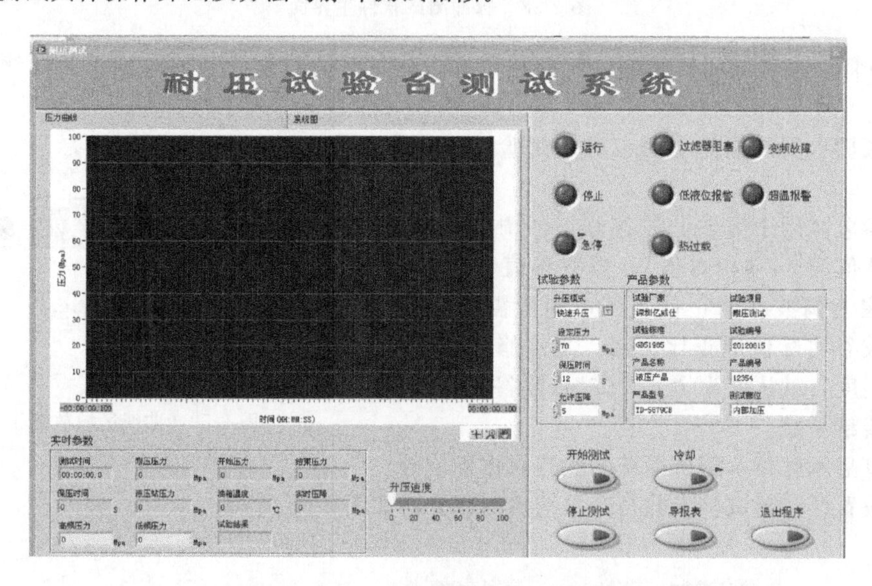


图 2-62　耐压测试软件主界面

**(5) 测试应用**

广州市新欧机械有限公司设计开发的液压阀疲劳及耐高压试验台主要用于工程机械多路阀腔体疲劳及耐高压试验。系统具有稳定可靠、节能、操作简便等优点，在用户工程机械多路阀可靠性测试分析与优化改进工作中发挥了重要作用，受到用户好评。

## 2.3.5 基于 WinCC 的液压缸 CAT 系统

利用西门子公司的组态软件 WinCC5.1 和可编程控制器 S7-300 配合组建液压缸试验台的测控系统，应用效果较好。对于动态指标要求不高的液压 CAT 系统，都可采用上述模式，这有利于缩短研发周期，提高可靠性和可维护性。

**(1) 液压缸试验台液压系统**

图2-63所示为按照液压缸测试国家标准GB/T 15622设计的试验台液压系统原理。该系统能完成试运行、全行程、内泄漏、外泄漏、启动压力特性、耐压试验、耐久性试验等各出厂检验项目的测试。

该系统采用手动变量液压泵12和17供油，当测试小缸时，只需启动一台变量泵，并将变量泵的流量调整到与被试缸所需流量相适应；当测试大缸时，采用双泵联合供油，提供最大流量为200L/min。溢流阀13和18安装在两台液压泵出口，作安全阀用。系统工作压力由比例溢流阀20进行精确控制，最高可达31.5MPa，比例压力控制便于计算机自动测试液压缸启动压力特性曲线。电液换向阀27中位设计成M型，主要用于液压泵空载启动及工作中卸荷，左右两位用于实现被试液压缸运动方向的换向。电磁换向阀28用于更换被试液压缸时，卸除A、B腔中的残余高压。双单向节流阀42用于实现被试缸精确的流量调整。为了避免被试液压缸内大量残液污染系统，减少过滤器更换频率，在总回油路上设置了一个落地式双筒过滤器6。为保障系统油温符合标准要求，设置有冷却水阀8、冷却器7、加热器1和温度传感器4。系统还设置了5个压力传感器：压力传感器29用来检测泵出口压力；压力传感器34和37用来检测被试液压缸A、B腔压力，用于耐压试验；压力传感器33和38为低压、高精度，用来检测被试液压缸A、B腔启动压力，可提高测试精度。恒力收绳位移传感器43用于液压缸全行程自动检测。

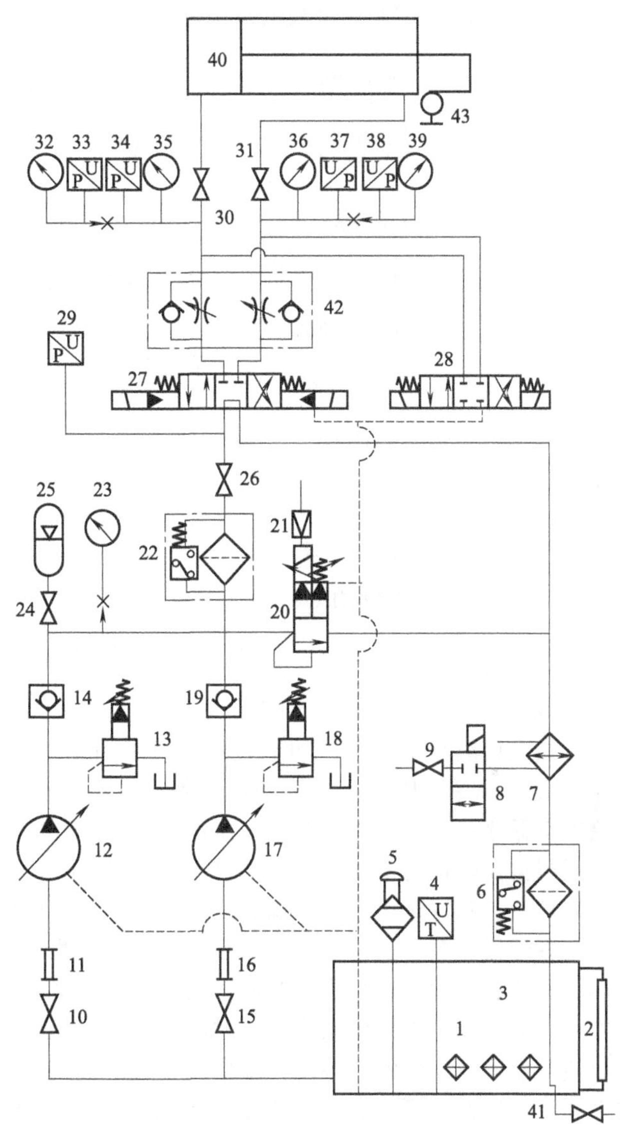


图2-63 液压缸试验台液压系统原理

1—加热器；2—液位继电器；3—油箱；4—温度传感器；5—空气过滤器；6—落地式双筒过滤器；7—冷却器；8—冷却水阀；9,10,15,24,26,30,31,41—截止阀；11,16—连接件；12,17—手动变量液压泵；13,18—溢流阀；14,19—单向阀；20—比例溢流阀；21—比例放大器；22—压力继电器；23,32,35,36,39—过滤器；25—蓄能器；27—M型电液换向阀；28—电磁换向阀；29,33,34,37,38—压力传感器；40—液压缸；42—双单向节流阀；43—恒力收绳位移传感器

**(2) 液压缸试验台测控系统**

① 测控系统硬件　常规液压缸试验台由控制面板、操作台、继电接触器控制柜或可编程控制器、传感器、计算机、数据采集卡和高级语言开发的测试程序等构成测控系统。而基于组态软件WinCC5.1的测控系统取消了控制面板、操作台、继电接触器控制柜、数据采集卡、测试程序，直接用组态软件和可编程控制器、传感器组成，具有友好的人机接口和较高的稳定

性。测控系统硬件组成框图如图 2-64 所示：所有传感器的模拟量信号全部进入可编程控制器（PLC）的 AI 模块；开关量监测信号进入 PLC 的 DI 模块；模拟控制信号由 PLC 的 AO 模块输出；开关量控制信号由 PLC 的 DO 模块输出；PLC 与计算机通过 MPI 接口模块进行数据交换，实现对试验台的各参数进行检测、控制和报警。检测人员可通过由组态软件 WinCC5.1 开发的人机接口（HMI）对测试系统进行干预。

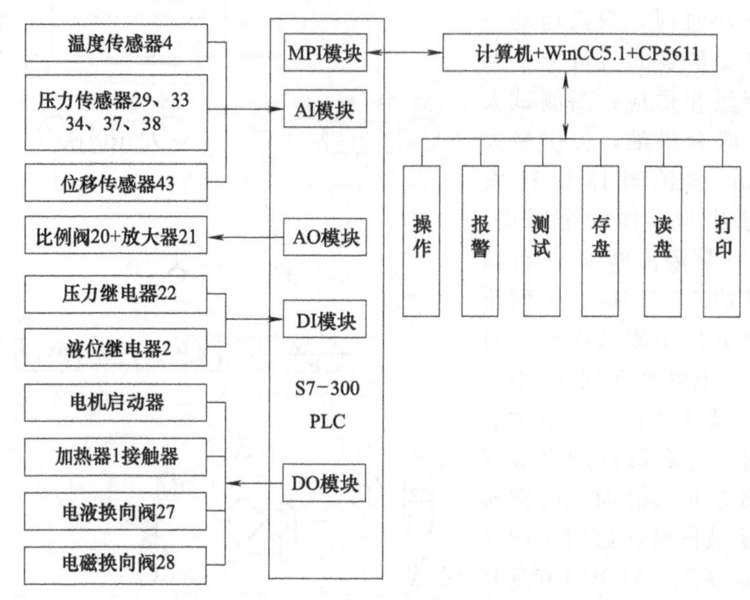


图 2-64　测控系统硬件组成框图

② 测控系统软件　软件开发分为 PLC 程序和计算机程序两部分。PLC 程序采用模块化梯形图方式进行编写，每个子功能模块（FB）完成某一特定的测控功能，所有的 FB 由组织块（OBI）统一调用，PLC 采集到的现场数据存放在数据块（DB10）中的相应位置，接收到的指令数据也保存在 DB10 中的相应位置，DB10 是 PLC 与现场及计算机进行数据交换的中转站，其数据根据实际情况不停刷新。计算机程序是利用组态软件 WinCC5.1 进行开发的，它分为显示区域、控制区域、报警区域、绘图区域、操作区域等几个部分。显示区域主要用来实时显示系统各运行参数；控制区域是对系统状态进行操作的窗口，测试人员可用鼠标对电机、阀、加热、冷却、压力等进行手动控制；报警区域用来对系统各运行参数进行安全监测，一旦发现异常，马上启动声光报警系统，同时屏幕上显示提示语言；绘图区域可实时测绘液压缸启动压力曲线及各运行参数的趋势图；操作区域是测试人员对试验进程及数据进行控制处理的窗口。软件系统通过西门子公司的接口卡 CP5611 与 PLC 的 DB10 进行实时数据交换，对 HMI 进行实时刷新。

组态软件 WinCC5.1 已经将很多常用功能做成了 ActiveX 控件，在程序开发时可以直接利用这些控件，快速搭建出测试软件系统，避免了自己编写代码的繁重劳动，提高了可靠性，同时也节约了时间，缩短了开发周期。

基于 WinCC 的液压缸 CAT 系统测试精度达到 B 级。系统操作简便、工作可靠。

### 2.3.6　基于网络监控的大型液压试验平台

某大型液压试验平台利用工控机和巨腾公司的 Open-PLC 及系列拓展模块，实现对大型试验液压系统的远程数据监控和网络化监控，完成了实时数据采集和存储，及现场动态处理功能。

(1) 技术要求

该液压试验系统是大型船舶系统的仿真试验平台，由多个电磁控制阀、流量传感器、压力检测仪和温度传感器组成。

电磁阀在整个逻辑控制系统中占有重要地位，其运行情况直接影响设备的正常运行。通过控制电磁阀开度，控制进入液压缸的流量和压力，从而对驱动件的位移、速度和作用力等进行控制。如果在运行中电磁阀控制系统出现故障，将导致设备停止，甚至整个流程中断。电磁阀的工作条件恶劣、复杂，必须有足够的可靠性，快速、准确、无反冲地实现其开启和关闭。

流量控制和压力控制是液压系统的控制关键因素，通过它们才能实现液压缸终端执行器的速度和作用力控制。因此，对高精度的液压系统，必须实时监控各缸的动态参数变化。

在液压系统中，由液压系统的能力损失（压力损失、容积损失和机械损失）可造成油温升高，会产生一系列不良后果。例如，会使油液黏度下降，泄漏增加，降低容积的效率；会加速油液的氧化，油质下降，油液中的氧化性杂物增加，会堵塞液压元件的油路或阻尼小孔；会使热胀系数不同，且相对于运动的液压元件间的间隙缩小，破坏液压元件原有精度。所以，应该严格控制液压油温，一般控制在30～60℃范围内，最高不超过70℃。

此液压传动系统有着复杂的油路结构和多种运动要求，但都由基本回路组成：压力控制基本回路，包括调节与限压回路、卸荷回路、减压与增压回路和平衡与闭锁回路；速度控制基本回路；缸间配合工作回路，包括顺序动作回路、同步回路和多缸换向阀串联或并联控制回路等。

因此，这套大型液压试验平台需要多种采集和控制信号，必须进行多回路实时监控。并且，为了实现CIMS（管理信息系统）的功能，需要实现远程管理和控制。同时，实现所有采样信号的自动存储。

(2) 网络监控的实现

① 网络硬件系统结构　基于液压试验系统的要求，设计了的具有高可靠性的实时远程网络监控系统。鉴于系统设备和控制要求，系统设计成一个远程控制、开放可靠、控制和管理一体化的工业DSC高速网络系统结构，包括三个层次的内容，如图2-65所示。

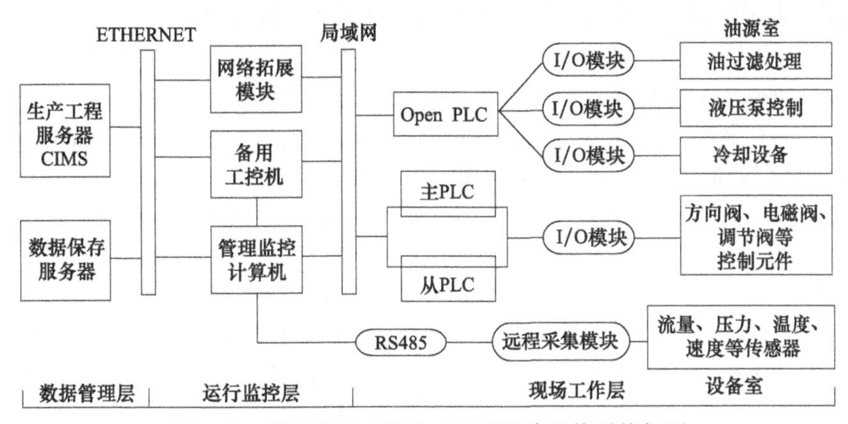

图2-65　液压试验系统实时远程网络监控系统框图

a. 数据管理层：该层由生产工程管理服务器和数据保存服务器组成。生产管理服务器主要完成上层的任务规划和工作安排等处理任务。CIMS系统可以方便地进行人员统筹安排、生产调度与管理和设备运行使用情况的记录。数据保存服务器由SQL Server 2000数据库系统管理，负责设备运行参数、试验数据等海量记录，并可以进行数据挖掘，分析设备性能及试验数据。

b. 运行监控层：该层负责每次液压系统试验实时监控、实时信息处理。该层设备包括两台上位机，其中一台监控备用工控机，辅助完成数据处理的现场工作，管理监控计算机主要负责对 Open-PLC 进行实时命令，通过 Open-PLC 的 RS485 模块进行流量、压力、温度等信息采集。网络扩展模块是与其他系统连接的预留的接口模块，实现硬件系统拓展和升级。

c. 现场工作层：该层负责进行液压系统的自动控制，实现设备的负荷监控、报警和事故处理。在动力提供部分，现场控制系统主要为控制柜和配套的变频器等动力供给设备和接触器的现场手动系统，以备在自动配置中失效或者需要检修、调试时不影响系统的正常运作，从而提高整个系统的可靠性。同时，专用 Open-PLC 实现手动控制和程控的自动切换，在上级程序输出设备控制信号之间附加上一个程序有效信号，由它来控制系统切换“继电器-接触器”动作。由于采用了多个程控软开关，使系统可以随意在三种工作模式之间切换，以解决复杂情况下的系统运行问题。

设备运行部分由两台巨腾 Open-PLC 构成。主从式双机液压控制系统，一台为控制主机，另一台为后备机。它们同步扫描，后备机随时准备在主机出现故障时继续对远程 I/O 进行控制。该液压主从系统配置简单，容易安装，当部件或电源出现故障时可无扰切换。控制主机的 I/O 状态表在每一个扫描周期传给后备机，以便随时更新系统状态。由于各现场设备与传感器接近，故系统采用扩展 I/O 的配置方案，中央单元带扩展单元，共使用了 400 个开关量 I/O 点和 60 个模拟量输入信道。PLC 的所有 I/O 信号在程控柜内用继电器转换成 24V DC 输出满足抗干扰要求，PLC 上还配置了接口通信模块，分别用于与上位机的串口通信和主控的总线通信及扩展板连接。采集信号，如流量、压力、温度、速度等信号，通过 Remote I/O 模块提供的 RS485 端口传送给管理监控计算机。

② 巨腾 Open-PLC 控制器　巨腾 Open-PLC 可编程控制器采用 32 位 CPU，I/O 点数可达 4096 点（数字量输入、输出）或 1024 点（模拟量输入、输出），有 4MB RAM 空间，支持顺序功能图 SFC（Sequential Function Chart）、阶梯图 LD（Ladder Diagram）、功能方块图 FBD（Function Block Diagram）、结构化语言 ST（Structured Text）、指令集 IL（In struction List）等编程格式。其中，顺序功能图 SFC 以顺序作基础逐步描述自动化系统的动作与顺序，相当于高阶的分析设计工具，而功能方块图则是相当于控制文件，可以重复使用，用来组装控制系统，在语言部分可用阶梯图、指令集及结构化语言来描述其控制功能。

Open-PLC 是依据巨腾开放性自动化产品策略而开发的核心产品，它整合巨腾原有的 Open IO，Open Control 控制器，提供串行及以太网与 SCADA/MMI 或信息系统整合。Open-PLC 是基于 PC 的控制器，不仅能对本地 IO 与远程 IO 编程，并能提供 LonWorks、ModBus、其他 Field Bus 整合的能力。为了顺应未来通信扩展需求，Open-PLC 提供两组以太网的通信能力、RS485 和 RS232 接口；采用 ModBus RTU/Ethernet 协议，可与任何 MMI/SCADA 整合；采用模块化设计，使用方便，节省空间；并带有一些特殊的智能控制模块（PID 模块等）。系统结构如图 2-66 所示。

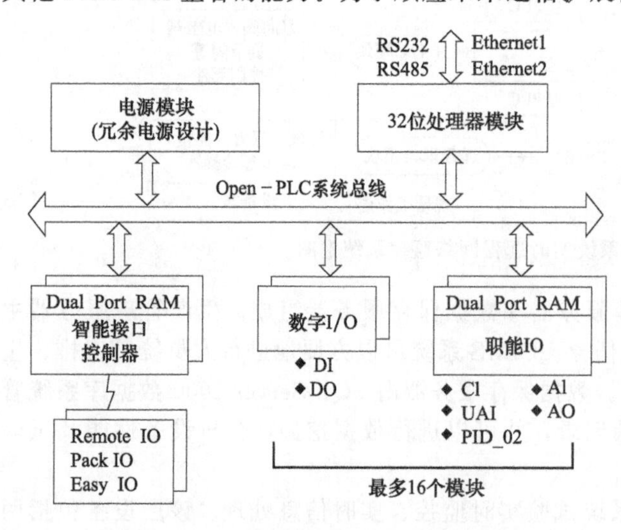

图 2-66　巨腾公司 Open-PLC 系统结构

Open-PLC 软件逻辑系统提供了强大的语言功能，利用 Windows 系统的良好开发环境，进行完整的离线仿真。可以预先在 Windows 上编辑、测试，最后再下载到 Open-PLC 执行，而 Open-PLC 提供无盘的工业环境模块和简单良好的控制器，避免 Windows 复杂及可靠度的忧虑。

③ PLC软件网络控制系统实现　大型液压系统试验平台的输入输出点多，特别是模拟量种类点数多，控制功能与结构相当复杂。

借助巨腾公司Open-PLC强大功能，将控制系统PLC控制程序划分为初始化、数据采集和数据处理、报警及报警处理、逻辑功能和信号输出等相对独立的模块。

CPU和初始化模块是整个程序的起始部分，一旦PLC各模块定义安装完毕和程序下载后，此模块程序只执行一次。而当程序需要修改、重新下载或者PLC各模块需要移动位置时，此程序模块将重新初始化过程。数据采集和数据处数据理模块除了完成对所有现场信号的采集和处理外，还要处理上位机的数据包任务，此程序模块为后继程序模块提供了准确无误的数据信息。报警及报警处理模块是将所有报警信号按顺序汇总，集中加以处理。报警处理包括三个方面：所有报警需监控显示；超限报警需参加逻辑控制；部分报警输出。逻辑功能和信号输出模块是整个程序的核心，主要包括各个控制阀的开关、切换控制等。该程序模块主要是按照逻辑控制要求设计的，与具体现场设备无关，其优点在于编制这部分程序时可以不需要完备的硬件环境。

利用Open-PLC开发控制软件过程，可以方便、独立地进行模块设计和测试，而且模块化程序容易维护，当软件发现问题和由于其他原因需要修改时，能迅速限定差错或修改范围。例如整个程序的设计到安装调试都有可能发生外部信号的变动，与上位机通信数据接口的调整，常需修改控制程序与外部的接口部分，而数据采集和数据处理与逻辑处理及信号输出模块正是直接面向具体生产设备等外部环境的，这样只需调整相应模块就可以适应外部的变动。

Open-PLC的控制流程如图2-67所示，其中各个模块已经综合在一起，图示为整个运行

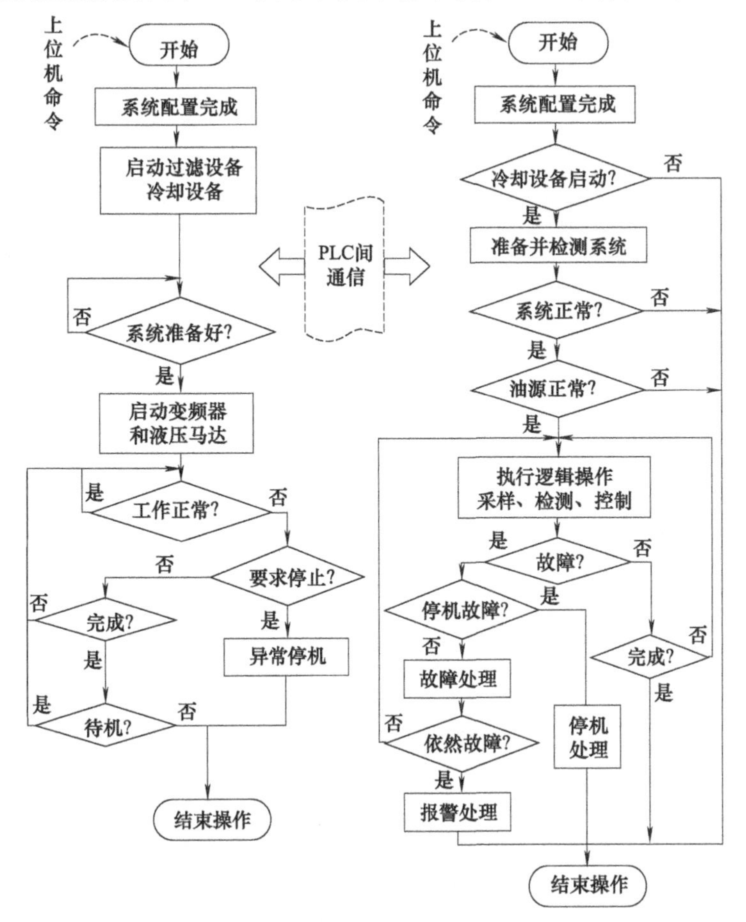


图2-67　Open-PLC控制流程

过程的简要控制。

液压源控制 PLC 完成各个设备启动后，都会发出完成指令通知设备控制 PLC。当设备碰到故障要求卸载停机时，或者液压系统动作完成时，也会通知源控制 PLC。同时，PLC 之间、上位控制计算机也可以发出指令控制、查询彼此的运行状态。

④ 故障处理原则　在远程网络监控中，大型液压系统对故障的处理应该相当谨慎，否则会发生意外危险。所以，在故障发生之后，应根据故障对系统工作的影响程度进行分级处理，不应盲目停机处理导致系统效率下降。同时，系统还应具备容错能力。对不同故障等级，应进行不同级别的处理，具体如下。

a. 重大故障：此类故障可能产生严重后果，要求液压源系统 PLC 立即进行停机卸荷动作，如运行超时故障和逻辑组合判断故障。

b. 偶发故障：这类故障原因不明，即使停机也难以快速查清，如 PLC 间和 PLC 与上位机的通信故障，因此此类故障采用指令冗余的容错方法，若故障仍然存在，则故障升级。

c. 一般故障：一般性错误或异常，对控制过程无影响，则只记录并向操作员做出相应级别的警告指示，程序继续执行，如指示灯故障。

# 第3章 液压泵-马达试验技术及应用

## 3.1 液压泵-马达试验基础

液压泵与马达的试验一般是按照相关国家标准与机械行业标准的要求执行。

### 3.1.1 液压泵-马达试验技术条件

**(1) 测点设置**

压力测量点应设置在距被试泵进、出油口 (2～4)$d$ 处 ($d$ 为管道内径)。稳态试验时，允许将测量点的位置移至距被试泵更远处，但应考虑管路的压力损失。

温度测量点应设置在距压力测量点 (2～4)$d$ 处，且比压力测量点更远离被试泵。

噪声测量点的位置和数量应按 GB/T 17438 的规定。

**(2) 试验介质**

试验介质应为被试泵适用的工作介质。

① 试验介质的温度　除明确规定外，型式试验应在 (50±2)℃下进行，出厂试验应在 (50±4)℃下进行。

② 试验介质的黏度　40℃时的运动黏度为 42～74$mm^2/s$ (特殊要求另行规定)。

③ 试验介质的污染度　试验系统油液的固体颗粒污染等级不应高于 GB/T 14039—2002 规定的—/19/16。

**(3) 稳态工况**

在稳态工况下，泵被控参量平均显示值的变化范围应符合表 3-1 规定。在稳态工况下记录试验参量的测量值。

表 3-1　泵被控参量平均显示值允许变化范围

| 测量参量 | 各测量准确度等级对应的被控参量平均显示值允许变化范围 | | |
|---|---|---|---|
| | A | B | C |
| 压力(表压力 $p<0.2$MPa 时)/kPa | ±1.0 | ±3.0 | ±5.0 |
| 压力(表压力 $p\geqslant0.2$MPa 时)/% | ±0.5 | ±1.5 | ±2.5 |
| 流量/% | ±0.5 | ±1.5 | ±2.5 |
| 转矩/% | ±0.5 | ±1.0 | ±2.0 |
| 转速/% | ±0.5 | ±1.0 | ±2.0 |

**（4）测量准确度**

测量准确度等级分为 A、B、C 三级，型式试验不应低于 B 级，出厂试验不应低于 C 级。各等级测量系统的允许系统误差应符合表 3-2 的规定。

表 3-2　各等级测量系统的允许系统误差

| 测量参量 | 测量准确度等级 | | |
|---|---|---|---|
| | A | B | C |
| 压力(表压力 $p$＜0.2MPa 时)/kPa | ±1.0 | ±3.0 | ±5.0 |
| 压力(表压力 $p$≥0.2MPa 时)/% | ±0.5 | ±1.5 | ±2.5 |
| 流量/% | ±0.5 | ±1.5 | ±2.5 |
| 转矩/% | ±0.5 | ±1.0 | ±2.0 |
| 转速/% | ±0.5 | ±1.0 | ±2.0 |
| 温度/℃ | ±0.5 | ±1.0 | ±2.0 |

## 3.1.2　齿轮泵试验方法

**（1）试验装置**

齿轮泵试验应具备符合图 3-1 或图 3-2 所示试验回路的试验台。

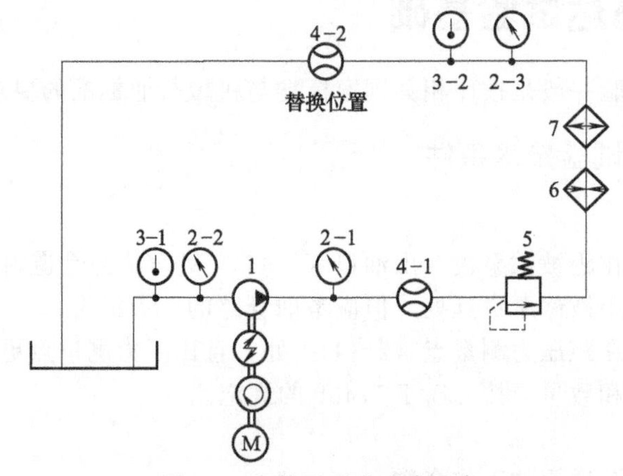


图 3-1　齿轮泵开式试验回路

1—被试泵；2-1～2-3—压力表；3-1，3-2—温度计；4-1，4-2—流量计；5—溢流阀；6—加热器；7—冷却器

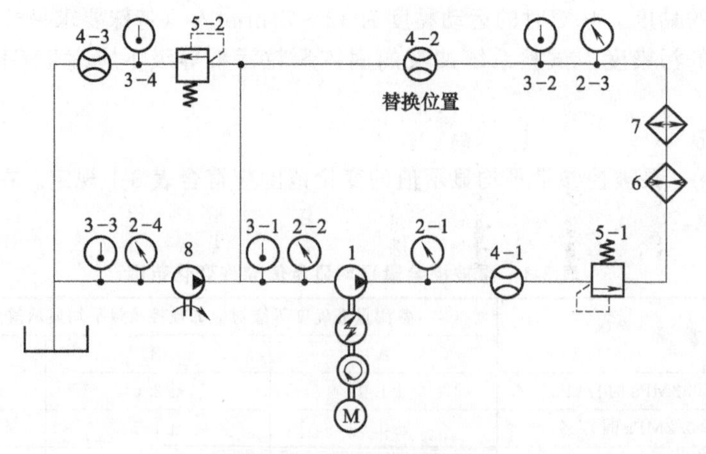


图 3-2　齿轮泵闭式试验回路

1—被试泵；2-1～2-4—压力表；3-1～3-4—温度计；4-1～4-3—流量计；5-1，5-2—溢流阀；6—加热器；7—冷却器；8—补油泵

### (2) 试验项目和试验方法

① 跑合　应在试验前进行。在额定转速下，从空载压力开始逐级加载，分级跑合。跑合时间与压力分级应根据需要确定，其中额定压力下的跑合时间应不少于 2min。

② 出厂试验　其试验项目与试验方法按表 3-3 的规定。

**表 3-3　齿轮泵出厂试验的试验项目与试验方法**

| 序号 | 试验项目 | 试 验 方 法 | 试验类型 |
|---|---|---|---|
| 1 | 排量试验 | 在额定转速[①]、空载压力下，测量排量 | 必试 |
| 2 | 容积效率试验 | 在额定转速[①]、额定压力下，测量容积效率 | 必试 |
| 3 | 总效率试验 | 在额定转速[①]、额定压力下，测量总效率 | 抽试 |
| 4 | 超载性能试验 | 在额定转速[①]和下列压力之一的工况下进行试验：<br>①125%的额定压力(当额定压力<20MPa 时)，连续运转 1min 以上<br>②最高压力或 125%的额定压力(当额定压力≥20MPa 时)，连续运转 1min 以上 | 必试 |
| 5 | 外渗漏检查 | 在上述试验全过程中，检查各部位渗漏情况 | 必检 |

① 允许采用试验转速代替额定转速。试验转速可由企业根据试验设备条件自行确定，但应保证产品性能。

③ 型式试验　其试验项目与试验方法按表 3-4 的规定。

**表 3-4　齿轮泵型式试验的试验项目与试验方法**

| 序号 | 试验项目 | 试验内容和方法 | 备注 |
|---|---|---|---|
| 1 | 排量验证试验 | 按 GB/T 7936 的规定进行 | |
| 2 | 效率试验 | ①在额定转速至最低转速范围内的五个等分转速[①]下，分别测量空载压力至额定压力范围内至少六个等分压力点的有关效率的各组数据<br>②在额定转速下，进口油温为 20～35℃和 70～80℃时，分别测量被试泵在空载压力至额定压力范围内至少六个等分压力点[②]的有关效率的各组数据<br>③绘制 50℃油温、不同压力时的功率、流量、效率随转速变化的曲线(图 3-3)<br>④绘制 20～35℃、50℃、70～80℃油温时，功率、流量、效率随压力变化的曲线(图 3-4) | |
| 3 | 压力振摆检查 | 在额定工况下，观察并记录被试泵出口压力振摆值 | 仅适用于额定压力为 2.5MPa 的齿轮泵 |
| 4 | 自吸试验 | 在额定转速、空载压力工况下，测量被试泵吸入口真空度为零时的排量。以此为基准，逐渐增加吸入阻力，直至排量下降 1%时，测量其真空度 | |
| 5 | 噪声试验 | 在 1500r/min 的转速下(当额定转速<1500r/min 时，在额定转速下)，并保证进口压力在－16kPa 至设计规定的最高进口压力的范围内，分别测量被试泵空载压力至额定压力范围内，至少六个等分压力点[②]的噪声值 | ①本底噪声应比被试泵实测噪声低 10dB(A)以上，否则应进行修正<br>②本项目为考查项目 |
| 6 | 低温试验 | 使被试泵和进口油温均为－25～－20℃，油液黏度在被试泵所允许的最大黏度范围内，在额定转速、空载压力工况下启动被试泵至少五次 | ①有要求时做此项试验<br>②可以由制造商与用户协商，在工业应用中进行 |
| 7 | 高温试验 | 在额定工况下，进口油温为 90～100℃时，油液黏度不低于被试泵所允许的最低黏度条件下，连续运转 1h 以上 | |
| 8 | 低速试验 | 输出稳定的额定压力，连续运转 10min 以上测量流量、压力数据，计算容积效率并记录最低转速 | 仅适用于额定压力为 10～25MPa 的齿轮泵 |
| 9 | 超速试验 | 在转速为 115%额定转速或规定的最高转速下，分别在额定压力与空载压力下连续运转 15min 以上 | |
| 10 | 超载试验 | 在被试泵的进口油温为 80～90℃、额定转速和下列压力之一工况下：<br>①125%的额定压力(当额定压力<20MPa 时)下连续运转<br>②最高压力或 125%的额定压力(当额定压力≥20MPa 时)下连续运转<br>试验时间应符合 JB/T 7041 6.2.12.1 的规定 | 仅适用于额定压力为 10～25MPa 的齿轮泵 |

续表

| 序号 | 试验项目 | 试验内容和方法 | 备注 |
|---|---|---|---|
| 11 | 冲击试验 | 在80～90℃的进口油温和额定转速、额定压力下进行冲击。冲击波形按图3-5规定，冲击频率为20～40次/min<br>冲击次数应符合JB/T 7041 6.2.12.1的规定<br>记录冲击波形 | 仅适用于额定压力为10～25MPa的齿轮泵 |
| 12 | 满载试验 | 在额定工况下，被试泵进口油温为30～60℃时连续运转<br>试验时间应符合JB/T 7041 6.2.12.1的规定 | 仅适用于额定压力为2.5MPa的齿轮泵 |
| 13 | 效率检查 | 完成上述规定项目试验后，测量额定工况下的容积效率和总效率 | |
| 14 | 密封性能检查 | 将被试泵擦干净，如有个别部位不能一次擦干净，运转后产生"假"渗漏现象，允许再次擦干净<br>①静密封：将干净吸水纸压贴于静密封部位，然后取下，纸上如有油迹即为渗油<br>②动密封：在动密封部位下方放置白纸，于规定时间内纸上不应有油滴 | |

① 包括最低转速和额定转速。
② 包括空载压力和额定压力。
注：试验项目序号10～12属于耐久性试验项目。

耐久性试验可在下列方案中任选一种：满载试验3000h；超载试验100h，冲击试验40万次（在两台泵上分别进行）。

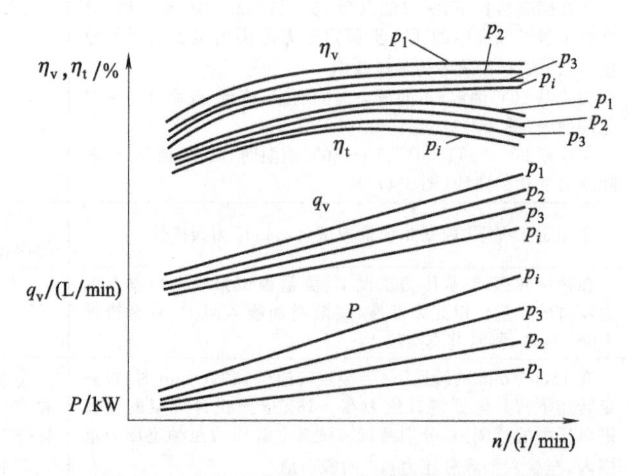


图3-3 功率、流量、效率随转速变化曲线

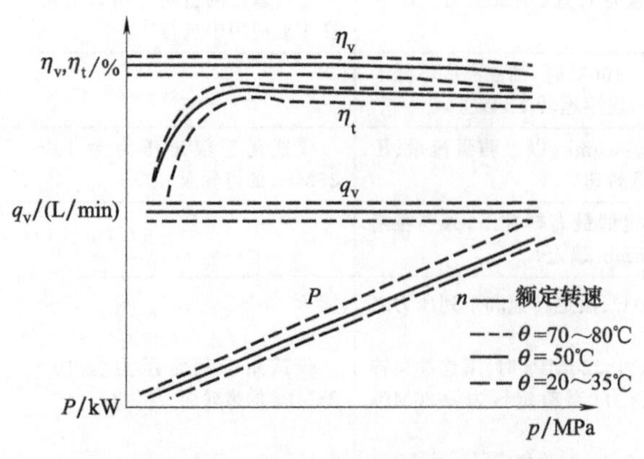


图3-4 功率、流量、效率随压力变化曲线

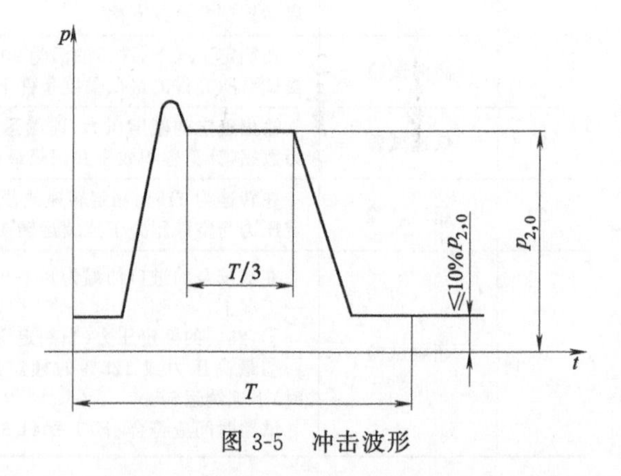


图3-5 冲击波形

**(3) 试验数据处理和结果表达**

① 数据处理 利用试验数据和下列计算公式，计算出被试泵的相关性能指标。

容积效率
$$\eta_v=\frac{V_{2,e}}{V_{2,i}}=\frac{q_{v2,e}/n_e}{q_{v2,i}/n_i}\times100\% \tag{3-1}$$

总效率
$$\eta_t=\frac{p_{2,e}q_{v2,e}-p_{1,e}/q_{v1,e}}{2\pi n_e T_1}\times100\% \tag{3-2}$$

输出液压功率（kW）
$$P_{2,h}=\frac{p_{2,e}q_{v2,e}}{60000} \tag{3-3}$$

输入机械功率（kW）
$$P_{1,m}=\frac{2\pi n_e T_1}{60000} \tag{3-4}$$

式中 $q_{v2,i}$——空载压力时的输出流量，L/min；
$q_{v2,e}$——试验压力时的输出流量，L/min；
$q_{v1,e}$——试验压力时的输入流量，L/min；
$n_e$——试验压力时的转速，r/min；
$n_i$——空载压力时的转速，r/min；
$V_{2,e}$——试验压力时的排量，mL/r；
$V_{2,i}$——空载排量，mL/r；
$p_{2,e}$——输出试验压力，kPa；
$p_{1,e}$——输入压力，大于大气压为正，小于大气压为负，kPa；
$T_1$——输入转矩，N·m。

② 结果表达 试验报告应包括试验数据和相关特性曲线。特性曲线示例参见图 3-3 和图 3-4。试验报告还应提供试验人员、设备、工况及被试泵基本特征等信息。

### 3.1.3 叶片泵试验方法

**(1) 试验装置**

叶片泵试验应具备符合图 3-6 或图 3-7 所示试验回路的试验台。

**(2) 试验项目和试验方法**

① 跑合 应在试验前进行。在额定转速下，从空载压力开始逐级加载，分级跑合。跑合时间与压力分级应根据需要确定，其中额定压力下（变量泵为 70%的截流压力）的跑合时间应不少于 2min。

② 出厂试验 其试验项目与试验方法按表 3-5 的规定。

③ 型式试验 其试验项目与试验方法按表 3-6 的规定。

耐久性试验方案可在下列方案中选择一种：连续满载试验 3000h；连续超载试验 800h（变量泵试验 100h）后，冲击试验 10 万次；连续超载试验 360h 后，冲击试验 30 万次。变量泵只在前两个方案中选择。

**(3) 试验数据处理和结果表达**

① 数据处理 利用试验数据和式（3-1）～式（3-4），计算出被试泵的相关性能指标。

② 结果表达 试验报告应包括试验数据和相关特性曲线。特性曲线示例参见图 3-8 和图 3-9。试验报告还应提供试验人员、设备、工况及被试泵基本特征等信息。

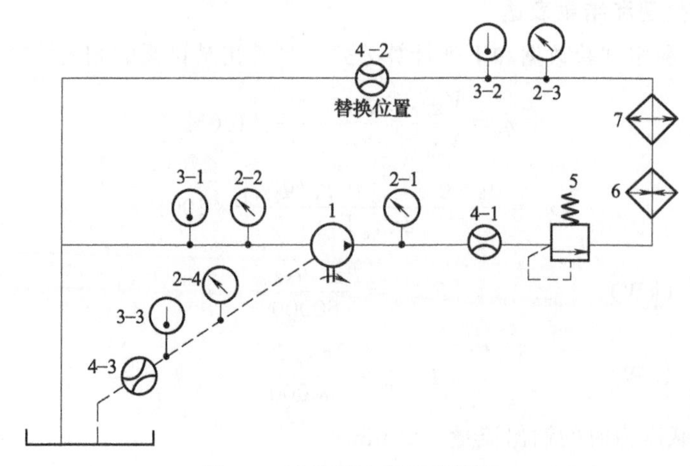


图 3-6　叶片泵开式试验回路

1—被试泵；2-1～2-4—压力表；3-1～3-3—温度计；
4-1～4-3—流量计；5—溢流阀；6—加热器；7—冷却器

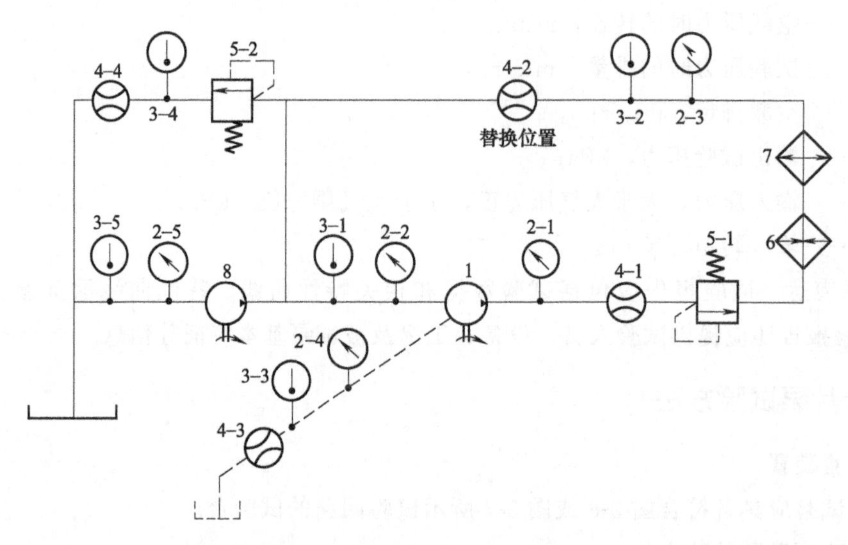


图 3-7　叶片泵闭式试验回路

1—被试泵；2-1～2-5—压力表；3-1～3-5—温度计；4-1～4-4—流量计；
5-1，5-2—溢流阀；6—加热器；7—冷却器；8—补油泵

**表 3-5　叶片泵出厂试验的试验项目与试验方法**

| 序号 | 试验项目 | 试验方法 | 试验类别 | 备注 |
|---|---|---|---|---|
| 1 | 排量验证试验 | 按 GB/T 7936 的规定进行(变量泵进行最大排量验证) | 必试 | |
| 2 | 容积效率试验 | 在额定压力(变量泵为 70%截流压力)、额定转速下，测量容积效率(变量泵在最大排量下试验) | 必试 | |
| 3 | 压力振摆检验 | 在额定压力及额定转速工况下，观察并记录被试泵出口压力振摆值(变量泵在最大排量下试验) | 抽试 | |
| 4 | 输出特性试验 | 在最大排量及额定转速下，调节负载使被试泵出口压力缓慢地升至截流压力，然后再缓慢地降至空载压力，重复三次。绘制出输出特性曲线，参见图 3-10 | 必试 | 仅对变量泵 |
| 5 | 超载性能试验 | 在额定转速下，以 125%额定压力连续运转 1min | 抽试 | 仅对定量泵 |

续表

| 序号 | 试验项目 | 试验方法 | 试验类别 | 备注 |
|---|---|---|---|---|
| 6 | 冲击试验 | 在额定转速下按下述要求连续冲击10次以上；冲击频率为10～30次/min，截流压力下保压时间大于$T/3$（$T$为循环周期），卸载压力低于截流压力的10%。冲击波形参见图3-12 | 抽试 | 仅对变量泵 |
| 7 | 密封性能检查 | 在上述全部试验过程中，检查动、静密封部位，不得有外渗漏 | 必检 | |

**表3-6　叶片泵型式试验的试验项目与试验方法**

| 序号 | 试验项目 | 试验方法 | 备注 |
|---|---|---|---|
| 1 | 排量验证试验 | 按GB/T 7936的规定进行（变量泵进行最大排量验证） | |
| 2 | 效率试验 | ①额定转速下，使被试泵的出口压力逐渐增加，至额定压力的25%左右，待运转稳定后，开始测量<br>②按上述方法至少测量被试泵的出口压力约为额定压力的40%、55%、70%、85%、100%（变量泵为30%、40%、50%、60%、70%截流压力）时的各组数据<br>③在进口油温为50℃时，被试泵额定转速的85%至最低转速的范围内，至少设四个均匀分布的试验转速，在各个试验转速下分别测量上述各压力点的各组数据<br>④额定转速下，进口油温为20～35℃和70～80℃时，分别测量被试泵在空载压力至额定压力（变量泵为70%截流压力）范围内至少六个等分压力点的容积效率<br>绘制下列特性曲线：<br>①绘制50℃油温、不同压力时，功率、流量、效率随转速变化的曲线，参见图3-8<br>②绘制20～35℃、70～80℃油温时，功率、流量、效率随压力变化的曲线，参见图3-9（变量泵在最大排量下试验） | |
| 3 | 压力振摆检查 | 在额定压力及额定转速工况下，观察并记录被试泵出口压力振摆值（变量泵在最大排量下试验） | |
| 4 | 输出特性试验 | 在最大排量及额定转速下，调节负载使被试泵出口压力缓慢地升至截流压力，然后再缓慢地降至空载压力，重复三次。绘制出输出特性曲线，参见图3-10 | 仅对变量泵 |
| 5 | 瞬态特性曲线 | 在最大排量及额定转速下，将被试泵压力调至截流压力，锁死调节机构，用阶跃加载使流量从最大到最小，再从最小到最大<br>绘制瞬时压力和时间曲线，参见图3-11<br>确定峰值压力$p_{max}$、压力脉动$\Delta p$、过渡过程时间$t_g$、响应时间$t_p$和压力超调量$\delta(p_{max}-p_n)$ | ①仅对变量泵<br>②建议试验项目 |
| 6 | 自吸试验 | 在额定转速、空载压力工况下，测量被试泵吸油口真空度为零时的排量，以此为基础，逐渐增加吸油阻力，直至排量下降1%时，测量其真空度（变量泵在最大排量下试验） | |
| 7 | 噪声试验 | 在进油口压力为0～30kPa、额定转速下，分别测量被试泵在空载压力至额定压力（变量泵为70%截流压力）范围内至少六个等分压力点的噪声值（变量泵在最大排量下试验） | 本底噪声应比被试泵实际噪声低10dB(A)以上，否则应进行修正 |
| 8 | 低温试验 | 使被试泵和进口油温均处于－15～－20℃，油液黏度在被试泵所允许的最大黏度范围内，在额定转速、空载压力工况下启动被试泵，反复启动至少五次（变量泵在最大排量下试验） | ①有要求时做此项试验<br>②可以由制造商与用户协商，在工业应用中进行 |
| 9 | 高温试验 | 在额定压力（变量泵为70%截流压力）及额定转速下，被试泵进口油温为90～100℃，油液黏度不低于被试泵所允许的最低黏度条件，连续运转至少1h（变量泵在最大排量下试验） | |

续表

| 序号 | 试验项目 | 试验方法 | 试验类别 | 备注 |
| --- | --- | --- | --- | --- |
| 10 | 超速试验 | 在115%额定转速的工况下，分别在额定压力（变量泵为70%截流压力）及空载压力下连续运转15min（变量泵在最大排量下试验） | | |
| 11 | 超载试验 | ①定量泵：在额定转速下，以额定压力的125%连续运转<br>②变量泵：调节变量机构，使被试泵拐点移至截流压力处，在最大排量、额定转速和截流压力工况下连续运转。试验完毕后将拐点移回原点<br>被试泵的进口油温为30～60℃，试验时间应符合JB/T 7039 6.2.12.1的规定 | | |
| 12 | 冲击试验 | 在被试泵的进口油温为30～60℃、额定转速下按下述要求连续冲击：冲击频率为10～30次/min，额定压力（变量泵为截流压力）下保压时间大于$T/3$（$T$为循环周期），卸载压力低于额定压力（变量泵为截流压力）的10%（冲击波形参见图3-12），冲击次数应符合JB/T 7039 6.2.12.1的规定 | | |
| 13 | 满载试验 | 在被试泵的进口油温为30～60℃、额定压力（变量泵为70%截流压力）及额定转速下连续运转。试验时间应符合JB/T 7039 6.2.12.1的规定（变量泵在最大排量下试验） | | |
| 14 | 效率检查 | 完成上述规定项目试验后，测量被试泵在额定压力（变量泵为70%为截流压力）及额定转速下的容积效率和总效率（变量泵在最大排量下试验） | | |
| 15 | 密封性能检查 | 将被试泵擦干净，如有个别部位不能一次擦干净，运转后产生"假"渗漏现象，允许再次擦干净<br>①静密封：将干净吸水纸压贴于静密封部位，然后取下，纸上如有油迹即为渗油<br>②动密封：在动密封部位下方放置白纸，于规定时间内纸上不应有油滴 | | |

注：序号11～13项属于耐久性试验项目。

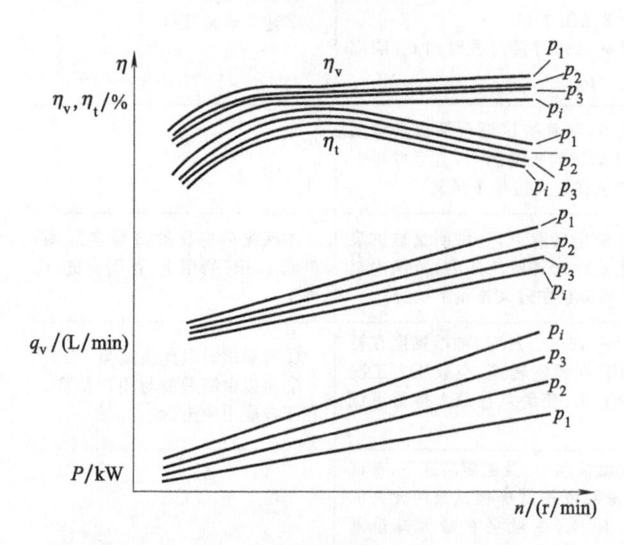


图3-8 功率、流量、效率随转速变化曲线

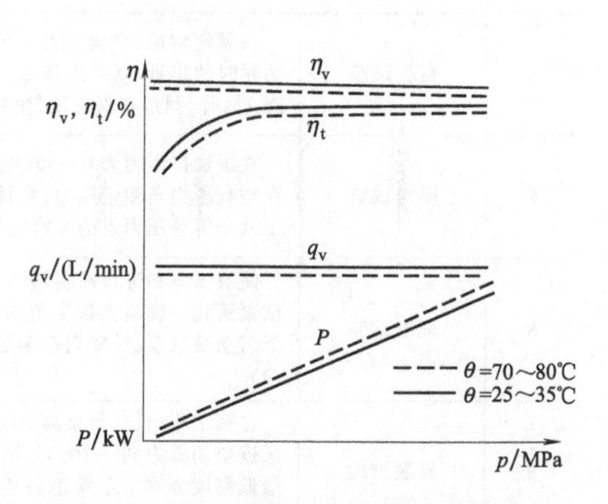


图3-9 功率、流量、效率随压力变化曲线

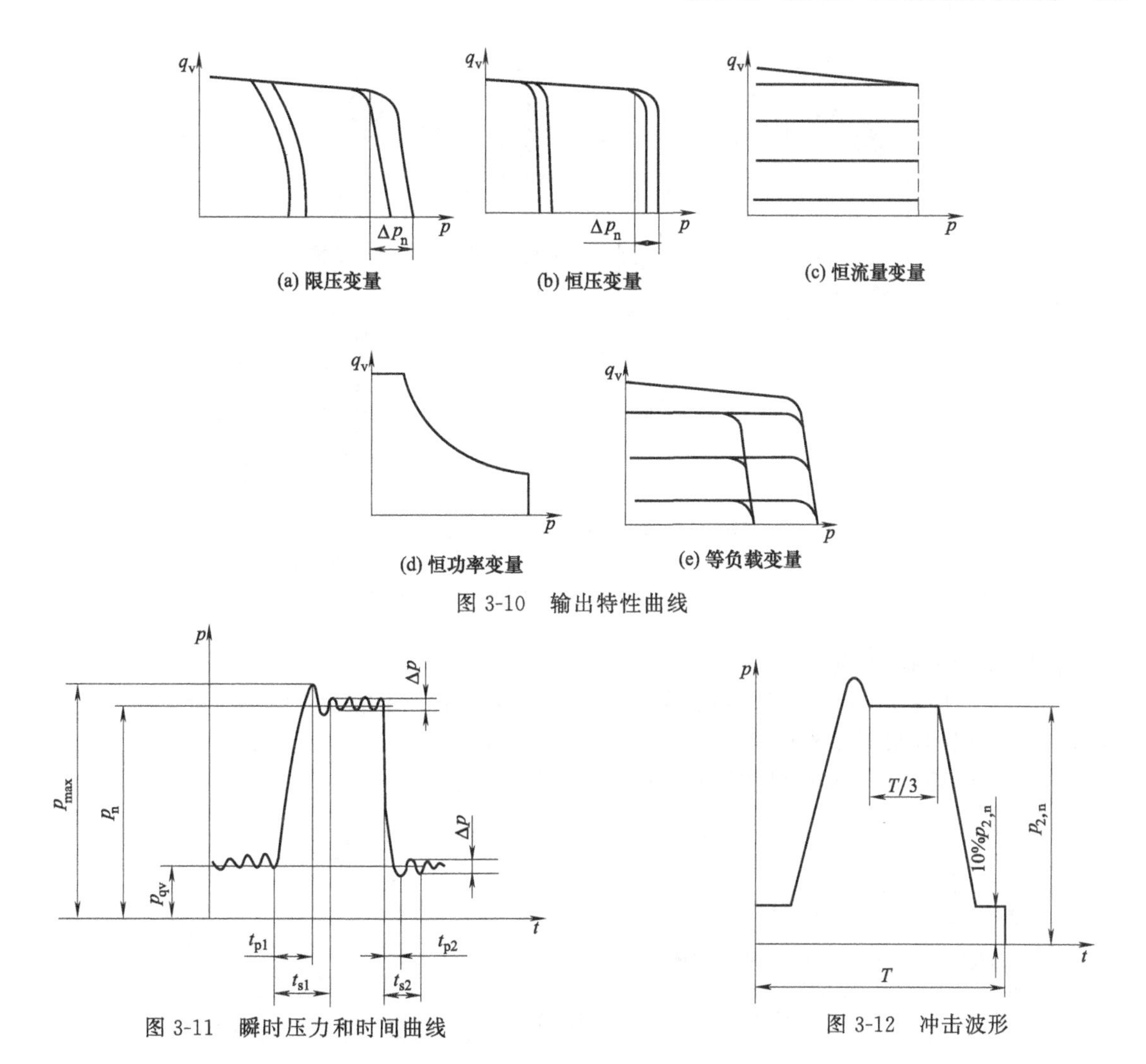


图 3-10　输出特性曲线

图 3-11　瞬时压力和时间曲线

图 3-12　冲击波形

## 3.1.4　轴向柱塞泵试验方法

### (1) 试验装置

轴向柱塞泵试验应具备符合图 3-13 或图 3-14 所示试验回路的试验台。

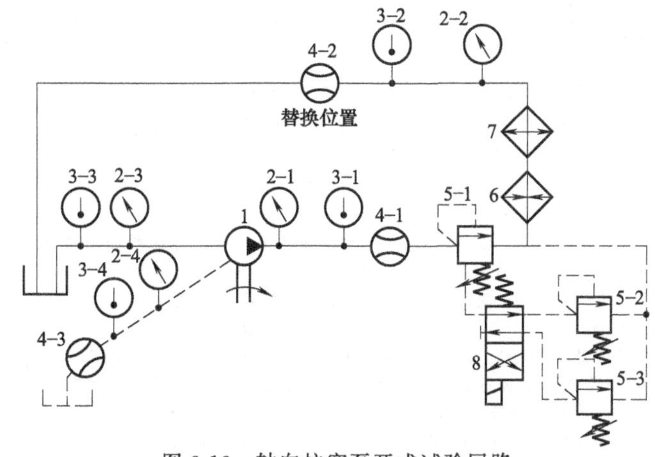


图 3-13　轴向柱塞泵开式试验回路

1—被试泵；2-1～2-4—压力表；3-1～3-4—温度计；4-1～4-3—流量计；5-1～5-3—溢流阀；6—加热器；7—冷却器；8—电磁换向阀

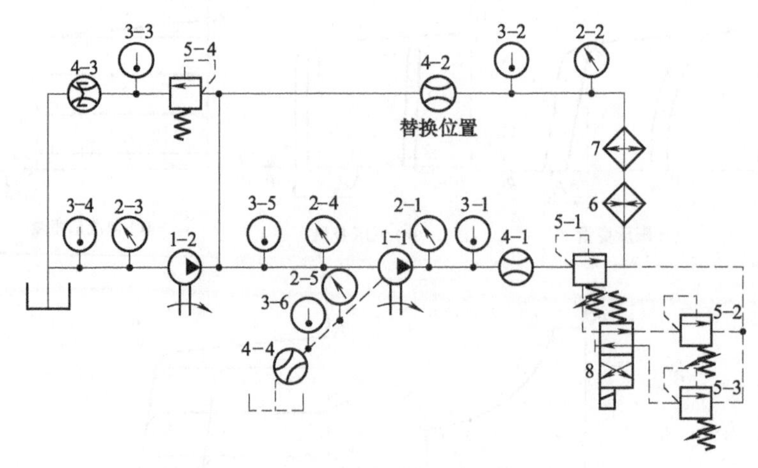


图 3-14 轴向柱塞泵闭式试验回路

1-1—被试泵；1-2—补油泵；2-1～2-5—压力表；3-1～3-6—温度计；
4-1～4-4—流量计；5-1～5-4—溢流阀；6—加热器；7—冷却器；8—电磁换向阀

**(2) 试验项目和试验方法**

① 跑合 应在试验前进行。在额定转速下，从空载压力开始逐级加载，分级跑合。跑合时间与压力分级应根据需要确定，其中额定压力下的跑合时间应不少于 2min。

② 出厂试验 其试验项目与试验方法按表 3-7 的规定。

**表 3-7 轴向柱塞泵出厂试验的试验项目与试验方法**

| 序号 | 试验项目 | 试验方法 | 试验类型 | 备注 |
|---|---|---|---|---|
| 1 | 容积效率试验 | 在额定工况下，测量容积效率 | 必试 | |
| 2 | 总效率试验 | 在额定工况下，测量总效率 | 抽试 | CY 系列轴向柱塞泵可不进行该项试验 |
| 3 | 变量特性试验 | 在额定转速①下，使被试泵变量机构全行程往复变化三次 | 必试 | 仅对变量泵 |
| 4 | 超载性能试验 | 在最大排量、额定转速①，最高压力或125%的额定压力（选择其中高者）的工况下，连续运转不少于 1min | 抽试 | |
| 5 | 外渗漏检查 | 在上述全部试验过程中，检查动、静密封部位，不得有外渗漏 | 必检 | |

① 允许采用试验转速代替额定转速。试验转速可由企业根据试验设备条件自行确定，但应保证产品性能。

③ 型式试验 其试验项目与试验方法按表 3-8 的规定。

**表 3-8 轴向柱塞泵型式试验的试验项目与试验方法**

| 序号 | 试验项目 | 试验方法 | 备注 |
|---|---|---|---|
| 1 | 排量验证试验 | 按 GB/T 7936 的规定进行 | |
| 2 | 效率试验 | ①在最大排量、额定转速下，使被试泵的出口压力逐渐增加至额定压力的 25%，待测试状态稳定后，测量与效率有关的数据<br>②按上述方法，使被试泵的出口压力为额定压力的 40%、55%、70%、80%、100%时，分别测量与效率有关的数据<br>③转速约为额定转速的 100%、85%、70%、55%、40%、30%、20%和 10%时，在上述各试验压力点，分别测量被试泵与效率有关的数据<br>④绘出性能曲线图（参见图 3-15）<br>⑤额定转速下，进口油温为 20～35℃和 70～80℃时，分别测量被试泵在空载压力至额定压力范围内至少六个等分压力点的容积效率<br>⑥绘出效率、流量、功率随压力变化的特性曲线图（参见图 3-16） | ①、②两条中按百分比计算出的压力值修约至 1MPa；<br>③条中按百分比计算出的转速值修约至 10r/min |

续表

| 序号 | 试验项目 | 试验方法 | 备注 |
| --- | --- | --- | --- |
| 3 | 变量特性试验 | ①恒功率变量泵<br>a. 最低压力转换点的测定:调节变量机构使被试泵处于最低压力转换状态测量被试泵出口压力<br>b. 最高压力转换点的测定:调节变量机构使被试泵处于最高压力转换状态测量被试泵出口压力<br>c. 恒功率特性的测定:根据设计要求调节变量机构,测量压力、流量相对应的数据,绘制恒功率特性曲线(压力-流量特性曲线)(参见图 3-17)<br>d. 其他特性按设计要求进行试验<br>②恒压变量泵<br>恒压静特性试验:在最大排量、额定转速下加载,绘制不同调定压力下的流量-压力特性曲线如图 3-18 所示<br>调定压力:33% $p_n$、66% $p_n$、100% $p_n$<br>输出流量:0⇔100% $q_{v,2}$<br>③其他型变量泵<br>按设计要求或用户要求进行试验 | 变量泵做该项试验 |
| 4 | 自吸试验 | 在最大排量、额定转速、空载压力工况下,测量被试泵吸入口真空度为零时的排量。以此为基准,逐渐增加吸入阻力,直至排量下降1%时,测量其真空度 | 自吸泵做该项试验 |
| 5 | 噪声试验 | 在最大排量、设定转速及进油口压力为 0.1MPa 绝对压力下,分别测量被试泵空载压力至额定压力范围内至少六个等分压力点的噪声值<br>当额定转速≥1500r/min 时,设定转速为 1500r/min;当 1000r/min≤额定转速<1500r/min 时,设定转速为 1000r/min;当额定转速<1000r/min 时,设定转速为额定转速 | 本底噪声应比被试泵实测噪声低 10dB(A)以上,否则应进行修正。本项目为考查项目 |
| 6 | 低温试验 | 使被试泵和进口油温均为−20～−15℃,油液黏度在被试泵所允许的最大黏度范围内,在额定转速、空载压力工况(变量泵在最大排量)下启动被试泵至少五次 | ①有要求时做此项试验<br>②可以由制造商与用户协商,在工业应用中进行 |
| 7 | 高温试验 | 在额定工况下,进口油温为 90～100℃,油液黏度不低于被试泵所允许的最低黏度条件,连续运转 1h 以上 | |
| 8 | 超速试验 | 在转速为 115%额定转速(变量泵在最大排量)下,分别在空载压力和额定压力下连续运转 15min 以上。试验时被试泵的进口油温为 30～60℃ | |
| 9 | 超载试验 | 在额定转速、最高压力或 125%的额定压力(选择其中高者,变量泵在最大排量)的工况下连续运转。试验时被试泵的进口油温为 30～60℃,试验时间应符合 JB/T 7043 6.2.13.1 的规定 | |
| 10 | 冲击试验 | ①定量和手动变量泵<br>在最大排量、额定转速下,进行压力冲击试验。冲击频率为 10～30 次/min,冲击波形符合图 3-19 规定,连续运转<br>②恒功率变量泵<br>在 40%额定功率的恒功率特性和额定转速下,进行压力冲击试验。冲击频率为 10～30 次/min,冲击波形符合图 3-19 规定,连续运转<br>③恒压变量泵额定转速、流量在 10% $q_{vmax}$ ≤ $q_v$ ≤ 80% $q_{vmax}$ 之间连续进行恒压段冲击(阶跃)循环试验,其波形如图 3-20 所示<br>④其他变量型式<br>按最大功率的变量特性或用户要求试验。<br>做冲击试验时,被试泵的进口油温为 30～60℃,试验次数应符合 JB/T 7043 6.2.13.1 的规定 | 记录冲击波形 |

续表

| 序号 | 试验项目 | 试验方法 | 备注 |
| --- | --- | --- | --- |
| 11 | 满载试验 | 在额定工况下，被试泵进口油温为 30～60℃时连续运转，试验时间应符合 JB/T 7043 6.2.13.1 的规定 | |
| 12 | 效率检查 | 完成上述规定项目试验后，测量额定工况下容积效率和总效率 | |
| 13 | 密封性能检查 | 将被试泵擦干净，如有个别部位不能一次擦干净，运转后产生“假”渗漏现象，允许再次擦干净<br>①静密封：将干净吸水纸压贴于静密封部位，然后取下，纸上如有油迹即为渗油<br>②动密封：在动密封部位下方放置白纸，于规定时间内纸上不应有油滴 | |

注：1. 连续运转试验时间或次数是指扣除与被试泵无关的故障时间或次数后的累积值。
2. 试验项目序号 9～11 属于耐久性试验项目。

耐久性试验可在下列方案中任选一种。满载试验 2400h；满载试验 1000h，超载试验 10h，冲击试验 10 万次；超载试验 250h，冲击试验 10 万次。

**（3）试验数据处理和结果表达**

① 数据处理　利用试验数据和式（3-1）～式（3-4）计算出轴向柱塞泵的相关性能指标。

② 结果表达　试验报告应包括试验数据和相关特性曲线及冲击波形。特性曲线示例参见图 3-15～图 3-18，冲击波形示例参见图 3-19 和图 3-20。试验报告还应提供试验人员、设备、工况及被试泵基本特征等信息。

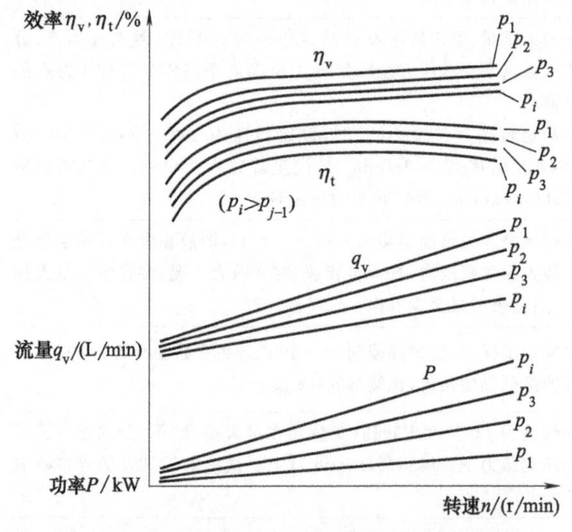


图 3-15　功率、流量、效率随转速变化曲线

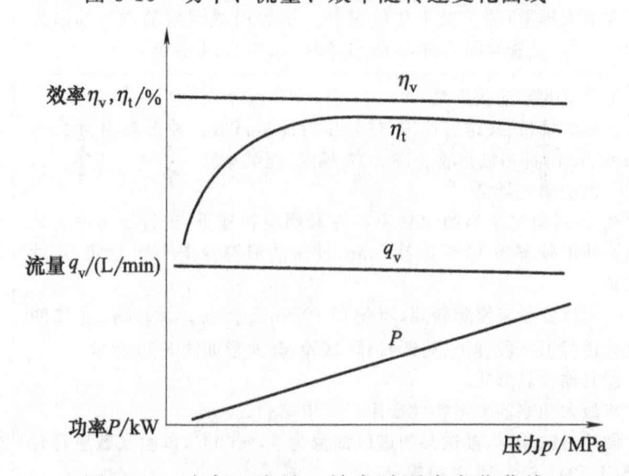


图 3-16　功率、流量、效率随压力变化曲线

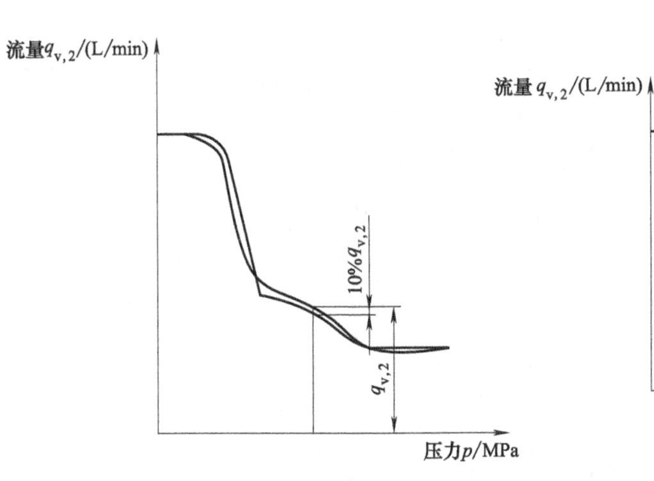


图 3-17 恒功率特性曲线

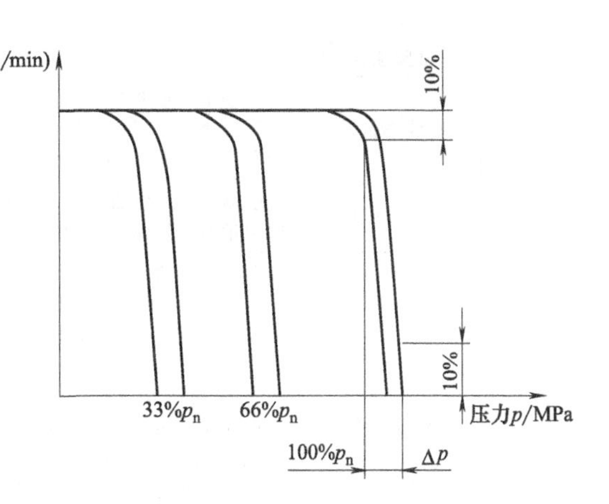


图 3-18 不同调定压力下的流量-压力特性曲线

1. 上下行曲线分别不得少于 10 个点；2. 试验系统中的安全阀不得开启；3. $p_n$ 为额定压力

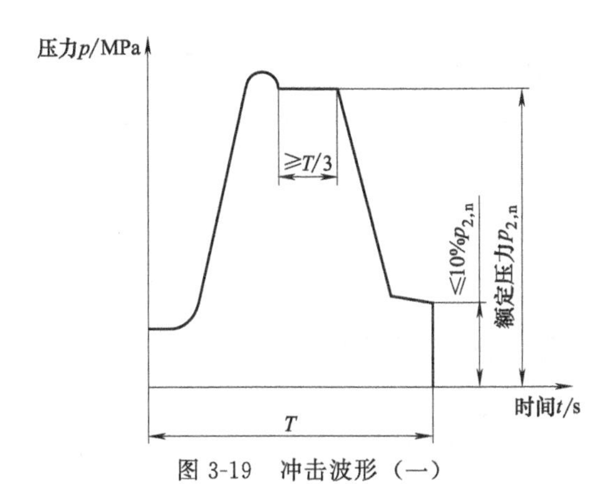


图 3-19 冲击波形（一）

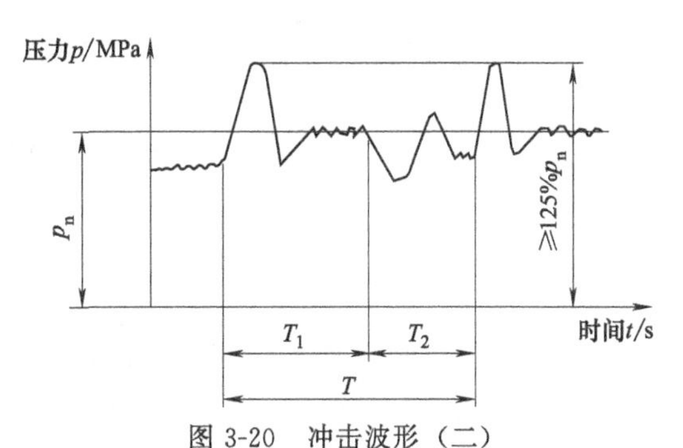


图 3-20 冲击波形（二）

$T$—冲击循环周期；$T_1$—额定压力小流量保压时间；$T_2$—额定压力大流量保压时间；$p_n$—额定压力

## 3.1.5 液压马达试验方法

**（1）液压马达试验回路**

液压马达试验回路参考图 3-21。

图 3-21 所示回路是基本回路，不包括为防止由于元件失效造成破坏所需要的安全装置。重要的是试验负责人对人员安全和设备安全给予应有的重视。

**（2）试验项目和试验方法**

① 跑合 应在试验前进行。在额定转速下，从空载压力开始逐级加载，分级跑合。跑合时间与压力分级应根据需要确定，其中额定压力下的跑合时间应不少于 2min。

② 出厂试验 其试验项目与试验方法按表 3-9 的规定。

**表 3-9 液压马达出厂试验的试验项目与试验方法**

| 序号 | 试验项目 | 试 验 方 法 | 试验类型 | 备注 |
|---|---|---|---|---|
| 1 | 排量试验 | 按 GB/T 7936 的规定进行 | 必试 | 柱塞马达可不进行此项试验 |
| 2 | 容积效率试验 | 在额定转速条件下，分别测量马达在空载压力和额定压力时的实际转速、输入流量或输出流量和内泄漏量，按 JB/T 10829 7.4.1 的公式(1)计算容积效率 | 必试 | |

续表

| 序号 | 试验项目 | 试验方法 | 试验类型 | 备注 |
| --- | --- | --- | --- | --- |
| 3 | 总效率试验 | 在额定转速和额定压力条件下，测量马达的输出转矩、实际转速、输入压力、输出压力、输入流量、输出流量和内泄漏量，按 JB/T 10829 7.4.1 的公式(2)计算总效率 | 抽试 | |
| 4 | 变量特性试验 | 根据变量控制方式，在设计规定的条件下，测量不同的控制量与被控制量之间的对应数据 | 必试 | 仅对变量马达 |
| 5 | 冲击试验 | 对双向运转的柱塞马达和叶片马达，在最大排量、额定压力条件下，调整马达转速，使马达正、反向换向时的冲击压力峰值为马达额定压力的 120%～125%，以每分钟 10～30 次的频率进行马达正、反向冲击试验 10 次(换向一次即为冲击一次)<br>对双向运转的齿轮马达，在额定转速和额定压力工况下(当额定压力大于 20MPa 时，按 20MPa)以每分钟 10～30 次的频率进行马达正、反向冲击试验 10 次(换向一次即为冲击一次)<br>对单向马达，在额定转速下，以每分钟 10～30 次的频率进行压力冲击试验 10 次，冲击波形应符合图 3-22 | 抽试 | |
| 6 | 超载试验 | 在额定转速、最高压力或125%的额定压力的工况下，连续运转不少于 1min | 抽试 | |
| 7 | 外渗漏检查 | 在上述全部试验过程中，检查动、静密封部位，不应有外渗漏 | 必检 | |

注：上述试验中，除第 4 项外，变量马达均在最大排量下进行试验。

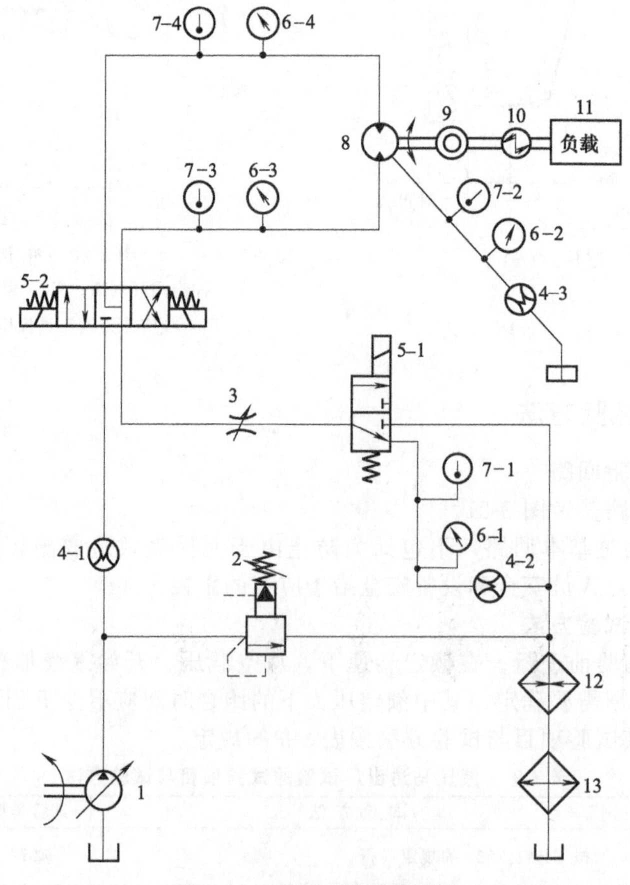


图 3-21 液压马达试验回路

1—液压泵；2—溢流阀；3—节流阀；4-1～4-3—流量计；5-1，5-2—换向阀；6-1～6-4—压力表；7-1～7-4—温度计；8—被试马达；9—转速仪；10—转矩仪；11—负载；12—加热器；13—冷却器

③ 型式试验 其试验项目与试验方法按表3-10的规定。

表3-10 液压马达型式试验的试验项目与试验方法

| 序号 | 试验项目 | 试验方法 | 备注 |
|---|---|---|---|
| 1 | 排量验证试验 | 按GB/T 7936的规定进行 | |
| 2 | 效率试验 | ①在额定转速、空载压力下运转稳定后测量流量等一组数据，填入液压马达试验记录表。然后逐级加载，按上述方法测量从额定压力的25%至额定压力六个以上等分试验压力点的各组数据并计算效率值<br>②分别测量约为额定转速的85%、70%、55%、40%、25%时上述各试验压力点的各组数据并计算效率值<br>③对双向马达按相同方式做反方向试验<br>④作出综合特性曲线(图3-23)和效率特性数据表 | ①中按百分比计算出的压力值修约至1MPa<br>②中按百分比计算出的转速值修约至10r/min |
| 3 | 变量特性试验 | 根据变量控制方式，在设计规定的条件下，测量不同的控制量与被控制量之间的对应数据，绘制变量特性曲线 | 仅对变量马达 |
| 4 | 启动效率试验 | 在额定压力、零转速及马达要求的背压条件下，分别测量马达输出轴处于不同的相位角(12个点)时的输出转矩，以所测得的最小输出转矩计算启动效率 | 双向旋转的马达应分别测试正反向输出转矩 |
| 5 | 低速性能试验 | 在额定压力下，改变马达的转速，目测马达运转稳定性，以不出现肉眼可见的爬行的最低转速为马达的最低稳定转速。试验至少进行三次，以最高者为准 | 双向旋转的马达应进行双向试验 |
| 6 | 噪声试验 | 在额定转速下，按GB/T 17483的要求，分别测量额定压力的100%、75%时，其最高转速、额定转速、额定转速的75%各工况的噪声值。本底噪声应比被试马达实测噪声低10dB(A)以上，否则应进行修正。 | 本项目为考查项目 |
| 7 | 满载试验 | 在额定工况下，进口油温为30～60℃时连续运转，运转时间按JB/T 10829 6.2.11的相关要求<br>连续运转过程中每50h测量一次容积效率 | 本项目属于耐久性试验项目 |
| 8 | 冲击试验 | 对双向运转的柱塞马达和叶片马达，在最大排量、额定压力条件下，调整马达转速，使马达正、反向换向时的冲击压力峰值为马达额定压力的120%～150%，以每分钟10～30次的频率进行马达正、反向冲击试验10次(换向一次即为冲击一次)<br>对双向运转的齿轮马达、在额定转速和额定压力工况下(当额定压力大于20MPa时，按20MPa)以每分钟10～30次的频率进行马达正、反向冲击试验(换向一次即为冲击一次)，冲击次数按JB/T 10829 6.2.11的相关要求<br>对单向马达，在额定转速下，以每分钟10～30次的频率进行压力冲击试验，冲击次数按JB/T 10829 6.2.11的相关要求，冲击波形应符合图3-22 | 本项目属于耐久性试验项目 |
| 9 | 超载试验 | 在额定转速、最高压力或125%的额定压力的工况下连续运转，运转时间按JB/T 10829 6.2.11的相关要求。试验时被试马达的进口油温应为30～60℃ | 本项目属于耐久性试验项目 |
| 10 | 超速试验 | 以110%额定转速或设计规定的最高转速(选择其中高者)，分别在空载压力和额定压力下连续运转15min。试验时被试马达的进口油温应为30～60℃ | |
| 11 | 低温试验 | 使环境温度和油液温度为－25～－20℃，在额定转速、空载压力工况(变量马达在最小排量)下启动被试马达至少五次 | ①有要求时做此项试验<br>②可以由制造商与用户协商，在工业应用中进行 |
| 12 | 高温试验 | 在额定工况下，进口油温为90～100℃，油液黏度不低于马达所允许的最低黏度条件，连续运转至少1h | |
| 13 | 效率检查 | 完成上述规定项目试验后，在额定工况下测量马达的容积效率 | |

续表

| 序号 | 试验项目 | 试验方法 | 备注 |
|---|---|---|---|
| 14 | 密封性能检查 | 将被试马达擦拭干净，进行上述试验，试验完成后马达泄漏量应满足以下要求<br>①静密封：上述试验完成后，将干净吸水纸压贴于静密封部位，然后取下，纸上如有油迹即为渗油<br>②动密封：上述试验进行前，在动密封部位下放置白纸，4h内纸上不应有油滴 | |

注：1. 连续运转试验时间或次数是指扣除与被试马达无关的故障时间或次数后的累积值。
2. 上述试验中，除第3项和第10项外，变量马达均在最大排量下进行试验。

耐久性能应满足下列方案之一：满载试验1000h（双向马达应正、反转各试500h），冲击试验10万次，超载试验10h；超载试验100h，冲击试验40万次（齿轮马达可在两台马达上分别进行）。

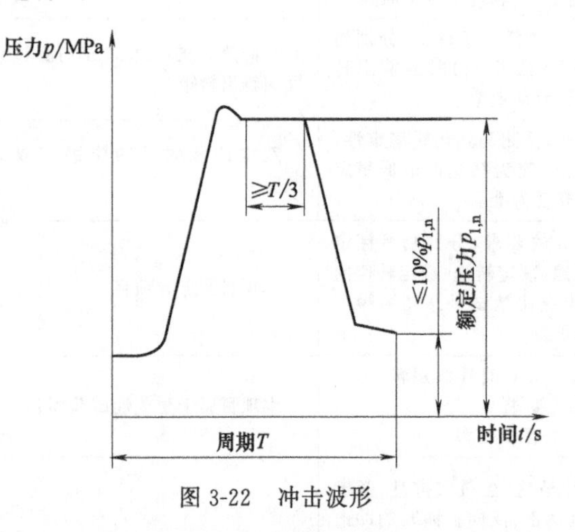


图 3-22 冲击波形

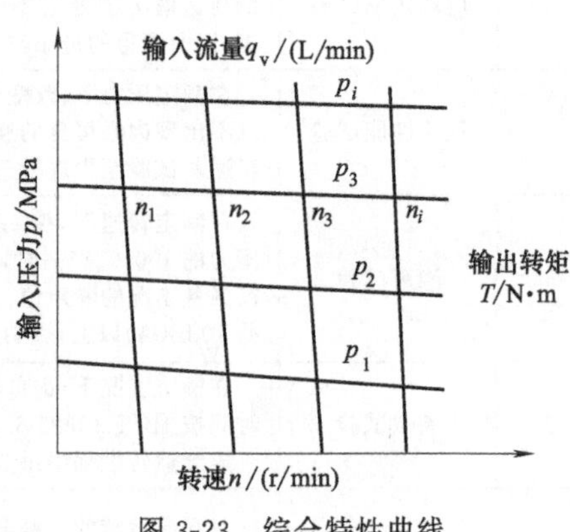


图 3-23 综合特性曲线

**(3) 试验数据处理和结果表达**

① 数据处理 应利用试验数据和下列公式，计算出被试马达的相关性能指标。

容积效率：

$$\eta_v=\frac{V_{1,\mathrm{i}}}{V_{1,\mathrm{e}}}=\frac{q_{v1,\mathrm{i}}/n_\mathrm{i}}{q_{v1,\mathrm{e}}/n_\mathrm{e}}\times100\%=\frac{(q_{v2,\mathrm{i}}+q_{vd,\mathrm{i}})/n_\mathrm{i}}{(q_{v2,\mathrm{e}}+q_{vd,\mathrm{e}})/n_\mathrm{e}}\times100\% \tag{3-5}$$

总效率：

$$\eta_t=\frac{2\pi n_\mathrm{e}T_2}{1000(p_{1,\mathrm{e}}q_{v1,\mathrm{e}}-p_{2,\mathrm{e}}q_{v2,\mathrm{e}})}\times100\%$$

$$=\frac{2\pi n_\mathrm{e}T_2}{1000[p_{1,\mathrm{e}}(q_{v2,\mathrm{e}}+q_{vd,\mathrm{e}})-p_{2,\mathrm{e}}q_{v2,\mathrm{e}}]}\times100\% \tag{3-6}$$

输入液压功率（kW）：

$$P_{1,\mathrm{n}}=\frac{p_{1,\mathrm{e}}\times q_{v1,\mathrm{e}}}{60000}=\frac{p_{1,\mathrm{e}}(q_{v2,\mathrm{e}}+q_{vd,\mathrm{e}})}{60000} \tag{3-7}$$

输出机械功率（kW）：

$$P_{2,\mathrm{m}}=\frac{2\pi n_\mathrm{e}T_2}{60000} \tag{3-8}$$

启动效率：

$$\eta_{hm}=\frac{2\pi T_2}{\Delta p V_{1,i}}\times 100\% \tag{3-9}$$

式中　$V_{1,i}$——空载压力时的输入排量，mL/r；
$V_{1,e}$——试验压力时的输入排量，mL/r；
$q_{v1,i}$——空载压力时的输入流量，L/min；
$q_{v1,e}$——试验压力时的输入流量，L/min；
$n_i$——空载压力时的转速，r/min；
$n_e$——试验压力时的转速，r/min；
$q_{v2,i}$——空载压力时的输出流量，L/min；
$q_{vd,i}$——空载压力时的泄漏流量，L/min；
$q_{v2,e}$——试验压力时的输出流量，L/min；
$\Delta p$——输入试验压力与输出试验压力之差，MPa；
$q_{vd,e}$——试验压力时的泄漏流量，L/min；
$p_{1,e}$——输入试验压力，高于大气压为正，低于大气压为负，MPa；
$p_{2,e}$——输出试验压力（即背压），MPa；
$T_2$——输出转矩，N·m。

在式（3-5）～式（3-7）中，如果油液压缩性对马达容积效率有明显影响，应考虑进行修正。

② 结果表达　试验报告应包括试验数据、液压马达试验记录表和综合特性曲线，综合特性曲线示例见图 3-23。试验报告还应提供试验人员、设备、工况及被试马达基本特征等信息。

**(4) 装配要求**

装配应按 GB/T 7935—2005 中 4.4～4.7 的规定进行。

轴向柱塞泵的内部清洁度应符合表 3-11 的规定。

**表 3-11　轴向柱塞泵的内部清洁度指标**

| 排量 V/(mL/r) | 清洁度指标值/mg | |
|---|---|---|
| | 定量 | 变量 |
| ≤10 | 30 | 36 |
| >10～25 | 48 | 60 |
| >25～63 | 96 | 120 |
| >63～160 | 144 | 180 |
| >160～250 | 210 | 250 |
| >250～500 | 380 | 420 |

装配后的轴向柱塞泵，在封闭的泵体内充入 0.16MPa 的气体，不应有漏气现象。

装配和外观的检验方法按表 3-12 的规定。

**表 3-12　轴向柱塞泵装配和外观检验方法**

| 检验项目 | 检验方法 | 备注 |
|---|---|---|
| 装配质量 | 采用目测法及使用测量工具检查 | |
| 气密性 | 在被试内腔充满压力为 0.16MPa 的干净气体，然后将其浸没在防锈液中，停留 1min 以上，并稍加摇动，观察液体中有无气泡产生 | 允许采用“压降法”或其他的方法，但检查效果或等同于本方法 |
| 外观质量 | 采用目测法 | |

## 3.2 液压泵-马达试验应用实例

在液压泵与马达设计开发与维修应用中，常常要进行测试试验，由此检测液压元件技术性能。

液压泵具有结构紧凑、功率密度高的特点。在一般冷却系统中采用的是斜盘式柱塞泵，它是通过依靠柱塞在缸体孔内做往复运动时产生的容积变化进行吸油和压油的。由于柱塞和缸体内孔都是圆柱表面，容易得到高精度配合，密封性能好，在高压下工作仍能保持较高的容积效率和总效率。因此，现在柱塞泵经过多年的发展，其形式众多，性能各异，应用非常广泛。

变量柱塞泵通过改变其泵内斜盘倾角来改变泵排量，进而输出流量，从而适应一般冷却系统的工况变化，这是变量柱塞泵的重要特点。这种变量调节是连续的、无级的，可以在很多冷却系统工作过程中进行。

### 3.2.1 液压泵效率与排量特性试验

工程机械广泛应用于国家基础设施及军工国防建设，现有工程机械作业效率低、能源消耗大，其节能技术研究具有重要意义。液压泵作为工程机械的动力执行机构，对于工程机械动力系统匹配节能来说，其效率和控制特性直接影响动力系统参数匹配、能量的利用率、系统的发热、振动、冲击以及作业质量，对整机动力性能和经济性能有着重大的影响，是动力节能参数匹配中应着重考虑的关键问题之一。

在此对液压泵的效率特性和排量电比例控制特性进行试验研究，分析液压泵在不同工况下的效率和排量控制比例电流的死区、饱和区、工作段的线性度和响应时间，为工程机械动力匹配提供参考依据。

**(1) 电比例变量泵特性分析**

针对目前工程机械，尤其是各种型号混凝土泵车中常用的力士乐公司生产的 A11VO 系列液压泵进行试验研究，液压泵的型号为 A11VO190，排量 $V=190\text{cm}^3$，排量为 $V_{max}$ 时最高转速为 2100r/min，排量小于 $V_{max}$ 时最大转速为 2300r/min，流量为 265L/min，在 $V_{max}$ 时的功率为 159kW。A11VO 系列液压泵主要功能包括压力切断、恒功率和变量控制。三种功能按优先顺序进行控制，优先级为压力切断最高，然后是恒功率，最后是变量控制。恒功率控制的压力临界值可以通过液压泵上的旋钮进行调节，具体值需在实际工况下进行调定，当系统压力进入恒功率调节时，变量控制已经不起作用，排量会自动根据压力的增加而减少，目的是避免液压泵超负荷工作。

① 压力切断控制　即恒压控制，当达到预先设定的压力值时，它使泵的排量向最小排量 $V_{min}$ 摆回，特性曲线如图 3-24 所示。

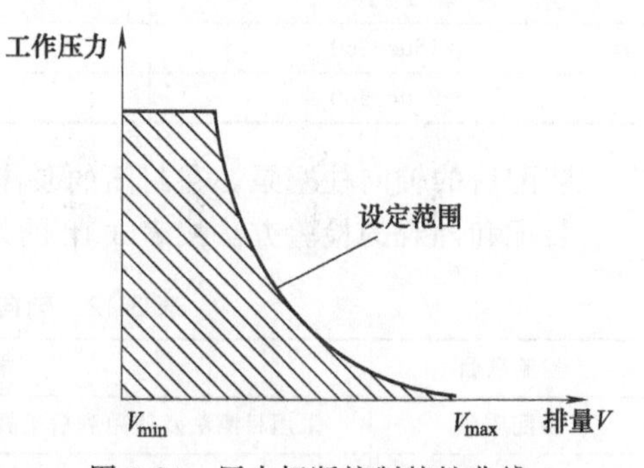

图 3-24　压力切断控制特性曲线

压力切断功能优先于恒功率控制，即恒功率控制在低于预设压力时起作用。

② 恒功率控制　调节系统工作压力及液压泵的输出流量，控制液压泵在恒定的驱动转速下不超过预定的驱动功率。

图 3-25 所示为变量泵的恒功率特性曲线，左图中 $ABCD$ 表示压力与排量的变化关系，其中 $AB$ 段是定量段，相应的功率变化是右图中的 $OE$ 段，此时，其特性与定量泵一样。左图中 $BC$ 段是变量段，此段内压力 $p$ 与排量 $V$ 乘积近似为常数，相应的功率变化为右图中的 $EF$ 段，当进入

此段后，排量与压力的乘积保持不变，随着压力的增加，排量自动减少，接近双曲线。图 3-25 中恒功率实际上也是在变量泵转速恒定的情况下计算出来的，所以，实际上是 $pV$ 为定值，亦即变量泵的吸收转矩为恒定值。当转速变化时，变量泵的吸收功率将不再恒定。

③ 变量控制　变量机构使泵的排量在其整个范围内可无级调节，并与比例电磁铁的控制电流或控制口的压力成比例，电流直接去控制比例电磁铁，恒功率控制优先于变量控制，即低于功率曲线时排量受控制电流的调整。

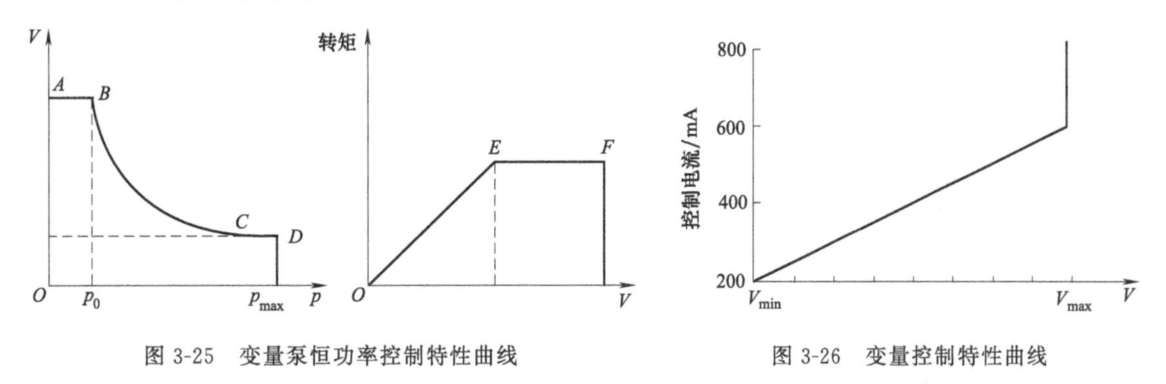


图 3-25　变量泵恒功率控制特性曲线　　图 3-26　变量控制特性曲线

如果设定流量或工作压力使功率曲线被超过，则恒功率控制取代变量控制并按照恒功率曲线减小排量。从 $V_{max}$ 到 $V_{min}$，随着控制电流减小，泵摆向较小的排量。控制电流范围为 200～600mA，对应于泵的零排量到满排量，特性曲线如图 3-26 所示。

**(2) 试验台组成及试验流程**

① 试验内容　以 A11VO190 液压泵为研究对象，利用泵-马达液压试验台进行试验研究，内容主要包括液压泵效率试验、液压泵排量动态响应试验、液压泵排量静态响应试验。

② 试验平台的组成　泵-马达液压试验平台主要由交流电机、液压泵、液压马达、控制阀、智能控制平台及相关信号检测元件组成，如图 3-27 所示。在交流电机与液压泵的传动轴上安装有转速传感器和转矩传感器，用以检测电机的转速和输出转矩，在液压泵、液压马达、电磁溢流阀的泄油路和回油路安装 4 个流量传感器 SF00～SF03：SF00 检测主回路流量；SF01 检测电磁溢流阀的溢流量；SF02 检测液压泵的泄漏量；SF03 检测液压马达的泄漏量。压力传感器检测液压泵出口处的压力。交流电机选用 Y355M2-2 三相交流异步电机，额定输出功率为 250kW，额定转速为 3000r/min。智能控制平台比例电流调节精度为±10mA，转速控制精度为±5r/min。流量传感器 SF00 量程为 500L/min，SF01 量程为 250L/min，SF02、

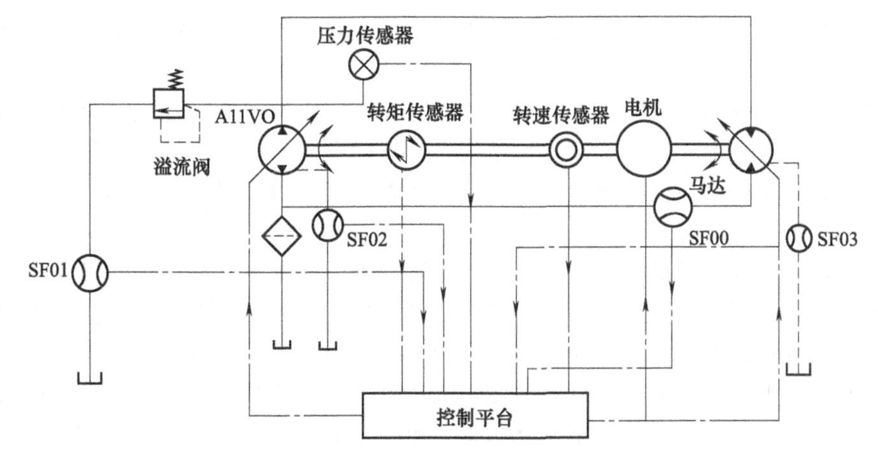


图 3-27　泵-马达液压试验平台组成原理

SF03 量程为 50L/min。压力传感器量程为 50MPa。

**(3) 试验**

① 液压泵效率　液压泵的效率分为容积效率和机械效率。容积效率是由于存在间隙的泄漏而引起的流量损失。机械效率是由于摩擦而引起的转矩损失，其中一部分是油液间的黏性摩擦，另一部分是滚动轴承、柱塞与缸体孔、各运动副的固体摩擦。在理论上，影响液压泵效率的因素有很多，但主要有油液的工作黏度、工作压力、转速及变量泵的控制电流。

液压泵的容积效率为

$$\eta_v=\frac{Q-\Delta Q}{Q}=1-\frac{\Delta Q}{Q}=1-\frac{1000h\Delta p}{\mu n\beta V_{max}} \tag{3-10}$$

式中　$\eta_V$——容积效率；

$Q$——理论流量；

$\Delta Q$——泄流量；

$h$——泄漏间隙；

$\Delta p$——间隙两端压差；

$\mu$——油液运动黏度；

$n$——转速；

$\beta$——控制电流；

$V_{max}$——最大排量。

液压泵的机械效率为

$$\eta_1=\frac{N_e-\Delta N}{N_e}=1-\frac{\Delta N}{N_e}=1-\frac{60\Delta N}{\Delta pQ} \tag{3-11}$$

式中　$N_e$——泵理论输出功率；

$\Delta N$——机械损失功率。

液压泵的总效率为

$$\eta=\eta_v\eta_t \tag{3-12}$$

工作压力对容积效率的影响由式（3-10）分析可知，工作压力越大容积效率越小。对机械效率来说，在液压泵转速、控制电流、油液运动黏度不变的情况下，工作压力的变化对转矩损失的影响很小，但对液压泵的有效输出功率影响很大，由式（3-11）可知，随着工作压力的增大，液压泵的有效输出功率增加，机械效率也随之增大。

转速对容积效率的影响由式（3-10）分析可知，转速越大容积效率越大。对机械效率来说，随着转速的增加，液压泵的流量将增大，随之油液的黏性摩擦也将增大，同时泵的轴承及其各个运动副的固体摩擦也将增大，转矩损失增加，由式（3-11）可知，液压泵的机械效率将降低。

控制电流对容积效率的影响由式（3-10）分析可知，控制电流越大，容积效率越大。对机械效率来说，控制电流增大，液压泵流量增大，油液的黏性摩擦也将增大，转矩损失增大，但同时液压泵的有效输出功率也随之增大，且其增大幅度比转矩损失 $\Delta N$ 的要大，由式（3-11）分析可知，机械效率将增大。

从理论上，初步分析了影响液压泵效率的各种因素，但是在实际的工作过程中各个因素的影响权重不一样，不同工况下有的因素起着主要的作用，有的则影响不大，而且不同型号的液压泵的效率特性也存在差别，所以为了实际应用，需要对试验测试的数据进行分析。

通过智能控制平台控制交流电机的转速、液压泵出口的负载压力及液压泵的排量，测试液压泵在恒转速和恒控制电流下的效率变化情况。起始负载压力为 8MPa，每次递增 2MPa，直到 24MPa；起始控制电流为 200mA，每次递增 40mA，直到 600mA；起始转速为 800r/min，每次递增200r/min，直到1800r/min，部分试验数据如图3-28所示。

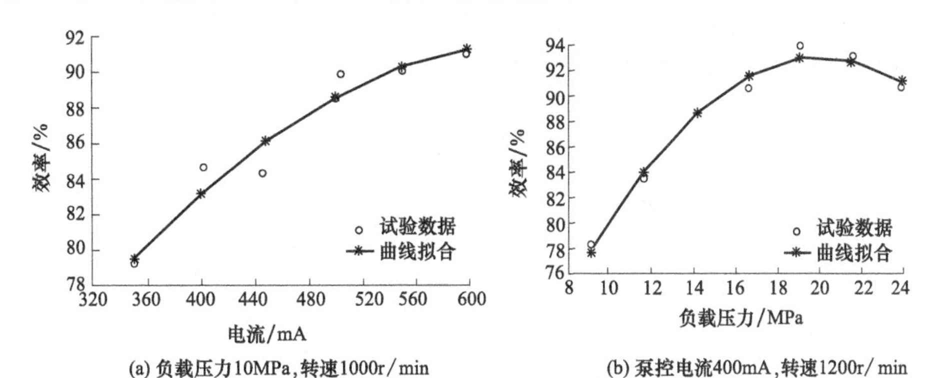

(a) 负载压力10MPa，转速1000r/min
(b) 泵控电流400mA，转速1200r/min

图3-28 液压泵效率测试曲线

对试验数据进行整理，绘制液压泵的效率等值线图，如图3-29所示，可以分析出液压泵效率的特点如下。

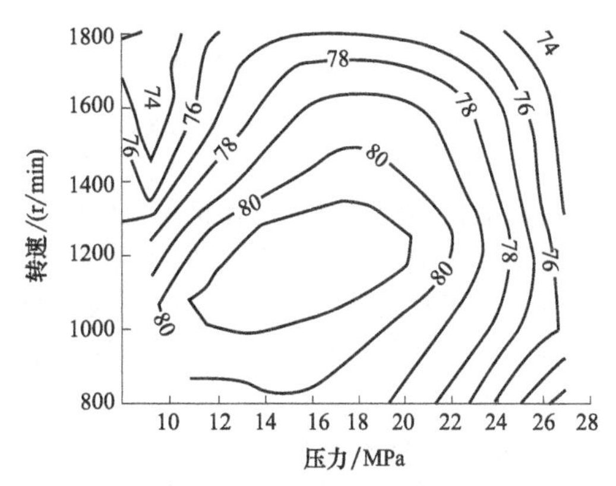

图3-29 液压泵效率等值线图

a. 泵的总效率随着转速的增加而降低，1300～1800r/min为稳定区间，此范围内效率波动较小。

b. 泵的总效率随着压力的增加先增后减，最优压力范围为13～24MPa。

c. 泵控电流在400mA以上效率较高，400mA以下效率较低；控制电流越大，泵效率受压力和转速变化影响的波动量越小，泵的大排量工况为高效区。

d. 液压泵总效率随控制电流增大而增大，泵的排量控制电流最好控制在400～600mA范围内，以使泵的总效率高于75%。

从试验的结果来看，液压泵的排量对效率的影响最大，其次是压力，液压泵的转速对效率的影响最小。

② 液压泵排量响应时间　将液压泵负载压力设为恒定，控制台输入满排量电流控制信号，记录液压泵由零排量到满排量的上升时间。然后输入零排量电流控制信号，记录液压泵由满排量到零排量的下降时间。

试验动态响应测试数据如表3-13。试验结果表明泵从零排量到满排量的响应时间为0.5s左右，而从满排量到零排量的响应时间为0.25s左右，且响应时间随着负载的增加而延长。

**表3-13 液压泵响应时间**

| 稳态压力/MPa | 上升时间/s | 下降时间/s |
|---|---|---|
| 10 | 0.4 | 0.25 |
| 104 | 0.4 | 0.25 |
| 210 | 0.5 | 0.30 |

③ 液压泵静态电流控制特性　通过智能控制平台控制液压泵的输入比例电流值，测量液压泵在不同电流下的稳态排量输出，得到液压泵排量控制静态电比例特性。恒定电流值从200～600mA，改变负载压力$p$，记录液压泵的转速$n$和输出流量$Q$。

如图3-30所示，从测试数据统计分析可以看出，液压泵在恒控制电流下，不同压力、转速情况，排量变化不大，波动量较小。液压泵的控制死区为0～200mA，饱和截止电流为

550mA，在200～550mA范围内液压泵排量线性变化。液压泵的排量控制受负载压力影响较大，空载下排量与控制电流近似成线性，随着载荷的增加，排量随控制电流的增加速度变慢，要实现排量的精确控制需对控制电流进行校正。

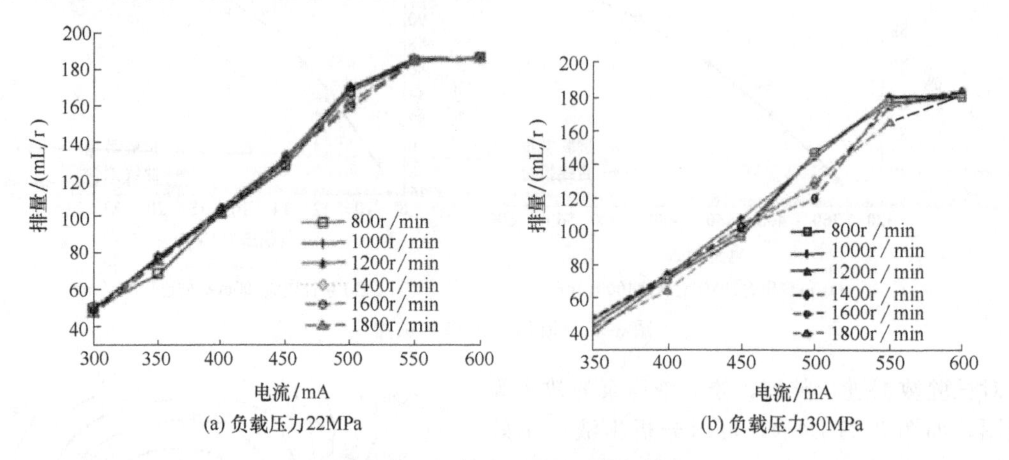


图3-30 不同转速下泵排量控制特性

然后对新旧液压泵的电比例控制特性进行研究，测试泵的排量与控制电流的曲线关系，试验结果如图3-31所示。从图3-31可以得出新旧液压泵的排量控制特性基本相同，泵的排量控制特性受使用时间影响不大。泵的死区控制电流为200mA，饱和控制电流大致为550mA，在区间内泵的排量与控制电流基本为线性关系，但与样本手册稍有偏差。

（4）结论

① 泵的总效率随着转速的增加而降低，1300～1800r/min为稳定区间，其范围内效率波动较小。

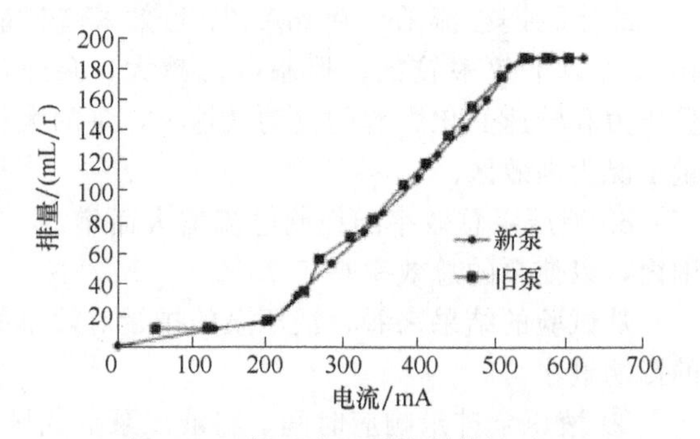


图3-31 新旧液压泵控制特性对比

② 泵的总效率随着压力的增加先增后减，最优压力范围为13～24MPa。

③ 泵控制电流400mA以上效率较高，400mA以下效率较低；控制电流越大，泵效率受压力和转速变化影响的波动量越小，泵的大排量工况为高效区。

④ 液压泵的排量控制受负载压力影响较大，空载下排量与控制电流近似成线性，随着载荷的增加，排量随控制电流的增加速度变慢，要实现排量的精确控制需对控制电流进行校正。

⑤ 液压泵的控制特性受使用时间影响不大。

## 3.2.2 液压泵气蚀分析与试验

飞机液压泵性能直接关系到飞行安全和飞行任务的完成。根据近年来返修产品的分解检查结果和外场使用情况，发现液压泵气蚀现象较多，急需开展技术分析及改进工作。

（1）液压泵结构

航空液压泵的基本结构如图3-32所示，主要由传动杆、转子柱塞轴组件、斜盘组件、分油盘、轴尾旋转密封组件、壳体组件组成。液压泵通过传动轴与机匣连接并旋转，带动转子、柱塞共同高速旋转，同时柱塞在转子内部做往复直线运动，转子每转一周，各柱塞在斜盘组件的控制作用下吸油、排油一次。当出口压力逐渐上升时，液压泵内变量机构逐渐控制斜盘角度变小，直到为零，此时液压泵输出流量为零，压力达到额定压力。

(2) 气蚀产生机理及危害

飞机液压系统一般使用闭式系统，即整个液压系统的液压油与外界隔离，不接触空气，基本不会出现气蚀现象。但某些型号飞机液压系统为开式系统，其液压油箱采用油气混合增压方式（即液压油与增压空气直接接触），液压油中必定会融入一定量的空气。液体中气体的溶解量服从亨特定律，即在一定的温度下溶解到液体中的气体体积量与压力成正比，溶解程度用溶解度 $\delta$ 来表示：

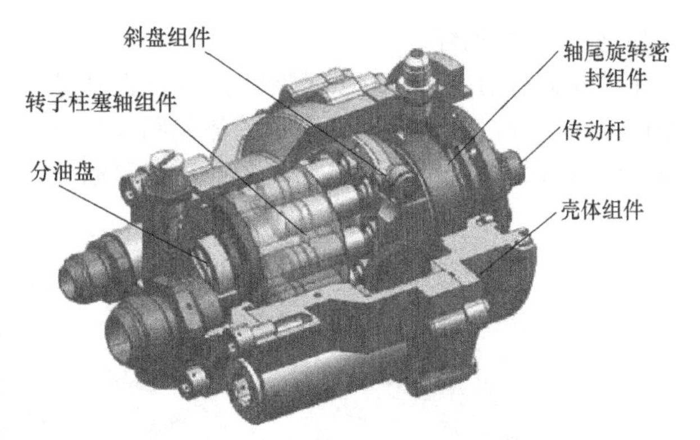


图 3-32 航空液压泵的基本结构

$$\delta=\frac{V_a}{V_o}\times 100\% \tag{3-13}$$

式中 $V_a$——溶解的空气体积；

$V_o$——油液的体积。

经计算，当液压泵的额定进口压力达到 0.18MPa 时，空气的溶解度可达 15%。液压油在油箱中融入较多空气，必然使液压泵发生气蚀现象。

当溶解了较多气体的油液从油箱经管路流入液压泵进油口时，油压降低（液压泵的吸油腔是整个液压系统压力最低的地方，最易产生蒸气泡和空气泡），溶解于油液中的气体成为过饱和状态，并分解出游离状态微小气泡，气泡随着液流进入高压区时，体积急剧缩小，形成局部真空，周围液体质点以极大速度填补这一空间，产生局部液压冲击，将质点的动能变成压力能和热能。因反复受到液压冲击与高温作用，金属表面产生疲劳和腐蚀并逐步形成麻点，如图 3-33 所示，严重时表面脱落，造成转子端面-分油盘摩擦副磨损、贴合不严，内漏增大。分解多台返修的某型飞机配套液压泵，可见该摩擦副磨损严重，且多发生在高压侧，与气蚀现象的发生机理和现象吻合，证实在产品使用过程中存在气蚀现象。

(a) 气蚀现象

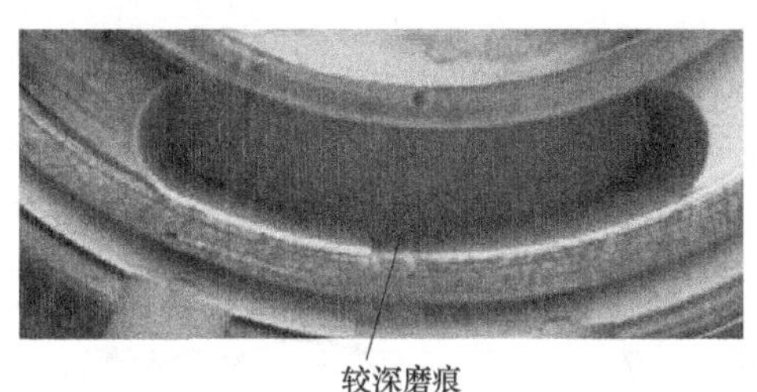


(b) 较深磨痕

图 3-33 分油盘麻坑和较深磨痕

(3) 气蚀的试验验证

为验证气蚀现象对产品性能的影响，按照液压泵相关技术标准规定的“吸气试验”方法模拟飞机液压系统，对液压泵进行了 16 次吸气试验。

试验具体要求为，模仿某型飞机实际管路情况，液压泵进口管通径为 22mm，管长为 800mm。先将液压泵进口管道拆下放出油液通入大气，此时试验系统和液压泵内油液不能流出（可在液压泵进口管与油箱连接端设置开关），然后重新连接油管，油箱不增压，出口开关在全流量位置，启动液压泵 30s 至额定转速，记录出口压力。再向油箱增压至 0.18MPa，工作 1h 后测产品性能并记录、停车。整个试验过程中液压泵不允许排气，以上工作作为一个循环，共进行 16 个循环。

在试验进行前、8 次循环试验后、16 次循环试验后分别对转子端面、分油盘端面情况进行拍照记录和检查。分油盘表面退化趋势如图 3-34（a）、（b）、（c）所示，可见随着试验次数的增加，液压泵气蚀程度逐渐增加，表面质量逐渐降低。

高压区表面非常均匀，无凹陷或缺陷

(a) 试验前

开始有麻点

(a) 试验8次后

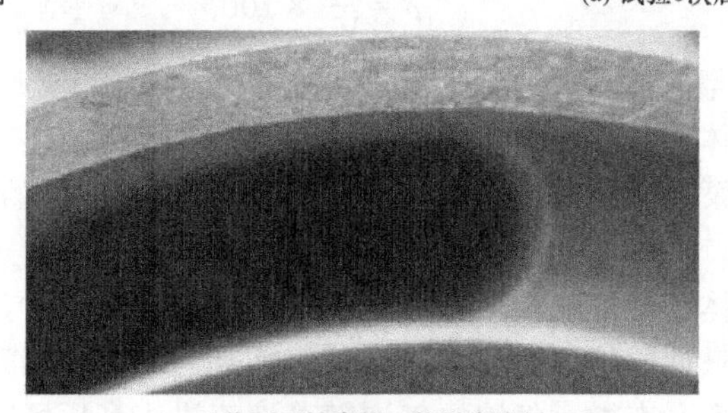

工作面开始磨损，粗糙度降低

(c) 试验16次后

图 3-34 气蚀时分油盘表面退化趋势

同时，随着试验次数和气蚀程度的增加，液压泵性能逐渐退化，回油量逐渐变大，出口流量逐渐变小，液压泵效率降低，趋势如图 3-35（a）、（b）所示。

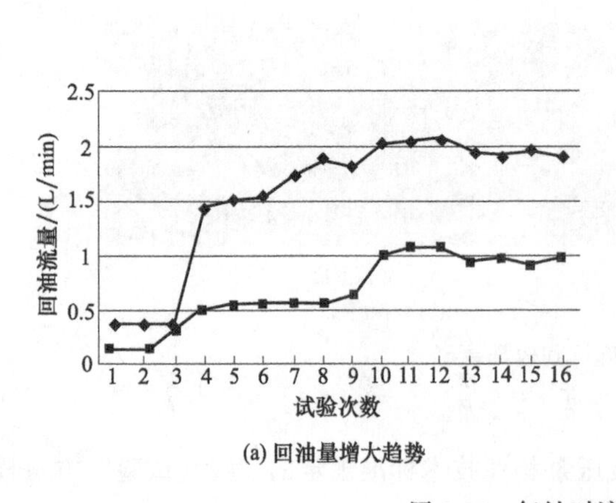


(a) 回油量增大趋势

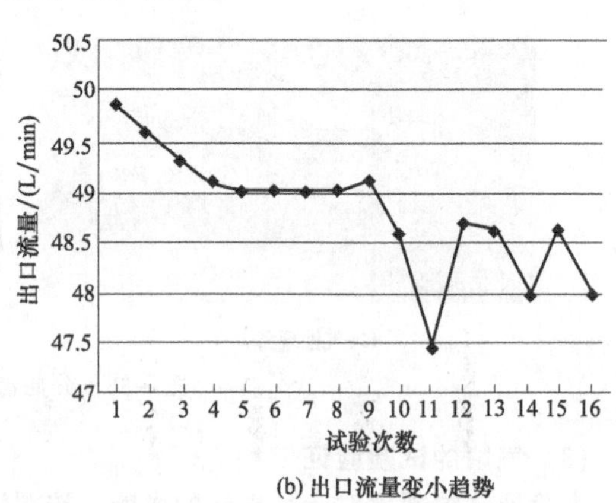


(b) 出口流量变小趋势

图 3-35 气蚀时液压泵性能退化曲线

**(4) 改进措施**

① 飞机液压系统改进 《飞机Ⅰ、Ⅱ型液压系统设计、安装要求》（GJB 638A）要求：Ⅰ型系统（油液最高温度为 70℃）的液压泵进口增压可采用非隔离式增压油箱（气体和油液接触）或隔离式油箱（气体和油液隔离），Ⅱ型系统（油液最高温度为 135℃）的液压油箱应

使用隔离式油箱。发生气蚀的液压泵属于Ⅱ型系统，应使用隔离式油箱。

② 液压泵结构改进　在开式液压系统中，可在液压泵的前端增设一级涡轮增压泵，为液压泵预增压，涡轮增压泵可集成在液压泵上，增压压力一般可达0.2MPa，完全可以满足液压泵的进口增压要求。

③ 液压泵材料改进　改进液压泵转子端面-分油盘摩擦副材料，以获得更加耐磨的效果，尽量延缓气蚀现象造成的异常磨损。

④ 使用维护改进　受该飞机液压系统的构型限制，不可能更换油箱形式，故应加强排气操作，以排除液压系统中溶解和尚未溶解的空气。即先对液压泵进口注油，对液压油箱预增压，从放气接头放气。外场使用时应严格按照飞机维护手册要求对液压系统、液压泵进行放气操作；拆装、更换液压系统附件后，也要进行放气操作。

### 3.2.3　基于虚拟样机的液压泵寿命试验方法

随着计算机及仿真工具的快速发展，基于虚拟样机的设计分析和试验技术也得到了广泛应用。利用多领域建模工具，可以保障虚拟样机（Virtual Prototype）的各种物理特性接近于物理样机，通过对虚拟样机的仿真分析，可以实现对物理样机总体功能、性能、可靠性甚至寿命的评估，缩短产品开发周期，降低开发成本。

液压泵的主要失效模式有磨损、疲劳和老化三种。

由于基于虚拟样机的疲劳寿命分析技术相对成熟，在此以液压泵虚拟疲劳寿命试验为例，综述虚拟寿命试验方法和相关关键技术。疲劳涉及柱塞泵所有的运动部件和壳体。在液压泵相关部件中，和疲劳相关的主要故障模式包括壳体开裂，调压弹簧折断，斜盘、主轴、缸体等结构件的开裂，轴承损坏和断裂等。结构件疲劳属于典型的失效模式，基于$S$-$N$曲线方法和累积疲劳损伤模型分析可知，柱塞泵结构件疲劳失效模式的敏感应力主要有转速（交变应力频率）、输出压力和排量（交变应力幅值）、柱塞个数（压力脉动频率）、流量切换频率（流量切换机构的疲劳特性相关）等。

在此介绍液压泵的虚拟样机技术相关的建模技术、仿真分析方法、疲劳寿命分析流程、基于虚拟样机的疲劳寿命试验过程中的数据和流程管理等。然后通过具体案例，说明虚拟寿命试验结果在开展液压泵加速寿命试验中的应用方式。

**(1) 液压泵虚拟寿命试验方案**

液压泵虚拟寿命试验实施方案如图3-36所示。进行柱塞泵的虚拟疲劳寿命试验分为以下三个阶段。

① 建模阶段　在建模工作开展之前，需要先明确液压泵的结构参数和工况参数，这是整个建模工作的基础。

虚拟样机需涵盖以下几个领域模型。

a. 基于结构参数建立的三维CAD模型。主要描述液压泵的装配结构、外形尺寸、材料、重量。目前常用的三维造型软件有Solid Works，CATIA，UG，Pro/E等，本案例使用UG软件建立三维模型。

b. 运动学/动力学模型。基于三维CAD模型建立，在确定工况条件后，描述液压泵运动组件的运动学、动力学特征，常用ADAMS软件实现。

c. 有限元分析模型。以三维CAD模型为基础，在明确工况参数以及部件的受力特性之后，可以描述结构件微元的受力和变形特性。通常使用的有限元分析软件有ANSYS，NASTRAN，FEPG等，本案例使用ANSYS建立有限元分析模型。

d. 流固耦合模型。液压泵存在典型的流体-固体耦合现象，机械部件运动会引起流场特性变化，反之，流场压力分布也与结构件的受力特性密切相关。此处使用COMSOL建立流固耦

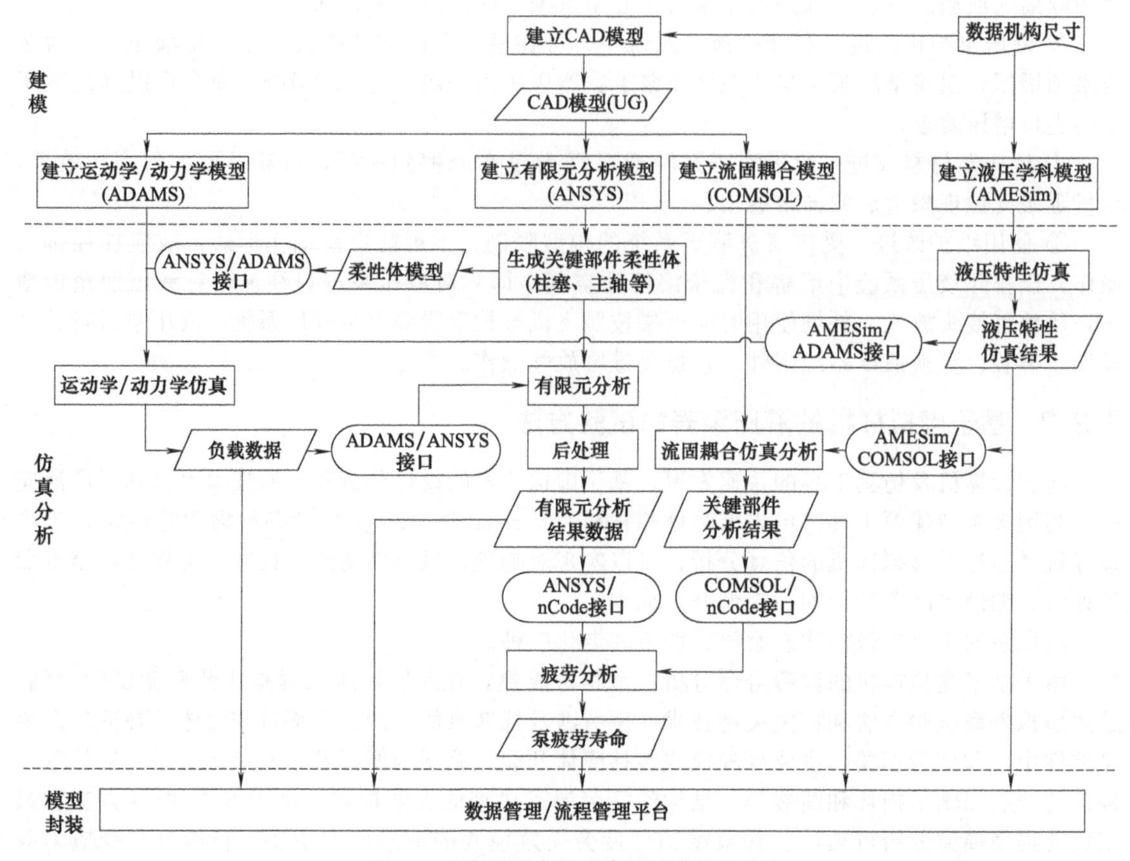


图 3-36 液压泵虚拟寿命试验实施方案

合模型。

e. 液压学科模型。根据液压泵的结构和工况参数建立，主要用来描述液压柱塞泵的压力、流量等液压特性。常用的有 AMESim、HyPneu、EASYS 软件，此处使用 AMESim 软件建立液压学科模型。

② 仿真分析阶段 基于建模阶段的多个模型，完成液压柱塞泵的多领域联合仿真，结果用于疲劳分析和性能分析。其中，液压学科模型仿真分析，除输出液压特性之外，还输出斜盘运动特性、柱塞受力特性，通过 AMESim/ADAMS 软件接口，这些运动/受力特性数据可作为运动学/动力学分析的输入。流固耦合模型分析结构件的受力特性，可以用于疲劳分析。基于有限元分析模型，可以生成关键部件特性，与运动学/动力学模型联合仿真，得到关键部件的微元受力特性。

③ 模型封装阶段 多领域仿真涉及多种软件间的交互，由此带来了复杂的数据和流程管理问题。流程管理包括调用流程、修改流程、驱动仿真流程等。数据管理包括模型交互数据、结果调用、显示、后处理等。

**(2) 虚拟寿命试验中的关键技术**

① 多领域建模（多学科模型） 多领域系统建模（Multi-domain Modeling）是将机械、控制、电子、液压、气动等不同学科领域的模型“组装”成为一个更大的仿真模型。多领域统一建模方法，可以突破传统学科之间的数据交换障碍，已经被广泛应用于多学科设计优化、虚拟试验和验证等。

目前多领域建模主要有以下三种方法。

a. 基于接口的多领域建模与仿真的技术。在已有的各领域商用仿真软件中构建各自的学科领域模型，然后利用各个不同学科领域商用仿真软件之间的接口，实现多领域建模。

b. 基于高层体系结构（High Level Architecture）建立统一模型。基本思想是使用面向对象的方法，设计开发和实现系统不同层次的对象模型，得到仿真部件和系统高层次的互操作性与可用性。

c. 基于统一建模语言的多领域建模方法。具有数据封装、继承和层次化等特征，可以容易实现模型的重用，减少错误的发生。由于采用相同的模型描述形式，基于统一建模语言的方法能够实现不同领域子系统模型之间的无缝集成。

以液压柱塞泵为研究对象，建立涉及多个学科领域的虚拟样机，并在此基础上进行仿真和疲劳分析。

模型涉及 UG、AMESim、ADAMS、ANSYS 和 nCode 多种软件，采用的是基于接口的多领域建模与仿真的技术。

整个虚拟样机中涉及以下三个接口。

a. 液压学科模型（AMESim）/运动学动力学模型（ADAMS）接口，传递系统动力学模型与液压模型发生联系的相关状态变量与参数（*. data 格式文件）。

b. 运动学动力学模型（ADAMS）与有限元分析模型（ANSYS）之间的双向接口，ANSYS 向 ADAMS 传递模态中性文件（*. mnf 文件），ADAMS 向 ANSYS 传递载荷文件（*. lod 文件）。

c. 有限元分析模型（ANSYS）和疲劳分析工具（nCode）之间传递应力应变分析的计算结果（*. rst 文件）。

② 虚拟样机中的数据管理和流程控制模型　基于多个学科领域的统一模型进行仿真分析时，需要多学科模型按照规定的流程运行。为实现联合仿真的目的，需要通过软件间的接口进行子系统间的数据交换。

虚拟样机结果数据的统一管理，包括以下几个部分：各种逐句的输入输出管理；数据的备份和恢复；模型数据文件的检入检出；数据文件的检索与浏览；数据安全机制等。

建立在各软件的数据管理基础上，将各部分整合，完成整个仿真流程的协同数据管理。基于虚拟样机的液压柱塞泵疲劳分析多领域联合仿真数据流动，以各仿真软件为基础，将数据分为上层、中层和下层。如图 3-37 所示。流程管理包括定义、运行、监控和管理工作流程，工作流程逻辑确定了模型运行环境（软件）的执行顺序。图 3-38 所示为液压柱塞泵虚拟疲劳寿命分析流程，将整个项目分解为如下任务：系统设计、液压建模、几何建模、流固耦合建模、多体动力学建模、有限元建模、协同仿真、疲劳分析。

对每个任务分配人员，定义起止时间；为保证总体工作的顺利进行，需要严格监控单个任务的进程和先后顺序。

③ 寿命分析方法　疲劳寿命的分析法有许多种，任何一种分析方法都包含材料疲劳性能、循环荷载下结构的响应和疲劳累积损伤法则三个部分，如图 3-39 所示。

工程实践中常用疲劳寿命分析方法包括名义应力法、局部应力应变法、应力场强法，具体见表 3-14。

基于虚拟样机的航空液压泵疲劳寿命分析，采取的是表 3-14 中的第一种方法，即名义应力法。步骤如下。

a. 选取液压泵中的关键部件建立有限元模型。

b. 根据动力学仿真结果，结合 ANSYS 软件计算应力应变结果。

c. 利用雨流计数法确定部件 $S$-$N$ 曲线；用等效应力法进行疲劳强度校核。

d. 选择 Miner 线性损伤累积法则估算疲劳寿命。

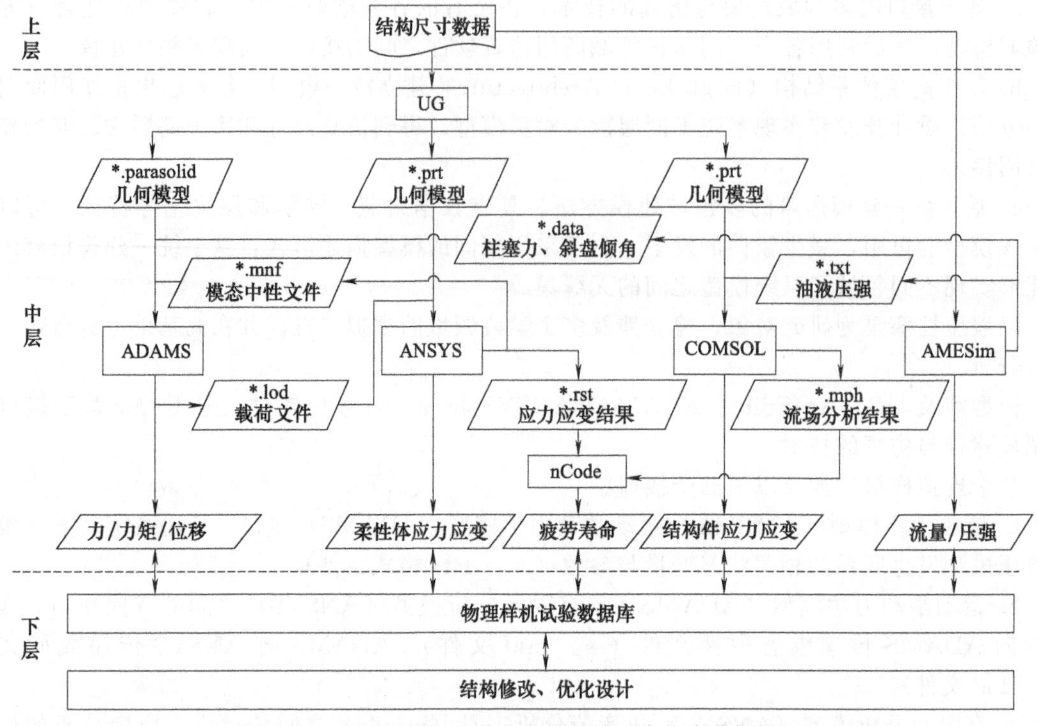


图 3-37 液压柱塞泵疲劳分析多领域联合仿真数据模型

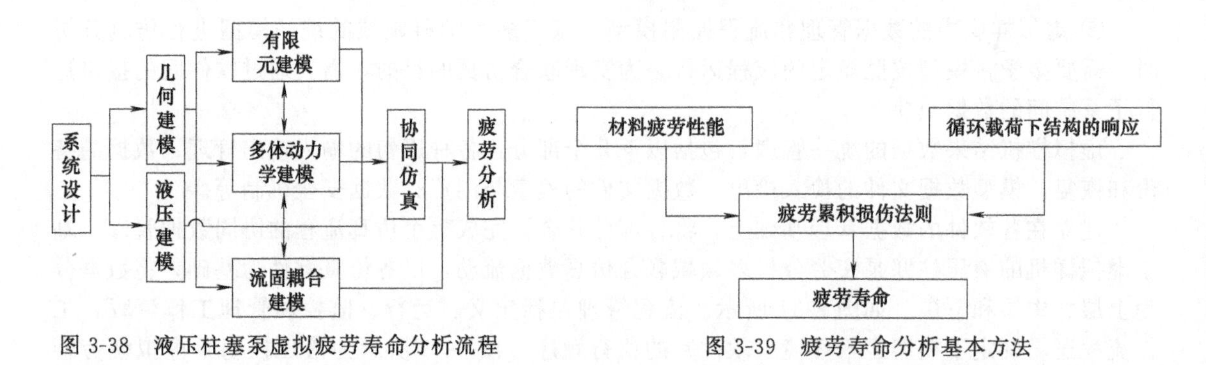


图 3-38 液压柱塞泵虚拟疲劳寿命分析流程　　图 3-39 疲劳寿命分析基本方法

**表 3-14 常用疲劳寿命分析方法**

| 方法 | 步骤 |
|---|---|
| 名义应力法 | ①确定结构中的危险部位<br>②分析确定结构的载荷谱和应力谱<br>③建立结构的 $S$-$N$ 曲线<br>④疲劳强度校核<br>⑤选择疲劳损伤累积理论估算结构的疲劳寿命<br>常用于低应力、高频疲劳寿命预测 |
| 局部应力应变法 | ①将载荷-时间历程转化为名义应力-时间历程<br>②循环计数，得到局部应力-时间历程（可用修正 Neuber 公式、载荷-应变标定曲线等方法）<br>③利用应力/应变曲线，确定局部应力/应变响应<br>④按照疲劳损伤累积法则估算疲劳寿命常用于高应力、低频疲劳寿命预测 |
| 应力场强法 | ①确定缺口损伤场半径<br>②计算局部应力应变场强谱<br>③对局部应力应变场强进行循环计数<br>④选择疲劳损伤累积理论估算疲劳寿命 |

④ 多学科模型的校核、验证和确认方法　多领域模型可用于估计物理模型的真实性能。然而，虚拟样机的准确性和正确性，是建模与仿真过程中必须解决的问题。通常认为建模仿真与模型的校核、验证和确认（VV&A）行为的关系如图 3-40 所示。

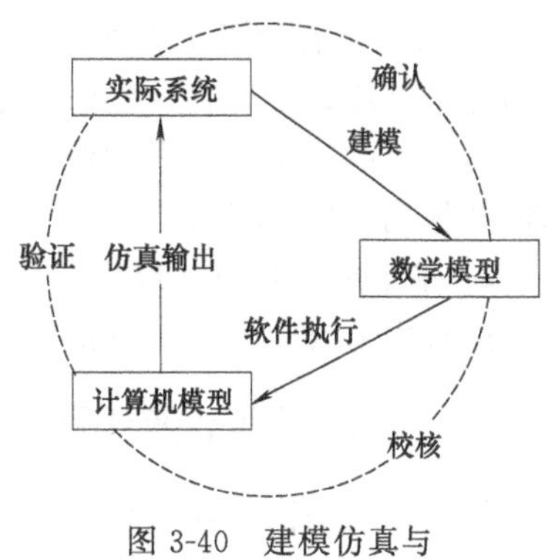


图 3-40　建模仿真与 VV&A 行为的关系

校核（Verification）解决模型是否准确的问题。在把求解的问题转化成模型描述，或把流程图形式的模型转化成可执行的计算机程序过程中，其精度的评估就是模型校核问题。验证（Validation）解决模型是否正确的问题。即建立与对象相对应的正确模型，证实研究对象模型经过转换后所得到的应该是一个有效的模型。常用的模型校核方法包括静态检测、动态测试、参考基准校核等。常用的模型验证方法包括主观确认法、动态关联法、频谱分析法。为了检验液压柱塞泵虚拟样机的准确性、正确性，需对各领域模型仿真得到的液压泵各部件受力、力矩、速度、角速度等数据与理论结果进行对比，实现对液压泵虚拟样机机械、液压等关键参数的综合评估。确保虚拟样机校核、验证结果满足工程实际要求，为对液压柱塞泵疲劳分析提供了前提。

**(3) 案例分析**

以某型号液压泵为例，按照基于虚拟样机进行仿真和疲劳寿命分析，结果如图 3-41 所示。液压泵的虚拟样机包括几何模型（UG）、运动学/动力学模型（ADAMS）、有限元模型（ANSYS）、流场模型（COMSOL）、液压模型（AMESim）。然后按照图 3-36 描述的虚拟试验方案，图 3-37 描述的虚拟样机数据模型，图 3-38 所示的疲劳寿命分析流程，结合疲劳寿命的专业分析软件（nCode），最终分析得到某型恒压变量液压柱塞泵在两种流量状态下（斜盘倾角分别为 15°和 12°）的疲劳寿命。

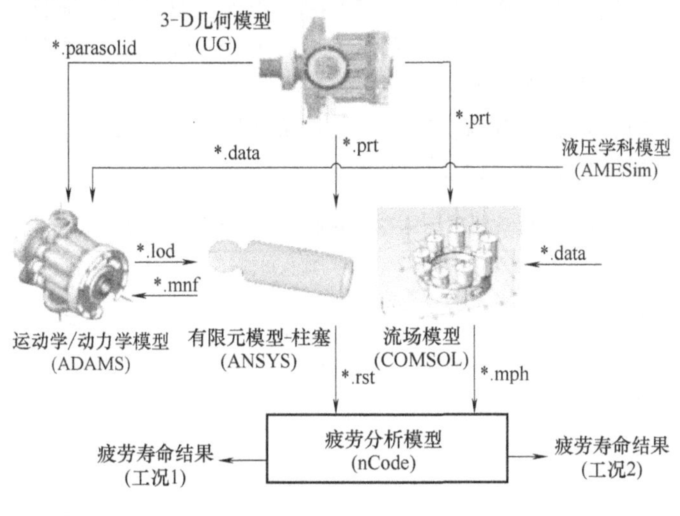


图 3-41　液压泵疲劳寿命分析案例

**(4) 结论**

① 虚拟寿命试验有助于摆脱对物理样机的依赖。基于虚拟样机的多领域建模仿真可以多次重复开展物理样机无法进行的虚拟寿命试验，降低了研发成本，缩短了研发周期。

② 通过多种工况下的仿真分析，虚拟寿命试验能够方便地分析液压泵在不同工况下的寿命。对于开展加速寿命试验，针对不同类型产品编制加速寿命试验载荷谱，虚拟样机技术可以提供有效的技术支持。

③ 虚拟寿命试验涉及多学科领域，可以为产品寿命预计和性能分析提供支持，但限制于模型的精确度，仍存在一定的局限。例如有限元方法是用理想化的离散图形逼近真实连续域，会影响结果的精度；多个软件间的数据传递有格式差异，如液压泵虚拟试验中 AMESim 传递离散数据到 ADAMS 中，需拟合离散数据，拟合函数的定义会直接影响仿真结果。

④ 基于虚拟样机开展寿命试验需要统一的数据和流程管理平台。多学科领域统一模型在运行过程中需要传递大量数据信息，并且要求能够对模拟流程进行精确控制。

## 3.2.4 双定子摆动液压马达泄漏与容积效率分析

### (1) 摆动马达的容积效率

摆动马达的实际输入流量 $Q=q_t+q_x$，而摆动马达的容积效率 $\eta_v$ 为摆动马达理论流量 $q_t$ 和实际输入流量 $Q$ 之比，可表示为

$$\eta_v=\frac{q_t}{Q}\times 100\%=\frac{q_t}{q_t+q_x}\times 100\% \tag{3-14}$$

当摆动马达进出油口压差为 10MPa，一个行程时间为 3s 时，一个外马达的理论流量 $q_{t外}=0.6597$L/min，一个内马达的理论流量 $q_{t内}=0.258$L/min，则摆动马达动叶片处于极限位置时和连续往复摆动工况下的容积效率如表 3-15 所示。由表 3-15 可以看出当摆动马达动叶片处于极限位置时容积效率最低。

表 3-15 双定子摆动液压马达在不同工况下的容积效率

| 工作状况 | 外马达容积效率/% | 内马达容积效率/% |
|---|---|---|
| 极限位置 | 91.37 | 87.56 |
| 连续摆动 | 96.58 | 92.34 |

双定子摆动液压马达在不同连接形式下工作时的总泄漏量不同，则容积效率也不同。当摆动马达进出油口压差为 10MPa，一个行程时间为 3s 时，该马达在不同连接形式下连续往复摆动时的理论泄漏量、理论流量和容积效率如表 3-16 所示。由表 3-16 可知，双定子摆动液压马达在差动连接形式下的容积效率普遍低于普通连接形式下的容积效率，且该马达在 1 个外马达和 2 个内马达差动连接形式下的容积效率最低。

表 3-16 双定子摆动液压马达在不同连接形式下工作时的理论容积效率

| 连接形式 | 外马达数 | 内马达数 | 理论泄漏量/(L/min) | 理论流量/(L/min) | 容积效率/% |
|---|---|---|---|---|---|
| 普通连接 | 0 | 1 | $2.139\times10^{-2}$ | 0.258 | 92.34 |
| | 0 | 2 | $4.278\times10^{-2}$ | 0.516 | 92.34 |
| | 1 | 0 | $2.333\times10^{-2}$ | 0.6597 | 96.58 |
| | 2 | 0 | $4.666\times10^{-2}$ | 1.3194 | 96.58 |
| | 1 | 1 | $4.472\times10^{-2}$ | 0.9177 | 95.35 |
| | 1 | 2 | $6.611\times10^{-2}$ | 1.1757 | 94.68 |
| | 2 | 1 | $6.805\times10^{-2}$ | 1.5774 | 95.86 |
| | 2 | 2 | $8.944\times10^{-2}$ | 1.8354 | 95.35 |
| 差动连接 | 1 | 1 | $4.733\times10^{-2}$ | 0.4017 | 89.46 |
| | 1 | 2 | $7.133\times10^{-2}$ | 0.1437 | 66.83 |
| | 2 | 1 | $7.066\times10^{-2}$ | 1.6014 | 93.77 |
| | 2 | 2 | $9.466\times10^{-2}$ | 0.8034 | 89.46 |

上述摆动液压马达的容积效率分析是在马达进出油口压差和转速一定时进行的，而由马达的泄漏分析可知，当马达进出油口压差增大时，马达的泄漏量增加，容积效率降低，当马达转

速升高时，马达泄漏量减小，容积效率升高。

(2) 结构改进

双定子摆动液压马达的端面泄漏为其主要泄漏途径，也是限制其容积效率的主要因素，则针对马达的端面泄漏，对其端面密封进行了改进。

图3-42所示为双定子摆动液压马达的密封结构改进方案，基本原理为在马达转子两侧加装弹性侧板或浮动侧板，使端面间隙减小，从而减小泄漏，提高容积效率，而且磨损后能够自动补偿间隙。该密封结构改进方案是一种可行性很高的方案。

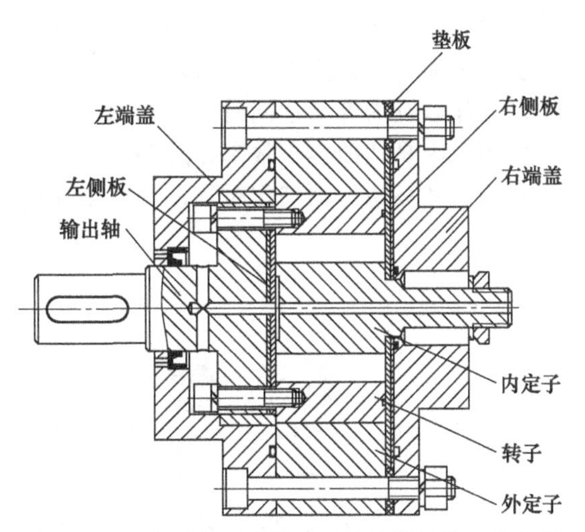


图3-42 双定子摆动液压马达的密封结构改进方案

(3) 试验验证

① 试验系统 用已加工的双定子摆动液压马达样机搭建容积效率试验测试平台，对该马达的容积效率进行测试。图3-43所示为双定子摆动液压马达容积效率试验系统，被测摆动马达11左侧表示内摆动马达，右侧表示外摆动马达，摆动马达内的每对三角表示一个摆动马达的进出油口，且用实线隔开。

在该试验中，通过调节比例调速阀5来改变马达的转速，来控制摆动马达的行程时间，而马达的实际输入流量和输出转速是由流量计2（GF-5型，精度等级0.5%，德国Hydrotechnik产）和转速传感器12（JN338型，精度等级0.5%，北京三晶创业科技集团有限公司产）分别测得，而液压泵13作为系统的负载，通过调节比例溢流阀17来实现负载大小的调节。

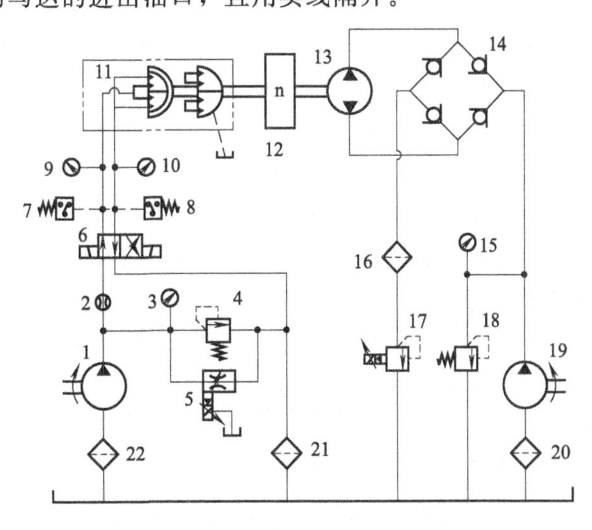


图3-43 双定子摆动液压马达容积效率试验系统

1—供油泵；2—流量计；3,9,10,15—压力表；4—安全阀；5—比例调速阀；6—电磁换向阀；7,8—压力继电器；11—被测摆动马达；12—转速传感器；13—负载泵；14—单向阀组；16—高压过滤器；17—比例溢流阀；18—溢流阀；19—补油泵；20,22—吸油过滤器；21—回油过滤器

② 试验设计 为验证理论分析的正确性和端面密封结构的可行性，对端面密封结构改进前后的双定子摆动液压马达的容积效率进行试验测试。试验中摆动马达的端面密封结构改进方案是在马达转子两侧加装弹性侧板，且侧板内侧烧结有0.7mm厚的磷青铜，来增加耐磨性。由理论分析可知，双定子摆动液压马达在某些连接形式下工作时具有相同的容积效率变化趋势。为简化试验，以摆动液压马达在四种连接形式下（两内马达单独工作、两外马达单独工作、两内两外同时工作、两内两外差动工作）工作时为例对其改进前后分别进行容积效率试验。该试验系统中负载泵的理论排量为50mL/r，补油泵的理论排量为15mL/r，补油泵的出口压力为0.9MPa。图3-44所示为双定子摆动液压马达的主要零件和装配样机。

③ 试验结果 当摆动马达的一个行程时间为3s时，所测得改进前和改进后的马达容积效率绘制成双定子摆动液压马达容积效率曲线，分别如图3-45（a）、（b）所示。可以看出，随着马达进出油口压差的增大，马达的容积效率逐渐降低。当摆动马达进出油口压差一定时，外

马达单独工作时容积效率最高，内、外马达差动工作时容积效率最低。

在进出油口压差为 4MPa 时，马达容积效率在内马达单独工作、外马达单独工作、内外马达差动工作以及内外马达同时工作时最大值分别为 88.81%、92%、86%和 90.32%。分析原因可能为：内马达的容积效率比外马达的容积效率低；内、外马达差动工作时内马达的泄漏量变大；内、外马达差动工作时摆动马达角速度升高，导致摆动马达的理论流量降低。

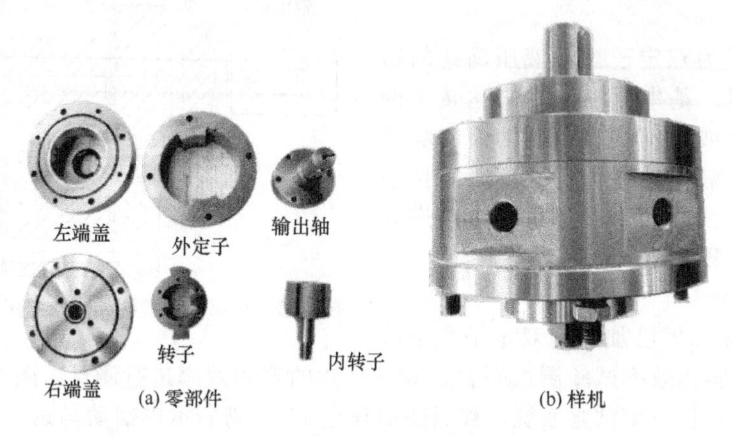


图 3-44 双定子摆动液压马达主要零件和装配样机

比较图 3-45（a）和图 3-45（b）可知，双定子摆动液压马达端面密封的改进可使双定子摆动液压马达在进出油口压差为 10MPa 时的容积效率提高 11%左右，说明这种端面密封结构设计是一种可行性较高的方案。

由图 3-45 可知当马达进出油口压差为 10MPa 时，试验测得的改进前双定子摆动马达在四种工作方式（两内马达单独工作、两外马达单独工作、两内两外同时工作、两内两外差动工作）下的容积效率分别约为 67%、70%、69%、62%，与该马达在四种工作方式下的容积效率理论值分别相差 25%、26%、26%、27%，试验测得该马达在四种工作方式下容积效率的最大值和最小值相差约为 8%。试验结果和理论分析存在较高的误差，分析原因主要有以下几个方面：在泄漏分析时对摆动马达的转速和负载等因素考虑不足；没有考虑到由于油液压缩造成的流量损失；试验过程中某些运动部件出现磨损造成了更大的泄漏损失；试验样机中零件的加工精度较低，造成配合精度较差；其他人为因素等方面。

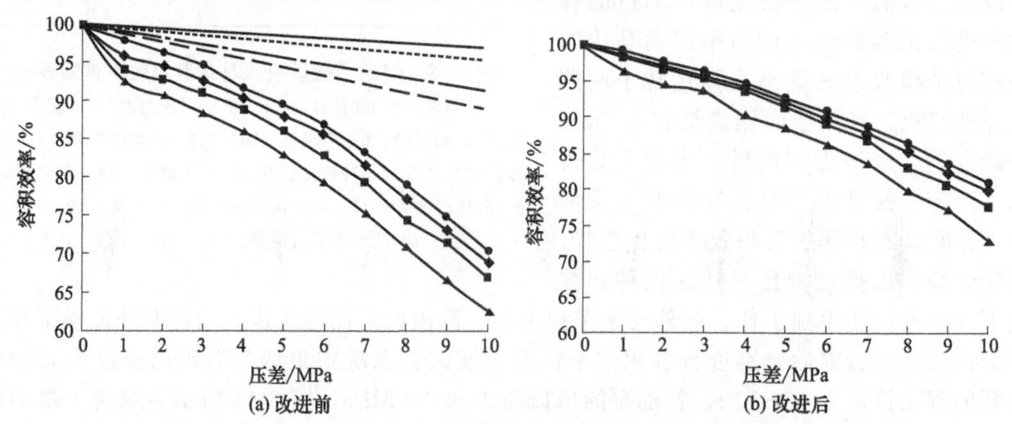


图 3-45 改进前后双定子摆动液压马达容积效率曲线

—·—两内马达单独工作理论值；——两外马达单独工作理论值；------两内两外同时工作理论值；
– – –两内两外差动工作理论值；■—■两内马达单独工作测量值；●—●两外马达单独工作测量值；
◆—◆两内两外同时工作测量值；▲—▲两内两外差动工作测量值

结合上述分析，为提高双定子摆动液压马达的容积效率，可主要通过提高主要零部件的加工精度和装配精度等方法，同时使马达的容积效率试验误差得到很大程度的降低。

(4) 结论

随着马达进出油口压差的增大，马达的容积效率随之降低。当马达进出油口压差一定时，外马达单独工作时容积效率最高，内、外马达差动工作时容积效率最低。当马达的行程时间为 3s，进出油口压差为 10MPa 时，马达容积效率在不同连接形式下的最大值和最小值相差约为 8%。对该马达端面密封结构的改进可使其在进出油口压差为 10MPa 时的容积效率提高 11%左右。

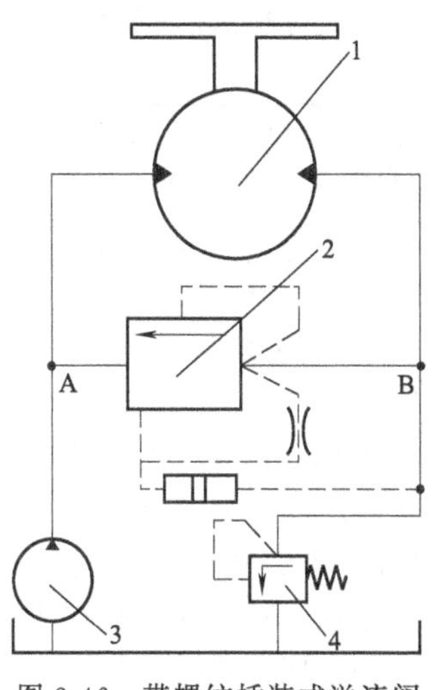


图 3-46　带螺纹插装式溢流阀的液压马达工作原理

1—液压马达；2—螺纹插装式溢流阀；3—液压泵；4—安全阀

## 3.2.5　带螺纹插装式溢流阀的液压马达特性及试验

(1) 液压马达工作原理

图 3-46 所示为带螺纹插装式溢流阀的液压马达工作原理。初始状态时，螺纹插装式溢流阀 2 处于关闭状态。当液压泵 3 接通液压马达 1 和溢流阀 2 时，系统启动时存在压力冲击，A 口的高压油经过溢流阀的节流孔进入活塞腔，由于溢流阀阀芯两端产生压力差，溢流阀阀芯开启，A 口向 B 口泄油，且高压油经过阀套上的节流孔，推动缓冲活塞，直至缓冲活塞油腔充满油液，溢流阀阀芯关闭，实现压力缓冲功能，减少系统压力冲击对液压马达的影响。当系统压力继续上升到液压马达的最高压力时，溢流阀再次打开，A 口向 B 口泄油，实现压力切断功能，保证液压马达的工作稳定性和可靠性。

(2) 仿真分析

① 仿真模型　带螺纹插装式溢流阀的液压马达系统仿真模型如图 3-47 所示。该模型包括液压马达模型和螺纹插装式溢流阀模型。其中，溢流阀模型包含缓冲活塞、溢流阀阀芯、弹簧和弹簧座，且溢流阀阀芯与小弹簧座之间存在死腔容积，等效为敏感腔体积 6。液压马达的压力缓冲和压力切断特性不仅与负载压力有关，溢流阀的结构尺寸也直接影响液压马达特性，具体结构参数如表 3-17 所示。

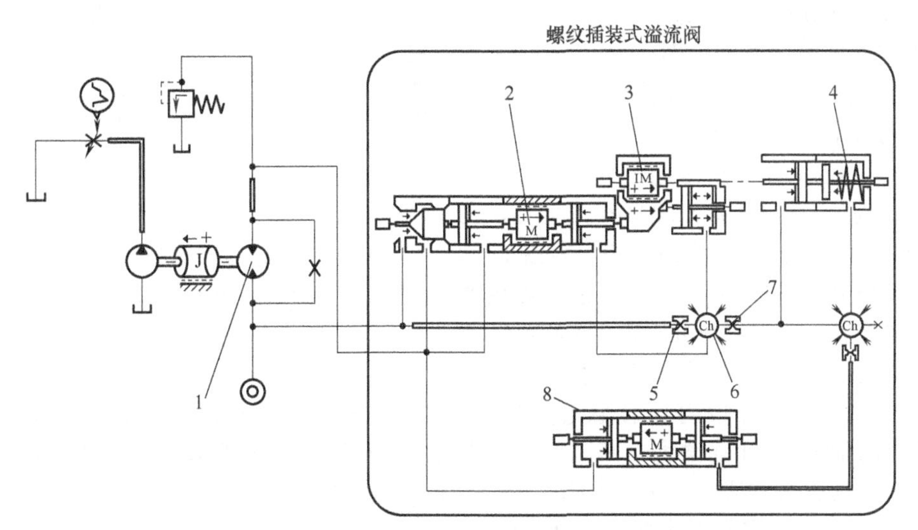


图 3-47　带螺纹插装式溢流阀的液压马达系统仿真模型

1—液压马达；2—阀芯质量；3—小弹簧座质量；4—弹簧；5—主阀阀芯节流孔；6—敏感腔体积；7—小弹簧座节流孔；8—缓冲活塞

在此分析阀芯锥度、节流孔直径、敏感腔体积以及弹簧刚度对液压马达特性的影响。

表 3-17 溢流阀结构参数

| 阀芯开口直径/mm | 阀孔直径/mm | 阀芯锥度/(°) | 阀芯质量/kg | 阀芯最大位移/mm | 溢流阀阀芯节流孔直径/mm | 小弹簧座节流孔直径/mm | 阀套尾端节流孔直径/mm | 弹簧刚度/(N/mm) | 弹簧预压缩量/mm |
|---|---|---|---|---|---|---|---|---|---|
| 12 | 10.2 | 30 | 0.05 | 2 | 1 | 1.4 | 0.8 | 50.8 | 6.5 |

② 阀芯锥度的影响　图 3-48 所示为不同阀芯锥度对液压马达的压力缓冲特性的影响。由图 3-48 可见，当 $\alpha_1$ 为 15°时，马达在 1.0～2.0s 未连接高压油，溢流阀处于关闭状态，马达压力为 0MPa；溢流阀受到系统压力冲击，溢流阀阀芯向右移动，阀芯活塞腔在 2.0～2.7s 充满高压油，马达处于压力缓冲阶段，马达压力从 9MPa 上升至 20MPa；2.7s 之后，溢流阀处于关闭状态，马达压力为 20MPa。在 2.0～2.7s 内，马达压力随阀芯锥度增大而减小，其原因是溢流阀的背压随阀芯锥度增大而减小，降低马达的缓冲压力。因此，合理设置阀芯锥度，可缓解系统压力冲击，延长马达的使用寿命。

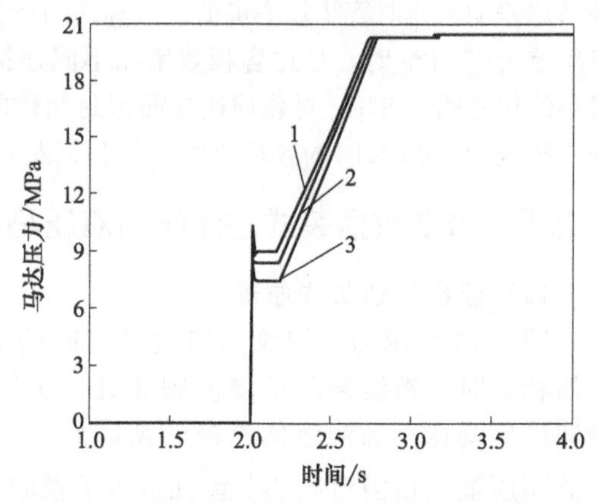


图 3-48　不同阀芯锥度下液压马达压力缓冲曲线

1—$\alpha_1$=15°；2—$\alpha_1$=30°；3—$\alpha_1$=50°

图 3-49 所示为不同阀芯锥度对液压马达的压力切断特性的影响。由图 3-49 可见，当 $\alpha_1$ 为 15°，马达压力为 15.0～34.0MPa 时，溢流阀处于关闭状态，马达流量变化较小；当马达压力大于 34.8MPa 时，溢流阀阀芯开启，马达处于压力切断阶段，马达流量随压力增大而减小；当马达压力大于 34.8MPa 时，马达压力切断速度随阀芯锥度减小而减小，其原因是溢流阀的背压随阀芯锥度减小而增大，减小溢流阀的开口量，降低马达回油流量，延长马达压力切断响应时间。因此，阀芯锥度不宜设置过大，否则降低马达压力切断的响应性。

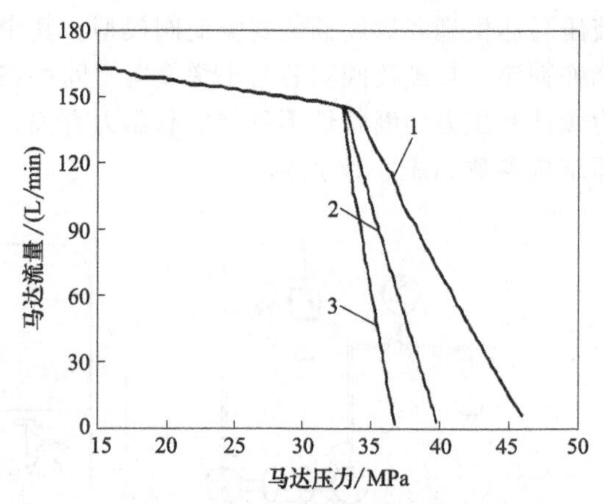


图 3-49　不同阀芯锥度下液压马达的压力切断曲线

1—$\alpha_1$=15°；2—$\alpha_1$=30°；3—$\alpha_1$=50°

③ 节流孔直径的影响　图 3-50 所示为不同节流孔直径对液压马达的压力缓冲特性的影响。由图 3-50 可见，不同节流孔直径对处于 1.0～2.0s 和 3.0～4.0s 时马达压力几乎没有影响，马达压力分别为 0MPa 和 20.0MPa。但是，马达在 2.0～3.0s 处于压力缓冲阶段，溢流阀阀芯节流孔直径 $d_1$ 为 1.0mm 时，马达压力缓冲时间随小弹簧座节流孔直径 $d_2$ 增大而减小，其原因是 $d_2$ 过大，系统压力小于活塞腔压力与弹簧预紧力的合力，溢流阀处于关闭状态，马达无法形成压力缓冲；当 $d_2$ 为 1.4mm 时，马达压力缓冲时间随 $d_1$ 减小而增大，其原因是溢流阀的背压随阀芯锥度减小而增大，减小溢流阀的开口量，可延缓阀芯活塞腔压力下降，延长马达压力缓冲时间。

图 3-51 所示为不同节流孔直径对液压马达的压力切断特性的影响。由图 3-51 可见，当 $d_1$ 为 1.0mm，$d_2$ 为 1.4mm 时，马达的切断压力为 34.8MPa；若 $d_1$ 为 1.0mm 保持不变，则马达的切断压力随 $d_2$ 增大而减小，其原因是小弹簧腔的作用力随 $d_2$ 增大而减小，溢流阀阀芯

的背压随之减小，降低马达的切断压力，缩小马达压力的工作范围；若 $d_2$ 为 1.4mm 保持不变，马达的切断压力随 $d_1$ 减小而增大，其原因是溢流阀阀芯的活塞腔压力随 $d_1$ 减小而增大，减小溢流阀阀芯的开口量，增加马达的切断压力，容易导致马达切断压力超过马达的最高压力，影响马达的使用寿命。因此，溢流阀的节流孔直径是影响马达压力切断特性的主要因素，合理选择节流孔直径可以提高马达的工作稳定性和可靠性。

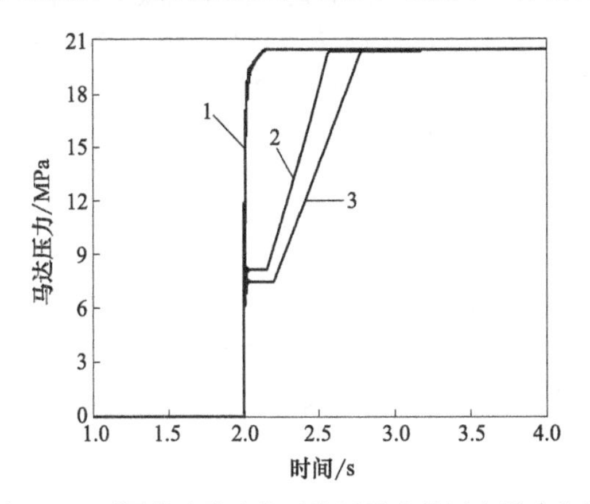


图 3-50 不同节流孔直径下液压马达的压力缓冲曲线
1—$d_1$=1.0mm，$d_2$=3.0mm；2—$d_1$=1.0mm，$d_2$=1.4mm；3—$d_1$=0.5mm，$d_2$=1.4mm

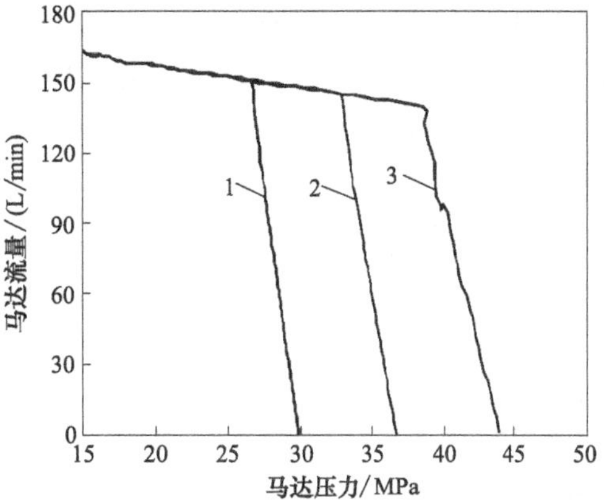

图 3-51 不同节流孔直径下液压马达的压力切断曲线
1—$d_1$=1.0mm，$d_2$=3.0mm；2—$d_1$=1.0mm，$d_2$=1.4mm；3—$d_1$=0.5mm，$d_2$=1.4mm

④ 敏感腔体积的影响 图 3-52 所示为不同敏感腔体积对液压马达的压力缓冲特性的影响。由图 3-52 可见，不同敏感腔体积对马达的压力缓冲特性的影响较小。液压马达在 1.8～2.0s 未接通高压油，马达压力为 0MPa；马达在 2.7～3.0s 接通高压油，溢流阀处于关闭状态，马达压力为 20.0MPa。马达在 2.0～2.7s 处于压力缓冲阶段，溢流阀受到系统压力冲击，溢流阀处于开启状态，缓冲活塞腔充满高压油，马达压力从 12.5MPa 上升至 20.0MPa。

图 3-53 所示为不同敏感腔体积对液压马达的压力切断特性的影响。由图 3-53 可见，当 $V$ 为 5cm$^3$ 时，马达的切断压力为 34.8MPa，随着 $V$ 增大，马达流量的振荡现象变得激烈。其原因是敏感腔压力随敏感腔体积 $V$ 减小而增大，容易引起压力分布不均匀，造成溢流阀阀芯运动过程中出现振荡现象，降低阀芯开口处流量的稳定性，影响马达压力切断的响应性。

⑤ 弹簧刚度的影响 图 3-54 所示为不同弹簧刚度对液压马达的压力缓冲特性的影响。由图 3-54 可见，当弹簧刚度 $k_1$ 为 50.52N/mm 时，马达处于 1.0～2.0s 和 3.0～4.0s 时压力分

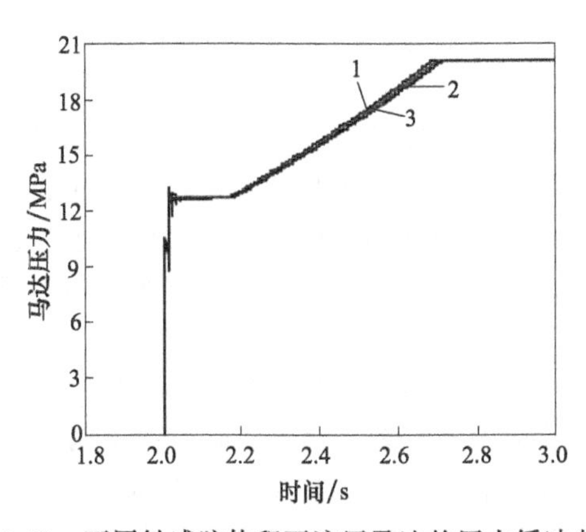


图 3-52 不同敏感腔体积下液压马达的压力缓冲曲线
1—$V$=5cm$^3$；2—$V$=25cm$^3$；3—$V$=50cm$^3$

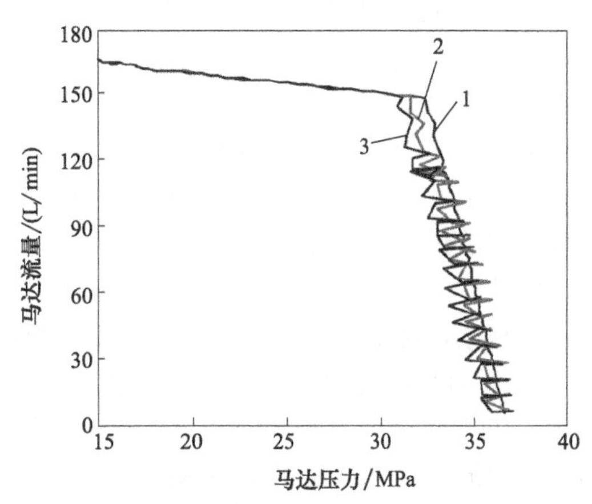


图 3-53 不同敏感腔体积下液压马达的压力切断曲线
1—$V$=5cm$^3$；2—$V$=25cm$^3$；3—$V$=50cm$^3$

别为 0MPa 和 20.0MPa。但是，马达在 2.0～3.0s 处于压力缓冲阶段，马达压力缓冲时间随 $k_1$ 增大而减小，其原因是随着 $k_1$ 的增大，系统压力小于活塞腔压力与弹簧预紧力的合力，溢流阀阀芯的开口量减小，缩短马达压力缓冲时间。

图 3-55 所示为不同弹簧刚度对液压马达的压力切断特性的影响。由图 3-55 可见，当弹簧刚度 $k_1$ 为 50.52N/mm 时，马达的切断压力为 34.8MPa。马达的切断压力随 $k_1$ 的增大而增大。其原因是弹簧腔的作用力随 $k_1$ 增大而增大，增大溢流阀阀芯的背压作用，减小溢流阀的开口量，增加马达的切断压力，导致马达切断压力超过马达的最高压力，影响马达的使用寿命。因此，溢流阀的弹簧刚度不宜设置过大，否则延长马达压力切断时间，降低马达的压力切断性能。

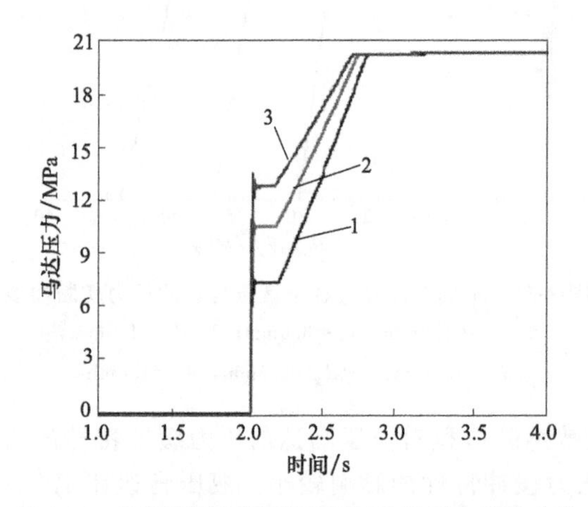


图 3-54 不同弹簧刚度下液压马达的压力缓冲曲线

1—$k_1$=50.52N/mm；2—$k_1$=70.52N/mm；3—$k_1$=90.52N/mm

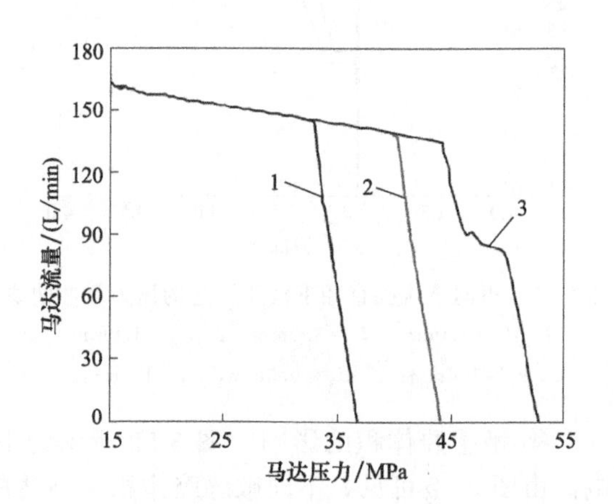


图 3-55 不同弹簧刚度下液压马达的压力切断曲线

1—$k_1$=50.52N/mm；2—$k_1$=70.52N/mm；3—$k_1$=90.52N/mm

**(3) 试验及其分析**

将螺纹插装阀安装于液压马达，在 250kW 液压泵-马达综合性能试验台上进行带螺纹插装式溢流阀的液压马达特性试验，所采用的试验台由控制电机、液压泵、加载马达、测试液压马达、集成式操作台架、一台配有数据采集卡及端子板的计算机、控制软件和图像处理软件等构成。

① 压力缓冲特性试验及分析　图 3-56 所示为实际工况下液压马达的压力缓冲曲线。由图 3-56 可见，马达处于 24.0～25.0s 和 27.0～28.0s 时压力分别为 0MPa 和 20.0MPa，马达压力存在振荡现象，超调量小于 3%；马达在 25.0～27.0s 处于压力缓冲阶段，马达压力为 11.0MPa，压力缓冲时间为 2.0s，存在压力峰值，峰值响应时间为 0.8s，与仿真结果相比，马达压力多 4.0MPa，压力缓冲时间多 1.2s，其原因是主阀阀芯与阀套以及阀套与缓冲活塞之间均为间隙配合，存在泄漏流量，且没有考虑缓冲活塞与阀套之间的摩擦阻力，延长了马达的压力缓冲时间。溢流阀阀芯的开口量较小，容易引起压力分布不均匀，导致溢流阀阀芯出现压力冲击现象，降低了马达压力缓冲的工作稳定性。

② 压力切断特性试验及分析　图 3-57 所示为实际工况下液压马达的压力切断曲线。由图 3-57 可见，当马达压力小于 34.0MPa 时，溢流阀处于关闭状态，由于实际工况下马达存在内部泄漏流量，马达流量随马达压力增大而减小，变化量较小；当马达压力大于 34.0MPa 时，溢流阀处于开启状态，马达流量随马达压力增大而减小，马达的实际切断压力为 34.5MPa，与仿真结果相比，马达压力存在波动，超调量小于 1%。

(4) 结论

① 溢流阀阀芯锥度、节流孔直径、敏感腔体积以及弹簧刚度等结构参数影响液压马达的压力缓冲和压力切断特性。溢流阀阀芯的节流孔直径对马达特性的影响最大，其次为弹簧刚度，敏感腔体积的影响较小。

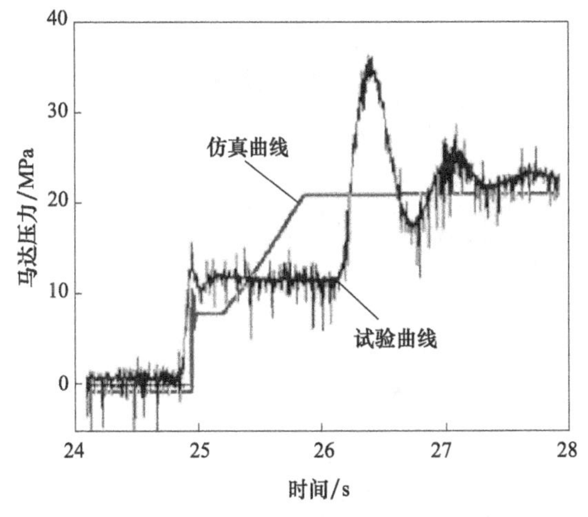


图 3-56　实际工况下液压马达的压力缓冲曲线

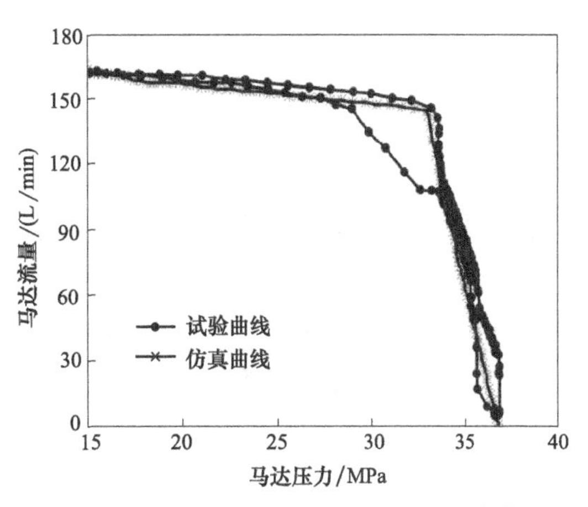


图 3-57　实际工况下液压马达的压力切断曲线

② 溢流阀合理设置阀芯锥度和节流孔直径，可降低阀芯两端压差，改善溢流阀的工作稳定性，提高马达压力缓冲和压力切断的响应性，延长马达的使用寿命。

③ 溢流阀阀芯与阀套以及阀套与缓冲活塞之间受摩擦阻力和间隙配合的影响，延长了马达实际压力缓冲时间。溢流阀阀芯的开口量较小，容易引起压力分布不均匀，导致溢流阀阀芯出现压力冲击现象，降低了马达压力缓冲和压力切断的工作稳定性。

## 3.3　数字液压马达试验

本节所涉及的数字液压马达是一种数字复合调节式斜轴柱塞液压马达，属于新型液压元件，借助于双步进电机的数字控制，不仅具有对其流入的流量大小、方向进行控制，而且可以对其排量大小进行调节，可以被广泛应用于液压系统中，起到对旋转运动负载的转动速度、方向和输出转矩的复合控制。

所开发的这种数字复合调节式斜轴柱塞液压马达除了在一款斜轴式液控变量柱塞马达的进口设置了双级数字式方向阀进行流量调节和方向切换外，还在结构中新增一种单级数字式方向阀，取代变量机构原有的控制阀以实现排量的数字调节，进而完成斜轴式柱塞液压马达的数字复合调节，如图 3-58 所示。这款斜轴式液控变量柱塞马达的理论最大排量为 55mL/r。

图 3-58　数字复合调节式斜轴柱塞液压马达

开展数字液压马达的试验，主要是完成其静态特性测试和动态特性测试，以获得的试验结果评估数字液压马达的性能好坏，为实际应用数字液压马达提供数据支撑。

## 3.3.1 试验油路

图 3-59 为数字复合调节式斜轴柱塞液压马达试验台液压系统原理，图 3-60 则为数字复合调节式斜轴柱塞液压马达测试平台照片。

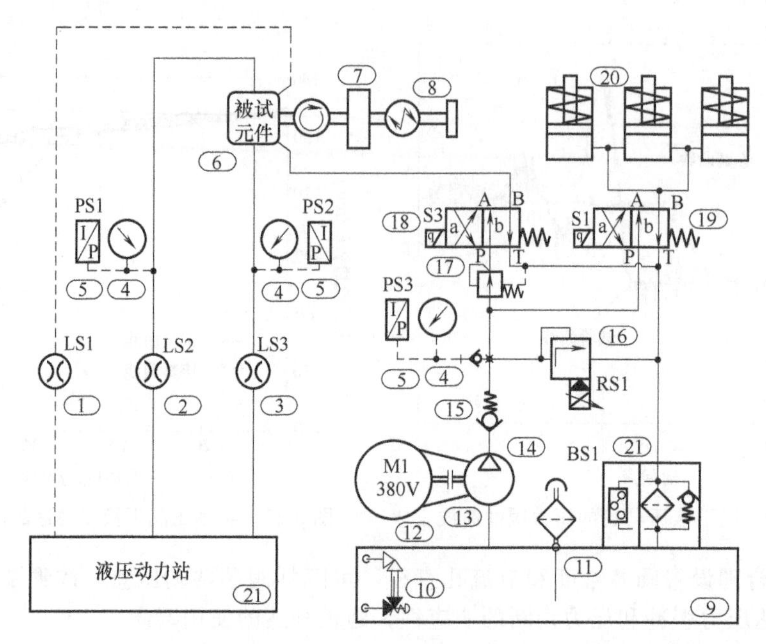


图 3-59 数字复合调节式斜轴柱塞液压马达试验台液压系统原理

1～3—流量计；4—压力表；5—压力传感器；6—被试元件（数字液压马达）；7—转矩/转速传感器；8—加载轴；9—油箱；10—液位/液温计；11—空气滤清器；12—电动机；13—钟罩；14—液压泵；15—单向阀；16—电磁比例溢流阀；17—减压阀；18，19—二位四通电磁方向阀；20—加载液压缸；21—液压动力站（提供给被试元件）

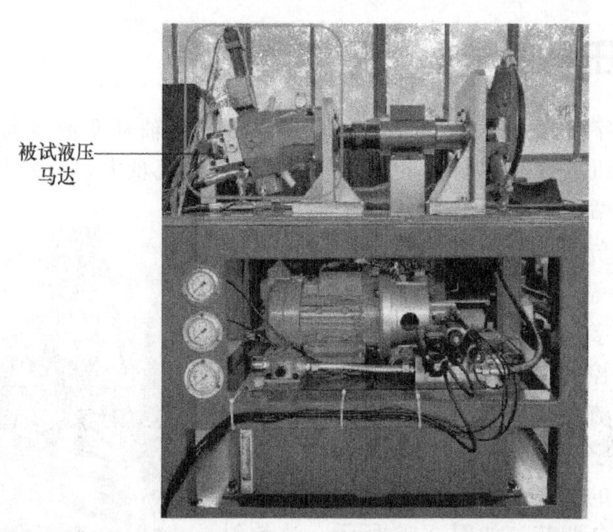


图 3-60 数字复合调节式斜轴柱塞液压马达测试平台照片

从图 3-59 中可以知道，该数字复合调节式斜轴柱塞液压马达试验台主要由三大部分组成：被测数字液压马达、液压动力站、阀控液压缸加载子系统。其中，液压动力站负责给被测数字液压马达提供满足要求的洁净液压油；阀控液压缸加载子系统则是以电磁比例溢流阀和液压缸组成加载系统，负责给被试数字复合调节式斜轴柱塞液压马达提供加载转矩。

## 3.3.2　试验项目

由于数字复合调节式斜轴柱塞液压马达实际是由一个基于步进电机驱动的数字式直接位置反馈方向阀控制变量机构和一个位于进口的基于步进电机驱动的直接位置反馈双级电液方向阀复合构成。其调节方式主要有下列模式：单变量调节、单进口流量调节、复合调节、方向切换调节。参照所拟定的团体标准：《液压传动　数字液压元件　数字复合调节式轴向柱塞液压马达》（待发布）的性能测试要求，数字复合调节式斜轴柱塞液压马达的试验项目主要包括空载数字复合调节试验、空载数字方向切换调节试验、加载数字复合调节试验，具体又细分为单变量调节试验、单进口流量调节试验、复合调节试验、方向切换调节试验。

① 单变量调节　主要进行被测数字复合调节式斜轴柱塞液压马达单变量调节试验。即在位于进口的数字式直接位置反馈双级方向阀的阀口全开的条件下，仅调节数字复合调节式斜轴柱塞液压马达的基于步进电机驱动的单级数字式位置反馈方向阀控制的变量机构，使得排量由大到小或由小到大变化，从而实现数字复合调节式斜轴柱塞液压马达的输出转速和输出转矩也相应改变。

② 单进口流量调节　主要进行被测数字复合调节式斜轴柱塞液压马达单进口流量调节试验。即在基于步进电机驱动的单级数字式位置反馈电液方向阀控制的变量机构使数字复合调节式斜轴柱塞液压马达处于最大理论排量的条件下，仅调节数字复合调节式斜轴柱塞液压马达位于进口的数字式直接位置反馈双级电液方向阀的阀口开度，使得进口流量由 0 到最大或由最大到 0 变化，从而实现数字复合调节式斜轴柱塞液压马达的输出转速也相应改变。

③ 复合调节　主要进行被测数字复合调节式斜轴柱塞液压马达复合调节试验。即同时调节数字复合调节式斜轴柱塞液压马达的基于步进电机驱动的单级数字式位置反馈方向阀控制的变量机构和位于进口的数字式直接位置反馈双级电液方向阀的阀口开度，从而实现数字复合调节式斜轴柱塞液压马达的输出转速和输出转矩也相应改变。

④ 方向切换调节　主要进行被测数字复合调节式斜轴柱塞液压马达空载和带载方向切换调节试验。在单变量调节、单进口流量调节和复合调节三种调节模式下，调节位于进口的数字式直接位置反馈双级电液方向阀的液流流动方向而使数字复合调节式斜轴柱塞液压马达的旋转方向发生改变。

当按照要求给直驱式步进电机输入正向或反向数字脉冲信号后，即可以驱动直驱式步进电机的推杆带动阀芯进行一定频率和一定位移的往复直线移动，从而控制阀口的通断关系及阀口面积的大小，以实现液流流量大小及液流流动方向的数字控制，从而控制液压马达的变量机构动作，使得排量及输出转速、转矩发生变化。

当按照要求给先导级步进电机输入正向或反向数字脉冲信号后，即可以驱动直驱式步进电机的推杆带动先导阀芯进行一定频率和一定位移的往复直线移动，从而形成液压放大作用，直接由不平衡油压作用力推动与先导阀芯成同轴布置且形成直接位置反馈的主级阀芯迅速同向 1∶1 跟随运动，以实现对主阀口的通断及阀口面积大小的控制，进而完成液流流量大小及液流流动方向的数字控制，当其位于液压马达的进口时即可以调节液压马达的输出转速大小和切换旋转方向。

## 3.3.3　试验过程与技术要领

#### (1) 数字复合调节式斜轴柱塞液压马达的基本静态功能试验

主要测试被试数字复合调节式斜轴柱塞液压马达进口所能达到的压力、通过的流量大小。

当按照测试内容准备测试系统完毕并处于单变量调节模式，启动液压动力站提供 46＃抗磨液压油，缓慢使加载系统对被测试液压马达进行加载，并通过设置在被测试液压马达的进口旁路上的压力表和压力传感器即可观察和在测控系统里记录压力数值。经过测试，被测试阀进口的工作压力可以达到 25MPa，最大压力可以达到 28MPa；同时，利用设置在被测试液压马达进油路上的高压流量传感器、回油路上的低压流量传感器，测得阀口全开时通过的最大流量约为 100L/min。

从测试结果可以看出，所测试的数字复合调节式斜轴柱塞液压马达达到了所设计的额定压力、最大压力和额定流量要求。

（2）单变量调节试验

此时仅调节数字复合调节式斜轴柱塞液压马达的基于步进电机驱动的单级数字式位置反馈方向阀控制的变量机构，使得排量由大到小或由小到大变化，从而实现数字复合调节式斜轴柱塞液压马达的输出转速和输出转矩也相应改变。用计算机测控系统所得到的相应结果分别如图 3-61～图 3-64 所示。

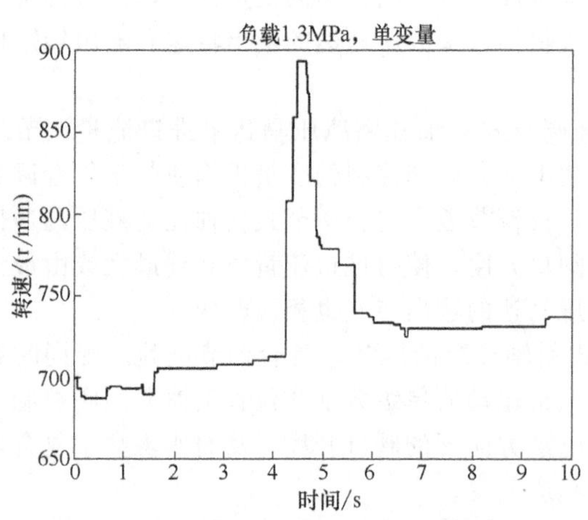


图 3-61 输入步进脉冲下被测数字液压马达单变量时输出转速变化曲线

由图 3-61～图 3-64 可知，当数字复合调节式斜轴柱塞液压马达仅工作在单变量调节模式时，不论是进行单次变量还是连续变量，数字复合调节式斜轴柱塞液压马达的输出转速、输出转矩都会随单级数字式位置反馈方向阀控制的变量机构的步进电机的步进脉冲数的变化而做相应改变，达到了变量数字调节和输出转速、输出转矩的数字调节的目的。

此外，所进行的单变量调节模式下，输入正、反向步进脉冲时被测数字复合调节式斜轴柱塞液压马达排量与输出转速变化曲线如图 3-65 所示。图 3-66 所示为单变量调节模式且带载条件下输入步进脉冲频率不同时被测数字复合调节式斜轴柱塞液压马达输出转速变化曲线；单变量调节模式且带载条件下输入步进脉冲数不同时被测数字复合调节式斜轴柱塞液压马达输出转速变化曲线、输出转矩变化曲线分别如图 3-67、图 3-68 所示。变量调节模式时阶跃变量下被测数字复合调节式斜轴柱塞液压马达输出转速变化曲线、进口压力变化曲线和输出转矩变化曲线分别如图 3-69～图 3-71 所示。

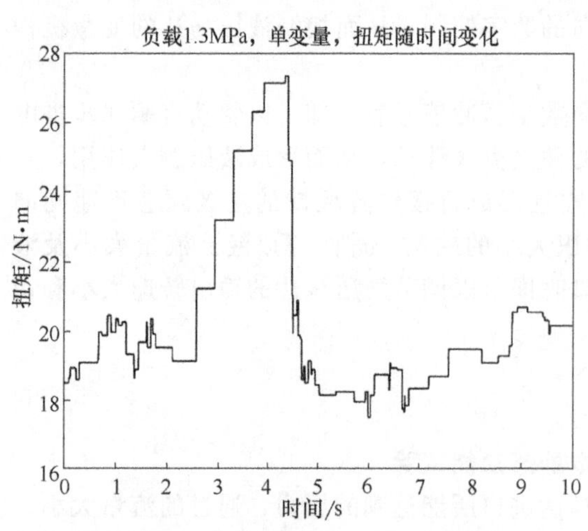


图 3-62 输入步进脉冲下被测数字液压马达单变量时输出转矩变化曲线

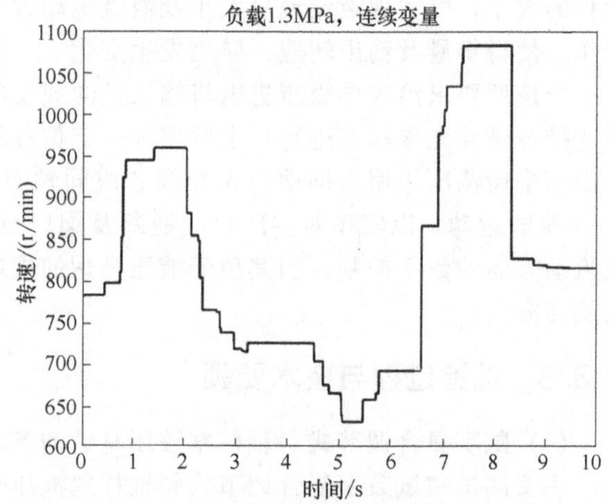


图 3-63 输入步进脉冲下被测数字液压马达连续变量时输出转速变化曲线

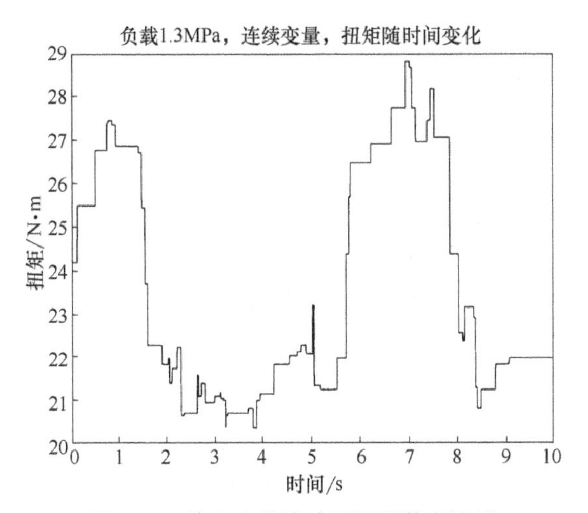


图 3-64　输入步进脉冲下被测数字液压马达连续变量时输出转矩变化曲线

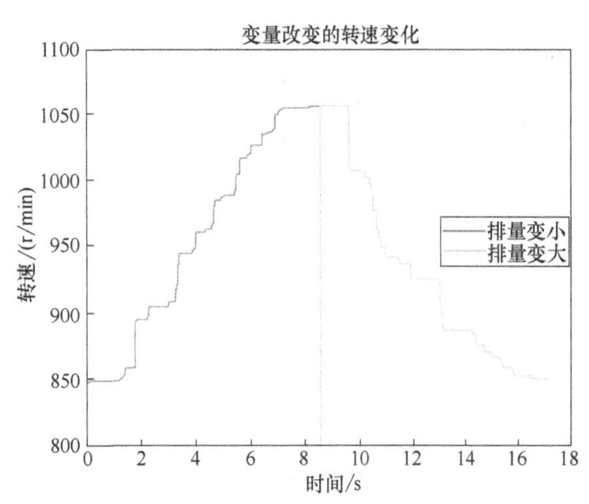


图 3-65　输入正、反向步进脉冲时被测数字液压马达排量与输出转速变化曲线

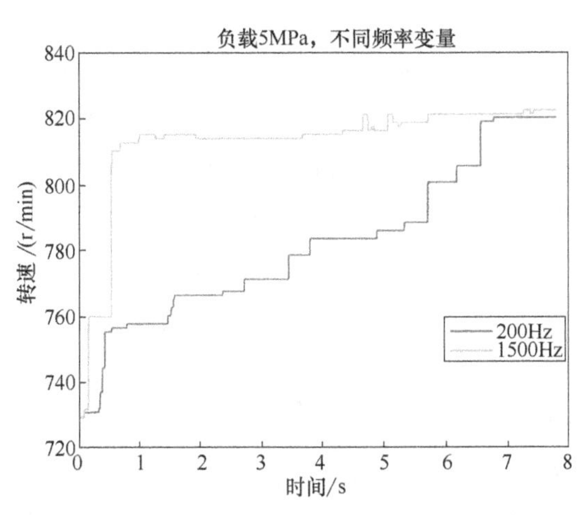


图 3-66　带载下输入步进脉冲频率不同时被测数字液压马达输出转速变化曲线

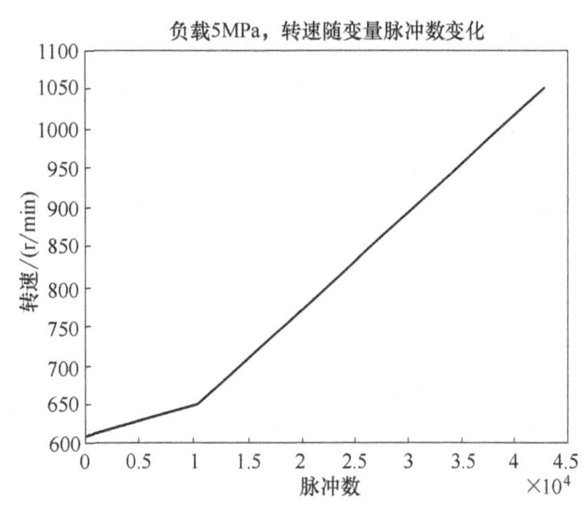


图 3-67　带载下输入步进脉冲数不同时被测数字液压马达输出转速变化曲线

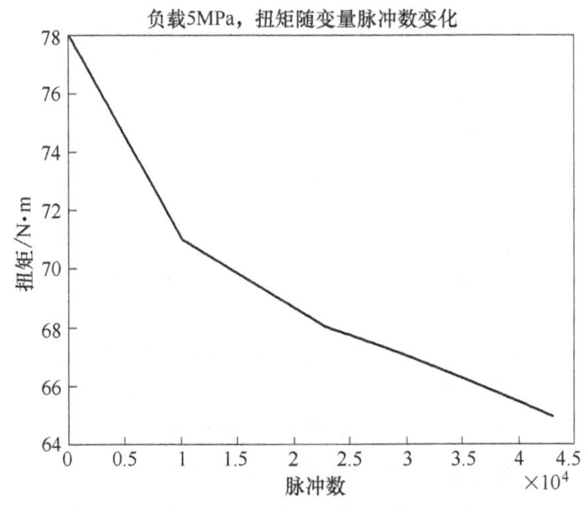


图 3-68　带载下输入步进脉冲数不同时被测数字液压马达输出转矩变化曲线

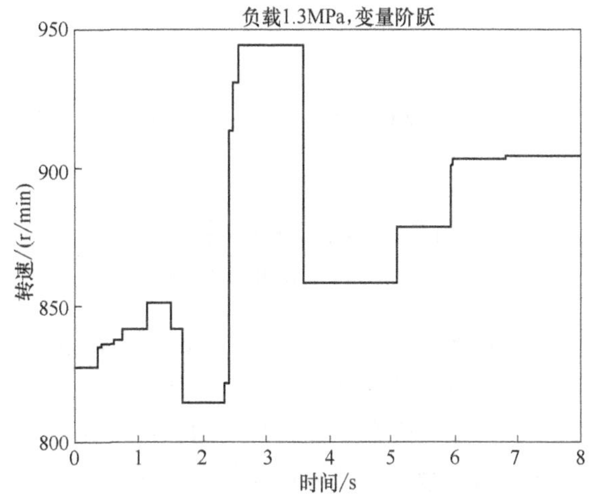


图 3-69　阶跃变量下被测数字液压马达输出转速变化曲线

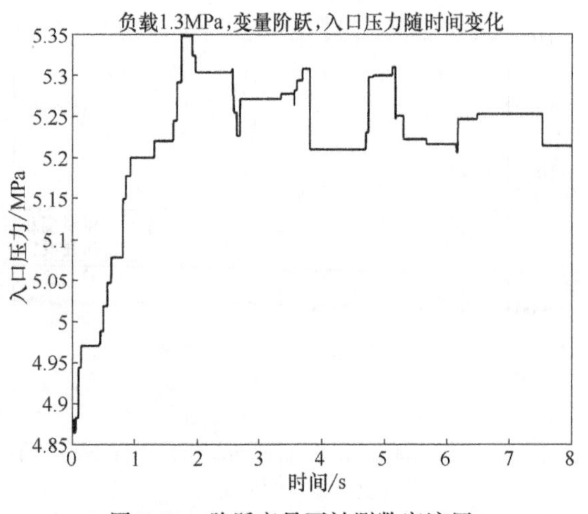


图 3-70 阶跃变量下被测数字液压马达进口压力变化曲线

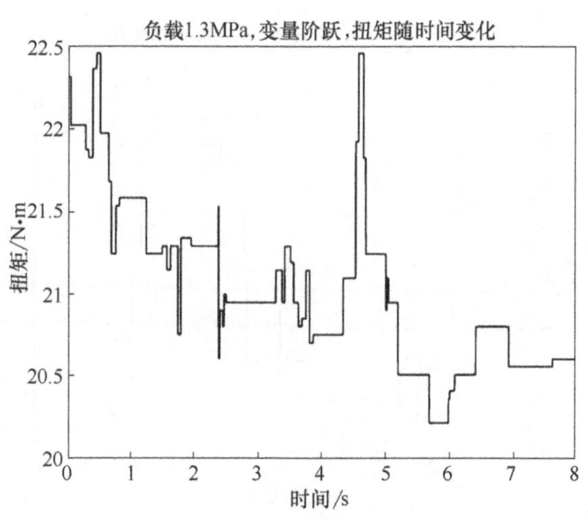


图 3-71 阶跃变量下被测数字液压马达输出转矩变化曲线

(3) 单进口流量调节试验

此时仅调节位于数字复合调节式斜轴柱塞液压马达进口的数字式直接位置反馈双级电液方向阀的先导级步进电机，而确保变量机构动作后使排量处于最大工作排量或最小工作排量，从而实现数字复合调节式斜轴柱塞液压马达的输出转速随步进脉冲数、脉冲频率和脉冲方向做适应变化。用计算机测控系统所得到的相应结果分别如图 3-72～图 3-77 所示。

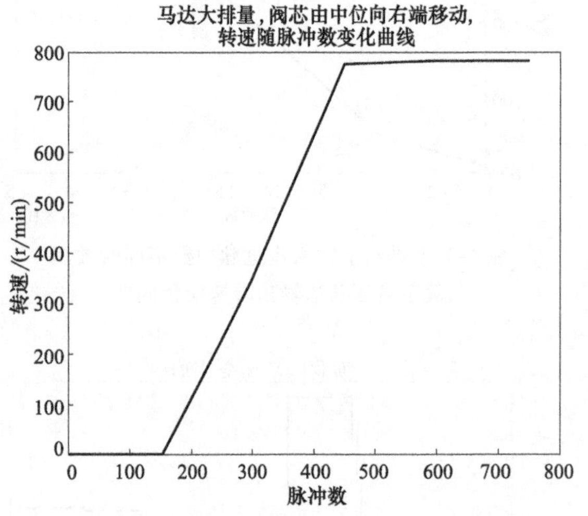


图 3-72 大排量条件下改变步进脉冲数使主阀芯从中位移动到右端阀口增大时被测数字液压马达输出转速变化曲线

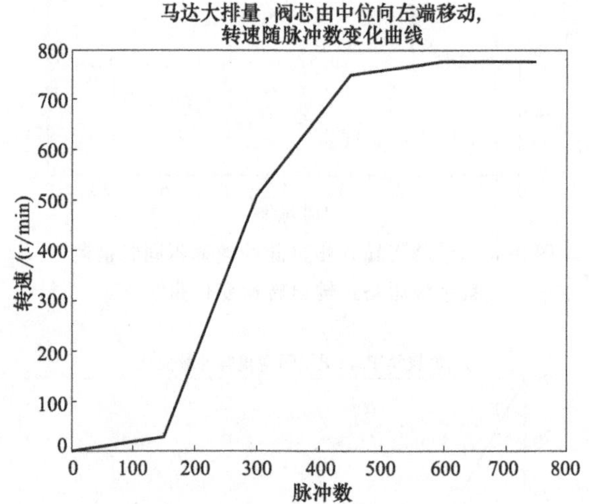


图 3-73 大排量条件下改变步进脉冲数使主阀芯从中位移动到左端阀口增大时被测数字液压马达输出转速变化曲线

分析图 3-72 和图 3-73 可以看出，利用数字式直接位置反馈双级电液方向阀，可以在受控数字复合调节式斜轴柱塞液压马达的排量为最大工作排量时，仅调节进入数字液压马达的进口流量就可以改变数字液压马达的输出转速。图 3-72、图 3-73 所示曲线表示数字复合调节式斜轴柱塞液压马达不同旋转方向上的输出转速的变化，都是随步进脉冲数增大来增大主阀阀口的开度，使进入数字液压马达的液流流量对应增大，因而数字液压马达的输出转速随着不断增大，直至达到最大值。

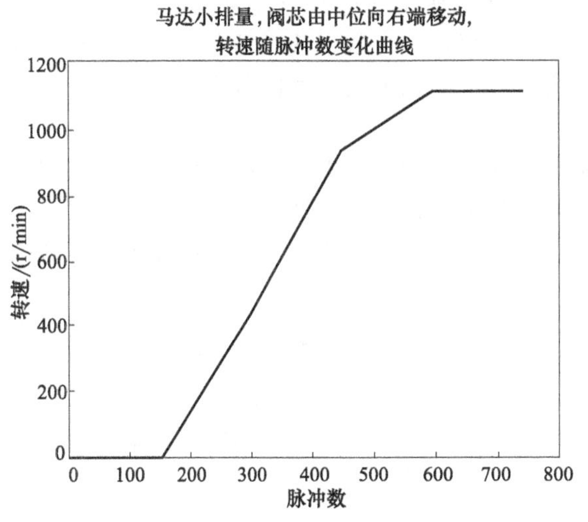


图 3-74 小排量条件下改变步进脉冲数使主阀芯从中位移动到右端阀口增大时被测数字液压马达输出转速变化曲线

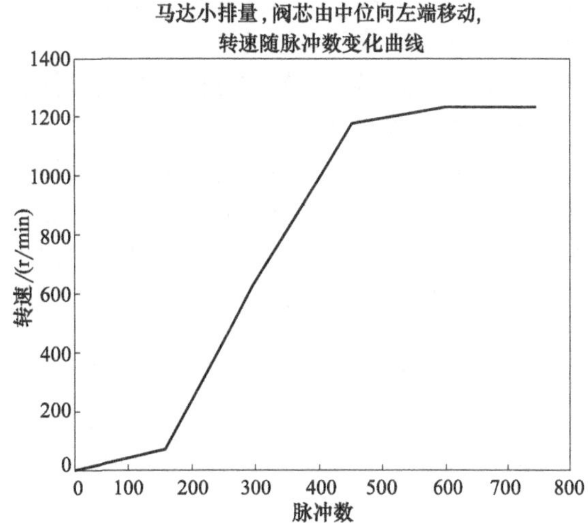


图 3-75 小排量条件下改变步进脉冲数使主阀芯从中位移动到左端阀口增大时被测数字液压马达输出转速变化曲线

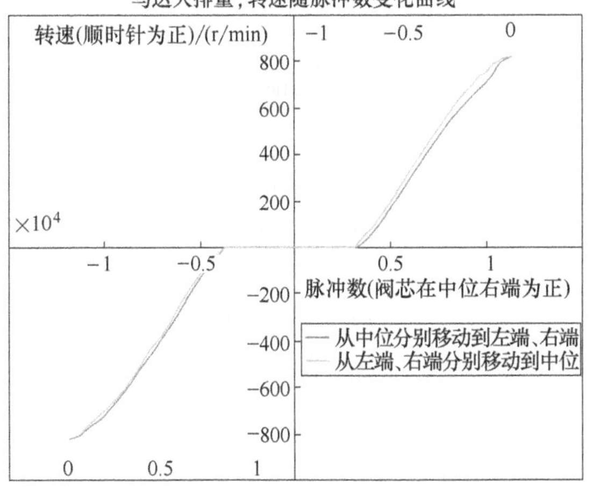


图 3-76 大排量条件下改变步进脉冲数和脉冲方向时被测阀所控制的数字液压马达逆时针与顺时针双向输出转速变化曲线

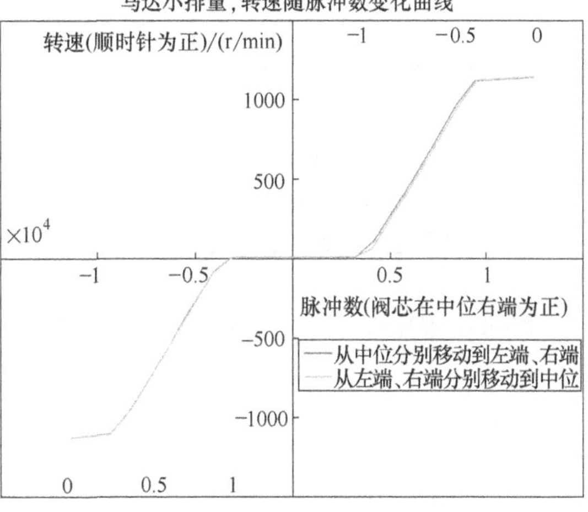


图 3-77 小排量条件下改变步进脉冲数和脉冲方向时被测阀所控制的数字液压马达逆时针与顺时针双向输出转速变化曲线

分析图 3-74 和图 3-75 可以看出，利用数字式直接位置反馈双级电液方向阀，可以在受控数字复合调节式斜轴柱塞液压马达的排量为最小工作排量时，仅调节进入数字液压马达的进口流量就可以改变数字液压马达的输出转速。图 3-74、图 3-75 所示曲线表示数字复合调节式斜轴柱塞液压马达不同旋转方向上的输出转速的变化，都是随步进脉冲数增大来增大主阀阀口的开度，使进入数字液压马达的液流流量对应增大，因而数字液压马达的输出转速随着不断增大，直至达到最大值。

分析图 3-76 可以看出，利用数字式直接位置反馈双级电液方向阀，可以在受控数字复合调节式斜轴柱塞液压马达的排量为最大工作排量时，仅调节进入数字液压马达的进口流量大小、流动方向就可以改变数字液压马达的双向往复的输出转速；不论是逆时针旋转方向还是顺时针旋转方向，往复调节的转速回差都很小。分析图 3-77 可以看出，利用数字式直接位置反馈双级电液方向阀，可以在受控数字复合调节式斜轴柱塞液压马达的排量为最小工作排量时，仅调节进入数字液压马达的进口流量大小、流动方向就可以改变数字液压马达的双向往复的输出转速；不论是逆时针旋转方向还是顺时针旋转方向，往复调节的转速回差都很小。

**(4) 复合调节试验**

就是要同时调节数字复合调节式斜轴柱塞液压马达的基于步进电机驱动的单级数字式位置反馈方向阀控制的变量机构和位于进口的数字式直接位置反馈双级电液方向阀的阀口开度，以实现数字复合调节式轴向柱塞液压马达的输出转速和输出转矩也相应改变。用计算机测控系统所得到的相应结果分别如图 3-78～图 3-82 所示。

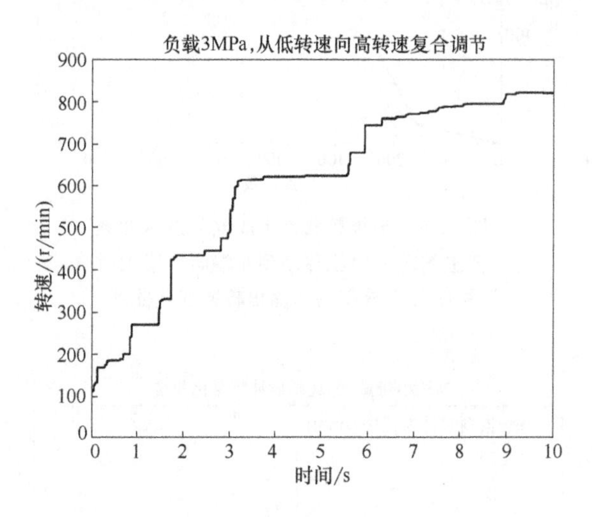


图 3-78 复合调节下同时改变两个步进电机的步进脉冲数时被测数字液压马达从低速向高速的转速变化曲线

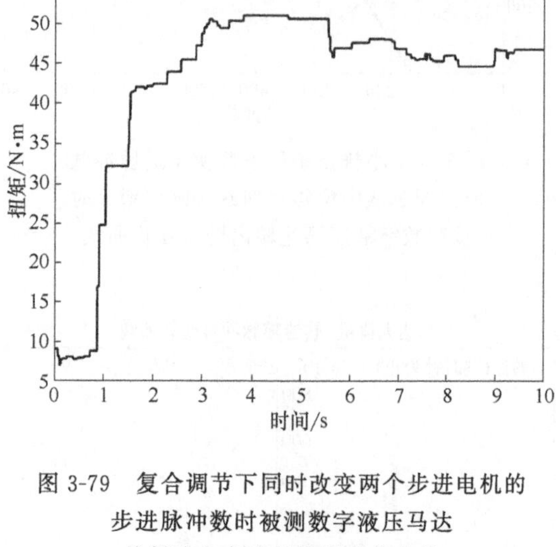


图 3-79 复合调节下同时改变两个步进电机的步进脉冲数时被测数字液压马达从低速向高速的转矩变化曲线

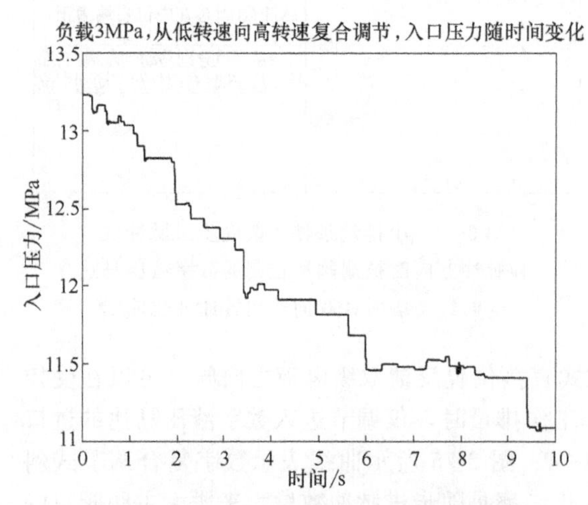


图 3-80 复合调节下同时改变两个步进电机的步进脉冲数时被测数字液压马达从低速向高速过程进口压力变化曲线

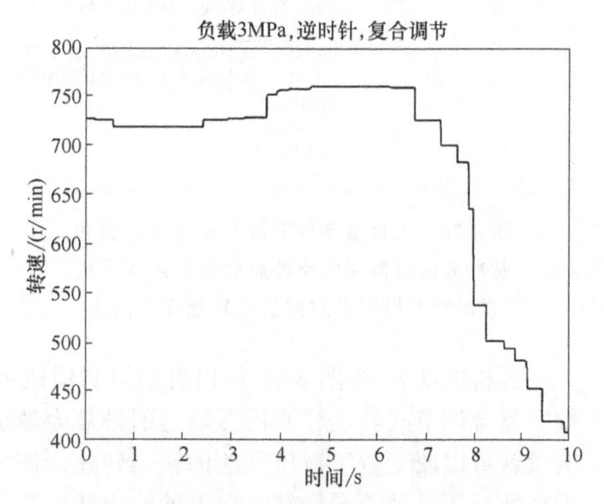


图 3-81 复合调节下同时改变两个步进电机的步进脉冲数时被测数字液压马达逆时针旋转的输出转速变化曲线

分析图 3-78～图 3-80 可以看出，在复合调节模式下，同时改变两个步进电机的步进脉冲数时，被测数字复合调节式斜轴柱塞液压马达的输出转速、输出转矩和进口压力都会随之发生改变。分析图 3-81 和图 3-82 可以看出，在复合调节模式下，同时改变两个步进电机的步进脉冲数时，不论是顺时针转动还是逆时针转动，在排量增大同时增大进口通过的流量，或在排量减小同时减小进口通过的流量，都可以使得被测数字液压马达的输出转速保持不变，如图 3-81 中 4～7s 所对应的曲线段，如图 3-82 中 4～6s 所对应的曲线段。

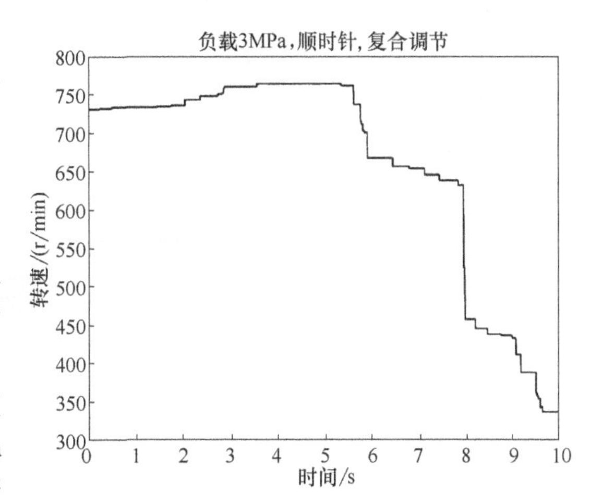


图 3-82 复合调节下同时改变两个步进电机的步进脉冲数时被测数字液压马达顺时针旋转的输出转速变化曲线

总之，分析以上被试数字复合调节式斜轴柱塞液压马达的试验结果可以得到以下结论：

① 所试验的数字复合调节式斜轴柱塞液压马达能够达到所设计的工作压力为 25MPa 和阀口全开始时的最大流量为 100L/min，符合设计要求；

② 所试验的数字复合调节式斜轴柱塞液压马达的性能受两个步进电机驱动器发送的脉冲数、脉冲频率的影响，并得到了输入脉冲数、不同脉冲频率与数字复合调节式斜轴柱塞液压马达输出特性间的定量关系，符合设计要求；

③ 所试验的数字复合调节式斜轴柱塞液压马达完全能够实现单变量调节、单进口流量调节、复合调节及旋转方向切换控制的功能，符合设计要求。

# 第4章 液压阀试验技术及应用

## 4.1 液压阀试验基础

液压阀主要包括方向阀、压力阀、流量阀等，是液压系统的控制元件，试验按有关国标与行标进行。

### 4.1.1 方向控制阀试验

**(1) 试验装置**

① 试验回路

a. 图 4-1～图 4-4 为基本试验回路，允许采用包括两种和多种条件的综合回路。

b. 油源的流量应能调节。油源流量应大于被试阀的公称流量。油源的压力脉动量不得大于 10.5MPa。

c. 允许在给定的基本试验回路中增设调节压力和流量的元件，以保证试验系统安全工作。

d. 与被试阀连接的管道和管接头的内径和被试阀的公称通径应一致。

② 测压点的位置　各测压点位置需满足以下要求。

a. 进口测压点应设置在扰动源（如阀、弯头）的下游和被试阀的上游之间。距扰动源的距离应大于 10$d$，距被试阀的距离为 5$d$。

b. 出口测压点应设置在被测阀下游 10$d$ 处。

c. 按 C 级精度测试时，若测压点的位置与上述要求不符，应给出相应的修正值。

③ 测压孔

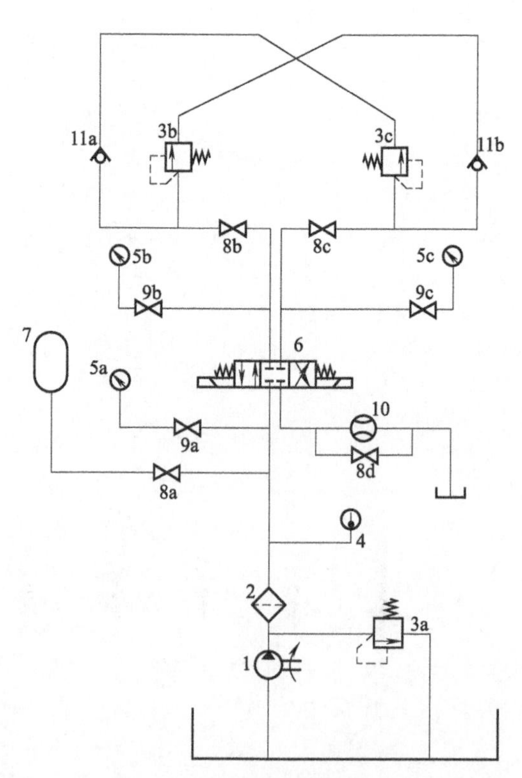


图 4-1　电磁换向阀试验回路

1—液压泵；2—过滤器；3a～3c—溢流阀；4—温度计；5a～5c—压力计；6—被试阀；7—蓄能器；8a～8d—截止阀；9a～9c—压力开关；10—流量计；11a，11b—单向阀

a. 侧压孔直径不得小于1mm，不得大于6mm。

b. 侧压孔长度不得小于测压孔直径的2倍。

c. 测压孔中心线和管道中心线垂直，管道内表面与测压孔的交角处应保持尖锐且不得有毛刺。

d. 测压点和测压仪表之间连接管道的直径不得小于3mm。

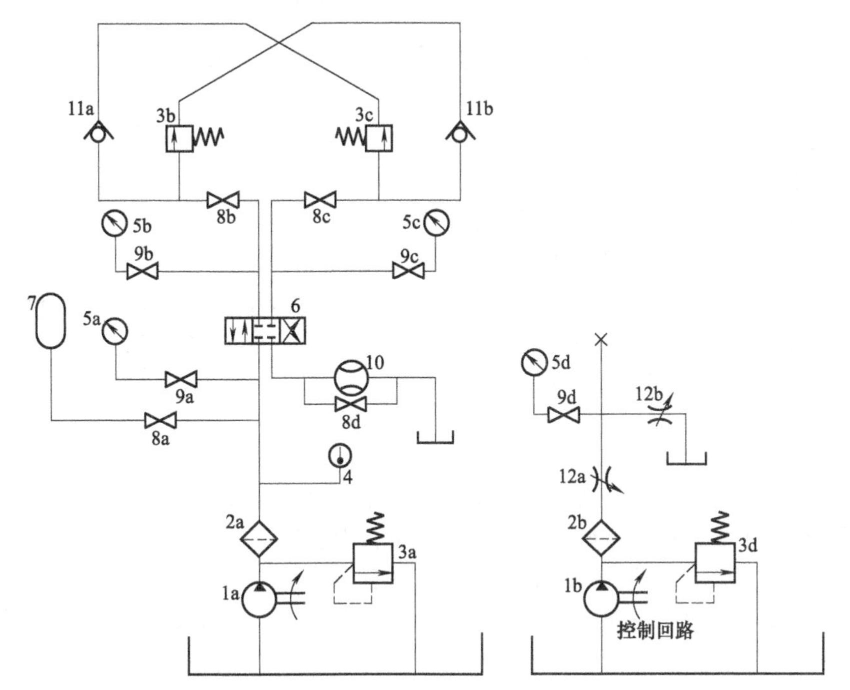


图4-2　电液换向阀、液动换向阀、手动换向阀、机动换向阀试验回路

1a,1b—背压泵；2a,2b—过滤器；3a～3d—溢流阀；4—温度计；5a～5d—压力计；6—被试阀；7—蓄能器；8a～8d—截止阀；9a～9d—压力开关；10—流量计；11a,11b—单向阀；12a,12b—节流阀

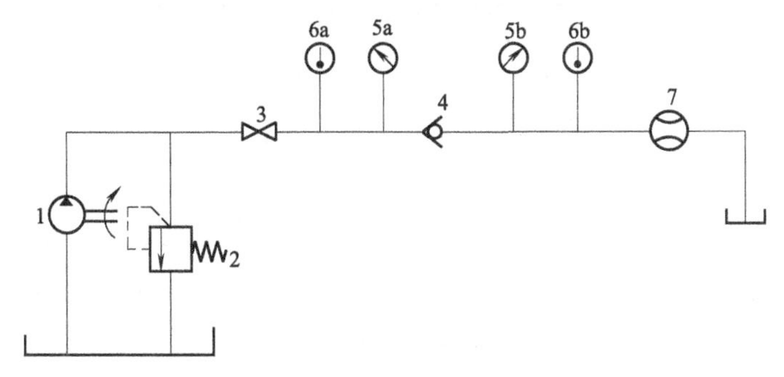


图4-3　直接作用式单向阀试验回路

1—液压泵；2—溢流阀；3—截止阀；4—被试阀；5a,5b—压力计；6a,6b—温度计；7—流量计

e. 测压点和测压仪表连接时，应排除连接管道中的空气。

④ 温度测量点的位置　温度测量点应设置在被试阀进口测压点上游15$d$处。

⑤ 油液固体污染等级

a. 在试验系统中，所用的液压油（液）的固体污染等级不得高于19/16。有特殊试验要求时可另做说明。

b. 试验时，因淤塞现象而使在一定时间间隔内对同一参数进行数次测量所测得的量值不一致时，要提高过滤器的过滤精度，并在试验报告中注明此时时间间隔。

c. 在试验报告中注明过滤器的安装位置、类型和数量。

d. 在试验报告中注明油液的固体污染等级，并注明测量油液污染等级的方法。

**(2) 试验的一般要求**

① 试验用油液

a. 在试验报告中注明试验中使用的油液类型、牌号以及在试验控制温度下的油液黏度、密度、体积弹性模量。

b. 在同一温度下测定不同油液黏度对试验的影响时，要用同一类型但不同黏度的油液。

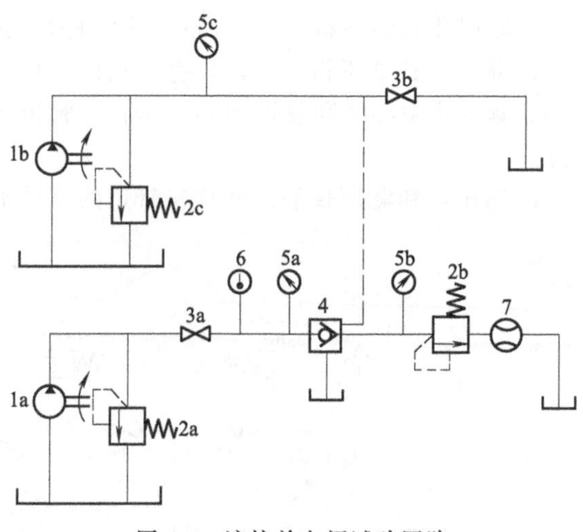


图 4-4 液控单向阀试验回路

1a，1b—液压泵；2a～2c—溢流阀；3a，3b—截止阀；4—被试阀；5a～5c—压力计；6—温度计；7—流量计

② 试验温度

a. 采用液压油为试验元件工作介质时，被试阀进口处的油液温度为50℃，采用其他油液为工作介质或有特殊规定时可另做说明，在试验报告中注明实际的试验温度。

b. 冷态启动试验时，油液温度为25℃，在试验开始前把试验设备和油液温度保持在同一温度，试验开始以后允许油液温度上升。在试验报告中记录温度、压力和流量与时间的关系。

③ 稳态工况

a. 被控参数在表4-1规定范围内变化时为稳态工况。在稳态工况时记录试验参数的测量值。

**表 4-1 被控参数平均指示值允许变化范围**

| 被控参数 | 各测试等级对应被控参数平均指示值允许变化范围 | | |
|---|---|---|---|
| | A | B | C |
| 流量/% | ±0.5 | ±1.5 | ±2.5 |
| 压力/% | ±0.5 | ±1.5 | ±2.5 |
| 温度/℃ | ±1.0 | ±2.0 | ±4.0 |
| 黏度/% | ±5.0 | ±10.0 | ±15.0 |

b. 被控参数测量读数点的数目和所取读数值的分布，应能反映被试阀在全范围内的性能。

c. 为保证试验结果的重复性，应规定测量时间间隔。

④ 耐压试验

a. 被试阀进行试验前应进行耐压试验。

b. 耐压试验时，对各承压油口施加耐压试验压力。耐压试验压力为该油口最高工作压力的1.5倍，试验压力以每秒2%耐压试验压力的速率递增，保持5min，不得有外渗漏。

c. 耐压试验时，各泄油口和油箱相连。

**(3) 试验准备及试验条件**

① 试验前文件准备　根据溢流阀各种特性制作溢流阀试验大纲。

② 试验前试验台准备

a. 试验开始前试验台加入试验油液至油箱安全液位处；

b. 试验前将试验台各阀旋转至最大开口量，待试验开始根据试验要求逐步升压。

③ 试验条件

a. 试验介质。

• 试验介质应为一般矿物油型液压油。

• 试验介质的温度：除明确规定外，型式试验应在（50±2)℃下进行，出厂试验应在(50±4)℃下进行。

• 试验介质的黏度：40℃时的油液运动黏度为 42～74$mm^2/s$（特殊要求另行规定)。

• 试验介质的污染度：试验系统油液的同体颗粒污染度不应高于 GB/T 14039—2002 中规定的等级。

b. 稳态工况。

各被测参量平均显示值的变化范围符合表 4-2 的规定时为稳态工况，应在稳态工况下测量每个设定点的各个参量。

**表 4-2　被测参量平均显示值的允许变化范围**

| 测量参量 | 各测量准确度等级对应的被测量参量平均显示值的允许变化范围 | | |
|---|---|---|---|
| | A | B | C |
| 压力/% | ±0.5 | ±1.5 | ±2.5 |
| 流量/% | ±0.5 | ±1.5 | ±2.5 |
| 温度/% | ±1.0 | ±2.0 | ±4.0 |

c. 瞬态工况。

• 被试阀和试验回路相关部分所组成油腔的表观容积刚度，应保证被试阀的进口压力变化率在 600～800MPa/s 范围内。(注：进口压力变化率是指进口压力从最终稳态压力值与起始稳态压力值之差的 10%上升到 90%的压力变化量与相应时间之比。)

• 阶跃加载阀与被试阀之间的相对位置，可用控制其间的压力梯度限制油液可压缩性的影响来确定。其间的压力梯度可以计算获得。算得的压力梯度至少应为被试阀实测的进口压力梯度的 10 倍。

压力梯度计算公式：

$$\frac{dp}{dt}=\frac{q_{vs}K_s}{V} \tag{4-1}$$

式中　$q_{vs}$——被试阀设定的稳态流量；

$K_s$——油液的等熵体积弹性模量；

$V$——试验回路中被试阀与阶跃加载阀之间的油路连通容积。

• 试验回路中阶跃加载阀的动作时间不应超过被试阀响应时间的 10%，且最长不超过 10ms。

d. 试验流量。

• 当规定的被试阀额定流量小于或等于 200L/min 时，试验流量应为额定流量。

• 当规定的被试阀额定流量大于 200L/min 时，允许试验流量为 200L/min，但应经工况考核，被试阀的性能指标以满足工况要求为依据。

• 型式试验时，在具备条件的情况下宜进行最大流量试验，以记录被试阀最大流量的工作能力。

• 出厂试验允许降流量进行，但应对性能指标给出相应修正值。

e. 测量准确度等级。

测量准确度等级分 A、B、C 三级。型式试验不应低于 B 级，出厂试验不应低于 C 级。各等级所对应的测量系统的允许误差应符合表 4-3 的规定。

表 4-3 被测量平均显示值允许变化范围

| 测量参量 | 各测量准确度等级对应的测量平均显示值允许变化范围 | | |
|---|---|---|---|
| | A | B | C |
| 压力(表压力 $p<0.2$MPa)/kPa | ±2.0 | ±6.0 | ±10.0 |
| 压力(表压力 $p\geqslant0.2$MPa)/% | ±0.5 | ±1.5 | ±2.5 |
| 流量/% | ±0.5 | ±1.5 | ±2.5 |
| 温度/℃ | ±0.5 | ±1.0 | ±2.0 |

f. 被试阀的电磁铁。

• 出厂试验时，被试阀电磁铁的工作电压应为其额定电压的 85%。

• 型式试验时，应在电磁铁的额定电压下，对电磁铁进行连续励磁至其规定的最高稳定温度，之后将电磁铁的电压降至其额定电压的 85%，再对被试阀进行试验。

**(4) 试验内容**

① 电磁换向阀

a. 试验回路。典型的试验回路如图 4-1 所示。为减小换向阀试验时的压力冲击，在不改变试验条件的情况下允许使用蓄能器。为保护流量计 10，在不测量时可打开阀 8d。

b. 稳态压差-流量特性试验。按 GB 8107 液压阀压差-流量特性试验方法中的有关规定进行试验。

c. 内部泄漏量试验。

ⅰ. 试验目的。本试验是为了测定方向阀在某一工作状态时，具有一定压差又互不影响。

ⅱ. 试验条件。试验时，每次施加在各油口上的压力应一致，并进行记录。

ⅲ. 试验方法。当电磁铁温度符合要求后，在试验期间使电磁铁线圈电压比额定电压低 10%。

将被试阀处于某种通断状态，完全打开溢流阀 3c（或 3a），使压力计 5b（或 5c）的指示压力为最小负载压力，并使通过被试阀的流量从小逐渐加大到某一规定的最大流量值，记录各流量值对应的压力计 5a 的指示压力。在直角坐标纸上画出所要求的曲线。

调定溢流阀 3a 及 3c（或 3b），使压力计 5a 的指示压力为被试阀的公称压力。逐渐加大通过被试阀的流量，使换向阀换向，当达到某一流量，换向阀不能正常换向时，降低压力计 5a 的指示压力直到能正常换向为止。按此方法试验，直到某一规定的流量为止。

从重复试验得到的数据中确定换向阀工作范围的边界值。重复试验次数不得少于 6 次。

d. 瞬态响应试验。

ⅰ. 试验目的。本试验是为了测试电磁换向阀在换向时的瞬态响应特征。

ⅱ. 试验条件。被试阀输出侧的回路容积应为封闭容积，在试验前充满油液。在试验报告中记录封闭油液的容腔大小及管道材料。

在电磁铁的额定电压和规定的电磁铁温度条件下进行试验。

ⅲ. 试验方法。调定溢流阀 3a 及 3c（或 3b），使压力计 5a 的指示压力为被试阀的试验压力。调节流量，使通过被试阀的流量为公称压力下换向阀上所对应流量的 80%。调整好后，接通或切断电磁铁的控制电压。从表示换向阀阀芯位移对加于电磁铁上的换向信号的响应而记录的瞬态响应曲线中确定滞后时间和响应时间。

② 电液换向阀、液动换向阀、手动换向阀、机动换向阀

a. 试验回路。典型的试验回路如图 4-2 所示。1a 为主回路油源，1b 为控制回路油源。

试验回路的其他要求同电磁换向阀。

b. 稳态压差-流量特性试验。同电磁换向阀。

c. 内部泄漏量试验。同电磁换向阀。

d. 工作范围。

ⅰ. 试验目的。本试验是为了测定电液换向阀、液动换向阀、手动换向阀、机动换向阀能正常换向时的最小控制压力的边界值范围。

正常换向是指换向信号发出后，换向阀阀芯能在位移两个方向上全行程移动。

ⅱ. 试验条件。同电磁换向阀。

ⅲ. 试验方法。在被试阀的公称压力和公称流量的范围内进行试验，在试验报告中记录试验采用的流量和压力的范围值。

调定溢流阀 3a 及 3c（或 3b），使压力计 5a 的指示压力为被试阀的公称压力。测定被试阀在通过不同流量时最小控制压力和最小控制力。在直角坐标系上画出工作范围曲线（当被试阀的控制压力或控制力大于最小控制压力或最小控制力时被试阀均能正常换向）。

对于电液换向阀，当电磁铁温度符合要求后，在试验期间使电磁铁线圈电压比额定电压低 10%。

对于液动换向阀，根据规定进行下列试验中的一项或者两项：逐步增加控制压力，递增速率每秒不得超过主阀公称压力的 2%；阶跃地增加控制压力，其速率不得低于 700MPa/s。

从重复试验得到的数据中确定换向阀的最小控制压力或最小控制力的边界值。重复试验次数不得少于 6 次。

e. 瞬态响应试验。

ⅰ. 试验目的。本试验是为了测试电液换向阀和液动换向阀在换向时主阀的瞬态响应特性。

ⅱ. 试验条件。被试阀输出侧的回路容积应为封闭容积，在试验前充满油液。在试验报告中记录封闭油液的容腔大小及管道材料。

对于电液换向阀，在电磁铁的额定电压和规定的电磁铁温度条件下进行试验。

对于液动换向阀，控制回路中压力变化率应能使液动阀迅速动作。

ⅲ. 试验方法。调定溢流阀 3a 及 3c（或 3b），使压力计 5a 的指示压力为被试阀的试验压力。通过流量为被试阀的公称流量，使换向阀换向。

记录阀芯位移或输出压力的响应曲线，确定滞后时间及响应时间。

③ 单向阀

a. 试验回路。直接作用式单向阀试验回路如图 4-3 所示，液控单向阀试验回路如图 4-4 所示。

当流动方向由 A 口到 B 口时，在控制油口 X 上施加或者不施加压力的情况下进行试验。当流动方向由 B 口到 A 口时，则在控制油口上施加压力的情况下进行试验。

b. 稳态压差-流量特性试验。按 GB/T 8107 的有关规定进行试验，并绘制稳态压差-流量特性曲线。

c. 直接作用式单向阀最小开启压力试验。本试验目的是测试直接作用式单向阀的最小开启压力 $p_{omin}$。

在被试阀 4 的压力为大气压时，使 A 口压力 $p_A$ 由零逐步升高，直到有油液流出为止，记录此时的压力值，重复试验几次。由试验数据来确定阀最小开启压力 $p_{omin}$。

d. 液控单向阀控制压力试验。

ⅰ. 试验目的。本试验目的是测试使液控单向阀反向开启并保持全开的最小控制压力 $p_x$。测试液控单向阀在规定压力 $p_A$、$p_B$ 和流量 $q_v$ 范围内，使阀关闭的最大控制压力 $p_{xc}$。

ⅱ. 测试方法。当液控单向阀反向未开启前，在规定的 $p_B$ 范围内保持 $p_B$ 为某一定值（$p_{Bmax}$、$0.75p_{Bmax}$、$0.5p_{Bmax}$、$0.25p_{Bmax}$ 和 $p_{Bmin}$），控制压力 $p_x$ 由零逐渐增加，直到反向通过液控单向阀的流量达到所选择的流量 $q_v$ 值为止。

记录控制压力 $p_x$ 和对应流量 $q_v$，重复试验几次。由试验数据来确定使阀开启并通过所选择的流量 $q_v$ 时的最小控制压力 $p_x$，绘制阀的开启压力-流量关系曲线。

在控制油口 X 上施加控制压力 $p_{xc}$，保证被试阀处于全开状态，使 $p_A$ 值处于尽可能低的条件下，选择某一流量通过被试阀，逐渐降低 $p_x$ 值直到单向阀完全关闭为止。

记录控制压力 $p_{xc}$ 和流量 $q_v$，重复试验几次。由试验数据来确定使阀关闭的最大控制压力 $p_{xcmax}$，绘制液控单向阀的关闭压力-流量关系曲线。

e. 泄漏量试验。测量时间至少应持续 5min。试验报告应注明试验时的油液温度，油液类型、牌号和黏度。

ⅰ. 直接作用式单向阀。试验时，应将被试阀方向安装准确。

A 口处于大气压下，B 口接入规定的压力。在一定时间间隔内（至少 5min)，测量从 A 口流出的泄漏量，记录测量时间间隔、泄漏量及 $p_B$ 值。

ⅱ. 液控单向阀。A 口和 X 口处于大气压力下，B 口接入规定的压力。在一定的时间间隔内（至少 5min)，测量从 A 口流出的泄漏量，记录测量时间间隔、泄漏量。此方法也适合测量从泄漏口 Y 流出的泄漏量及 $p_B$ 值。

## 4.1.2 压力控制阀试验

### (1) 试验装置

① 试验回路

a. 图 4-5 和图 4-6 分别为溢流阀和减压阀的基本试验回路。允许采用包括两种或多种试验条件的综合试验回路。阀 6 和阀 8 之间应有足够的刚度，其容积应尽可能小。

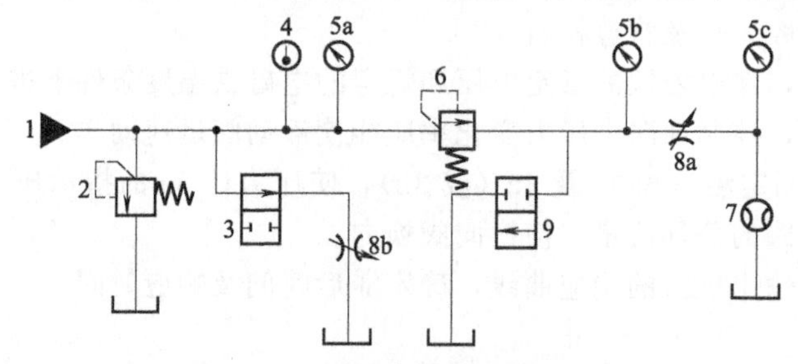


图 4-5 溢流阀试验回路

1—液压源；2—溢流阀（安全阀）；3—旁通阀；4—温度计；5a～5c—压力计；6—被试阀；7—流量计；8a,8b—节流阀；9—换向阀

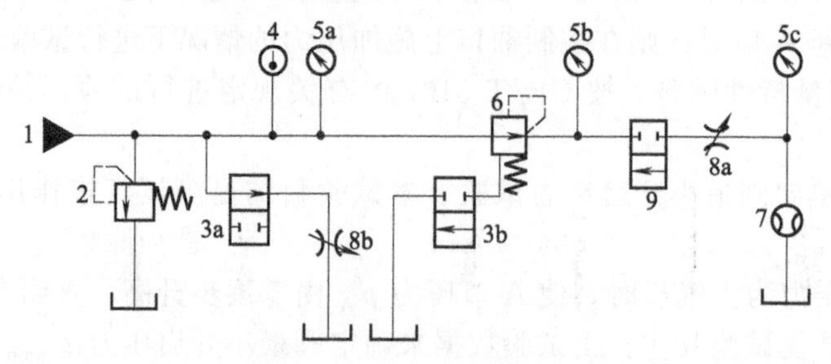


图 4-6 减压阀试验回路

1—液压源；2—溢流阀（安全阀）；3a,3b—旁通阀；4—温度计；5a～5c—压力计；6—被试阀；7—流量计；8a,8b—节流阀；9—换向阀

b. 油源的流量调节。油源流量应大于被试阀的试验流量，油源的压力脉动量不得大于 10.5MPa，并能允许短时间压力超载 20%～30%。

c. 被试阀和试验回路相关部分所组成的表观容积刚度，应保证压力梯度在下列给定范围内：3000～4000MPa/s；600～800MPa/s；120～160MPa/s。

d. 允许在给定的基本试验回路中增设调节压力、流量或保证试验系统安全工作的元件。

e. 与被试阀连接的管道和管接头的内径应和被试阀的通径一致。

② 测压点的位置

a. 进口测压点应设置在扰动源（如阀、弯头）的下游和被试阀的上游之间，距扰动源的距离应大于 $10d$，距被试阀的距离为 $5d$。

b. 出口测压点应设置在被试阀下游处。

c. 按 C 级精度测试时，若测压点的位置与上述要求不符，应给出相应修正值。

③ 测压孔

a. 测压孔直径不得小于 1mm，不得大于 6mm。

b. 测压孔的长度不得小于测压孔直径的 2 倍。

c. 测压孔中心线和管道中心线垂直，管道内表面与测压孔交界处应保持尖锐且不得有毛刺。

d. 测压点与测量仪表之间连接管道的内径不得小于 3mm。

e. 测压点与测量仪表连接时应排除连接管道中的空气。

④ 温度测量点的位置　温度测量点应在被试阀进口测压点上游 $15d$ 处。

⑤ 油液固体污染等级

a. 在试验系统中所用的液压油（液）的固体污染等级不得大于 19/16。有特殊要求的另做规定。

b. 试验时，因淤塞现象而使在一定的时间间隔内对同一参数进行数次测量所得到的测量值不一定时，在试验报告中要注明时间间隔。

c. 在试验报告中应注明过滤器的位置、类型和数量。

d. 在试验报告中应注明油液的固体污染等级及测定污染等级的方法。

**(2) 试验的一般要求**

① 试验用油液

a. 在试验报告中应注明试验用油类型、牌号，在试验控制温度下的油液黏度和密度及体积弹性模量。

b. 在同一温度下测定不同油液黏度的影响时，要用同一类型但黏度不同的油液。

② 试验温度

a. 以液压油为试验元件工作介质时，被试阀进口处的油液温度为 50℃，采用其他油液为工作介质或有特殊要求时，可另做规定。在试验报告中应注明实际的试验温度。

b. 冷态启动试验时油液温度应低于 25℃，在试验开始前把试验设备和油液温度保持在某一温度，试验开始后允许油液温度上升。在试验报告中记录温度、压力和流量与时间的关系。

c. 当被试阀有试验温度补偿性能要求时，可根据试验要求选择试验温度。

③ 稳态工况

a. 被控参数的变化范围不超过有关的规定值时为稳态工况。在稳态工况下记录试验参数的测量值。

b. 被测参数测量读数点数目和所取读数的分布应能反映被试阀在全范围内的性能。

c. 为保证试验结果的重复性，应规定测量的时间间隔。

**(3) 耐压试验**

① 在被试阀进行试验前应进行耐压试验。

② 耐压试验时，对各承压油口施加耐压试验压力。耐压试验压力为该油口工作压力的 1.5 倍，以每秒 2%耐压试验压力速率递增，保压 5min，不得有外渗漏。

③ 耐压试验时各泄油口和油箱相连。

**(4) 试验内容**

① 溢流阀

a. 稳态压力-流量特性试验。将被试阀调定在所需流量和压力值（包括阀的最高和最低压力值）上。然后在每一试验压力值上使流量从零增加到最大值，再从最大值减小到零，测量此过程中被试阀的进口压力。被试阀的出口压力可为大气压或某一用户所需的压力值。

b. 控制部件调节“力”（泛指力、力矩、压力或输入电量）试验。将被试阀通以所需的工作流量，调节其进口压力，从最低值增加到最高值，再从最高值减小到最低值，测定此过程中为调节进口压力调节控制部件所需的“力”。为避免淤塞而影响测试值，在试验前应将被试阀的控制部件在其调节范围内连续来回操作至少 10 次。每组数据的测试应在 60s 内完成。

c. 流量阶跃压力响应特性试验。将被试阀调节到试验所需流量和压力下，如图 4-5 所示，调节旁通阀 3 使试验系统压力下降到起始压力（保证被试阀进口处的起始压力不大于最终稳态压力值的 20%），然后迅速关闭旁通阀 3，使密闭回路中产生一个按油源的流量调节原则中所选用的梯度。这时在被试阀 6 进口处测试被试阀压力响应。旁通阀 3 的关闭时间不得大于被试阀响应时间的 10%，最大不超过 10ms。油的压缩性造成的压力梯度，可根据表达式 $dp/dt=q_v k_s/V$ 算出，至少应为所测梯度的 10 倍。压力梯度指压力从起始稳态压力值与最终稳态压力值只差 10%上升到 90%的时间间隔内的平均变化率。整个试验过程中安全阀 2 的回路上应无油液通过。

d. 卸压、建压特性试验。主要包括最低工作压力试验及卸压时间和建压时间试验。

ⅰ. 最低工作压力试验。如图 4-5 所示，当溢流阀是先导控制型时，可用一个卸荷控制的换向阀 9 切换先导级油路，使被试阀 6 卸荷，逐点测出各流量时被试阀的最低工作压力。试验方法按 GB 8107 有关条款的规定进行。

ⅱ. 卸压时间和建压时间试验。将被试阀 6 调定在所需的试验流量与试验压力下，迅速切换换向阀 9，卸荷控制的换向阀 9 切换时，测试被试阀 6 从所控制的压力卸压到最低工作压力所需的时间和重新建立控制压力的时间。换向阀 9 切换时间不得大于被试阀响应时间的 10%，最大不超过 10ms。

② 减压阀

a. 稳态压力-流量特性试验。如图 4-6 所示，将被试阀 6 调定在所需的试验流量和出口压力值上（包括阀的最高和最低压力值），然后调节流量，使流量从零增加到最大值，再从最大值减小到零，测量此过程中被试阀 6 的出口压力。

试验过程中应保持被试阀 6 的进口压力稳定在额定压力值上。

b. 控制部件调节“力”（泛指力、力矩、压力或输入电量）试验。如图 4-6 所示，将被试阀 6 调定在所需的试验流量和出口压力值上，然后调节被试阀的出口压力，使出口压力从最低值增加到最高值，再从最高值减小到最低值，测定此过程中为改变出口压力调节控制部件所需的“力”。

为避免淤塞而影响测试值，在试验前应将被试阀的控制部件在其调节范围内连续来回操作至少 10 次。每组数据的测试应在 60s 内完成。

c. 进口压力阶跃压力响应特性试验。如图 4-6 所示，调节溢流阀 2 使被试阀 6 的进口压力为所需值，然后调节被试阀 6 与节流阀 8b，使被试阀 6 的流量和出口压力调定在所需的试验值上。操纵旁通阀 3a，使整个系统试验压力下降到起始压力（为保证被试阀阀芯的全开度，保证此起始压力不超过被试阀出口压力值的 50%和被试阀调定的进口压力值的 20%）。然后迅速关闭旁通阀 3a，使进油回路中产生一个按油源的流量调节原则中所选用的梯度，在被试阀 6 出口处测量被试阀的出口压力的瞬态响应。

d. 出口流量阶跃压力响应特性试验。如图 4-6 所示，调节溢流阀 2 使被试阀 6 的出口压力为所需值，然后调节被试阀6与节流阀8a，使被试阀6的流量和出口压力调定在所需的试验值上。关闭换向阀9，使被试阀6的出口流量为零，然后开启换向阀9，使被试阀的出口回路中产生一个流量的阶跃变化。这时在被试阀6的出口处测量被试阀的出口压力瞬态响应。换向阀9的开启时间不得大于被试阀响应时间的10%，最大不超过10ms。

被试阀6和节流阀8a之间的油路容积要满足压力梯度的要求，即由公式 $dp/dt=q_vK_s/V$ 计算出的压力梯度必须比实际测出被试阀出口压力响应曲线中的压力梯度大10倍以上，式中 $V$ 是被试阀6与节流阀8a之间的回路容积，$k_s$ 是油液的体积弹性模量，$q_v$ 是流经被试阀的流量。

e. 卸压、建压特性试验。主要包括最低工作压力试验及卸压时间和建压时间试验。

ⅰ. 最低工作压力试验。如图4-6所示，当减压阀是先导控制型时，可以用一个卸荷控制的旁通阀3b来将先导级短路，使被试阀6卸荷，逐点测出各流量时被试阀的最低工作压力。试验方法按GB/T 8107有关条款进行。

ⅱ. 卸压时间和建压时间试验。如图4-6所示，按卸压时间和建压时间试验进行试验，卸荷控制的旁通阀3b切换时，测量被试阀6从所控制的压力卸到最低工作压力所需的时间和重新建立控制压力的时间。旁通阀3b的切换时间不得大于被试阀响应时间的10%，最大不超过10ms。

## 4.1.3 流量控制阀试验

**(1) 试验装置**

① 试验回路

a. 图4-7～图4-9分别为进口节流和旁通节流、出口节流及旁通节流时的典型试验回路。图4-10为分流阀的典型试验回路。允许采用包括两种或多种试验条件的综合试验回路。

b. 油源的流量应能调节，油源流量应大于被试阀的试验流量。油源的压力脉动量不得大于10.55MPa。

c. 油源与管道之间应安装压力控制阀，以防止回路压力过载。

d. 允许在给定的基本回路中增设调节压力、流量或保证试验系统安全工作的元件。

e. 与被试阀连接的管道和管接头的内径应和阀的公称通径一致。

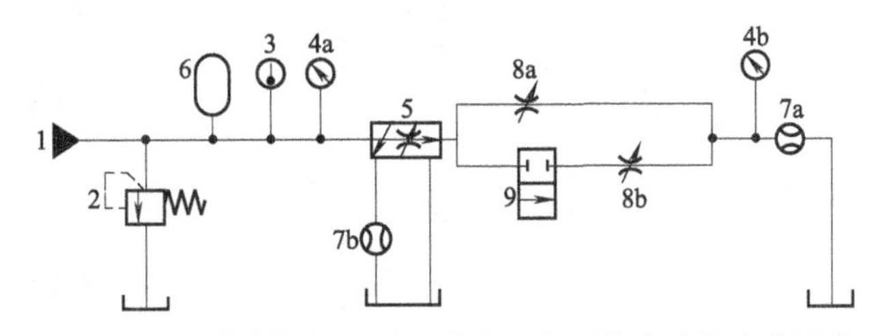


图4-7 流量控制阀用于进口节流和旁通节流时的试验回路

1—液压源；2—溢流阀；3—温度计；4a,4b—压力计（进行瞬态试验时应用高频响应压力传感器）；5—被试阀；6—蓄能器（需要和可能的情况下加设）；7a,7b—流量计（采用瞬态试验第二种方法时应用高频响应流量传感器）；8a,8b—节流阀；9—二位二通换向阀

② 测压点的位置

a. 进口测压点设置在扰动源（如阀、弯头）的下游和被试阀的上游之间，距扰动源的距离应大于 $10d$，距被试阀的距离为 $5d$。

b. 出口测压点设置在被试阀下游处 $10d$。

c. 按C级精度测试时，若测压点的位置与上述要求不符，应给出相应修正值。

③ 测压孔

a. 测压孔直径不得小于1mm，不得大于6mm。

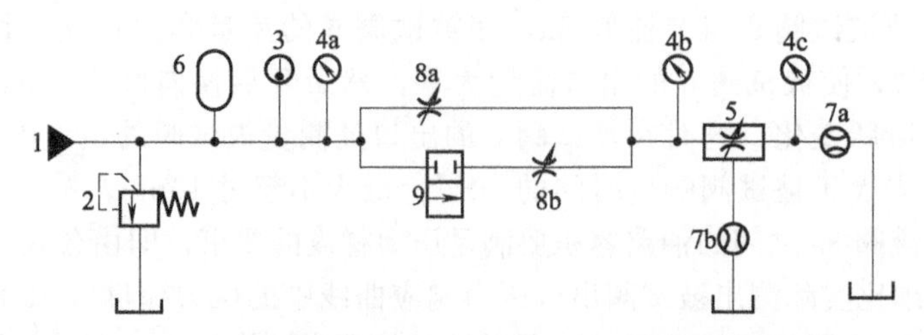


图 4-8　流量控制阀用于出口节流时的试验回路

1—液压源；2—溢流阀；3—温度计；4a～4c—压力计（进行瞬态试验时应用高频响应压力传感器）；5—被试阀；6—蓄能器（需要和可能的情况下加设）；7a，7b—流量计（采用瞬态试验第二种方法时应用高频响应流量传感器）；8a，8b—节流阀；9—二位二通换向阀（阀5和阀8之间用硬管连接，其容积应尽可能小）

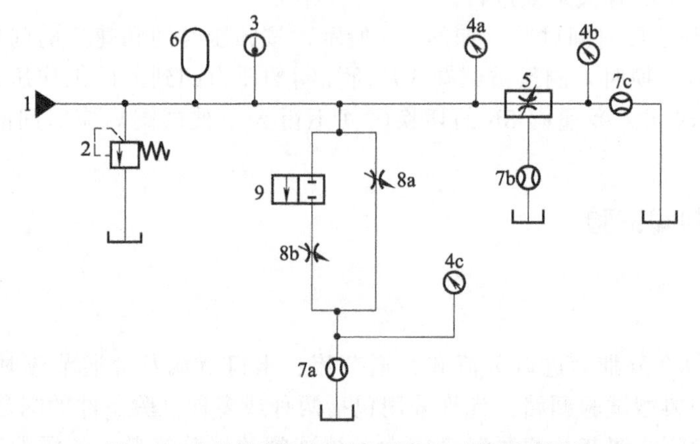


图 4-9　流量控制阀用于旁通节流时的试验回路

1—液压源；2—溢流阀；3—温度计；4a～4c—压力计（进行瞬态试验时应用高频响应压力传感器）；5—被试阀；6—蓄能器（需要和可能的情况下加设）；7a～7c—流量计（采用瞬态试验第二种方法时应用高频响应流量传感器）；8a，8b—节流阀；9—二位二通换向阀（阀5和阀8之间用硬管连接，其容积应尽可能小）

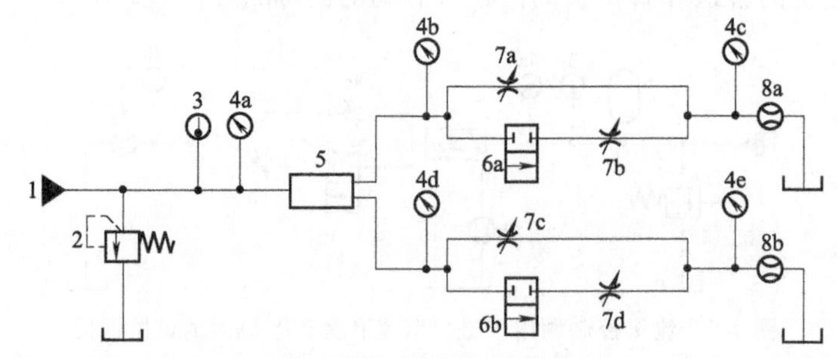


图 4-10　分流阀试验回路

1—液压源；2—溢流阀；3—温度计；4a～4e—压力计（进行瞬态试验时应用高频响应压力传感器）；5—被试阀；6a，6b—二位二通换向阀；7a～7d—节流阀；8a，8b—流量计（采用瞬态试验第二种方法时应用高频响应流量传感器）

b. 测压孔的长度不得小于测压孔直径的2倍。

c. 测压孔中心线和管道中心线垂直，管道内表面与测压孔交界处应保持尖锐且不得有毛刺。

d. 测压点与测量仪表之间连接管道的内径不得小于3mm。

e. 测压点与测量仪表连接时应排除连接管道中的空气。

④ 温度测量点的位置　温度测量点应在被试阀进口测压点上游15$d$处。

⑤ 油液固体污染等级

a. 在试验系统中所用的液压油（液）的固体污染等级不得大于 19/16。有特殊要求的另做规定。

b. 试验时，因淤塞现象而使在一定的时间间隔内对同一参数进行数次测量所得到的测量值不一定时，在试验报告中要注明时间间隔。

c. 在试验报告中应注明过滤器的位置、类型和数量。

d. 在试验报告中应注明油液的固体污染等级及测定污染等级的方法。

**(2) 试验的一般要求**

① 试验用油液

a. 在试验报告中应注明试验用油的类型、牌号，在试验控制温度下的油液黏度和密度及体积弹性模量。

b. 在同一温度下测定不同油液黏度的影响时，要用同一类型但黏度不同的油液。

② 试验温度

a. 以液压油为试验元件工作介质时，被试阀进口处的油液温度为 50℃，采用其他工作介质或有特殊要求时，可另做规定。在试验报告中应注明实际的试验温度。

b. 冷态启动试验时油液温度应低于 25℃，在试验开始前把试验设备和油液温度保持在某一温度，试验开始后允许油液温度上升。在试验报告中记录温度、压力和流量与时间的关系。

c. 选择试验温度时，要考虑该阀是否需试验温度补偿性能。

③ 稳态工况

a. 被控参数的变化范围不超过相关规定的值时为稳态工况。在稳态工况下记录试验参数的测量值。

b. 被测参数测量读数点数目和所取读数的分布应能反映被测阀在全范围内的性能。

c. 为保证试验结果的重复性，应规定测量的时间间隔。

④ 耐压试验

a. 在被试阀进行试验前应进行耐压试验。

b. 耐压试验时，对各承压油口施加耐压试验压力。耐压试验压力为该油口工作压力的 1.5 倍，以每秒 2%耐压试验压力速率递增，保压 5min，不得有外渗漏。

c. 耐压试验时各泄油口和油箱相连。

**(3) 试验内容**

① 流量控制阀

a. 稳态流量-压力特性试验。被控流量和旁通流量应在控制部件的设定值和压差的全范围内进行测量。

ⅰ. 压力补偿型阀。在进口和出口压力的规定增量下，对指定的流量和压力从最小值至最大值进行测试。

ⅱ. 无压力补偿型阀。参照 GB 8017 有关条款进行测试。

b. 外泄漏量试验。对有外泄口的流量控制阀应测试外泄漏量。绘出进口流量-压差特性曲线和出口流量-压差特性曲线。进口流量和出口流量之差即为外泄漏量。

c. 控制部件调节“力”（泛指力、力矩、压力或输入电量）试验。在被试阀进口和出口压力变化范围内，在各组进、出口压力设定值下，使流量从最小升至最大（正行程），又由最大回至最小（反行程），测定各调节设定值下对应的调节“力”。

在每次调至设定位置之前，应连续地对被试阀进行 10 次以上的全行程调节操作，避免由于淤塞引起的卡紧力影响测量。同时，应在调至设定位置时起 60s 内完成读数的测量。

每完成 10 次以上的全行程操作后，将控制部件调至设定位置时，要按规定行程的正或反来确定调节动作的方向。

要测定背压影响时，本项测试只能采用图 4-7 所示的回路。

d. 带压力补偿的流量控制阀瞬态特性试验。在控制部件的调节范围内，测试各调节设定值下的流量对时间的相关特性。

进口节流和旁通节流时的试验回路如图 4-7 所示，对被试阀的出口造成压力阶跃来进行试验。出口节流和旁通节流时的试验回路分别如图 4-8 和图 4-9 所示，对被试阀进口造成压力阶跃来进行试验。

在进行瞬态特性试验时，不考虑外泄漏量的影响。

图 4-7～图 4-9 中，二位二通换向阀 9 的操作时间应满足下列两个条件：不得大于响应时间的 10%；最大不超过 10ms。

为得到足够的压力梯度，必须限制油液的压缩影响，由式（4-2）估算压力梯度

$$dp/dt = q_{vs}K_s/V \tag{4-2}$$

式中 $q_{vs}$——测试开始前设定的稳态流量；

$K_s$——等熵体积弹性模量；

$V$——被试阀 5 与节流阀 8a 和 8b 之间的连通容积；

$p$——阶跃压力。

估算的压力梯度至少应为实测结果的 10 倍。

进行瞬态特性试验时，在图 4-7～图 4-9 中，关闭二位二通换向阀 9，调节被试阀 5 的控制部件，由流量计 7a 读出稳态设定流量，调节节流阀 8a，读出油液流过节流阀 8a 时造成的压差 $\Delta p_2$（下标 2 表示流量单独通过节流阀 8a 的工况）。

$$K = \frac{q_{vs}}{\sqrt{\Delta p_2}} \tag{4-3}$$

由式（4-3）求出节流阀 8a 的系数 $K$。$\Delta p_2$ 在图 4-7～图 4-9 中分别为压力计 4b 和 4a、4b 和 4a 及 4a 和 4c 的读数差。

在图 4-7～图 4-9 中，打开二位二通换向阀 9，调节节流阀 8b，读出通过节流阀 8a 和 8b 并联油路所造成的压差 $\Delta p_1$（下标 1 表示通过并联油路的工况）。压差的读法相同。

在瞬态过程中，当流量为

$$q_v = q_{v1} = K\sqrt{\Delta p_1} \tag{4-4}$$

时，可被认为是被试阀响应时间的起始时刻，称为起始流量。

操作二位二通换向阀 9（由开至关），造成压力阶跃进行检测。

选择下述方法中的一种进行瞬态特性测试。

第一种方法——间接法（采用高频响应压力传感器）：用压力传感器测出节流阀 8a 两侧的压差 $\Delta p$，用式（4-5）求出通过被试阀 5 的瞬时流量。

$$q_v = K\sqrt{\Delta p} \tag{4-5}$$

第二种方法——直接法（采用高频响应压力传感器和流量传感器）：直接用流量传感器读出瞬时流量，用压力传感器来校核流量传感器相位的准确性。

② 分流阀

a. 稳态流量-压力特性试验。在进口流量的变化范围内，测定各进口流量设定值下 A、B 两个工作口的分流流量对各自压差的相关特性。

A、B 两个工作口的出口压力，分别调节图 4-10 中节流阀 7a（或同时调节节流阀 7b）和节流阀 7c（或同时调节节流阀 7d）来实现，由压力计 4b 和压力计 4d 读出。调定出口压力后，被试阀进口压力随之确定，由压力计 4a 读出。A、B 口与进口的压力差就可计算出。

A、B 口的分流流量分别由流量计 8a 和流量计 8b 读出，两分流流量之和即为进口流量。

按表 4-4 的规定，调节 A、B 两个工作口的出口压力，在规定进口流量范围内，测量每一进口流量下进口压力和出口流量。

对于分流口等流或不等流的阀都应注明分流比。

b. 瞬态特性试验。在进口流量变化范围内，如图 4-10 所示，测量在二位二通换向阀 6a 和 6b 进行不同配合操作（同时动作或不同时动作）产生的不同压力阶跃情况下的各分流流量对时间的相关特性。

**表 4-4　出口压力规定**

| 序　号 | A 口 | B 口 |
|---|---|---|
| 1 | $p_{min}$ | $p_{min} \to p_{max} \to p_{min}$ |
| 2 | $p_{min} \to p_{max} \to p_{min}$ | $p_{min}$ |
| 3 | $p_{max}$ | $p_{min} \to p_{max} \to p_{min}$ |
| 4 | $p_{min} \to p_{max} \to p_{min}$ | $p_{max}$ |
| 5 | $p_{min} \to p_{max} \to p_{min}$ | $p_{min} \to p_{max} \to p_{min}$ |

应注明阀的分流比。

进行瞬态特性试验时，关闭二位二通换向阀 6a 和 6b，分别调节节流阀 7a 和 7c，使 A、B 口的出口压力为最高负载压力（这时 A 口出口压力以 $p_1$ 表示，由压力计 4b 读出；B 口出口压力以 $p_5$ 表示，由压力计 4d 读出），分别由流量计读出 A 口和 B 口的稳态流量 $q_{VSA}$ 和 $q_{VSB}$，由压力计 4c 和压力计 4e 读出压力 $p_2$ 和 $p_6$。

$$\Delta p_{2A}=p_1-p_2 \tag{4-6}$$

$$\Delta p_{2B}=p_5-p_6 \tag{4-7}$$

求出 $\Delta p_{2A}$ 和 $\Delta p_{2B}$（$\Delta p_{2A}$ 和 $\Delta p_{2B}$ 分别表示单独通过节流阀 7a 及单独通过节流阀 7c 形成的压差）。

按照式（4-8）、式（4-9）求出节流阀 7a 和节流阀 7c 的系数。

$$K_A=q_{VSA}/\sqrt{\Delta p_{2A}} \tag{4-8}$$

$$K_B=q_{VSB}/\sqrt{\Delta p_{2B}} \tag{4-9}$$

图 4-10 中，开启二位二通换向阀 6a 和 6b，将节流阀 7b 和 7d 调至使 A 口和 B 口的出口压力为最小负载压力（这时 A 口出口压力以 $p_3$ 表示，由压力计 4b 读出；B 口出口压力以 $p_7$ 表示，由压力计 4d 读出）。分别由压力计 4c 和压力计 4e 读出压力 $p_4$ 和 $p_8$。

$$\Delta p_{1A}=p_3-p_4 \tag{4-10}$$

$$\Delta p_{1B}=p_7-p_8 \tag{4-11}$$

$\Delta p_{1A}$ 表示 $q_{VSA}$ 通过节流阀 7a 和 7b 的并联油路形成的压差，$\Delta p_{1B}$ 表示 $q_{VSB}$ 通过节流阀 7c 和节流阀 7d 并联油路形成的压差。按照式（4-12）、式（4-13）求得瞬态特性响应起始时刻的流量 $q_{VA}$ 和 $q_{VB}$：

$$q_{VA}=q_{V1A}=K_A\sqrt{\Delta p_{1A}} \tag{4-12}$$

$$q_{VB}=q_{V1B}=K_B\sqrt{\Delta p_{1B}} \tag{4-13}$$

操作二位二通换向阀 6a 和 6b，产生压力阶跃，操作顺序见表 4-5。

**表 4-5　操作顺序**

| 序号 | 阀 6a | 阀 6b |
|---|---|---|
| 1 | 突闭 | 始终开启 |
| 2 | 始终开启 | 突闭 |
| 3 | 突闭 | 突闭 |

选择下述方法中的一种进行瞬态特性测试。

第一种方法——间接法（采用高频响应压力传感器）：如图 4-10 所示，由压力计 4b 和压力计 4c 的读数算出节流阀 7a 的瞬时压差，由压力计 4d 和压力计 4e 的读数算出节流阀 7c 的瞬时压差，按照式（4-14）、式（4-15）分别算出 A 口和 B 口的瞬时流量和：

$$q_{VA}=K_A\sqrt{\Delta p_A} \tag{4-14}$$

$$q_{VB}=K_B\sqrt{\Delta p_B} \tag{4-15}$$

第二种方法——直接法（流量和压力仪表都采用高频响应传感器）：如图 4-10 所示，分别通过流量计 8a 和 8b 读出 A 口和 B 口的瞬时流量和，可由相应的压力传感器读出瞬时压差和，用以校核流量传感器的相位准确性。

### 4.1.4 多路阀试验

**(1) 一般要求**

① 公称压力系列应符合 GB/T 2346 的规定。

② 公称流量系列应符合 JB/T 53359 中表 1 的规定。

③ 油口连接螺纹尺寸应符合 GB/T 2878 的规定。引进产品和老产品的油口螺纹尺寸按有关规定执行。

④ 产品样本中，除标明技术参数外，还需绘制出压力损失特性曲线、内泄漏量特性曲线、安全阀等压力特性曲线等主要性能曲线，便于用户选用。

⑤ 其他技术要求应符合 GB/T 7935 中 1.2～1.4 的规定。

**(2) 使用性能**

① 内泄漏量　中立位置内泄漏量不得大于表 4-6 的规定。换向位置内泄漏量不得大于表 4-7 的规定。

**表 4-6　多路阀中立位置内泄漏量指标**　mL/min

| 公称压力/MPa | 通径/mm | | | | |
|---|---|---|---|---|---|
| | 10 | 15 | 20 | 25 | 32 |
| 16 | 70 | 80 | 100 | 140(290) | 170(360) |
| 20 | 90 | 100 | 125 | 175(300) | 200(380) |
| 25 | 110 | 125 | 155 | 215 | 250 |
| 31.5 | 140 | 160 | 200 | 280 | 320 |

注：括号内指标为装载机用 DF 型整体多路阀动臂杆下降口内泄漏量指标；有更高要求的用户，内泄漏量指标由用户与生产厂家协商解决。

**表 4-7　多路阀换向位置内泄漏量指标**　mL/min

| 公称压力/MPa | 通径/mm | | | | |
|---|---|---|---|---|---|
| | 10 | 15 | 20 | 25 | 32 |
| 16 | 200 | 310 | 500 | 800 | 1250 |
| 20 | 250 | 390 | 625 | 1000 | 1560 |
| 25 | 300 | 470 | 760 | 1250 | 1935 |
| 31.5 | 400 | 620 | 1000 | 1600 | 2500 |

② 压力损失　在公称流量下的压力损失不得大于表 4-8 的规定。

**表 4-8　多路阀压力损失指标**　MPa

| 油路型式 | | 公称压力 | | | |
|---|---|---|---|---|---|
| | | 16 | 20 | 25 | 31.5 |
| 并联与串、并联型 | 中立 | 0.8 | 0.8 | 0.9 | 0.9 |
| | 换向 | 1.0 | 1.2 | 1.3 | 1.3 |
| 串联型 | 中立 | 0.8 | 0.8 | 0.9 | 0.9 |
| | 换向 | 1.3 | 1.4 | 1.4 | 1.4 |

③ 安全阀性能　在额定工况下，安全阀各项性能参数不得超过表 4-9 的规定。

④ 补油阀开启压力　不得大于 0.2MPa。

表 4-9　安全阀的性能参数

| 安全阀性能 | 公称压力/MPa | | | |
|---|---|---|---|---|
| | 16 | 20 | 25 | 31.5 |
| 开启压力/MPa | 14.4 | 18.0 | 22.5 | 28.5 |
| 闭合压力/MPa | 13.6 | 17.0 | 21.2 | 27.2 |
| 压力振摆/MPa | ±0.5 | ±0.6 | ±0.7 | ±0.8 |
| 压力超调率/% | 25 | | | |
| 瞬态恢复时间/s | 0.2 | 0.22 | 0.24 | 0.25 |
| 流量/(L/min) | 2.5%$q_r$ | | | |

⑤ 过载阀、补油阀泄漏量　不得大于表 4-10 的规定。

表 4-10　过载阀、补油阀泄漏量指标　mL/min

| 通径/mm | 公称压力/MPa | | | |
|---|---|---|---|---|
| | 16 | 20 | 25 | 31.5 |
| 10 | 14 | 18 | 22 | 28 |
| 15 | 16 | 20 | 25 | 32 |
| 20 | 20 | 25 | 31 | 40 |
| 25 | 28 | 35 | 43 | 56 |
| 32 | 24 | 40 | 50 | 64 |

⑥ 操纵力　在额定工况下，操纵力不得大于表 4-11 的规定。

表 4-11　多路阀操纵力指标　N

| 公称压力/MPa | 通径/mm | | | | |
|---|---|---|---|---|---|
| | 10 | 15 | 20 | 25 | 32 |
| 16 | 200 | 250 | 320 | 390 | 420 |
| 20 | 200 | 250 | 320 | 390 | 420 |
| 25 | 280 | 320 | 380 | 430 | 460 |
| 31.5 | 280 | 320 | 380 | 430 | 460 |

⑦ 密封性　静密封处不得渗油，动密封处不得滴油。

⑧ 耐久性　公称压力为 16MPa、20MPa 的多路阀，换向次数不得少于 25 万次，公称压力为 25MPa、31.5MPa 的多路阀，换向次数不得少于 10 万次。试验后，内泄漏量增加值不得大于规定值的 10%，安全阀开启率不得低于 80%，零件不得有异常磨损和其他形式的损坏。

**(3) 加工质量**

按 JB/T 5058 规定划分加工的质量特性重要度等级。

**(4) 装配质量**

① 多路阀装配技术要求　应符合 GB/T 7935 中 1.5～1.8 的规定。

② 内部清洁度　检测方法按 JB/T 7858 的规定，其内腔污物质量不得大于表 4-12 的规定值。

表 4-12　清洁度规定

| 通径/mm | 污物质量/mg | 通径/mm | 污物质量/mg |
|---|---|---|---|
| 10 | 25+14$N$ | 25 | 50+31$N$ |
| 15 | 30+16$N$ | 32 | 67+47$N$ |
| 20 | 33+22$N$ | | |

注：$N$ 为阀的片数。

**(5) 试验方法**

① 试验回路

a. 试验回路如图 4-11 所示。

b. 试验装置油源的流量应能调节，油源流量应大于被试阀的公称流量。油源压力应能短时间超载 20%～30%。

② 测压点的位置

a. 进口测压点应设置在扰动源（如阀、弯头）的下游和被试阀上游之间。距扰动源的距离应大于 10$d$（$d$ 为管路通径），距被试阀的距离为 5$d$。

b. 出口测压点应设置在被试阀下游 10$d$ 处。

c. 按 C 级精度测试时，若测压点的位置与上述要求不符，应给出相应的修正值。

③ 测压孔

a. 测压孔直径不得小于 1mm，不得大于 6mm。

b. 测压孔长度不得小于测压孔直径的 2 倍。

c. 测压孔轴线和管道中心线垂直。管道内表面与测压孔交角处应保持尖锐且不得有毛刺。

d. 测压点与测试仪表之间连接管道的内径不得小于 3mm。

e. 测压点与测试仪表连接时，应排除连接管道中的空气。

④ 温度测量点的位置　温度测量点应设置在被试阀进口测压点上游 15$d$ 处。

⑤ 试验用油液

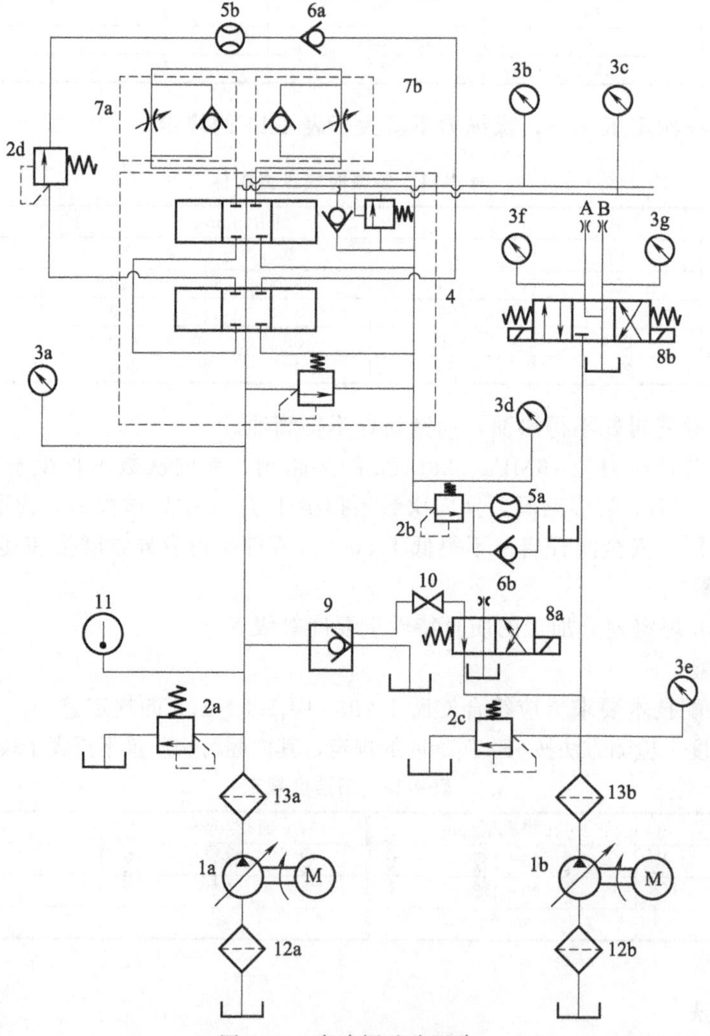


图 4-11　多路阀试验回路

1a,1b—液压泵；2a～2d—溢流阀；3a～3g—压力表（对瞬态试验，压力表 3a 处应接入压力传感器）；4—被试多路阀；5a,5b—流量计；6a,6b—单向阀；7a,7b—单向节流阀；8a,8b—电磁换向阀；9—阶跃加载阀；10—截止阀；11—温度计；12a,12b，13a,13b—过滤器

注：试验液动多路阀时，两端的控制油口分别与电磁换向阀 8b 的 A、B 油口连通。

a. 黏度：40℃时的运动黏度为 42～74$mm^2/s$（特殊要求另行规定）。

b. 油温：除明确规定外，型式试验应在（50±2）℃下进行，出厂试验应在（50±4）℃下进行。

c. 清洁度：试验用油液的固体颗粒污染等级不得高于 GB/T 14039 规定的 19/16。

⑥ 稳态工况

a. 被控参量的变化范围不超过表 4-13 的规定值时为稳态工况，在稳态工况下记录试验参数的测量值。

b. 试验时，试验参量测量读数数目的选择和所取读数的分布情况，应能反映被试阀在整个范围内的性能。

c. 为了保证试验结果的重复性，应规定测量的时间间隔。

**表 4-13　被控参量平均指示值允许变化范围**　%

| 测量参数 | 各测量准确度等级对应被控参量平均指示值允许变化范围 | | |
|---|---|---|---|
| | A | B | C |
| 压力 | ±0.5 | ±1.5 | ±2.5 |
| 流量 | ±0.5 | ±1.5 | ±2.5 |
| 温度 | ±1.0 | ±2.0 | ±4.0 |
| 黏度 | ±5.0 | ±10.0 | ±15.0 |

注：型式检验不得低于 B 级测量准确度，出厂检验不得低于 C 级测量准确度。

⑦ 瞬态工况

a. 被试阀和试验回路相关部分所组成油腔的表观容积刚度，应保证被试阀进口压力变化率在 600～800MPa/s 范围内。

进口压力变化率指进口压力从最终稳态压力值与起始压力值之差的 10%上升到 90%的压力变化量与相应时间之比。

b. 阶跃加载阀与被试阀之间的相对位置，可用控制其间的压力梯度限制油液可压缩性的影响来确定。其间的压力梯度可用公式 $dp/dt=q_vK_s/V$ 估算。算得的压力梯度至少应为被试阀实测的进口压力梯度的 10 倍。如图 4-11 所示，式中 $q_v$ 取设定被试阀 4 的稳态流量；$K_s$ 是油液的等熵体积弹性模量；$V$ 是被试阀 4 与阶跃加载阀 9 之间的油路连通容积。

c. 图 4-11 中阶跃加载阀 9 的动作时间不得超过被试阀 4 响应时间的 10%，最大不得超过 10ms。

⑧ 测量准确度　分 A、B、C 三级。测量系统的允许系统误差见表 4-14。

**表 4-14　测量系统的允许系统误差**　%

| 测量参量 | 各测量准确度等级对应的测量系统的允许系统误差 | | |
|---|---|---|---|
| | A | B | C |
| 压力(表压力 $p$<0.2MPa 时)/kPa | ±2.0 | ±6.0 | ±10.0 |
| 压力(表压力 $p$≥0.2MPa 时)/% | ±0.5 | ±1.5 | ±2.5 |
| 流量/% | ±0.5 | ±1.5 | ±2.5 |
| 温度/% | ±0.5 | ±1.0 | ±2.0 |

注：型式检验不得低于 B 级测量准确度，出厂检验不得低于 C 级测量准确度。

**(6) 试验项目和试验方法**

① 耐压试验

a. 多路阀试验前，应进行耐压试验。

b. 耐压试验时，对各承压油口施加耐压试验压力。耐压试验压力为该油口最高工作压力的1.5倍，试验压力以每秒2%耐压试验压力的速率递增，至耐压试验压力时，保压5min，不得有外渗漏及零件损坏等现象。

c. 耐压试验时各泄油口与油箱连通。

② 出厂试验　项目与方法按表4-15所示规定进行。其中换向位置内泄漏、压力损失及补油阀和过载阀补油性能三项为抽试项目。

**表4-15　出厂试验项目与方法**

| 序号 | 试验项目 | | 试验方法 | 备注 |
|---|---|---|---|---|
| 1 | 油路型式与滑阀机能 | | 观察被试多路阀4(图4-11)各油口通油情况，检查油路型式与滑阀机能 | |
| 2 | 换向性能 | | 被试多路阀4的安全阀及各过载阀均关闭，调节溢流阀2a和单向节流阀7a(7b)，使被试多路阀4的P油口的压力为公称压力，再调溢流阀2b，使被试多路阀4的T油口无背压或为规定背压值，并使通过被试多路阀4的流量为公称流量<br>当被试多路阀4为手动多路阀时，在上述试验条件下，操作被试多路阀4各手柄，连续动作10次以上，检查复位定位情况<br>当被试多路阀4为液动多路阀时，调节溢流阀2c，使控制压力为被试多路阀4所需的控制压力，然后将电磁换向阀8b的电磁铁通电和断电，连续动作10次以上，试验被试多路阀4各滑阀换向和复位情况 | |
| 3 | 泄漏 | 中立位置内泄漏 | 被试多路阀4的各滑阀处于中立位置，A、B油口进油，并由溢流阀2a加压至公称压力，除T油口外，其余各油口堵住，由T油口测量泄漏量 | 在测量内泄漏量前，应先将被试多路阀4各滑阀动作3次以上，停留30s后再测量内泄漏量 |
| | | 换向位置内泄漏 | 被试阀的安全阀、过载阀全部关闭，A、B油口堵住，被试多路阀4的P油口进油。调节溢流阀2a，使P油口压力为被试多路阀4的公称压力，并使滑阀处于各换向位置，由T油口测量泄漏量 | |
| 4 | 压力损失 | | 被试阀的安全阀关闭，A、B油口连通，将被试多路阀4的滑阀置于各通油位置，并使通过被试多路阀4的流量为公称流量，分别由压力表3a、3b、3c、3d(如用多接点压力表最好)测量P、A、B、T各油口压力$p_P$、$p_A$、$p_B$、$p_T$，计算压力损失<br>①当油流方向为P→T时，压力损失为$\Delta p_{P\to T}=p_P-p_T$<br>②当油流方向为P→A、B→T时，压力损失为<br>$\Delta p_{P\to A}+\Delta p_{B\to T}$<br>其中<br>$\Delta p_{P\to A}=p_P-p_A$<br>$\Delta p_{B\to T}=p_B-p_T$<br>③ 当油流方向为P→B、A→T时，压力损失为<br>$\Delta p_{P\to B}+\Delta p_{A\to T}$<br>其中<br>$\Delta p_{P\to B}=p_P-p_B$<br>$\Delta p_{A\to T}=p_A-p_T$<br>④ 对于A(B)型滑阀，当油流方向为P→A(B)时，压力损失为<br>$\Delta p_{P\to A(B)}=p_P-p_{A(B)}$ | |

续表

<table>
<tr><th>序号</th><th colspan="2">试验项目</th><th>试　验　方　法</th><th>备　注</th></tr>
<tr><td>5</td><td colspan="2">安全阀性能</td><td>A、B 油口堵住，被试多路阀 4 置于换向位置，将溢流阀 2a 的压力调至比安全阀的公称压力高 15％以上，并使通过被试多路阀 4 的流量为公称流量，分别进行下列试验<br>①调压范围与压力稳定性：将安全阀的调节螺钉由全松至全紧，再由全紧至全松，反复试验 3 次，通过压力表 3a 观察压力上升与下降情况<br>②调节被试多路阀 4 的安全阀至公称压力，由压力表 3a 测量压力振摆值<br>③测量开启压力和闭合压力下的溢流量；调节被试安全阀至公称压力，并使通过安全阀的流量为公称流量，分别测量闭合压力和开启压力下的溢流量<br>a. 调节溢流阀 2a，使系统逐渐降压，当压力降压规定的闭合压力值时，在 T 油口测量 1min 内的溢流量<br>b. 调压溢流阀 2a，从被试安全阀不溢流开始使系统逐渐升压，当压力升至规定的开启压力值时，在 T 油口测量 1min 内的溢流量<br>④调定安全阀压力；按用户所需压力调整安全阀压力，然后拧紧锁紧螺母</td><td></td></tr>
<tr><td rowspan="4">6</td><td rowspan="4">其他辅助阀性能</td><td>过载阀密封性能</td><td>被试滑阀处于中立位置，被试过载阀关闭，从 A(B) 油口进油，调节溢流阀 2a，使系统压力升至公称压力，并使通过多路阀的流量为试验流量。滑阀动作 3 次，停留 30s 后，由 T 油口测量内泄漏量</td><td>泄漏量包括中立位置内泄漏和过载阀泄漏量两部分</td></tr>
<tr><td>过载阀其他性能</td><td>被试阀的安全阀关闭，溢流阀 2a 的压力调至比过载阀的工作压力高 15％以上，并使被试过载阀通以试验流量。试验方法同第 5 项试验中的①、②、④点</td><td></td></tr>
<tr><td>补油阀密封性能</td><td>被试滑阀处于中立位置，从 A(B) 油口进油，调节溢流阀 2a，使系统压力升至公称压力，并使通过多路阀的流量为试验流量。滑阀动作 3 次，停留 30s 后，由 T 油口测量内泄漏量</td><td>泄漏量包括中立位置内泄漏量和补油阀泄漏量两部分</td></tr>
<tr><td>补油阀和过载阀补油性能</td><td>被试滑阀置于中立位置，T 油口进油通以试验流量，由压力表 3d、3b(或 3c) 测量 $p_T$、$p_A$(或 $p_B$) 的压力，得出开始补油时的开启压力 $p=p_T-p_A$(或 $p_B$)</td><td></td></tr>
<tr><td>7</td><td colspan="2">背压试验</td><td>各滑阀置于中立位置，调节溢流阀 2b，使被试阀 4 的回油口保持 2.0MPa 的背压值，滑阀反复换向 5 次后保压 3min</td><td></td></tr>
</table>

③ 型式试验　项目和方法按表 4-16 所示规定进行。

**表 4-16　型式试验项目和方法**

| 序号 | 试验项目 | 试　验　方　法 | 备　注 |
|---|---|---|---|
| 1 | 稳态试验 | 按出厂试验项目及试验方法中的规定试验全部项目<br>①在压力损失试验时，将被试多路阀 4 的滑阀置于各通油位置，使通过被试多路阀 4 的流量从零逐渐增大到 120％公称流量，其间设定几个测量点（设定的测量点数应足以描绘出压力损失曲线），分别用压力表 3a、3b、3c、3d（最好用多接点压力表）测量各设定点的压力，计算压力损失<br>②在内泄漏量试验时，将被试多路阀 4 的滑阀置于规定的测量位置，使被试多路阀 4 的相应油口进油，压力由零逐渐增大到公称压力，其间设定几个测量点（设定的测量点数应足以描绘出内泄漏曲线），分别测量设定点的内泄漏量<br>③在安全阀等压力特性试验时，应将被试阀 4 的安全阀调至公称压力，并使通过安全阀的流量为公称流量，然后改变系统压力，逐点测量安全阀进口压力 $p$ 和相应压力下通过安全阀的流量 $q_v$，设定的测量点数应足以描绘出等压力特性曲线 | 绘制压力损失曲线、内泄漏量曲线、安全阀等压力特性曲线 |

续表

| 序号 | 试验项目 | | 试验方法 | 备注 |
|---|---|---|---|---|
| 2 | 瞬态试验 | | 关闭溢流阀2a，被试多路阀4的A、B油口堵住（如A、B油口带过载阀，需将过载阀关闭），将滑阀置于换向位置，调节被试多路阀4的安全阀至公称压力，并使通过被试多路阀4的流量为公称流量，启动液压泵1b，调节溢流阀2c，使控制压力能使阶跃加载阀9快速动作。电磁换向阀8a置于原始位置（截止阀10全开），使被试多路阀4进口压力下降到起始压力（被试阀进口处的起始压力值不得大于最终稳态压力值的20%），然后迅速将电磁换向阀换向到右边位置，阶跃加载阀即迅速关闭，从而使被试多路阀4的进口处产生一个满足瞬态条件的压力梯度，用压力传感器、记录仪记录被试多路阀4进口处的压力变化过程 | 绘制安全阀瞬态响应曲线 |
| 3 | 操纵力（矩）试验 | | 被试多路阀4通以公称流量，连接A、B油口，调节溢流阀2a和单向节流阀7a（或7b），使系统压力为被试阀公称压力的75%，调节溢流阀2b，使被试阀4的T腔无背压或为规定背压值，操纵滑阀换向，自中立位置先后推、拉换向至设计最大行程，用测力计测量被试多路阀4换向时的最大操纵力（矩） | 对于A(B)型滑阀，在A(B)油口接加载溢流阀，按同样方法测量操纵力（矩） |
| 4 | 微动特性试验 | P→T压力微动特性 | 将被试多路阀4的安全阀调至公称压力，过载阀全部关闭，分别进行下列试验：被试多路阀4的A、B油口堵住，P口进油，并通以公称流量，滑阀由中立位置缓慢移动到各换向位置（要有以微小增量移动滑阀的措施以及测量微小增量的方法），测出随行程变化时，P油口相应的压力值 | 将测得的行程与压力分别表示成占滑阀全行程与公称压力的百分数，绘制压力微动特性曲线 |
| | | P→A(B)流量微动特性 | 被试多路阀4的进油口P通以公称流量，滑阀由中立位置缓慢移动到各换向位置（要有以微小增量移动滑阀的措施以及测量微小增量的方法），同时保持A(B)油口加载溢流阀2d的负荷为公称压力的75%，测出随行程变化时通过A(B)油口加载溢流阀2d的相应流量值 | 将测得的行程与流量分别表示成占滑阀全行程与公称流量的百分数，绘制流量微动特性曲线 |
| | | A(B)→T流量微动特性 | 被试多路阀4的A(B)油口进油并通以公称流量，调节溢流阀2a，使系统压力为公称压力的75%，滑阀由中立位置缓慢移动到各换向位置（要有以微小增量移动滑阀的措施以及测量微小增量的方法），测出随行程变化时的相应流量值 | 将测得的行程与流量分别表示成占滑阀全行程与公称流量的百分数，绘制流量微动特性曲线 |
| 5 | 高温试验 | | 被试多路阀4调至公称流量，将被试多路阀4的安全阀调至公称压力，调节溢流阀2a和单向节流阀7a(7b)，使被试多路阀4的P油口压力为公称压力，调节溢流阀2b，使被试多路阀4的T油口无背压或为规定背压值，在(80±5)℃温度下，使滑阀以20～40次/min的频率连续换向和安全阀连续动作0.5h | |
| 6 | 耐久试验 | | 调节被试多路阀4的安全阀至公称压力，并使通过被试多路阀4的流量为试验流量，将被试多路阀4以20～40次/min的频率连续换向，在试验过程中，记录被试多路阀4的换向次数与安全阀动作次数，并在达到寿命指标所规定的换向次数后，检查被试多路阀4的主要零件 | 耐久性试验流量规定为：公称流量小于100L/min的多路阀按公称流量试验；公称流量大于或等于100L/min的多路阀按100L/min试验 |

**(7) 检验规则**

① 检验分类　多路阀检验分为出厂检验和型式检验。

a. 出厂检验指产品交货时应进行的各项检验。

b. 型式检验指对产品质量进行全面考核，即按标准规定的技术要求进行全面检验。凡属于下列情况之一者，应进行型式检验。

ⅰ. 新产品或老产品转厂生产的试制定制鉴定。

ⅱ. 正式生产后，如结构、材料、工艺有较大改变，可能影响产品性能时。

ⅲ. 产品长期停产后，恢复生产时。

ⅳ. 出厂检验结果与上次型式检验结果有较大差异时。

ⅴ. 国家质量监督机构提出进行型式检验要求时。

② 抽样　产品检验的抽样方案按 GB 2828 的规定进行。

a. 使用性能检查。

ⅰ. 接收质量限（AQL 值）：2.5。

ⅱ. 抽样方案类型：正常检验一次抽样方案。

ⅲ. 样本量：5 台。

b. 内部清洁度检查。

ⅰ. 接收质量限（AQL 值）：2.5。

ⅱ. 抽样方案类型：正常检验一次抽样方案。

ⅲ. 检查水平：特殊检查水平 S-2。

c. 零件加工质量检验。

ⅰ. 关键特性（A 级）：合格质量水平 AQL 值 1.0；抽样方案类型为正常检查二次抽样方案；检查水平为一般检查水平Ⅱ。

ⅱ. 重要特性（B 级）：合格质量水平 AQL 值 6.5；抽样方案类型为正常检查二次抽样方案；检查水平为一般检查水平Ⅱ。

③ 判定规则　按 GB/T 2828.1 的规定进行。

### 4.1.5 比例/伺服阀试验

**（1）稳态特性试验**

① 稳态特性试验结果应以图形方式表达。

② 应使用信号发生器提供各种连续可变输入信号，并用 $X$-$Y$ 记录仪来记录合适的压力和流量传感器测得的压力和流量。

③ 手动改变输入信号时，应人工逐点记录伺服阀的流量与压力响应。需要注意的事项如下。

a. 输入信号的循环过程中，循环的一半是沿一个方向递增，循环的另一半是沿相反方向递减，这样就不会掩盖伺服阀的固有滞环。

b. 只要与记录仪的响应相比速度是很慢的，则信号发生器提供的函数类型（如正弦、斜坡等）并不重要。

④ 所用 $X$-$Y$ 记录仪应能将流量与压力传感器的输出信号及伺服阀的输入电流信号调整为合适的比例，并使轨迹在图上对中。

⑤ 除自动信号发生器外，还应提供便于设定伺服阀和仪表的带转换开关的人工控制输入装置。

⑥ 应提供无需借助于开关就能提供正信号和负信号的自动信号发生器和人工控制器。

**（2）耐压试验**

耐压试验应在所有性能试验之前进行，以便验证伺服阀的完整性，具体包括以下内容。

① 进油口耐压试验

a. 打开回油口截止阀。

b. 关闭两控制油口截止阀。

c. 缓慢调节伺服阀的供油压力为额定压力的 1.5 倍，至少保压 5min，出厂试验可缩短到 1min。

d. 在保压期间，一半时间里施加正向额定电流，另一半时间里施加负向额定电流。

e. 试验期间不得有外漏和永久变形。

f. 型式试验时，还应拆卸后目测检验，零件不得有变形和损坏。

② 回油口耐压试验

a. 关闭回油口截止阀。

b. 关闭控制油口截止阀和内泄漏截止阀。

c. 缓慢调节伺服阀的供油压力为所需耐压试验压力（应等同于伺服阀额定压力或某个规定百分数），至少保压 5min，出厂试验可缩短到 1min。

d. 在保压期间，一半时间里施加正向额定电流，另一半时间里施加负向额定电流。

e. 试验期间不得有外漏和永久变形。

f. 型式试验时，还应拆卸后目测检验，零件不得有变形和损坏。

**(3) 关闭控制油口试验**

① 压力增益试验

a. 在本项试验之前，必须对伺服阀进行必要的机械调整，如把零偏调到最小等。

b. 关闭两控制油口截止阀。

c. 打开回油口截止阀。

d. 调节伺服阀供油压力为额定压力。

e. 缓慢输入电流，并在正负额定值之间循环几次。

f. 接 $X$-$Y$ 记录仪，$Y$ 轴为负载降压，$X$ 轴为输入电流。

g. 检查两个坐标的零点。

h. 调节自动信号发生器，使输入电流振幅（$\pm I_n$）足以获得最大负载降压（$\pm p_n$）。

i. 令输入电流周期性循环，保证记录笔运动灵活，并以记录仪动态效应可以忽略不计的速度运动。

j. 继续施加周期性循环电流，落下记录笔，记录完整的压力特性曲线。

② 零点分辨率和阈值试验

a. 记录油液温度。

b. 用一个合适的增量提高油温，并使试验回路油温至少稳定 1min。

c. 在每一个稳定的温度下测得零偏电流。

d. 试验应在伺服阀设计的工作温度范围内进行。

e. 逐级降低油温再测零偏电流，以减小试验误差。

f. 绘出零偏与温度的关系曲线。

③ 内泄漏试验

a. 关闭两控制油口截止阀。

b. 打开内泄漏截止阀。

c. 关闭回油口截止阀。

d. 调节伺服阀供油压力为额定压力。

e. 接好 $X$-$Y$ 记录仪，$Y$ 轴为回油管流量（内泄漏），$X$ 轴为输入电流。

f. 检查两个坐标的零点。

g. 调节自动信号发生器，使输入电流幅值为正负额定电流（$\pm I_n$）。

h. 令输入电流周期性循环，保证记录笔运动灵活，并以记录仪动态效应可以忽略不计且能完整准确地绘制出内泄漏变化曲线的速度运动。

i. 继续施加周期性循环电流，从 $+I_n$ 到 $-I_n$ 开始记录超过半个循环的内泄漏曲线。

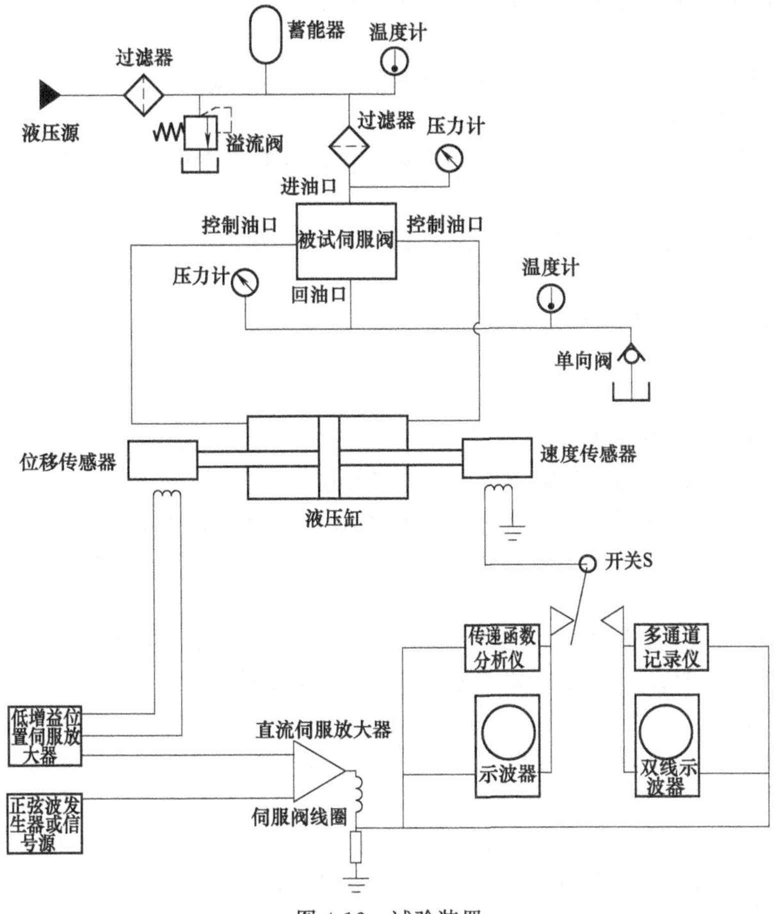


图 4-12　试验装置

如果回油管上装流量计，如图 4-12 所示，则可用上述类似方法测量内泄漏，但要把控制阀设置成使回油口流量直接通过此流量计而不通过容积式流量计。根据流量计性质不同，可以连续绘制内泄漏对输入电流的曲线或进行逐点检查。

**(4) 打开控制油口试验**

① 试验条件

a. 打开回油口截止阀。

b. 打开两控制油口截止阀，关闭内泄漏截止阀。

c. 调节伺服阀供油压力为额定压力。

d. 缓慢输入电流，循环若干次。

e. 接好 $X$-$Y$ 记录仪，$Y$ 轴为控制流量，$X$ 轴为输入电流，并检查两个坐标的零点和选择合适的比例标尺。

f. 调节自动信号发生器，使输入电流最大值为正负额定电流（$\pm I_n$）。

② 试验方法

a. 使输入电流循环。

b. 施加一个小的偏流电流。

c. 记录该电流值及对应的流量读数。

d. 沿同一极性缓慢地（避免动态效应）施加另一小电流，直到流量计的读数变化。

e. 记录新的输入电流值。

f. 从上述两个记录下的输入电流值的代数差值计算出电流变化增量，就是伺服阀零区外的分辨率。

g. 缓慢地使输入电流反向，直到流量计的读数又发生变化为止。

h. 记录输入电流值。

i. 从最后记录下的两个输入电流值的代数差值，计算出电流变化增量，就是伺服阀零区外的阈值。

j. 在两个极性的其他输入电流值下，重复上述步骤，记录零区外分辨率和阈值的最大值。

**(5) 控制流量对负载压降特性试验**

① 试验条件

a. 打开回油口截止阀。

b. 打开两控制油口截止阀。

c. 调节伺服阀供油压力为额定压力，必要时补偿回油压力。

d. 使输入电流在正负额定电流$+I_n$到$-I_n$范围内，逐渐循环几次。

e. 接好 $X$-$Y$ 记录仪，$Y$ 轴为控制流量，$X$ 轴为输入电流，并检查两个坐标的零点和选择合适的比例标尺。

f. 除规定的标准试验条件外，还应适应下列条件：外部执行器负载基本上为零；输入信号幅值为额定电流值的±100%、±25%和±5%；输入波形为正弦。

② 试验方法

a. 调整液压缸，使活塞接近行程中点。

b. 以 5Hz 或 90°相位移频率的 5%（两者取低者）施加输入信号。

c. 记录此频率及在示波器或在传递函数分析仪（TFA）上测得的速度信号振幅。

d. 在示波器上测得伺服阀输入信号和输出（速度）信号之间的相位差。

e. 记录此数值。

f. 提高输入信号频率，需要时，调整振荡器输出信号振幅，以保持伺服阀输入的电流幅值为恒值。

g. 记录新的频率、振幅和相位移值。

h. 计算该频率下振幅值对最初频率下的振幅值之比。

i. 将此值转换为分贝值。

j. 根据需要以覆盖 15dB 的衰减和包括对应 45°、90°及更大相位移频率的频率范围内测量振幅和相位移，并计算对应的振幅比数值。

**(6) 瞬态响应试验**

① 试验条件

a. 试验装置包括输入信号源回路、驱动放大器、对称液压缸、速度和位置传感器及示波器。

b. 用来检测输出流量的液压缸及配套的试验设备应有低摩擦特性，其固有频率比伺服阀频宽高一个数量级，则其对伺服阀的动态特性影响可以忽略不计。

c. 应用线性的速度传感器来监测流量。

d. 应用位置传感器提供反馈信号，以防止液压缸漂移。

e. 记录仪的滞后与伺服阀动态特性相比应忽略不计。

f. 除规定的标准试验条件外，还包括下列条件：外部执行器负载基本为零；阶跃输入信号幅值规定为额定电流的 5%和 100%（或所需的其他幅值）。

② 试验方法

a. 调整液压缸，使活塞接近总行程的一端。

b. 使输入信号从零阶跃到规定的幅值，使活塞向另一端运动。

c. 以相反极性重复进行。

d. 记录输入电流及来自速度传感器的与流量对应的输出电压。

**(7) 耐久性试验**

① 除规定的标准试验条件外，油液的污染极限不得超过规定值。

② 试验是在关闭控制油口和打开控制油口两种状态时进行，试验时间各占一半。

③ 使输入电流在正负额定电流间正弦循环。

④ 以不超过 90°相位移频率的 1/5 的频率使伺服阀循环不少于 $10^7$ 次。

⑤ 完成耐久性试验后经产品验收试验，检验元件性能降低程度。

⑥ 记录总循环次数及性能降低程度。

**(8) 压力脉冲试验**

① 该试验至少应进行 $5\times10^7$ 次循环。

② 当控制油口关闭时，对伺服阀供油口施加压力脉冲。

③ 压力脉冲幅值在额定回油压力（不低于 350kPa）和供油压力的 100%±5%之间循环，注意限制压力上升速度以避免超调气穴。

④ 每次循环内应有 50%以上的时间保持在供油压力下。

⑤ 施加正负额定电流的时间各占试验时间的一半。

⑥ 完成压力脉冲试验后，经产品验收试验，检验元件性能降低程度。

⑦ 记录总循环次数及性能降低程度。

# 4.2 液压阀试验应用实例

## 4.2.1 电液换向阀出厂试验

电液换向阀是电磁换向阀和液控换向阀的组合，它主要用于流量较大（超过 60L/min）的场合，一般用在高压大流量系统中。在电液换向阀的生产装配过程中，难免会出现阀体加工后内孔有毛刺、清洗不干净、阀芯装反、阀芯轴向尺寸偏长或偏短、弹簧太硬、电磁铁铁芯接触不良等现象。因此，为保障产品质量，电液换向阀的出厂试验是非常必要的。

研制的电液换向阀试验台，在试验时对阀芯机能、先导机型等进行了针对性的判断，以避免电液换向阀出厂时阀芯装错、螺塞漏堵或多堵的情况发生。

**(1) 电液换向阀的工作原理**

如图 4-13 所示，在实际使用中，根据先导机型的不同，可以将电液换向阀分为四种：内控内泄式（①、②处无堵头）、内控外泄式（①处无堵头、②处有堵头）、外控内泄式（①处有堵头、②处无堵头）、外控外泄式（①、②处有堵头）。当左端（或右端）电磁铁通电，先导阀换向，使先导油进入主阀的左腔（或右腔），主阀另一弹簧腔通过先导阀换向与油箱接通。至此，主阀换向到左位（或右位），实现执行元件某一方向的工作；电磁铁失电，先导阀和主阀都在各自复位（对中）弹簧的作用下回到各自中位上。

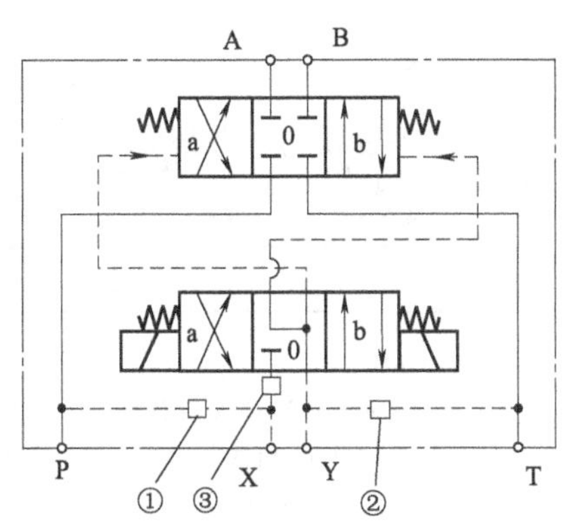

图 4-13　电液换向阀等效原理示意

**(2) 测试液压系统**

根据电液换向阀的出厂试验要求，测试液压系统如图 4-14 所示，液压系统主要由动力供油单元、负载模拟单元、泄漏测试单元、吹气排油单元和先导供油单元等组成。动力供油单元由两台定量柱塞泵加变频电机组成，通过变频调速改变泵的输出流量以满足不同型号的被试阀对不同测试流量的要求；负载模拟单元采用桥式比例加载回路，为被试阀 A、B 口建立压差，模拟不同的工作负载；泄漏测试单元可以分别测量被试阀左、中、右位的内泄漏量；在测试结束后，被试阀内往往会残留不少的油液，这样会造成很大的浪费，为解决这个问题，系统专门设计了吹气排油单元，试验结束后，回路中可以分别对被试阀 P、A、B、T 口通入压力为 5bar (0.5MPa) 的气体将被试阀内的油液全部排出；先导供油单元可以为外控式的被试阀提供先导控制油。

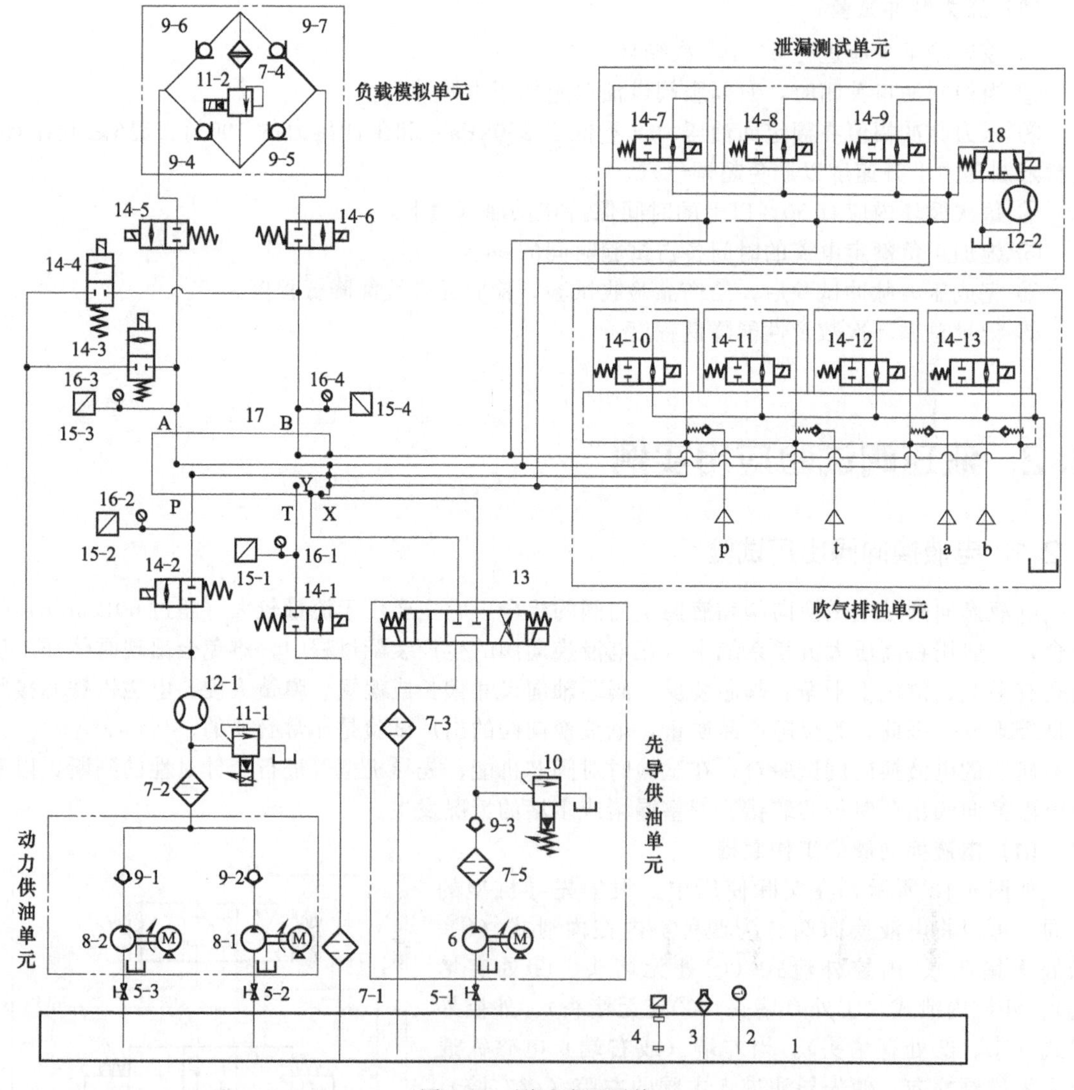


图 4-14 测试液压系统

1—油箱；2—温度传感器；3—空气滤清器；4—液位控制器；5-1～5-3—手动球阀；6—叶片泵；7-1～7-5—过滤器；8-1,8-2—柱塞泵；9-1～9-7—单向阀；10—电磁溢流阀；11-1,11-2—比例溢流阀；12-1,12-2—流量计；13—三位四通换向阀；14-1～14-13—进出油球阀；15-1～15-4—压力传感器；16-1～16-4—压力表；17—被试阀安装板；18—电磁换向阀

**(3) 出厂试验内容及方法**

根据 JB/T 10373—2002《液压电液动换向阀和液动换向阀》机械行业标准和厂家的要求，电液换向阀出厂试验内容有先导电磁铁测试、阀芯中位机能测试、先导机型测试、阀芯换向性能测试和泄漏测试。

① 先导阀电磁铁测试　为了防止电磁铁线圈装配错误或电磁铁铁芯接触不良，需要对电磁铁进行测试。进行电磁铁测试时测试电压为额定电压的 87%，用电流传感器测量流过线圈的电流，再输出给采集卡，由计算机测控软件自动判断电磁铁的线圈电流是否正常。电磁铁测试必须在室温下进行，以免线圈通电后因发热而引起电流变化。

② 阀芯中位机能测试　为了防止阀芯装错或阀芯尺寸过长导致阀中位机能不正常现象的发生，出厂前需要对被试阀进行中位机能测试。

阀芯中位机能测试采取的方法是将系统压力调至 12MPa，初始状态时被试阀四个口的进出油球阀全部关闭，测试时单独依次打开 P 口进油球阀 14-2、A 口进油球阀 14-3、B 口进油球阀 14-4，其余三个口的进出油球阀关闭，等待 5s，通过测试系统软件采集分析四个口的压力值，从而自动判断被试阀的中位机能。被试阀单独从 P 口加压能判断出的中位机能及其压力数据见表 4-17；被试阀单独从 A 口加压能判断出的中位机能及其压力数据见表 4-18；被试阀单独从 B 口加压能判断出的中位机能及其压力数据见表 4-19。

③ 先导机型测试　先导机型测试主要针对电液换向阀的出厂试验，其目的是为了检测先导流道及堵头是否安装正确。在保证其他油口处于截止的条件下，从被试阀的 X 口通入一定的压力油，同时测试系统软件采集分析被试阀 P 口和 X 口的压力。若 P 口有压力且等于 X 口的压力，则先导机型为内控式（先导控制油由内部 P 口提供）；若 P 口无压力，则先导机型为外控式（先导控制油由外部控制油路提供）。压力卸掉后，再从被试阀的 Y 口通入一定的压力油，同时测试系统软件采集分析被试阀 T 口和 Y 口的压力，若 T 口有压力且等于 Y 口的压力，则先导机型为内泄式（先导控制油从 T 口排回油箱）；若 T 口无压力，则先导机型为外泄式（先导控制油从 Y 口排回油箱）。

**表 4-17　P 口单独加压的压力数据范围**　MPa

| 阀芯机能符号 | P 口压力 | A 口压力 | B 口压力 | T 口压力 |
|---|---|---|---|---|
| 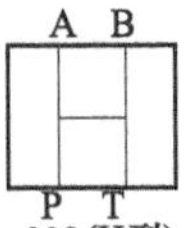 A B<br>P T<br>002(H型) | 10～12 | 10～12 | 10～12 | 10～12 |
|  A B<br>P T<br>003(M型) | 10～12 | 0～3 | 0～3 | 10～12 |
| 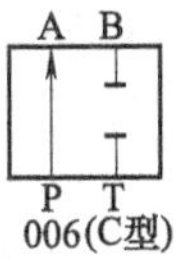 A B<br>P T<br>006(C型) | 10～12 | 10～12 | 0～3 | 0～3 |
| 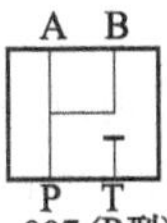 A B<br>P T<br>007(P型) | 10～12 | 10～12 | 10～12 | 0～3 |

续表

| 阀芯机能符号 | P口压力 | A口压力 | B口压力 | T口压力 |
|---|---|---|---|---|
| 008 (K型) | 10～12 | 10～12 | 0～3 | 10～12 |

表 4-18　A口单独加压的压力数据范围　MPa

| 阀芯机能符号 | P口压力 | A口压力 | B口压力 | T口压力 |
|---|---|---|---|---|
| 004(N型) | 0～3 | 10～12 | 0～3 | 10～12 |
| 009(U型) | 0～3 | 10～12 | 10～12 | 0～3 |
| 010(Y型) | 10～12 | 10～12 | 0～3 | 10～12 |

表 4-19　B口单独加压的压力数据范围　MPa

| 阀芯机能符号 | P口压力 | A口压力 | B口压力 | T口压力 |
|---|---|---|---|---|
| 001(O型) | 0～3 | 0～3 | 10～12 | 0～3 |
| 005(J型) | 0～3 | 0～3 | 10～12 | 10～12 |

④ 阀芯换向性能测试　为了检测被试阀是否存在阀芯装反或卡阀现象，需要进行换向性能测试。将模拟负载压力调节至20.7MPa，系统流量根据具体被试阀不同阀芯要求的试验流量进行设置，然后根据被试阀的先导机型选择是否开启控制泵，如果开启控制泵，那么控制油的压力最小不低于4.5bar（0.45MPa），先导阀的T口压力不得高于210bar（21MPa）。再通过测试系统软件控制被试阀先导阀的电磁铁通电和断电，连续动作10次以上，同时采集分析被试阀P口、A口、B口、T口的压力变化，从而自动判断被试阀换向和复位是否正常，操作人员也需要检查被试阀换向过程中是否存在异响或异常振动现象。

⑤ 泄漏测试　为了检测阀体和阀芯的配合精度是否满足要求，需要对被试阀进行泄漏测试。被试阀的中位和工作位都要求进行测试，首先根据被试阀的型式给被试阀的P口或工作口（A口或B口）施加额定工作压力或规定的测试压力，然后根据被试阀不同的机能和结构，

分别从 A 口、B 口、T 口测量被试阀在不同位置时的内泄漏量。在测量内泄漏量前，被试阀需连续进行换向动作 10 次以上，并将管路中的油液排出，稳定后再进行内泄漏量测量。

**(4) 计算机辅助测试系统**

试验台计算机辅助测试（CAT）系统结构组成如图 4-15 所示，在测试系统中，压力、流量等试验数据通过数据采集卡传输到计算机后，经过测试软件处理分析后输出测试结果。

测试软件采用美国国家仪器公司的产品 LabVIEW 11.0，按软件编写规范编写，LabVIEW 是基于图形化编程的语言，具有高效、灵活、强大的编程能力及可视化编程环境等特点。

软件通过人机交互界面与用户进行交流，可分为数据显示、参数设置和试验操作等部分，完全可实现全自动测试功能，测试结束后可对试验数据进行自动保存、打印、查询等，充分保证了测试的方便性和可靠性。

**(5) 试验结果分析**

在电液换向阀出厂试验过程中，出现的不正常现象有电磁铁电流不对、阀换向有冲击振动、阀无换向动作、泄漏量偏大等。

现将上述各现象的产生原因和解决方法总结如下。

① 电磁铁电流不对、噪声大

产生原因：供电电压过低或过高；铁芯接触面不平；铁芯表面有油污或异物；分磁环断裂。

解决方法：重新调整供电电压；更换铁芯；清洁铁芯表面；更换分磁环。

② 换向时有冲击、振动

产生原因：阀芯移动速度太快；电磁铁的紧固螺钉松动。

解决方法：调节阻尼器；加防松垫并拧紧螺钉。

③ 无换向动作或换向时有时无

产生原因：阀体内有毛刺；阀体内有异物，清洗不干净；阀体或阀芯加工尺寸有偏差。

解决方法：去毛刺；重新清洗；更换阀体或阀芯。

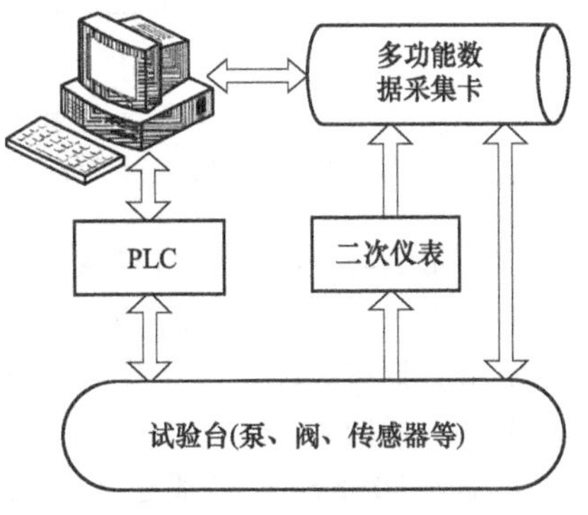


图 4-15　计算机辅助测试（CAT）系统结构组成

④ 泄漏量偏大

产生原因：阀体和阀芯配合间隙过大；阀体和阀芯同轴度或形状不好。

解决方法：调整阀体或阀芯加工尺寸；调整阀体或阀芯的加工精度。

### 4.2.2 比例溢流阀特性测试与分析

比例阀特性测试多在体积较大、仪器设备昂贵的专用试验台上进行，且测试手段单一，测试系统软、硬件扩展性较差。因此设计研制了一种结构小巧、经济实用的比例溢流阀特性测试试验台配以基于虚拟仪器的测试与分析的软件系统，既满足了比例阀各种特性测试和分析需要，又能扩展系统的软、硬件及试验项目。

**(1) 液压试验台的开发**

液压试验台由 4mm 不锈钢板喷漆焊制成操作台体机架，台面为长 900mm、宽 700mm、高 800mm 并带有扩展 T 形槽的板台。将试验台所需的 DBE 型先导式比例溢流阀、三位四通电磁方向阀、节流阀、调速阀、高精度压力传感器、流量传感器、背压阀、蓄能器、液压油管等各种元、辅件合理安装至板台前面板上，并预留阀块扩展空间。

液压系统执行元件为两个自加工制作的有效行程为 200mm 的双作用单杆活塞式液压缸，

分别为试验缸和负载缸。

液压泵站采用双叶片泵供油方式分别对系统供油。

图 4-16 所示为液压试验台液压系统。

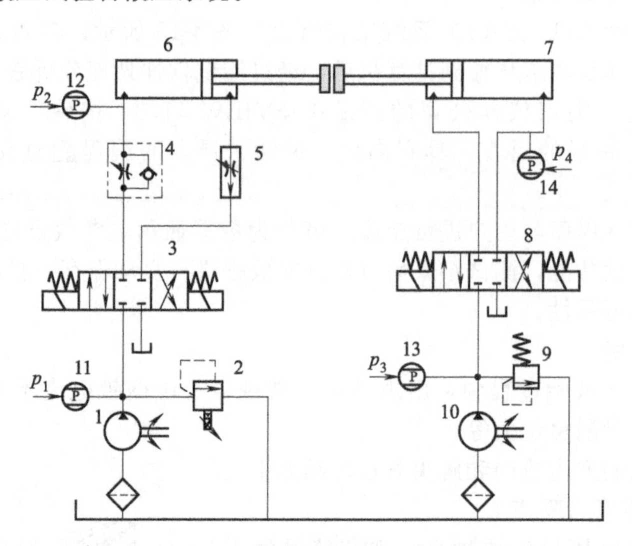


图 4-16 液压试验台液压系统

1,10—液压泵；2—DBE 先导式比例溢流阀；3,8—三位四通方向阀；4—节流阀；5—调速阀；6—试验液压缸；7—负载液压缸；9—背压阀；11～14—压力传感器

**(2) 测试与分析系统的实现**

① 硬件平台构建 为满足比例溢流阀特性试验台液压系统的硬件需求，保证测试精度，系统使用实验室标准配置计算机，选用性能优良的扩散硅压力传感器及流量传感器。选用凌华公司生产的高精度 PCI-9524 数据采集卡，它具有 4 通道 24 位高分辨率的 A/D 转换器，最高采样频率为 200KS/s，2 通道 16 位模拟量输出。它与虚拟仪器 LabVIEW 软件有良好的兼容性，具有较高的性价比，有效提高了数据采集系统的整体性能。由于压力传感器的输出多为 4～20mA 电流信号，而该数据采集卡可接收的一般为 0～＋5V 标准电压，故需将信号进行电流-电压转换和放大。选用 LM324AN 作为运放放大器件，配合高精密电阻、滤波电容等元件设计制作了接口电路试验板，如图 4-17 所示，该电路实现了对压力传感器输出毫安级电流信号的电压信号转换、放大及降噪滤波等功能，且可根据不同试验内容要求对电路进行相应调整，制作成本低、扩展性好。

② 软件系统开发 系统采用虚拟仪器 LabVIEW 软件与 Matlab 软件相结合作为软件开发平台。通过自设计的虚拟信号发生器可对比例阀控制放大器进行自动控制，从而实现了比例溢流阀的自动控制。

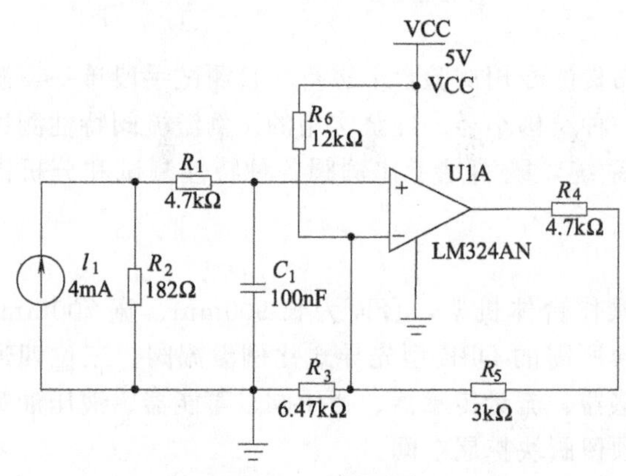


图 4-17 电路设计

利用 LabVIEW 模块化思想将设计好的各个试验测试内容以及时域分析、频域分析、可视化分析等项目编制成子模块（VI），通过 LabVIEW 主程序选择相应试验子模块完成测试并根据需要分析的内容调用 Matlab 程序进行数据处理和分析。该系统实现了 2 路及 4 路压力信号的实时采集，并可通过 LabVIEW（Express Ⅵ）进行曲线显示、拟合、存储、

打印及数字滤波、故障报警等。其人机交互性好、扩展能力强，使测试试验更加便捷，有效降低了开发成本。

**(3) 比例溢流阀特性测试试验设计与分析**

① 总体测试方案　测试系统以计算机为上位机，以数据采集卡的D/A、A/D自动控制单元为下位机，其与压力传感器、接口电路板卡构成了比例溢流阀压力信号自动采集的硬件平台。

虚拟信号发生器发出自动可调的激励信号驱动比例控制放大器，实现比例溢流阀的自动调压。由压力传感器的监测反馈和比例溢流阀力反馈补偿构成了系统双闭环反馈结构系统，有效降低了负载突变时对液压系统产生的扰动，提高了系统控制的响应速度、动态性能和抗干扰能力。

测试中可设置数据采集卡的1～6模拟输入通道实时采集比例溢流阀口处压力值 $p_1$、试验缸工作腔压力值 $p_2$、负载液压泵出口压力值 $p_3$、加载缸工作腔压力值 $p_4$、回油流量值 $Q$、控制电流值 $I$。反馈补偿控制信号则由数据采集卡的0通道实现模拟输出。

② 部分试验内容设计及测试分析

a. 稳态压力-电流线性特性试验。试验中系统负载力保持某一恒定值，在稳定工况下运行。

在虚拟信号发生器中以频率为0.04Hz的矩形波电压信号在有效控制输入电流信号100～800mA之间输入连续增大或减小的电信号，被测阀口开度也随之变化。

重复试验10次，将测得的压力值采集至计算机，在LabVIEW中记录显示并在Matlab中得到被试阀从最低（高）开启压力运行到最高（低）工作压力的一个完整周期的两条 $p$-$I$ 特性拟合曲线（图4-18），可得出该被试阀的线性度、重复精度等特性参数。

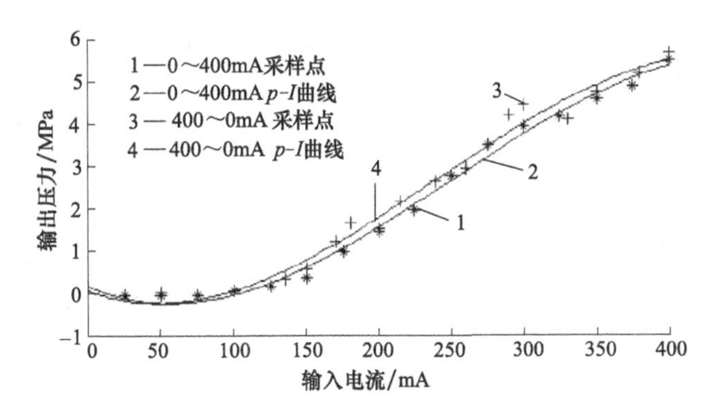


图4-18　稳态压力-电流线性度拟合曲线

分析图4-18可知，在输入电流为100～250mA时，压力信号数据采集点产生波动，说明该信号在该段区域存在一定的非线性，其非线性最大偏差在240～250mA点处，线性度为2.47%，小于比例阀出厂规定的3.5%线性误差，表明比例溢流阀在试验工况下工作性能稳定，线性度在正常允许范围内，且测试精度可精确至0.01%，试验设计合理。

b. 稳态负载特性试验。在低压小流量工况下保持恒定负载，此时给被试阀一个控制信号，通过压力传感器11～14测量压力值 $p_1$、$p_2$、$p_3$、$p_4$ 的实时变化。在若干组不同时间间隔内（如1s，3s，5s…；3s，6s，9s…）观测各个压力测量值的波动变化。通过LabVIEW和Matlab对数据进行采集和时域、频域分析。此试验可对比 $p_1$、$p_2$、$p_3$、$p_4$ 的动态变化过程，可反映出被试阀的动态特性及调压过程中液压系统产生压力脉动的成因。时域分析结果如图4-19所示。

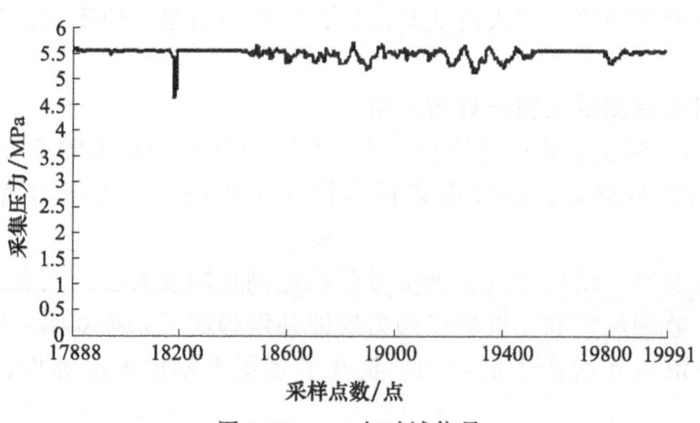


图 4-19 $p_1$ 点时域信号

由图 4-19 可知，被试阀在调定 5.5MPa 压力值后系统平稳运行采集到的压力点位不规则波动，表明在该试验工况下，工作液压缸克服负载工作时对系统管路产生一定的压力扰动；此外，试验中可能出现了工作液压缸在克服负载时行进阻滞或受到短时较强的外界干扰，因此在 18200、18900、19300 的实时采样点处出现了幅值较大的波动。频域分析结果如图 4-20 和图 4-21 所示。

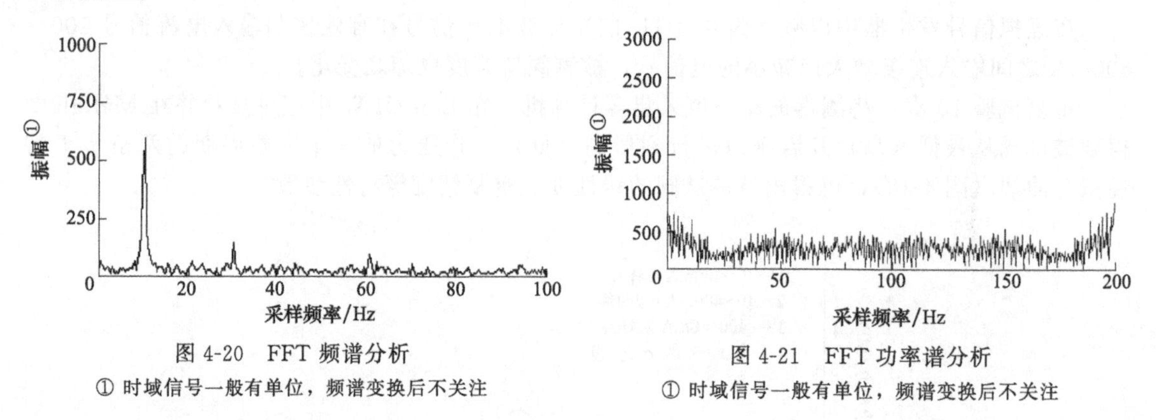


图 4-20 FFT 频谱分析

① 时域信号一般有单位，频谱变换后不关注

图 4-21 FFT 功率谱分析

① 时域信号一般有单位，频谱变换后不关注

对压力数据时域采集点进行 FFT 频谱分析（图 4-20），可知该压力信号中出现了三个较大波动幅值的峰值，即其包含有 10Hz、30Hz、60Hz 三种频率成分，其峰值分别为 650、170、90。

由功率谱分析（图 4-21）可知，波形在 10Hz 点处有最大谱峰，其幅值为 700；在 50Hz 和 80Hz 处出现两处较大谱峰，其幅值分别为 500 和 450；其他频率的功率谱密度能量分散，幅值多在 100～400。分析表明，在低压、小流量试验工况下，比例溢流阀特性试验台系统管路产生的压力脉动能量大多集中在低频部分，且因整个系统受到了一定的外界干扰而引起轻微振动和低频压力脉动。

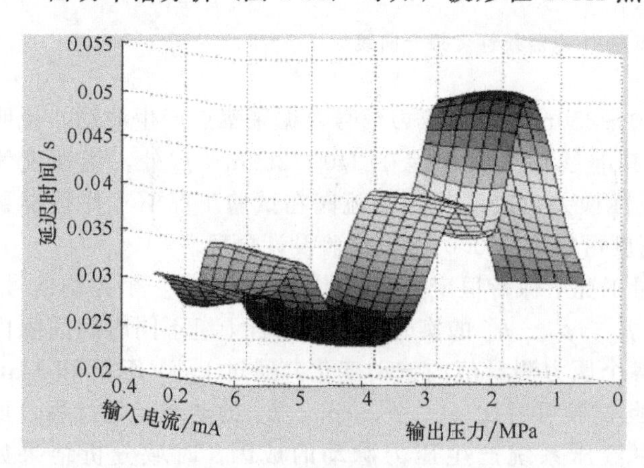


图 4-22 可视化分析

c. 延迟特性试验。在稳定工况下，由计算机给比例放大器发出一个或一组变化的控制电流信号，查看被试阀压力值到达预调定值的延迟时间为多少，并

在 Matlab 中用电流值、压力值和调压延迟时间三组数值建立三维可视化的强度趋势图（图 4-22）。通过此试验可直观分析出被试阀压力调节延迟的原因，找到缩短延迟时间的方法。

分析图 4-22 可知，试验系统开始运行后，电流调节初始变化时，比例溢流阀压力调定值不稳定，液压泵在初始低压启动时过载流量未及时完全溢流，因此造成初始调压延迟时间较大，当系统运行稳定正常后，调压延迟时间缩短。

### 4.2.3 电液比例阀综合性能测试

电液比例阀是工程机械液压系统中的主要元件，如应用在挖掘机上，它能控制左右行走对称、动臂对斗杆优先、回转对动臂优先等油路，达到设计者要求的各种功能，保证挖掘机在不同载荷和工况下的工作稳定性。为了保证工程机械液压系统整体的安全性，电液比例阀必须经过严格的测试，各项性能指标都要满足行业标准。目前，国内工程机械生产商主要采用进口的试验台对电液比例阀进行测试，或者找国内的科研机构定制开发。

为了解决国内自主设计的比例阀试验台常出现的精度低、稳定性差、检测结果与实际应用中的检测数据不符等问题，开发了针对插装式电液比例阀的性能试验台（以下称试验台）。该试验台操作简单，能够自动检测电液比例阀常温下的所有静态和动态测试项目，与实际使用中的检测结果完全相符。另外，测试参数可以现场设定，方便对不同产品进行性能检测。

**(1) 试验台主要测试内容**

依据 GB 8105，电液比例阀的测试项目包括耐压试验、内泄漏试验、恒定流量下输入信号-二次压力特性试验、阈值试验、恒定输入信号下流量 A 口压力特性试验、输出流量-阀压降特性试验、变输入信号的阶跃响应试验、频率响应特性试验等。

综合考虑研发和在线检测的需要，该试验台以耐压试验、内泄漏试验、恒定流量下输入信号-二次压力特性试验为主要测试项目。

① 耐压试验　包括供油耐压（P 口加压，A 口、T 口回油）和回油耐压试验（P 口、A 口、T 口都加压），观察最大许用压力下，5min 后是否有明显的变形或外泄漏。使被试阀的进口为最大压力 13.7MPa，并保持至少 5min。在试验过程中，检查阀有无明显的外泄漏。试验完毕后，检查阀是否有明显的永久变形，并记录阀的耐压试验情况。

② 内泄漏试验　分别给定额定压力和最大压力，测试比例阀 P 口和 A 口之间的内泄漏量。由于比例阀 A 口和 T 口之间在不工作时连通，无法单独测试 A 口和 T 口之间的内泄漏。分别调节供油压力为额定压力 3MPa 和最大压力 13.7MPa，保持 5min 以上。用量杯测量泄漏量，持续 5min 以上，计算得到额定压力下和最大压力下的泄漏量数值。

③ 恒定流量下输入信号-二次压力特性试验　保持油温（30±2）℃，输入信号为 0 时调节被试阀的进口压力为额定压力 3MPa。先负载全开，调节被试阀的输入信号从 0 至 100%（7V），再从 100%下降至 0，调节信号时需注意保持严格递增递减关系，在每一个输入信号下调节负载使流量分别为额定流量的 0%、50%（2.5L/min）和 100%（5L/min），调节流量时无需保证严格递增递减关系，在小输入信号下，若流量无法达到要求值，则保持负载全开。调定流量后记录此信号和流量下的 A 口压力，得到不同流量和输入信号下的二次压力曲线。

**(2) 试验台设计**

依据工程机械行业标准和电液比例阀生产厂家的要求，结合目前电液比例阀性能试验台的现状和现有机电液控制技术水平，对多种可行的试验台设计方案进行了分析、比较，最后确定试验台主体由液压试验回路和测试控制系统两大部分组成，试验台的性能及测试原理如下。

整个试验台由上、下两部分构成，上部分由信号驱动、处理及显示单元组成，下部分由液压站及电气控制箱等组成。其中控制及驱动部分又包含了电脑主机、比例阀驱动控制器和显示、键盘等外部设备，液压站则包含了伺服电机、液压泵、液压管路的控制阀等。

比例阀性能测试时，其输入输出压力值迅速变化，数据的采集和处理是保证测试准确性的关键，因而试验台的设计和零部件选型从提高测试的自动化程度、减少人为参与、增强油源压力的稳定性、选用高精度的传感器和变送器、采用高精度采集卡配合均值、滤波等软件算法等多个角度来提高整体试验台的测试精度和准确性。主液压站最大输出压力为10MPa，压力波动范围为0.3%；最大流量为20L/min，波动范围为0.3%。压力变送器量程选用为0～10MPa，变送信号为1～5V或4～20mA，精度为0.25%。流量变送器量程选用0～20L/min，变送输出信号为1～5V或4～20mA，精度为0.3%。给比例阀提供驱动信号的是自主研发的数字式放大器，该放大器主芯片采用32位高性能处理器TMS320F2812，其主频高达150MHz，有效地保证了测试的实时性。

① 主要性能测试系统　图4-23左边是主液压站，包括溢流阀和蓄能器，溢流阀主要起保护液压系统作用，防止系统因过压造成损坏。油泵采用外啮合齿轮泵，比例调压阀与比例流量阀（选做）为待测比例阀，客户根据实际情况在上位机界面上进行相应的参数设定，通过调节不同截止阀的通断来切换不同的试验回路，通过采集不同油口的压力、流量数值，可以测量比例阀的稳态流量特性、压力增益特性、负载流量特性、内部泄漏特性和流量压降特性等静态性能指标。

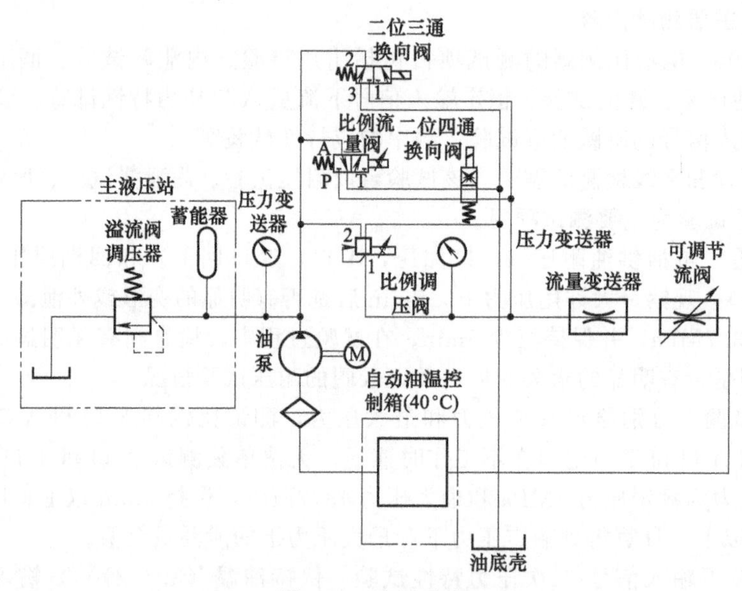


图4-23　液压系统

② 计算机控制系统　它是试验台的核心部分，用于设置测试项目和测试参数、发布控制指令、采集各传感器的测试数据，最后生成测试报告和存储测试结果。计算机控制系统包括上位计算机、稳压电源、信号发生器、自制数字式比例控制器及其配置工具和软件；测试回路包括压力传感器、信号转换模块、数据采集卡及LabVIEW软件等。

上位计算机可以完成测试数据的计算、显示、生成并打印测试报告。通过上位机还可以对设定压力、试验时长等技术参数进行设定，有利于电液比例阀的改型试验和对其性能进行进一步的研究。试验用的测试系统原理如图4-24所示。

③ 比例信号发生系统　由于磁铁材料的磁滞和运动产生的摩擦力导致电液比例阀稳态特性存在明显的滞环现象，严重影响了电液比例阀的动态响应性能。

改善滞环比较有效的方法是在驱动信号中叠加一定频率和振幅的颤振信号。叠加颤振信号有两种方法：一种是软件叠加法；另一种是采用硬件的方法。软件叠加法利用了脉宽调制信号

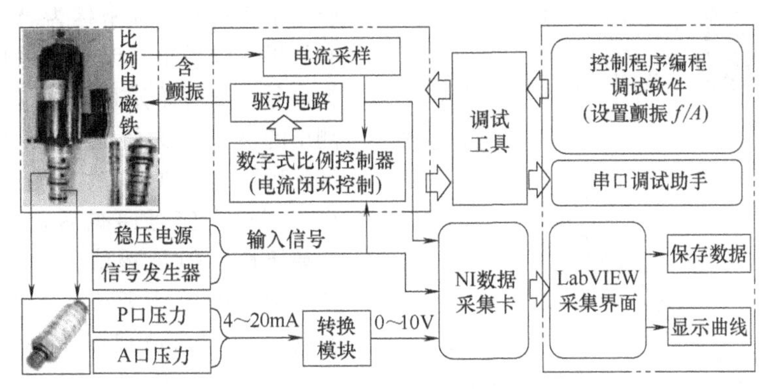


图 4-24　测试系统原理

的高效、灵活、抗干扰能力强的特点。在同一频率下，电流平均值随占空比的增大而增大，且 PWM 频率越高线性度越好，通过一定的编程算法使 PWM 的占空比按照三角波或正弦波规律在当前占空比基础上变化从而得到颤振信号，这就是脉宽调制法叠加颤振的机制，这种颤振叠加方式得到了广泛的应用。

此处采用了更加简便易行的硬件设计方案。英飞凌公司出产了一款具有 SPI 接口的电磁阀驱动芯片 TLE7242，采用四通道 pre-driver IC 控制比例电磁阀的设计。控制和诊断信息传输与设备使用标准 SPI 接口。该设备结合必要的外部组件和电磁阀组成一个闭环控制系统。闭环控制系统用于确保精确的电流控制的系统干扰和不同组件参数值。控制系统使用一个固定的 PWM 频率滞后模式控制器，具有可变脉宽调制频率。TLE7242 调节电磁阀的电流范围为 0～1.2Ω（典型一种是 0.2Ω 电阻与 11 位分辨率）。一般电磁阀控制液压阀的输出或液压流体通过阀门的流量。该设备也可添加一个三角形抖动信号降低当前电磁阀的机械滞后。

图 4-25 显示了 TLE7242 的电流控制电路，输入信号从单片机数字选点通过 SPI 接口传输到 TLE7242 电流调节电路。反馈经电阻 $R_1$、差分放大器连接到芯片的 POS 和 NEG 端子，放大器的输出经 A/D 转换，在一个开关周期平均后与给定信号比较，PI 控制将误差信号转换成一个固定的频率，PWM 信号用来控制外部 MOSFET 的 Q1 门。当前的电磁阀压力与 MOSFET 驱动信号成正比，MOSFET 关闭时，二极管 VD1 保持电磁电流。

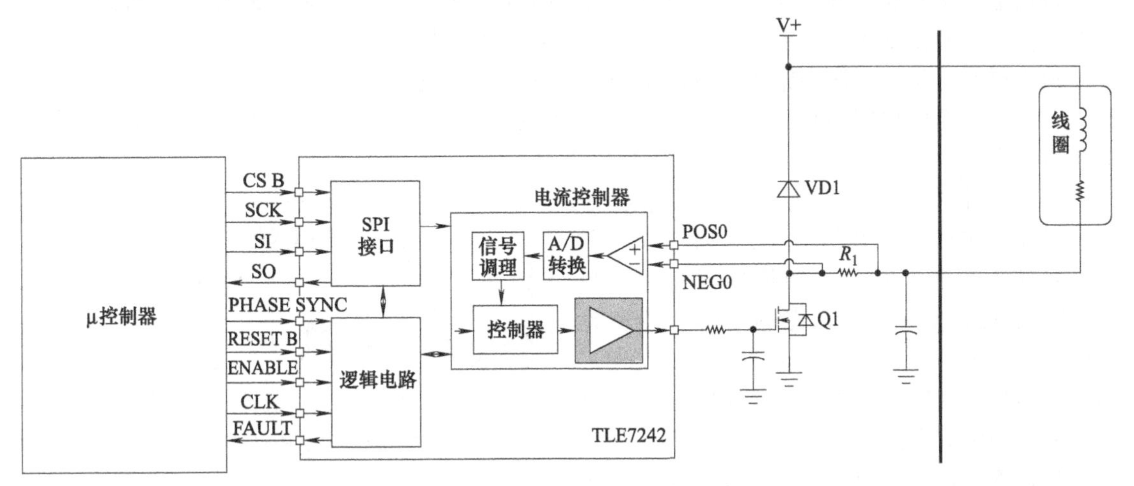


图 4-25　TLE7242 电流控制电路

### (3) 电液比例阀的测试

图 4-26 所示为用所研制的试验台对川崎公司的一款比例减压阀进行测试得出的曲线。横坐标为

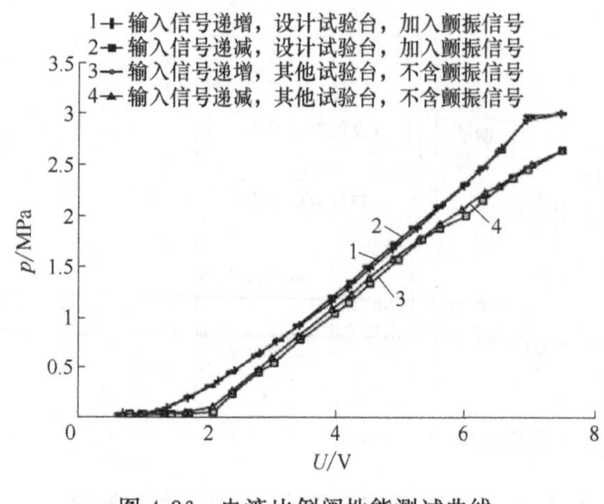


图 4-26　电液比例阀性能测试曲线

驱动电压信号，纵坐标为A口压力值。从试验结果可以看出，无论是采用还是不采用颤振信号，随着给定信号的递增，两种试验台测出的A口压力值均上升，除去开始段的死区和后段的饱和区，中间均存在一段直线段。

当给定信号递减后，A口的压力值也开始下降，但是数值上比同一驱动信号下的上升段的数值要大，这是由于阀芯与阀套间的摩擦力造成的。另外，加入颤振后的测试曲线工作段的滞环也明显减小，线性度、死区等指标也比不加颤振的好很多。从试验结果来看，测试曲线完全符合标准，被试工件是合格的。

经过计算，比例阀线性度、滞环、死区指标对比如表4-20所示。

**表 4-20　比例阀线性度、滞环、死区指标对比**

| 是否加入颤振 | 额定压力/MPa | 线性范围/V | 滞环/% | 死区/% |
| --- | --- | --- | --- | --- |
| 是 | 2.92 | 1.20～7.00 | 2.40 | 17.90 |
| 否 | 2.92 | 2.10～7.00 | 2.50 | 25.70 |

### 4.2.4　基于PLC的液压多路阀试验

可编程控制器（PLC）因可靠性高、抗干扰能力强，已广泛应用于工业自动控制中。它能通过不同的扩展模块采集和输出数字量、模拟量，通过相关通信协议与外部设备实现信息共享。多功能液压多路阀试验台结合PLC、变频调速、触摸屏监控及LabVIEW数据采集处理等技术，提高了液压多路阀的测试精度和试验效率。

**(1) 系统方案**

根据液压多路阀的测试要求，设计了液压多路阀试验台系统方案，如图4-27所示。该试验台由液压试验系统、操作台、PLC采集控制系统、触摸屏和上位计算机组成。

液压试验系统是液压多路阀的测试平台，包括液压多路阀测试回路和系统检测传感器等。操作台是试验台的控制中心，向PLC采集控制系统发送电机启停、变频器调速及液压阀调压等控制指令。

PLC采集控制系统采集液压试验系统各被测量及操作台的控制指令，经逻辑运算后向液压系统输出控制信号。触摸屏通过RS485与PLC通信，实现系统状态的实时监控和参数的设置。上位计算机通过OPC协议与PLC通信，实现与PLC数据共享，分析与处理液压多路阀的测试参数。

操作台
继电控制
液压试验系统
数字量
模拟量
PLC采集控制系统
OPC协议
上位计算机
RS485
触摸屏

图 4-27　液压多路阀试验台系统方案

**(2) 液压试验系统**

图4-28所示为液压试验系统，由液压站、测试单元和先导控制单元组成。可满足液控和电液比例控制液压多路阀的压力、流量特性和换向性能测试，以及合流、优先等特殊功能测试要求。

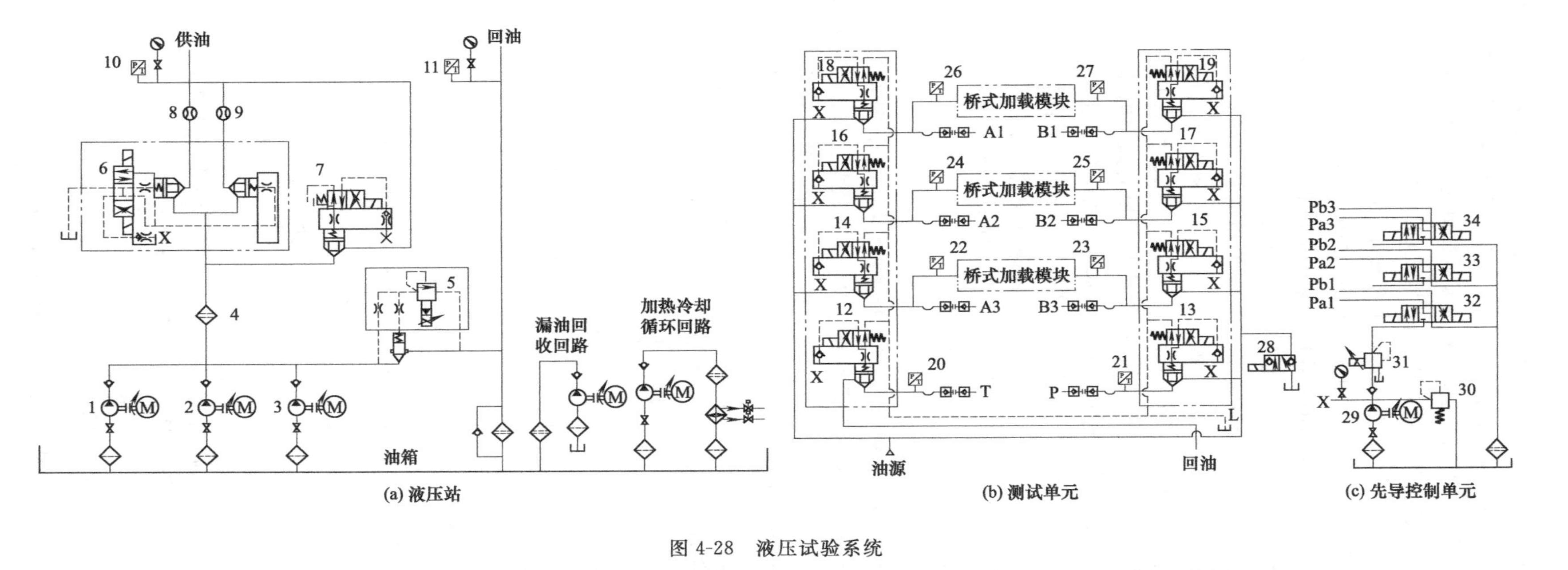


图 4-28　液压试验系统

1,2,3,29—电机泵组；4—高压过滤器；5—比例溢流阀；6,32～34—三位四通换向阀；7,12～19—二位四通换向阀；8—大流量计；9—小流量计；10,11,20～27—压力传感器；28—电磁球阀；30—溢流阀；31—比例减压阀

液压站包括动力源、温控循环回路和漏油回收回路，如图 4-28（a）所示。动力源由两台 75kW 变频电机泵组和一台 15kW 电机泵组向系统提供液压油，其流量由变频器调节，压力由比例溢流阀 5 调节。液压油经高压过滤器以三种途径进入测试单元：当换向阀 6 中位且换向阀 7 不得电时，液压油不经过大、小流量计，进行压力特性测试时可以减少高压涡轮流量计的损耗；当换向阀 6 左位且换向阀 7 得电时，液压油经过小流量计，用于测泄漏量；当换向阀 6 右位且换向阀 7 得电时，液压油经过大流量计，用于流量特性测试。温控循环回路用来控制油箱内油液温度在一定范围内并过滤油液。泄漏油回收回路把收集在油盘中的漏油抽回油箱。

图 4-28（b）所示为测试单元，包括三个功能相同且相互独立的测试组。可以单独测试或同时测试液压多路阀中的三个换向阀。连接测试组 A 口和 B 口的桥式加载模块是可以比例调节的节流模块，用来模拟液压多路阀执行机构的负载。当比例电磁铁电流最小时，A 口和 B 口油液阻力最小，当比例电磁铁电流最大时，A 口和 B 口隔断。在进行 A 口或 B 口的耐压测试时，桥式加载模块比例电磁铁电流调到最大，使 A 口或 B 口换向阀得电即可测试。在进行其他测试项目时，换向阀 13 得电，使高压油从 P 口进入阀体。所有测试 T 口常开，即换向阀 12 得电。测试结束后打开电磁球阀 28 将管道中的压力卸掉，防止拆管时高压油喷出。

图 4-28（c）为先导控制单元，提供系统先导控制油和液压多路阀先导控制油。系统先导控制油压力为 21MPa，用于压紧插装阀截断油路。液压多路阀先导控制油压力由比例减压阀 31 调节为 0～4MPa，用于液压多路阀的比例换向测试。

**(3) 测控系统**

① 测控系统结构　设计的液压多路阀试验台的测控系统结构框图如图 4-29 所示。利用通信手段将 PLC、触摸屏和 LabVIEW 采集软件联系在一起，实现数据共享，提高系统可靠性和测试精度。PLC 采集管道球阀开关、过滤器压差报警器、变频器、热继电器、压力传感器、流量传感器和温度转换器的信号以及操作台指令进行逻辑处理，并将控制信号输出给液压试验系统的变频器、小功率电机、换向阀和比例阀等元件。触摸屏显示 PLC 报警变量对应的报警文本及压力、流量和温度，设置超压报警的压力上限值和自动加热冷却的温度值等系统参数。

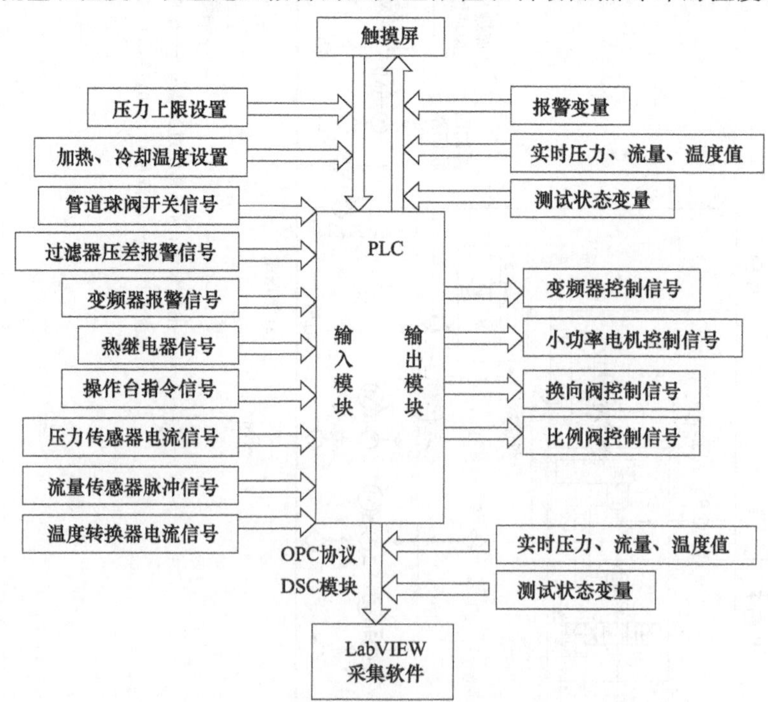


图 4-29　液压多路阀试验台的测控系统结构框图

上位计算机安装LabVIEW采集软件，利用DSC模块共享PLC的测试状态变量以及压力、流量和温度数据。

② 硬件　测控系统的PLC选用西门子S7-226CN CPU，它内置24个数字量输入点、16个数字量输出点和6个30kHz的HSC。其数字量输入输出可扩展到128点，模拟量输入可扩展到32个，模拟量输出可扩展到28个。根据电气设计要求液压站的数字量信号和操作台操作指令通过数字量输入模块采集，数字量输出模块输出液压系统控制信号。系统中传感器共有13个，分别检测系统压力，P、T、A1、B1、A2、B2、A3、B3各口压力，阀先导压力，以及流量、泄漏量和温度等参数。其中10个压力传感器和1个Pt100温度转换器输出4～20mA电流信号，用3个EM231模拟量输入模块采集。流量和泄漏量为低于20kHz的脉冲信号，利用HSC采集，并通过PLC程序修正随温度变化的流量系数。

③ 测试流程　根据液压多路阀测试要求，设计了测试流程，如图4-30所示。

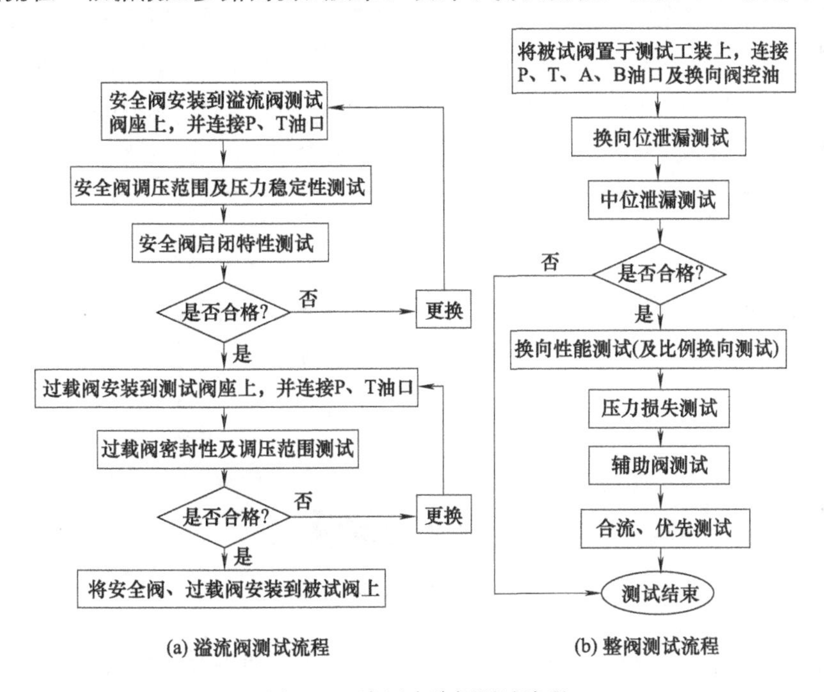


图4-30　液压多路阀测试流程

该流程包括溢流阀测试和整阀测试两部分。在整阀测试前，先把安全阀和过载阀安装到溢流阀测试阀座上进行压力特性测试，如图4-30（a）所示。然后，将测试合格的安全阀和过载阀安装到待测试的液压多路阀上进行整阀测试，如图4-30（b）所示。

④ 采集软件　LabVIEW采集软件实时显示记录压力、流量和温度数据，并以系统状态量为条件绘制实时曲线，最后生成含有被试阀额定参数、测试参数和测试曲线等内容的测试报告。其功能结构如图4-31所示。

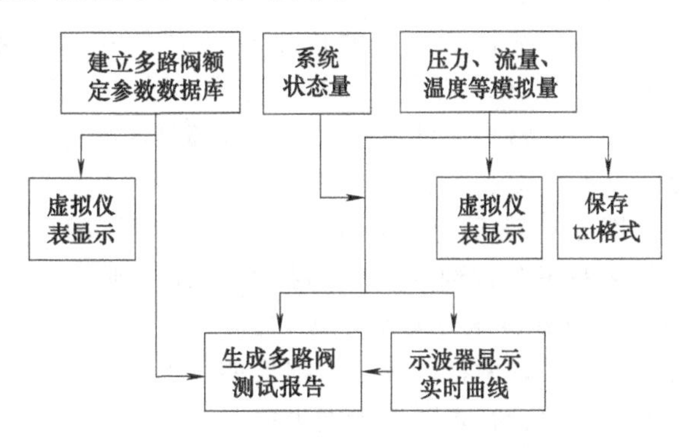


图4-31　LabVIEW采集软件功能结构

根据上述功能结构把主界面分为被试阀信息、采集数据、测试曲线和测试结果四个显示区和一个功能操作区，如图4-32所示。

被试阀信息包括产品型号和产品编号以及该型号液压多路阀的主安全阀额定压力、

额定流量、各工作油口额定压力和液压多路阀控油压力等。产品编号为手动输入，其余额定参数是通过保存在 Microsoft Access 创建的 Valve. mdb 数据库中的产品型号调出来的。采集数据显示区以指针式和数显式虚拟仪表实时显示压力、流量和温度。测试曲线显示区用三个示波器分别显示压力实时曲线、泄漏量实时曲线和压力损失曲线。测试结果显示区记录了中位和换向位泄漏量以及主安全阀、耐压和换向性能测试的结果。

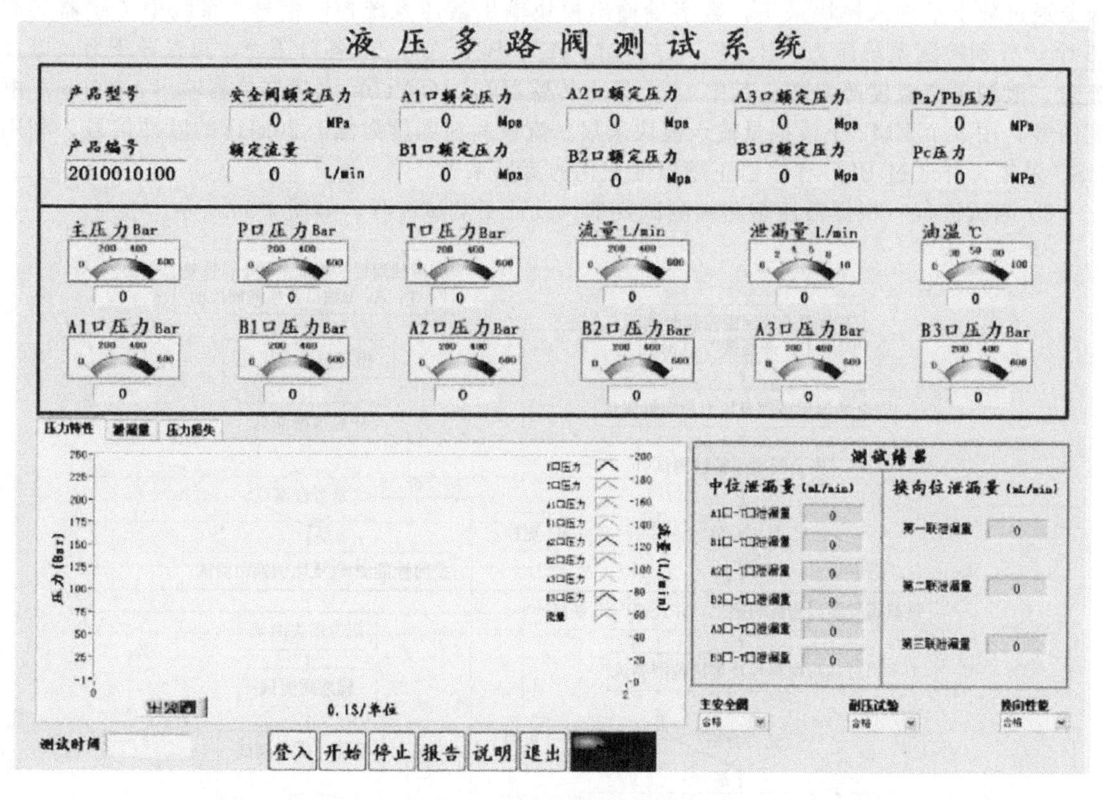

图 4-32 采集软件主界面

功能操作区有登录、开始、停止、报告、说明和退出按钮以及采集状态的指示灯。点击登录，进入图 4-33 所示登录界面，选择产品型号和填写产品编号，点击确定，该阀额定参数显示在采集软件主界面上。点击开始，采集系统开始采集记录数据，并以 txt 格式保存在相应文件夹中。点击停止，数据采集停止。点击报告，生成并保存测试报告。点击说明，打开操作说明书。点击退出，关闭采集软件主界面。

**(4) 多路阀测试**

试验台在长沙某挖掘机生产公司使用。以额定流量为 110L/min、安全阀额定压力为 27MPa 的液控多路阀为对象，测试了耐压、泄漏、换向性能、压力损失、辅助阀性能以及合流等项目。整个测试过程试验台各部分性能稳定，各参数波动在允许范围内。一次安装测试三联换向阀，提高了测试效率。

图 4-34 所示为系统压力为 10MPa 时该阀行走联的压力损失曲线，其中 P-A 压力损失是指液压多路阀 P 口到 A 口压力损失与 B 口到 T 口压力损失之和，同理 P-B 压力损失为液压多路阀 P 口到 B 口压力损失与 A 口到 T 口压力损失之和。由于压力损失特性与换向阀的工作原理和结构有关，两换向位压力损失曲线平行且额定流量时压力损失为 3.3MPa，说明两换向位结构对称，符合行走联压力损失曲线。

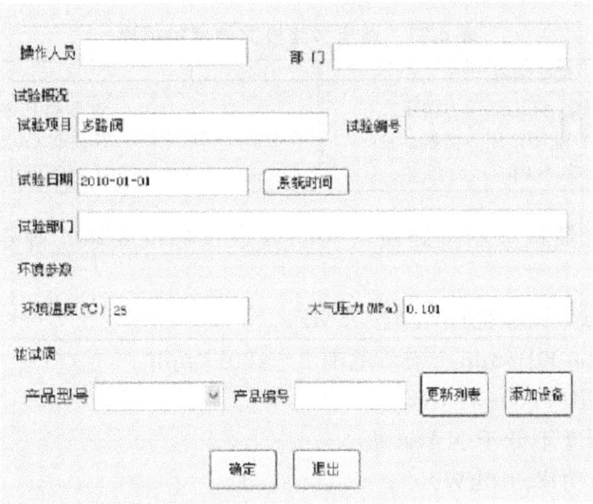

操作人员
部门
试验概况
试验项目 多路阀
试验编号
试验日期 2010-01-01
系统时间
试验部门
环境参数
环境温度(℃) 25
大气压力(MPa) 0.101
被试阀
产品型号
产品编号
更新列表
添加设备
确定
退出

图 4-33　登录界面

3.25
2.75
2.25
1.75
1.25
0.75
0.25
−0.25
压降/MPa
P–A压力损失
P–B压力损失
0
10
20
30
40
50
60
70
80
90
100
110
流量/(L/min)

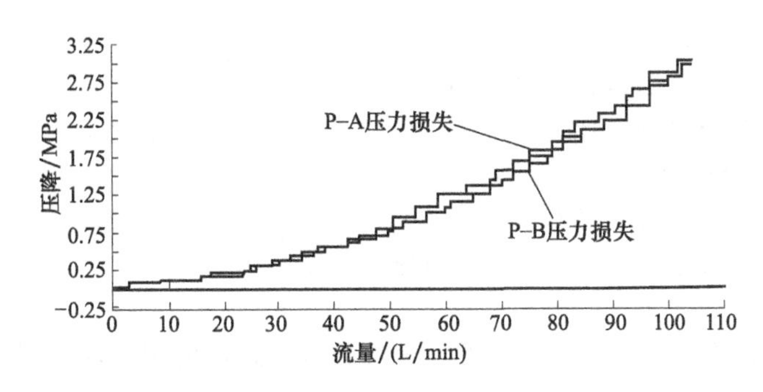

图 4-34　液控多路阀压力损失曲线

## 4.2.5　起重机液压多路换向阀试验

目前液压传动技术在工程机械、农业机械等领域的应用范围非常广泛，多路换向阀是工程机械和农业机械液压系统中的关键部件之一，它是以两个以上换向阀为主体，集换向阀、单向阀、过载阀、补油阀和制动阀等于一体的多功能集成阀。多路阀的出现，使多执行机构液压系统结构紧凑、管路简单、压力损失小。

目前国产液压多路换向阀企业产品样本上的数据存在完整性和可信度不足两个突出的问题，需要研制试验台对多路换向阀进行功能和性能检测，而多路换向阀生产厂和修理厂使用的检测设备存在诸多缺点：试验项目与标准不符，无法判断试验结果的有效性；只能对多路换向阀的部分功能和性能进行检测；试验过程无法监督，随意性大，不能保证所有项目进行了试验，试验数据手工抄录，可信度差，不利于管理；试验压力大部分由机械表显示，由于压力量程大，压差和压降分辨率低；试验报表不规范，不符合标准要求。

某起重机液压多路换向阀试验台的特点是：可对手动和电动比例多路阀按相关标准进行出厂试验；试验项目严格按标准要求进行；试验数据由高精度的传感器测量，检测精度达到标准要求；计算机绘制多种试验曲线；试验报表按标准要求设计；试验数据可存储和管理。

**(1) 设计依据和技术参数**

① 依据标准　试验台依据 JB/T 8729.2 设计，完成液压多路换向阀参数调节和出厂性能试验。

② 试验项目　根据标准要求，拟定液压多路换向阀试验项目，如表4-21所示。

表4-21　液压多路换向阀试验项目

| 序号 | 试验项目 | 序号 | 试验项目 |
|---|---|---|---|
| 1 | 安全阀RB1和RB2压力调定 | 4 | 过载阀PR1～PR5压力摆振试验 |
| 2 | 安全阀RB1和RB2压力摆振试验 | 5 | 换向阀CV2～CV4换向性能试验 |
| 3 | 过载阀PR1～PR5压力调定 | 6 | 换向阀中立位置内泄漏试验 |

③ 技术参数　根据被试液压多路换向阀的参数及标准要求，确定试验系统的设计参数如下。

a. 系统压力32MPa，调节范围0.5～32MPa。

b. 单系统公称流量400L/min，调节范围0～400L/min。

c. 背压压力调节范围0.5～32MPa。

d. 系统油液过滤精度不低于NAS8级。

e. 单系统最大拖动功率110kW×2。

f. 油温控制范围(50±4)℃。

g. 控制油源压力3.5MPa。

h. 控制油源流量20L/min。

i. 试验台液压源出口过滤装置精度20μm。

j. 压力传感器相对精度0.2%FS。

k. 流量传感器相对精度±0.5%FS。

l. 温度传感器相对精度±0.5℃。

m. 使用环境湿度10%～85%RH，使用环境温度0～50℃。

**(2) 设计方案**

① 液压系统　试验台有两个工位，可同时对两台多路换向阀试验，图4-35所示为试验台液压系统。

主油泵为两台电比例泵，两主油泵输出压力油分别由电液比例溢流阀7-1和7-2调节；油温由温度传感器21测量，通过冷却器37、加热器39和控制器实现液压油温度自动控制；油箱内的油液过滤由单独的泵源实现，即由泵33从油箱中吸油，经滤油器34过滤、冷却器37水冷后排回油箱；由泵25提供持续的控制油。

② 试验原理

a. 调定安全阀RB2的压力。关闭所有截止阀，调安全阀RB1的压力最大，调T口比例溢流阀8-3压力最小。

调泵3-1排量和比例溢流阀7-1压力最小，开泵3-1调比例溢流阀7-1压力，使压力传感器14-1显示为25MPa。

开T口的截止阀23-1、23-2。开截止阀23-13给安全阀RB2供液，操作换向阀CV5使其进油与B5相通，使安全阀RB1旁的卸荷阀RX1及总阀中部的卸荷阀RX2关闭，开截止阀23-3、23-4，调大比例溢流阀8-1、8-2不溢流，调泵3-1排量使流量计16显示125L/min。

调节安全阀RB2的压力，使压力传感器14-1显示压力减去T口压力传感器14-7显示压力为22MPa。拧紧安全阀RB2的锁定螺母。

测量安全阀RB2的压力摆振。

b. 调定过载阀PR5的压力。保持上步系统状态，使换向阀CV5进油与A5相通，给过载阀PR5供液。调节过载阀PR5的压力，使压力传感器14-4显示压力减去T口压力传感器14-7显示压力为10MPa。拧紧过载阀PR5的锁定螺母。

测量过载阀PR5的压力摆振。

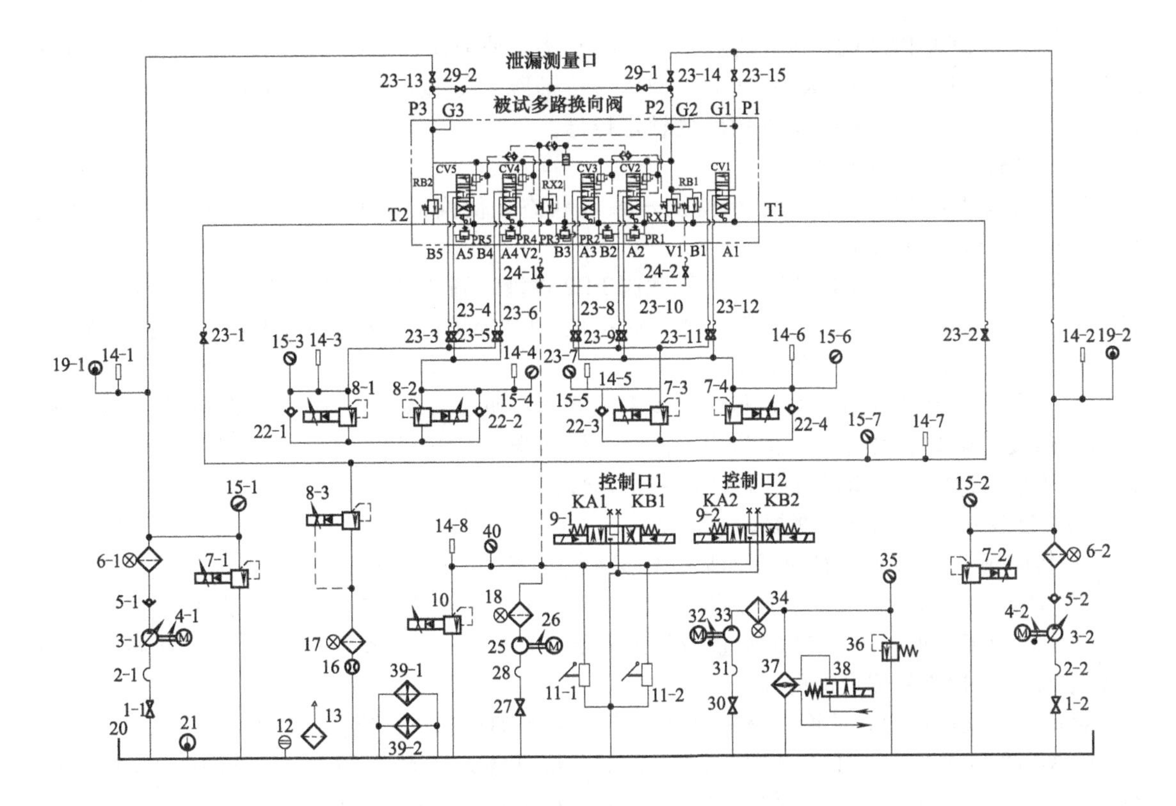


图 4-35 试验台液压系统

1-1,1-2,27,30—蝶阀；2-1,2-2,28,31—减振喉；3-1,3-2—主泵；4-1,4-2—主泵电机；5-1,5-2,22-1～22-4—单向阀；6-1,6-2,18—出油滤油器；7-1～7-4—通径 10mm 比例溢流阀；8-1,8-3—通径 20mm 比例溢流阀；9-1,9-2—三位四通电磁换向阀；10—通径 6mm 比例溢流阀；11-1,11-2—液压手柄；12—液位计；13—空气滤清器；14-1～14-8—压力传感器；15-1～15-7,35,40—压力表；16—流量计；17,34—回油滤油器；19-1,19-2,21—温度传感器；20—主油箱；23-1,23-15,24-1,24-2,29-1,29-2—截止阀；25—控制泵；26—控制泵电机；32—冷却泵电机；33—冷却泵；36—溢流阀；37—冷却器；38—电磁水阀；39-1,39-2—加热器

c. 调定过载阀 PR4 的压力。保持上步系统状态，使换向阀 CV5 复位。关截止阀 23-3、23-4，开截止阀 23-5、23-6。

使换向阀 CV4 进油与 A4 相通，给过载阀 PR4 供液。调节过载阀 PR4 的压力，使压力传感器 14-4 显示压力减去 T 口压力传感器 14-7 显示压力为 10MPa。拧紧过载阀 PR4 的锁定螺母。

测量过载阀 PR4 的压力摆振。

d. 调定安全阀 RB1 的压力。关闭所有截止阀。安全阀 RB2 已调好，不要再调。调 T 口比例溢流阀 8-3 压力最小。

调泵 3-2 排量和比例溢流阀 7-2 压力最小，开泵 3-2 调比例溢流阀 7-2 压力，使压力传感器 14-2 显示为 25MPa。

开 T 口的截止阀 23-1、23-2。开截止阀 23-14 给安全阀 RB1 供液，操作换向阀 CV3 使其进油与 B3 相通，使安全阀 RB1 旁的卸荷阀 RX1 关闭，开截止阀 23-7、23-8，调大比例溢流阀 7-3、7-4 不溢流，调泵 3-2 排量使流量计 16 显示 125L/min。

调节安全阀 RB1 的压力，使压力传感器 14-2 显示压力减去 T 口压力传感器 14-7 显示压力为 22MPa。拧紧安全阀 RB1 的锁定螺母。

测量安全阀 RB1 的压力摆振。

e. 调定过载阀 PR3 的压力。保持上步系统状态，使换向阀 CV3 进油与 A3 相通，给过载阀 PR3 供液。调节过载阀 PR3 的压力，使压力传感器 14-6 显示压力减去 T 口压力传感器 14-7 显示压力为 10MPa。拧紧过载阀 PR3 的锁定螺母。

测量过载阀 PR3 的压力摆振。

f. 调定过载阀 PR2 的压力。保持上步系统状态，使换向阀 CV3 复位。关截止阀 23-7、23-8，开截止阀 23-9、23-10。

使换向阀 CV2 进油与 B2 相通，给过载阀 PR2 供液。调节过载阀 PR2 的压力，使压力传感器 14-5 显示压力减去 T 口压力传感器 14-7 显示压力为 20MPa。拧紧过载阀 PR2 的锁定螺母。

测量过载阀 PR2 的压力摆振。

g. 调定过载阀 PR1 的压力。保持上步系统状态。使换向阀 CV2 进油与 A2 相通，给过载阀 PR1 供液。调节过载阀 PR1 的压力，使压力传感器 14-6 显示压力减去 T 口压力传感器 14-7 显示压力为 14MPa。拧紧过载阀 PR1 的锁定螺母。

测量过载阀 PR1 的压力摆振。

h. 换向阀 CV2 换向性能试验。保持上步系统状态。使换向阀 CV2 进油与 A2 或 B2 相通，调节 T 口的比例溢流阀 8-3，将压力调为 2MPa。调节比例溢流阀 7-3、7-4 压力为 20MPa 或合适的压力，使通过换向阀 CV2 的流量为额定流量（125L/min），操作换向阀 CV2 手柄连续动作 10 次以上，检查复位定位情况。

最后一次换向位置，计算机采集换向阀 CV2 四个油口压力、流量和温度。

i. 换向阀 CV3 换向性能试验。保持上步系统状态。关截止阀 23-9、23-10，开截止阀 23-7，23-8。操作换向阀 CV3 手柄连续动作 10 次以上，检查复位定位情况。

j. 换向阀 CV5 换向性能试验。保持上步系统状态。关截止阀 23-7、23-8 开启泵 3-1，调节泵 3-1 排量使流量计 16 显示 250L/min。

开截止阀 23-3、23-4，使换向阀 CV5 进油与 A5 或 B5 相通，调节比例溢流阀 8-1、8-2 压力为 20MPa 或合适的压力，使通过换向阀 CV5 的流量为额定流量（250L/min），操作换向阀 CV5 手柄连续动作 10 次以上，检查复位定位情况。

k. 换向阀 CV4 换向性能试验。保持上步系统状态。关截止阀 23-3，23-4，开截止阀 23-5、23-6。

操作换向阀 CV4 手柄连续动作 10 次以上，检查复位定位情况。

l. 中立位置内泄漏试验。将进 P3 的管路接到 B5 口，堵塞被试阀 P3 口，关闭所有截止阀，开泵 3-1 并调节出口压力（压力传感器 14-1 显示的压力）为 25MPa，打开截止阀 23-13 给 B5 加压，此时所有阀的工作油口和回油口都有压力。打开截止阀 29-1 使 P2 口与泄漏测量口相通，用量杯量取被试阀 1min 内中立位置的内泄漏量。

试验台平机布置如图 4-36 所示，动力部分与试验回路及测试系统由隔离墙隔开，防止振动和噪声对测试系统的干扰。液压系统下面是油箱，左右两侧是两个多路换向阀的试验工位，前部是电控台，计算机测试系统集成在电控台内。

③ 计算机测试系统　图 4-37 所示为试验台计算机测试系统框图，8 路压力传感器、2 路温度传感器和 1 路流量传感器将一套液压系统的压力、温度和流量转换成 4～20mA 电流信号，经过信号调理转化为 0～10V 的电压信号，由数据采集模块模数转换后经 USB 口送入计算机。

在 Windows XP 下采用 C♯语言开发了测控系统。

换向阀试验界面如图 4-38 所示，在此界面可进行多路换向阀中的安全阀和过载阀压力调定及压力摆振试验、换向阀的换向性能试验和中立位置内泄漏试验。计算机自动采集相应的压力、流量、温度等数据，并对测试的数据进行处理和分析。完成所有试验项目后自动形成试验报告，如图 4-39 所示。

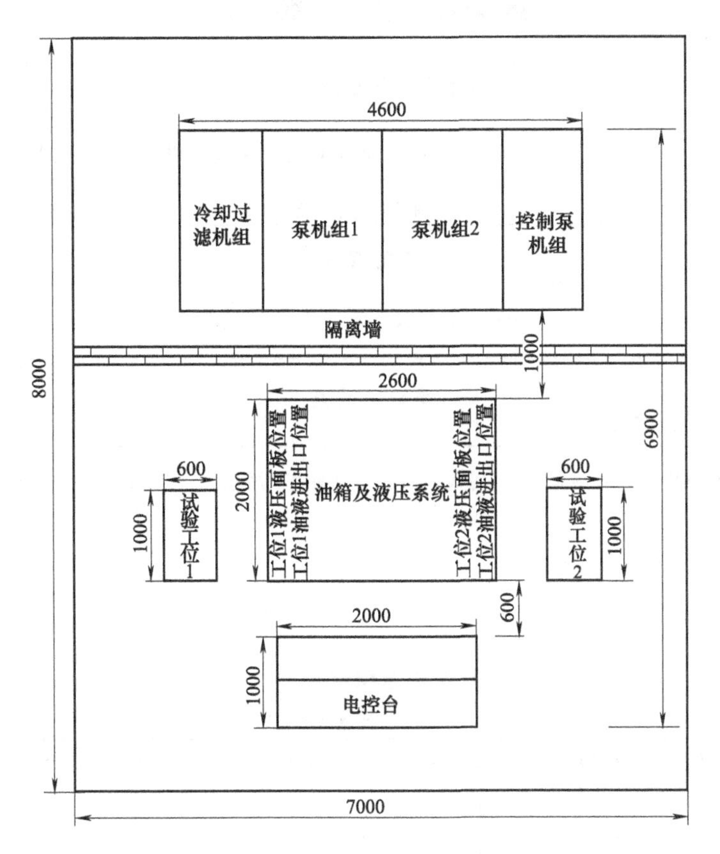


图 4-36　试验台平机布置

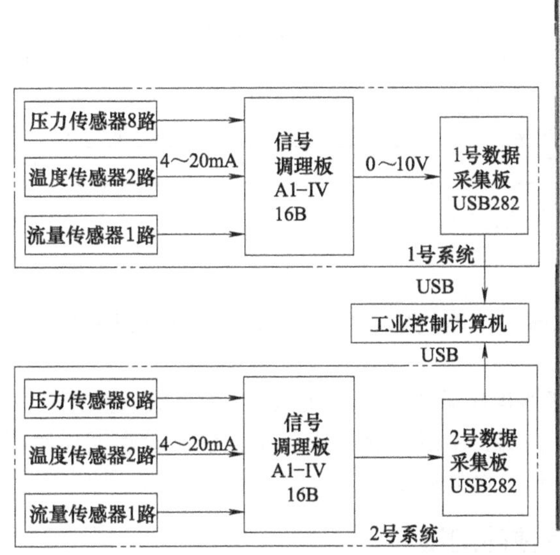


图 4-37　试验台计算机测试系统框图

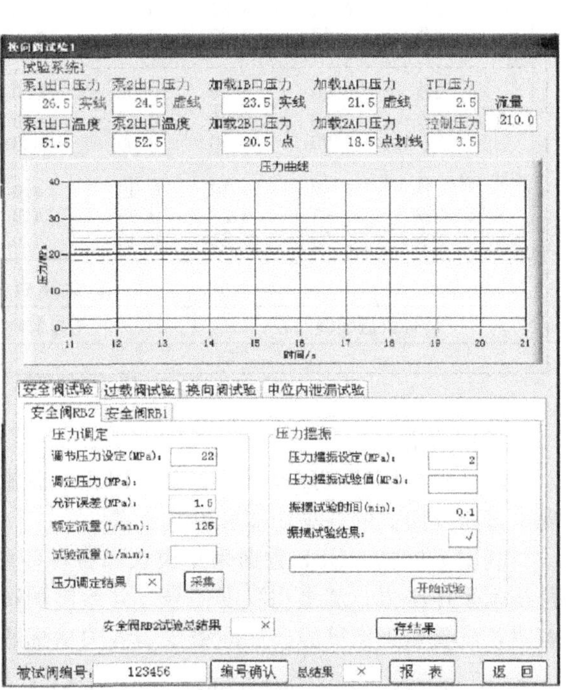


图 4-38　换向阀试验界面

**换向阀试验报告**

阀名称：电磁换向阀　　阀型号:E25JK-15W　　阀编号:003

生产厂家:天津　　生产日期:2020-11-14　试验日期：2020-11-28　试验员:01

标称压力(MPa):0.80　　标称通径(mm)：25　　**试验总结果：** ×

**外观质量**　　试验结果：√

防锈蚀处理:√　防护层无缺陷:√　允许接合面错位量：2.0　试验值：1.2　错位量结果:√

**泄漏量试验**

允许泄漏量(mL/min)：150.0　　试验结果：√

| | 泄漏量1 | 泄漏量2 | 泄漏量3 | 泄漏量平均值 | 气体温度 | 室温 | 试验结果 |
|---|---|---|---|---|---|---|---|
| 阀位1： | 3.2 | 3.8 | 3.2 | 3.4 | 10.9 | 9.9 | √ |
| 阀位2： | 3.1 | 3.7 | 3.3 | 3.4 | 11.1 | 9.9 | √ |
| 阀位3： | 0.0 | 0.0 | 0.0 | 0.0 | 0.0 | .0 | |

**有效截面积试验**

设计有效截面积(mm2)：25.0　　气罐容积(L)：20.0　　试验结果：×

| | | 气罐充压 | 排气初压 | 排气剩压 | 排气时间 | 气体温度 | 室温 | 放气均时 | 截面积Sh | 截面积 | 结果 |
|---|---|---|---|---|---|---|---|---|---|---|---|
| 通道1 | 1次： | 0.77 | 0.47 | 0.19 | 13.0 | 11.0 | 10.0 | | | | |
| | 2次： | 0.59 | 0.19 | 0.19 | 0.0 | 10.6 | 9.8 | 5.7 | 42.5 | 8.9 | × |
| | 3次： | 0.55 | 0.24 | 0.19 | 4.0 | 10.9 | 9.8 | | | | |
| 通道2 | 1次： | 0.67 | 0.36 | 0.19 | 4.0 | 10.7 | 9.8 | | | | |
| | 2次： | 0.74 | 0.39 | 0.19 | 4.0 | 10.7 | 9.8 | 4.3 | 91.9 | 91.9 | √ |
| | 3次： | 0.77 | 0.42 | 0.19 | 5.0 | 11.1 | 9.8 | | | | |
| 通道3 | 1次： | 0.00 | 0.00 | 0.00 | 0.0 | 0.0 | 0.0 | | | | |
| | 2次： | 0.00 | 0.00 | 0.00 | 0.0 | 0.0 | 0.0 | 0.0 | 0.0 | 0.0 | |
| | 3次： | 0.00 | 0.00 | 0.00 | 0.0 | 0.0 | 0.0 | | | | |
| 无阀 | 1次： | 0.68 | 0.38 | 0.19 | 4.0 | 11.1 | 9.8 | | 有效截面积Sm | | |
| | 2次： | 0.61 | 0.38 | 0.19 | 4.0 | 10.1 | 9.8 | 4.0 | 92.2 | | |
| | 3次： | 0.55 | 0.36 | 0.19 | 4.0 | 10.7 | 9.8 | | | | |

**正常换向试验**　　试验结果：√

换向灵活准确：√　　无异常响声：√　　无卡阻现象：√

图 4-39　换向阀试验报告

**(3) 结论**

该试验台由高压泵提供动力源，用比例溢流阀对多路换向阀的各工作口进行模拟加载，实现了多路换向阀的各项功能和性能试验。

利用工控机、USB 数据采集模块和各种传感器构建试验数据采集系统，C＃编程采用多线程技术采样压力、流量和温度信号，并绘制测试曲线、生成试验报表。工业性试验和现场使用表明，试验台工作可靠、性能稳定，各项指标达到了设计要求。

### 4.2.6 铝合金液压阀岛溢流阀静动双态特性的测试

铝合金液压阀岛是一个小型液压集成系统，它主要用于为现代军事设备的传动系统提供一个稳定的压力源，其压力由溢流阀来控制。

**(1) 铝合金液压阀岛的结构及工作原理**

① 阀岛的结构　铝合金液压阀岛是在先行设计的一个定压为 0.4MPa 的液压阀岛的基础上进行的改造设计。铝合金液压阀岛系统结构原理如图 4-40 所示，图 4-40 (a) 所示为系统示意，图 4-40 (b) 所示为结构示意。铝合金液压阀岛由进油滤油器、阀体、报警器、二位三通电磁换向阀和溢流阀等部件组成。

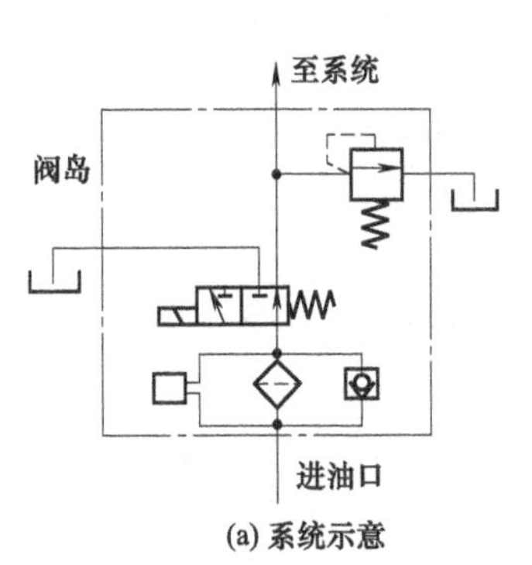


(a) 系统示意

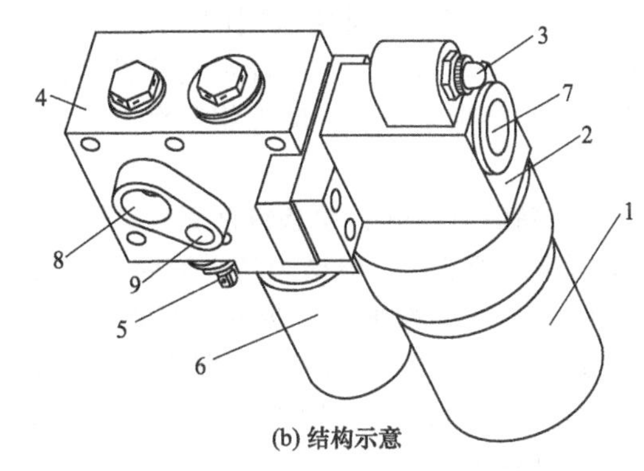


(b) 结构示意

图 4-40　铝合金液压阀岛系统结构原理

1—进油滤油器；2—进油滤油座；3—报警器；4—阀体；5—溢流阀；6—电磁换向阀；7—阀岛进油口；8—阀岛出油口；9—回油口

② 阀岛的工作原理　当给电磁换向阀 6 中的电磁铁通电时，电磁换向阀 6 换向，液压油不经主油路而直接流回油箱，此时，油路中的液压油经导引还可通过阀体 4 上的回油口 9 流经电磁换向阀和溢流阀，然后流回油箱。当未给电磁换向阀 6 中的电磁铁通电时，由于弹簧力作用，使电磁换向阀工作于右位状态，液压油经溢流阀 5 定压后供给系统，即液压油通过阀岛进油口 7，经进油滤油器 1 过滤后，进入阀体 4，然后流经电磁换向阀 6、溢流阀 5，最后与阀岛出油口 8 所在的主油路通道相通；液压油在溢流阀 5 入口处经溢流阀 5 定压，多余的液压油经回油口 9 流回油箱。通过溢流阀 5 的阀芯左部封油部泄漏的液压油聚集在其左弹簧腔内，通过电磁换向阀 6 的右部封油部泄漏的液压油聚集在其右弹簧腔内。为防止弹簧腔内液压油被封闭，故均开有泄油通道孔，以使弹簧腔内液压油流回油箱。为预防进油滤油器 1 的滤芯堵塞，在阀岛中装有单向阀，正常情况下，单向阀是关闭的，而当进油滤油器 1 的滤芯堵塞时，随着油压的升高，单向阀打开，液压油经单向阀流通。此外，当进油滤油器 1 的滤芯因某些原因导致液压油的压力损失过大时，压差指示器会给出报警提示。

**(2) 阀岛溢流阀静、动态特性试验要求**

溢流阀的原理是借助溢去一定量的液压油来保证液压系统中的压力为一定值，以防止过载。它在实际生产中起到溢流调压、安全保护、卸荷和远程调压等作用。对铝合金液压阀岛溢流阀静、动态特性试验的要求如下。

① 测试目的　检查铝合金液压阀岛各个零部件的加工质量和装配质量；调试铝合金液压阀岛的各项功能；检测铝合金液压阀岛溢流阀的静、动态特性是否满足要求。

② 测试温度　测试过程中，温度范围为－40～130℃。

③ 测试设备　阀岛溢流阀静、动态特性测试试验平台及与其相连的先科 (Advan Tech) 工控机，该工控机的后台配置了以 VB 语言开发的静、动态特性测试系统软件，具有较好的人机操作界面。

④ 测试油液　油液选用在－40～130℃的环境下能正常工作的军用红油。

⑤ 测试指标　测试溢流阀的静态特性指标和动态特性指标。

静态特性指标主要有：压力调节范围为0.2～10MPa；压力振摆值（当液压泵工作时，液压泵所提供的液压油推动活塞运动，达到极限位置时，活塞突然停止运动，液压泵失去输出液压油的通道，使溢流阀的压力上升到液压泵的开启压力，造成溢流阀的压力波动，即压力振摆）和压力偏移值（在工作前，溢流阀会预先调定在某一压力值，但在正常工作过程中，溢流阀的调定压力可能会缓慢下降或上开至另外一个压力值，两者的差值即为压力偏移值）均在±0.30MPa以内；溢流阀的最大允许流量为其额定流量，最小稳定流量一般规定为额定流量的15%；启闭特性，即溢流阀的开启与闭合全过程中的压力-流量特性，它是衡量溢流阀性能好坏的一个重要指标，一般规定其开启率应不小于90%，闭合率应不小于85%。

动态特性指标主要有：动态超调率小于10%；卸荷时间一般为3～8s，压力回升时间一般为0.3～2s。

**(3) 阀岛溢流阀静、动态特性测试试验**

① 构建试验平台　根据阀岛溢流阀静、动态特性的试验要求构建了试验平台，其结构如图4-41所示，该试验平台主要由19个零部件组成。图4-41中，A、T、P分别为电磁换向阀11的三个通口，DT1、DT2和DT3分别为电磁换向阀6和电磁换向阀11的电磁铁。

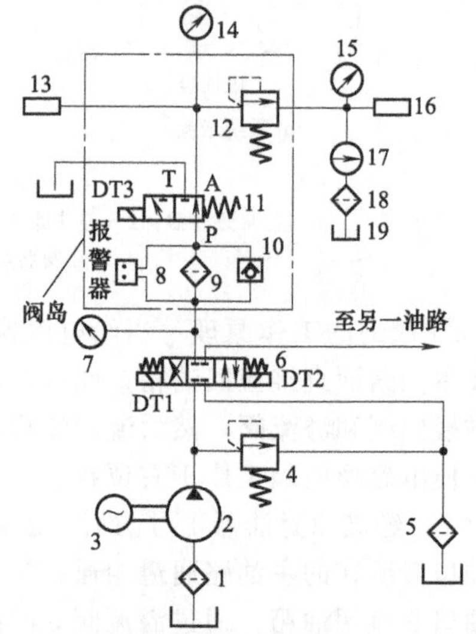


图4-41　阀岛溢流阀静、动态测试的试验平台结构

1,5,9,18—滤油器；2—可调定量泵；3—电动机；4—调节溢流阀；6,11—电磁换向阀；7,14,15—压力表；8—报警器；10—单向阀；12—被试溢流阀；13—压力传感器1；16—压力传感器2；17—流量计；19—油箱

② 静态特性测试试验

a. 调压范围及稳定性测试。

ⅰ. 测试方法。将试验平台结构中的调节溢流阀调至比被试溢流阀的调压范围高15%左右（仅起安全阀作用），再调节可调定量泵，进行如下试验。

调节被试溢流阀的调压螺杆从全松至全紧状态，通过压力表观察压力上升与下降情况，并测量压力变化范围，反复测试5次。在每次调整过程中同时启动测试软件，它可自动计算出溢流阀的调压范围。

调节被试溢流阀至调压范围最高值，可通过压力表测得溢流阀的压力振摆值。在此过程中启动测试软件，可自动计算出溢流阀的压力振摆值。

调节被试溢流阀至调压范围最高值，通过压力表测得溢流阀在1min内的压力偏移值。同样，其压力偏移值可由测试软件自动计算出。

ⅱ. 测试结果与分析。调压过程中，压力平稳上升与下降，没有出现噪声和振动等不正常现象。

由测试软件测得溢流阀调压范围为0.41～6.38MPa；压力振摆值为0.25MPa；压力偏移值为0.10MPa。

由测试结果可知，溢流阀的调压范围、压力振摆值和压力偏移值均在测试指标允许范围内，符合技术要求。

b. 启闭特性试验。

ⅰ. 测试方法。在对被试溢流阀进行静态特性试验时，应将电磁换向阀11的电磁铁DT3断电。

为了测试溢流阀在某一工况点时的启闭特性，首先将调节溢流阀作为安全阀使用，将其压力调至至少大于被试溢流阀的调定压力；然后调节被试溢流阀，使其全开压力分别等于各工况点对应的数值。试验共有4个工况点：工况点1，溢流阀的调定压力为6.3MPa，试验流量为

42L/min；工况点2，溢流阀的调定压力为6.3MPa，试验流量为34L/min；工况点3，溢流阀的调定压力为6.3MPa，试验流量为25L/min；工况点4，溢流阀的调定压力为5MPa，试验流量为42L/min。最后，完全打开调节溢流阀，准备测试。启动电动机，打开测试软件，进入溢流阀测试界面。选择或输入“采样周期”，输入采样时间，然后点击“启动采样”按钮来启动测试。

测试开始时，连续对调节溢流阀进行调节，使被试溢流阀的进口压力逐渐升高，直至被试溢流阀完全开启，即可得到被试溢流阀的开启特性；然后再逐渐松开调节溢流阀的调节手柄，使被试溢流阀的进口压力逐渐降低，直至被试溢流阀完全关闭，这样就可得到被试溢流阀的闭合特性。

ⅱ.测试结果与分析。图4-42所示为被试溢流阀的调定压力为6.3MPa、试验流量（即可调定量泵的调定流量）为42L/min时溢流阀的开启特性曲线和闭合特性曲线。被试溢流阀在开启过程中，压力为5.5MPa时开启，在闭合过程中，压力为5MPa时闭合。可得溢流阀的开启率为5.5/6.3≈87.30%，与指标要求的被试溢流阀的开启率90%相差约2.7%；闭合率5/6.3≈79.36%，与指标要求的闭合率85%相差约5.64%。说明此时溢流阀的启、闭特性效果不太好。

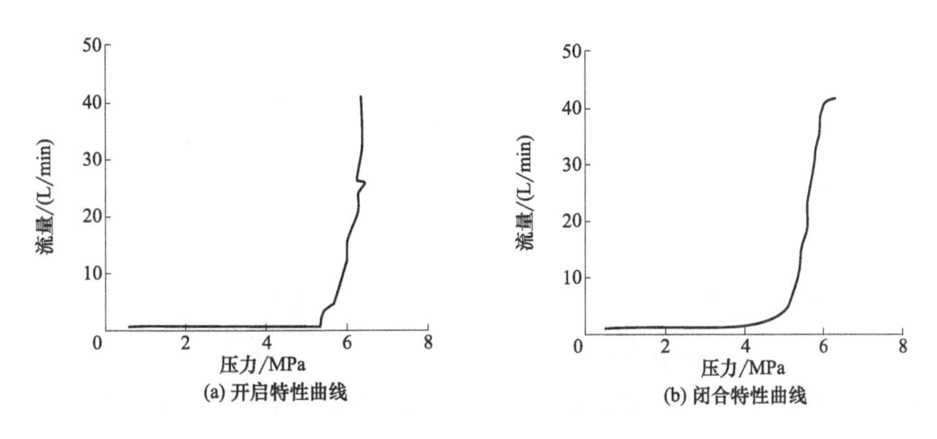


图4-42 调定压力为6.3MPa、试验流量为42L/min时溢流阀的开启特性曲线和闭合特性曲线

图4-43所示为被试溢流阀的调定压力为额定压力6.3MPa、试验流量为34L/min时溢流阀的开启特性曲线。当试验流量为34L/min时，在被试溢流阀开启过程中，压力为5.82MPa时开启。溢流阀开启率为5.82/6.3≈92.38%>87.30%，即当试验流量减小时，被测溢流阀的开启特性变好。

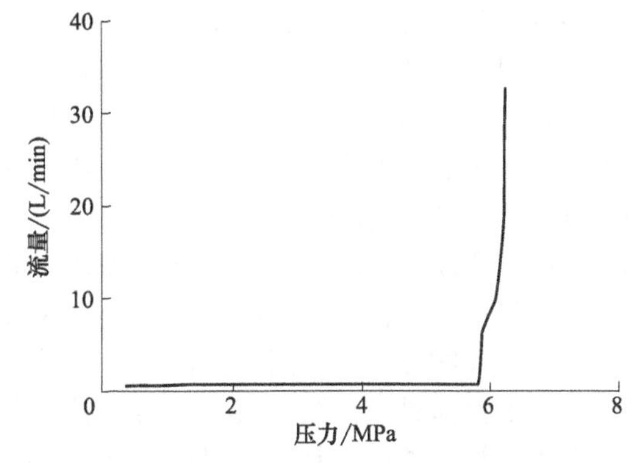


图4-43 调定压力为6.3MPa、试验流量为34L/min时溢流阀的开启特性曲线

图4-44所示为被试溢流阀的调定压力为6.3MPa、试验流量为25L/min时溢流阀的开启特性曲线和闭合特性曲线。当调定压力为6.3MPa、试验流量为25L/min时，被试溢流阀在开启过程中，压力为6MPa时开启，在闭合过程中，压力为5.1MPa时闭合。可得溢流阀的开启率为6/6.3≈95.23%>92.38%，闭合率为5.1/6.3≈80.95%>79.36%。由此可知，被试溢流阀在额定压力下，试验流量较低时，可得到更好的启闭特性。

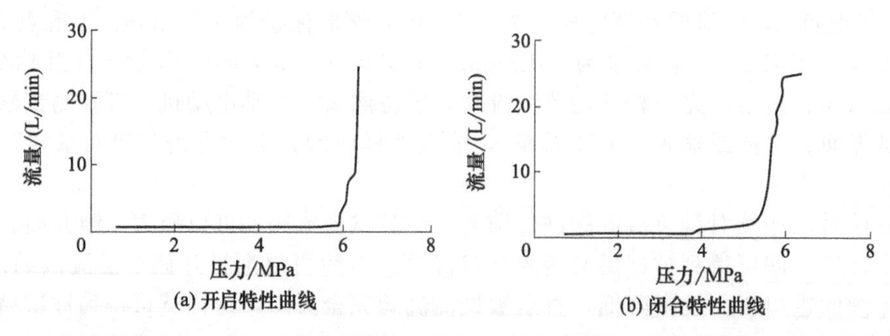


图 4-44 调定压力为 6.3MPa、试验流量为 25L/min 时溢流阀的开启特性曲线和闭合特性曲线

图 4-45 所示为被试溢流阀的调定压力为 5MPa、试验流量为 42L/min 时溢流阀的开启特性曲线和闭合特性曲线。可以看出，当被试溢流阀的调定压力为 5MPa，试验流量为 42L/min 时，溢流阀在开启过程中，压力为 4.2MPa 时开启，在闭合过程中，压力为 3.7MPa 时闭合。可得溢流阀的开启率为 4.2/5＝84％＜90％，闭合率为 3.7/5＝74％＜85％。由此可知，当被测溢流阀的调定压力降为 5MPa，试验流量为可调定量泵的额定流量时，溢流阀的启闭特性较差。

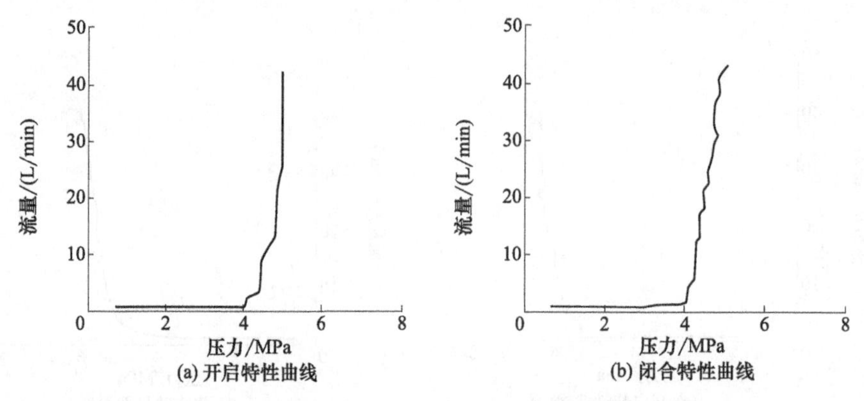


图 4-45 调定压力为 5MPa、试验流量为 42L/min 时溢流阀的开启特性曲线和闭合特性曲线

③ 动态特性测试试验

ⅰ. 测试方法 溢流阀的动态特性测试试验，主要是测定当负载油路被切断时，溢流阀阀前管路内的液压油流动状态发生的变化，相当于给溢流阀输入一个阶跃信号，从而使其突然进入工作状态的过渡过程，即启动特性。

试验时，保持三位四通电磁换向阀的电磁铁 DT1 一直处于断电状态，即电磁换向阀一直处于二位状态。测定前，首先使电磁铁 DT2 断电，设置调节溢流阀的调定压力，使其压力高于被试溢流阀的额定压力 6.3MPa，现将其压力调定为 10MPa。然后再使电磁铁 DT2 通电，调整被试溢流阀，使其定压在额定压力 6.3MPa，同时调节可调定量泵，使试验流量为 42L/min。然后给电磁铁 DT3 通电，使电磁换向阀换向到左位，系统中的液压油全部经过电磁换向阀流回油箱。继续使电磁铁 DT3 通电，使被试溢流阀恢复到初始状态，即压力表的压力约为零，此时溢流阀无液压油流过。然后使电磁铁 DT3 突然断电，这时可调定量泵提供的全部液压油都通过被试溢流阀而使其突然开启，即相当于给了溢流阀一个阶跃信号。此时压力传感器采集被试溢流阀整个开启过程直至稳定过程的进口压力变化状态，并通过采集卡传输至工控机，测试软件将记录溢流阀动态特性过程中的压力变化情况，并以曲线的形式动态显示出来，该曲线即为溢流阀的动态特性曲线。

ⅱ. 测试结果与分析 图 4-46 所示为溢流阀的进口压力为 6.3MPa、试验流量为 42L/min 时溢流阀的动态特性曲线。可以看出，被试溢流阀的进口压力为 6.3MPa、试验流量为

42L/min 时，溢流阀的压力超调量为 0.45MPa，超调率为 7.14%，满足超调率小于 10%的要求，说明溢流阀的该项性能较好；压力调整时间（也称过渡过程时间）约为 1180ms，大于一般调整时间 0.8s，显得时间稍长。针对该问题，可以通过适当增大阀芯与阀体间的配合间隙或减小定压弹簧的刚度系数来提高阀芯的动态响应过程予以解决。

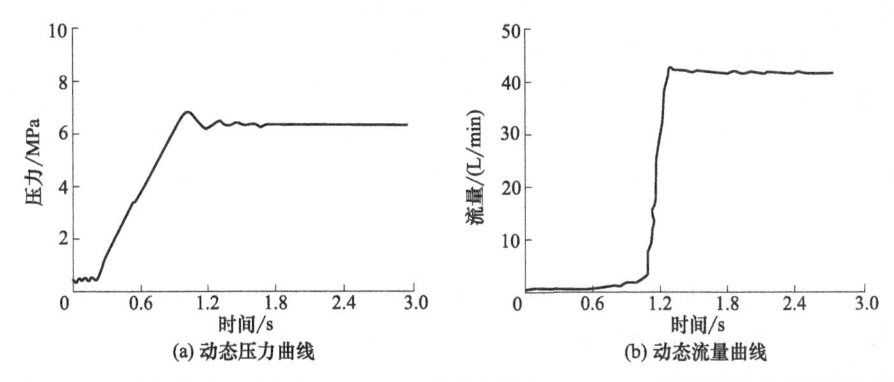


图 4-46 溢流阀的进口压力为 6.3MPa、试验流量为 42L/min 时溢流阀的动态特性曲线

图 4-47 所示为被试溢流阀的进口压力为 5.5MPa、试验流量为 37L/min 时溢流阀的动态特性曲线，图 4-48 所示为被测溢流阀的进口压力为 4.8MPa、试验流量为 34L/min 时溢流阀的动态特性曲线。

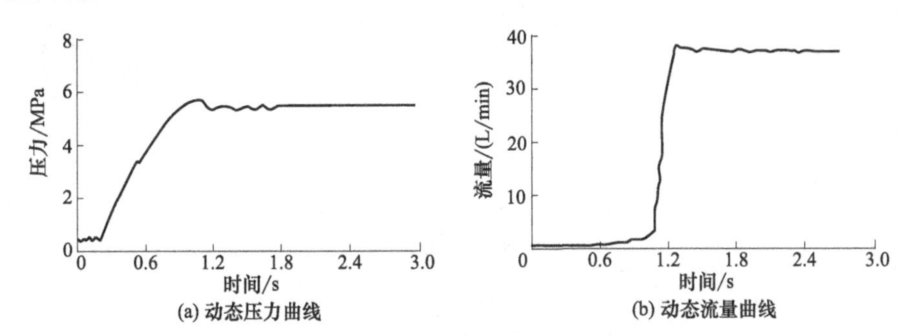


图 4-47 溢流阀的进口压力为 5.5MPa、试验流量为 37L/min 时溢流阀的动态特性曲线

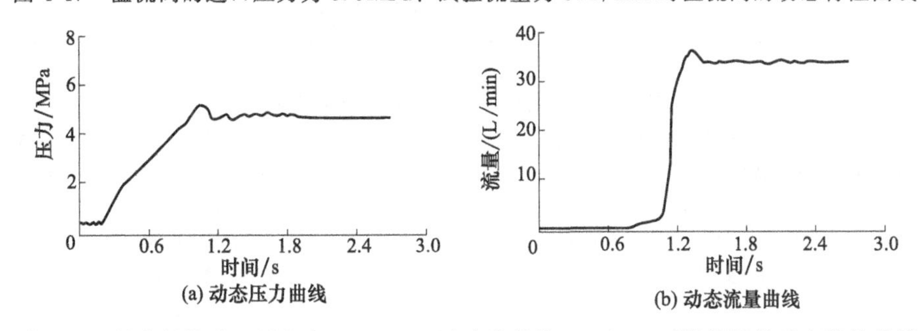


图 4-48 溢流阀的进口压力为 4.8MPa、试验流量为 34L/min 时溢流阀的动态特性曲线

对比图 4-47 和图 4-48 可知，改变溢流阀的进口压力和试验流量得到的溢流阀的动态特性曲线与图 4-46 中的动态特性曲线趋势基本相似，图 4-47 和图 4-48 所示的溢流阀的压力超调量分别为 0.25MPa（对应的超调率为 4.45%）和 0.20MPa（对应的超调率为 4.17%），该数值比图 4-46 中的压力超调量 0.45MPa 要小，说明在试验过程中对液压元件的损伤程度也更轻；但图 4-47 和图 4-48 中的压力调整时间分别约为 1200ms 和 1210ms，比图 4-46 中的压力调整时间 1180ms 略大一点。由此可得出结论，溢流阀的进口压力和试验流量与溢流阀的压力超调量有一定的关系。

### 4.2.7 自动变速器液压系统动态响应特性试验

自动变速器的液压系统主要由接收电信号的电磁阀、起功率放大作用的流量阀以及供油系统和系统定压阀等组成。通常将从变速器油泵输出到换挡离合器油腔之间的控制阀体及其油道回路称为换挡控制回路。在以往的研究中，已经对液压系统中的单个阀进行了大量的特性研究，但很少涉及整个换挡控制回路的动态响应特性研究。

为满足换挡品质控制对离合器油压缓冲控制特性的要求，以某液力机械自动变速器液压系统为研究对象，试制了其中的换挡控制回路，通过试验的方法对该回路的动态响应特性进行了研究和分析，由于变速器油液对温度变化很敏感，还分析了变速器油液温度变化对换挡控制回路动态充油特性的影响。

**（1）液压系统工作原理**

图 4-49 所示为某液力机械自动变速器的液压系统工作原理。根据构件各自功能的不同，该液压系统可分为供油部分、调压部分、换挡控制回路和辅助部分。调压部分由主调压阀、主控调压阀和 CPS4 组成。

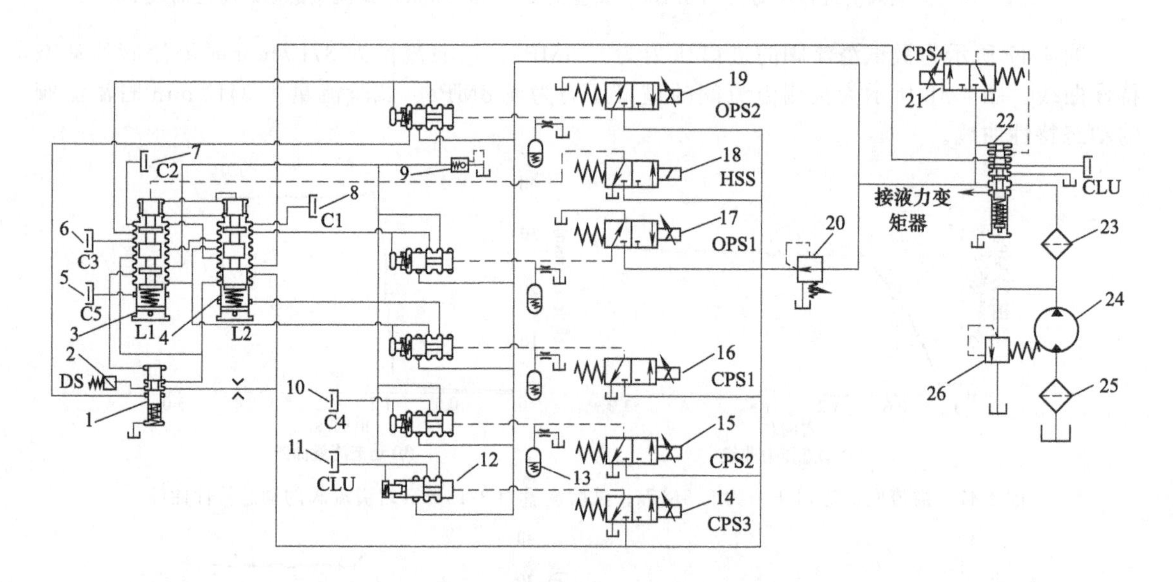


图 4-49 自动变速器液压系统工作原理

1—压力诊断阀；2—诊断开关阀 DS；3—锁止阀 L2；4—锁止阀 L1；5—离合器 C5；6—离合器 C3；7—离合器 C2；8—离合器 C1；9—回油背压阀；10—离合器 C4；11—闭锁离合器；12—双边节流阀；13—蓄能器；14—常闭比例电磁阀 CPS3；15—常闭比例电磁阀 CPS2；16—常闭比例电磁阀 CPS1；17—常开比例电磁阀 OPS1；18—高速开关阀 HSS；19—常开比例电磁阀 OPS2；20—主控调压阀；21—常闭电磁阀 CPS4；22—主调压阀；23—主滤清器；24—油泵；25—吸滤器；26—泄压阀

主调压阀控制着液压系统的供油压力 $p_Z$ 和流量，该系统压力可以通过可调节电磁力的 CPS4 进行调整，主控调压阀控制着电磁阀的控制压力 $p_C$。

换挡控制回路包括电磁阀、双边节流阀、锁止阀和相应油路。通过电磁阀控制双边节流阀向离合器供油，HSS 的输出压力可调节 L1 和 L2 的阀芯位置，从而切换不同离合器换挡控制回路的通断。双边节流阀起一个功率放大器的作用，向换挡离合器及闭锁离合器工作油腔供油。

从图 4-49 中可以看出 C1～C3 和 C5 换挡控制回路无论通电与否都要经过 L1、L2，因此在断电时将根据 L1、L2 阀芯的位置确定上述换挡控制回路的通断，进而控制相应离合器的接合或分离，保证车辆能够安全行驶。因为 L1、L2 锁止阀的作用，电磁阀与离合器也不再是简单的一一对应的关系，电磁阀和离合器的控制逻辑及挡位关系见表 4-22。

**表 4-22　电磁阀和离合器的控制逻辑及挡位关系**

| 离合器 | 挡位 | 常开比例电磁阀 | | 常闭比例电磁阀 | | | | 开关阀 | 诊断开关 | 锁止阀 | |
|---|---|---|---|---|---|---|---|---|---|---|---|
| | | OPS1 | OPS2 | CPS1 | CPS2 | CPS3 | CPS4 | HSS | DS | L1 | L2 |
| C5 | 空 | √ | √ | √ | | | √ | | | 上 | 上 |
| C3、C5 | 倒 | √ | | √ | | | √ | | √ | 上 | 上 |
| C1、C5 | 一 | | √ | √ | | | √ | √△ | | 上 | 下 |
| C1、C4、CLU | 二 | | √ | | √ | √ | √ | √ | √ | 下 | 下 |
| C1、C3、CLU | 三 | | √ | √ | | √ | | √ | √ | 下 | 下 |
| C1、C2、CLU | 四 | | | | | √ | | √ | √ | 下 | 下 |
| C2、C3、CLU | 五 | √ | | √ | | √ | | √ | √ | 下 | 下 |
| C2、C4、CLU | 六 | √ | | | √ | √ | | | | 下 | 上 |

注：√表示相应电磁阀通电，对 DS 表示压力开关打开，√△表示由空挡升入一挡或从一挡回到空挡时，HSS 电磁阀需短时间工作，上和下表示 L1、L2 阀芯在阀腔中的位置。

此外，由于 L1 阀芯位置对换挡控制至关重要，为保证换挡控制能正常进行，需要诊断开关 DS 来监测锁止阀 L1 阀芯的位置，当 L1 阀芯处于下端时 DS 打开，反之，当 L1 阀芯处于上端时 DS 关闭，所以通过监测 DS 的开关状态就可以知道 L1 阀芯的位置。

(2) 试验与分析

① 试验条件　液压系统测试平台主要包括测试台架、控制系统、信号采集系统等。图 4-50 所示为液压模块中某离合器换挡控制回路的动态特性测试系统原理，其通过 PS1～PS4 四个油压传感器采集换挡控制回路中的控制油压 $p_C$、主油压 $p_Z$、输出油压 $p_{CLx}$ 和蓄能器压力，油温表记录油液温度。控制器根据控制策略输出给相应电磁阀来调节离合器换挡控制回路的充放油过程，并由数据采集软件实时记录试验过程中的油压。测试平台由液压泵来提供油源，其额定流量为 100L/min，主油压最高可达到 20bar（2MPa），电磁阀驱动电压为 24V，系统温度范围为 0～120℃。PWM 控制频率为 1kHz，采样周期为 10ms。

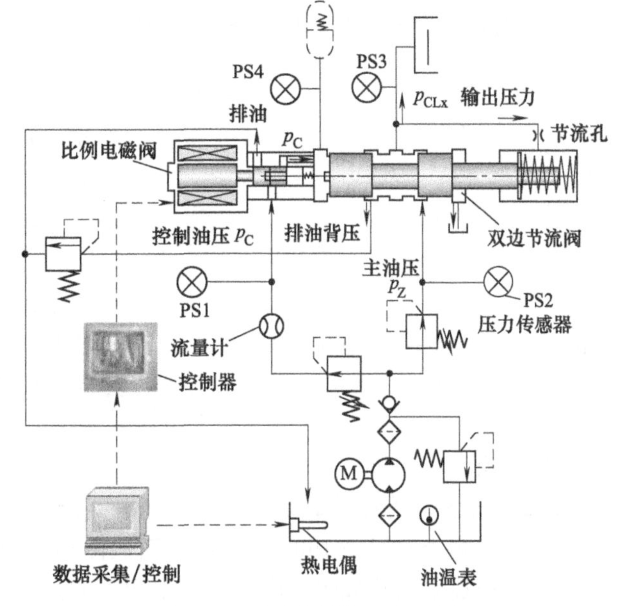


图 4-50　动态特性测试系统原理

② 试验结果及分析　以标定过的换挡过程充放油控制策略为基础设计各电磁阀的控制时序和占空比的变化规律。图 4-51 所示为 80℃油温下，由不同类型电磁阀控制的各离合器换挡控制回路在换挡过程中充放油时的动态压力响应曲线，此时液力变矩器已经闭锁，系统的主油压 $p_Z$ 保持在 12.8bar（1.28MPa）左右，控制油压稳定在 6.76bar（0.676MPa）。

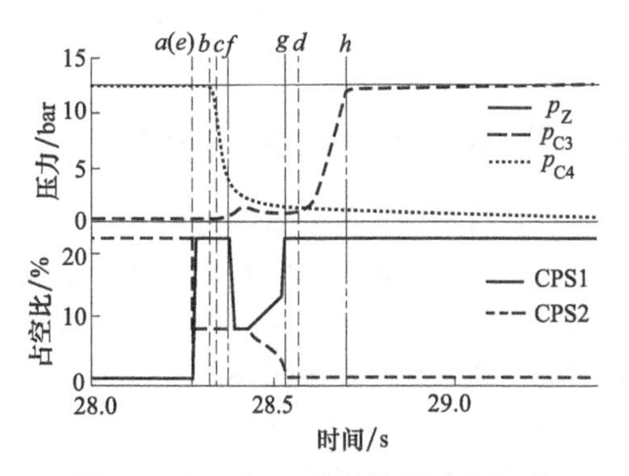


图 4-51　C3 和 C4 换挡控制回路充/放油时的动态压力响应曲线

1bar＝0.1MPa

分析图 4-51 可知，由常闭比例电磁阀 CPS2 控制的 C4 换挡控制回路的关闭响应时间 $\Delta t_{ab}$（从发出快放油占空比控制指令到油压开始下降）约为 40ms，放油响应时间 $\Delta t_{cd}$（输出压力从 90%稳定压力第一次降低到 10%稳定压力）约为 120ms；由常闭比例电磁阀 CPS1 控制的 C3 换挡控制回路的开启响应时间 $\Delta t_{ef}$（从发出快充油占空比控制指令到油压开始上升）约为 80ms，充油响应时间 $\Delta t_{gh}$（输出压力从 10%稳定压力第一次上升到 90%稳定压力）约为 160ms。类似地，统计其他各电磁阀控制的换挡回路输出压力的动态响应时间如表 4-23 所示。

**表 4-23　各换挡回路输出压力的动态响应时间**　　ms

| 换挡回路对应的电磁阀 | 开启响应 | 充油响应 | 关闭响应 | 放油响应 |
|---|---|---|---|---|
| OPS1 | 80 | 200 | 120 | 140 |
| OPS2 | 90 | 200 | 120 | 120 |
| CPS1 | 80 | 160 | 40 | 110 |
| CPS2 | 80 | 180 | 40 | 120 |
| CPS3 | 100 | 240 | 30 | 90 |
| HSS | 40 | 70 | 20 | 50 |

③ 油温对响应曲线的影响　图 4-52 所示为在相同的控制策略下，五种油液温度对离合器充油压力特性造成的影响。随着温度的升高，充油压力的动态响应时间变短，并且稳态压力也随着温度升高而有所升高，70℃和 90℃的充油压力曲线基本保持一致，但当温度超过 100℃后液压系统工作状态将变得不稳定。油温变化主要影响油液的黏度，油温低黏度大，不利于形成油膜，油温高黏度小，油膜容易破裂。因此，温度过高和过低都不利于对液压系统离合器换挡控制回路的充放油控制。为提高换挡品质，考虑将油温对响应特性的影响进行标定，进而对输出占空比进行补偿。

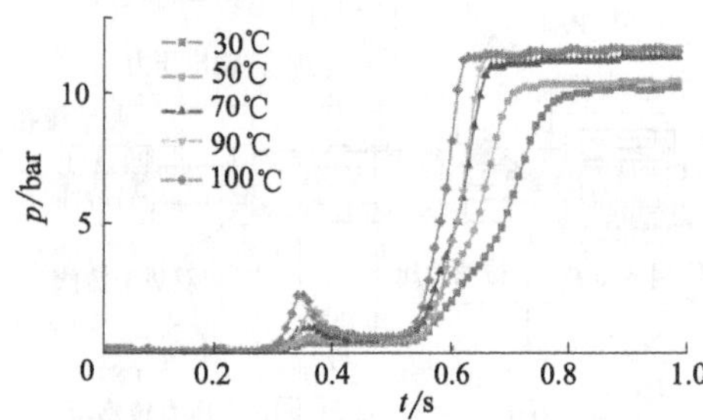


图 4-52　油温对动态充油压力特性的影响
1bar＝0.1MPa

**(3) 结论**

① 试验数据表明常闭型和常开型比例电磁阀所控制的换挡控制回路的充油动态响应特性较一致，充油响应时间在 150～200ms，而放油动态响应特性存在一定差异，常开型比例电磁阀控制的换挡控制回路关闭响应时间比常闭型的要略长，应分别设计适宜的控制策略去适应它们的控制特性。

② 通过分析油温变化对离合器换挡控制回路充油特性影响的试验数据，可以得到占空比对温度影响的补偿值，将其列为数据表嵌入到换挡控制的前馈控制中，将有利于提高其换挡品质。

## 4.2.8 液压阀泄漏量的测试

**(1) 目前液压阀测试的弊端**

为了更加节能，设计者们在液压系统设计时都考虑选用低泄漏或者无泄漏的液压控制阀，这对液压阀性能提出了更高的要求。特别是在对负载保持和保压的工况下，对阀的泄漏量要求将更高，通常要求泄漏量不大于 3 滴/min，一般有这样的要求时，设计工程师都选用提动型的液压阀，如锥阀型溢流阀、锥阀型电磁阀等。

关于泄漏量检测的方法现在对于很多工厂来说都不统一，虽然在 GB 8105《压力控制阀　试验方法》、JB/T 10374《液压溢流阀》标准中推荐泄漏量可以用量杯或者小的流量计进行测量但使用量杯进行检测需要等待 1min，让残留在管道中的油液排尽后，再在 1min 内进行计量，效率相对较低；用量程小的流量计进行测量时，一方面小量程高精度圆柱齿轮流量计价格非常高，且由于流量计大多是容积式的，存在一定的容积效率，一般精度在±0.5%FS，对于0～5L量程的流量计误差都在0.05mL左右，所以精度甚至没有目测直观准确，另一方面因为测试阀时还需要检测额定流量下的特性，且流量计的量程范围有限，因此需要在大流量和小流量之间切换，需要较为复杂的控制系统（图4-53）。

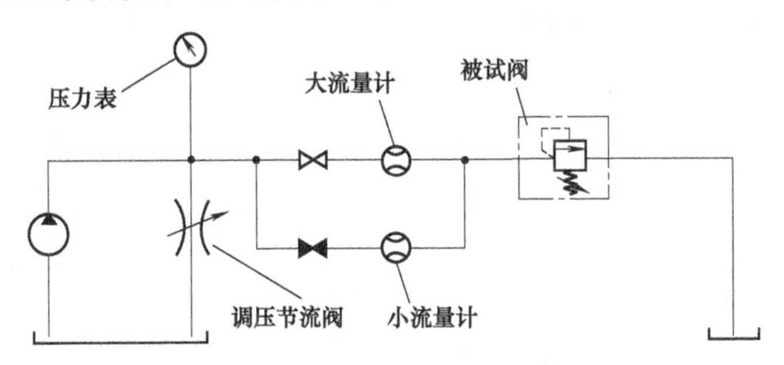


图4-53　液压阀测试原理

(2) 锥阀型压力阀测试

目前在国际液压阀行业已经形成一种共识，在对锥阀型的液压阀泄漏量指标进行描述时以“滴”为单位，也就是说泄漏量以“几滴每分钟”来衡量，每一滴相当于体积为0.05mL。如何准确地测量这么小的体积，目前主要方法还是目测和数滴数，但是滴数的大小怎么确定呢？这里采用“滴定管”的原理来规定滴的大小。如图4-54所示，滴管直径为2～4mm，出口有一个小的滴嘴，直径为0.7mm左右，这样在液体自重的作用下滴落的液滴体积基本为0.05mL。为了测试时被试阀回油口少一些背压，背压阀的额定流量选取应大于被试阀额定流量的2倍以上，开启压力要比滴嘴相对单向阀的高度所产生的压强大0.5～0.7bar(0.05～0.07MPa)，保证单向阀的良好密封，避免单向阀泄漏。

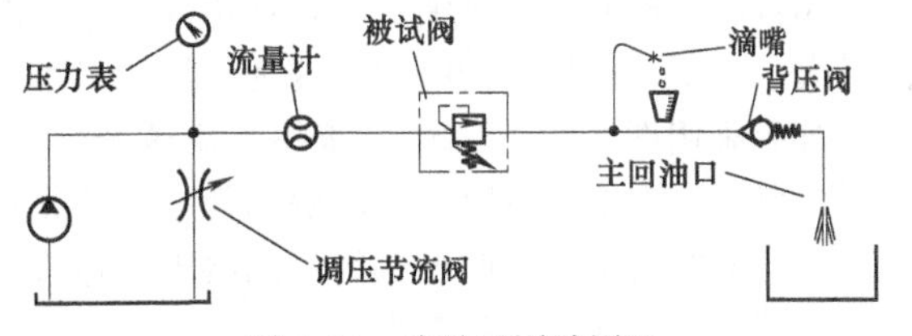


图4-54　改进后测试原理

压力阀在测试泄漏时需要被试阀在完全关闭的状态下，即测试台的系统压力在慢慢降低，当阀关闭后压力再继续降低10%左右，观察泄漏量滴数。当系统压力在慢慢降低过程中，被试阀通过的流量也随着慢慢减少，当压力阀完全关闭后，背压阀会将管道中的液体封住，此时滴嘴滴下的液体体积将完全等于阀关闭状态下的液体泄漏体积，一般在30s内记录滴数，然后乘以2将是阀在1min内的泄漏量。

(3) 压力阀启闭和压力设定

压力阀除了测量在完全关闭的情况下的泄漏量，还要测试阀的开启压力和关闭压力以及出厂设定压力。因此在何种情况下视为开启何种情况下视为关闭呢？何种情况为完全关闭？在设定压力时的流量多少？这个定义许多厂家标准不一，美国两大螺纹插装阀厂家之一的SUN公司定义在压力上升的过程中通过阀的流量达到32mL/min时的压力视为开启压力，当压力下降过程中通过的流量减小到32mL/min视为关闭压力，由于压力阀存在调压偏差，所以出厂设定压力规定在通过阀的流量在5L/min的情况下设定；而Hydraforce公司定义通过的流量达0.95L/min时的压力为开启和关闭压力，出厂设定压力是在流量为0.95L/min时设定的。由于流量要求多变，这将给测试带来一定的麻烦，而对于小于5 L/min的系统流量大量程的流量计是无法读数的，此时也可以使用该装置来检测流量大小。

如图4-55、图4-56所示，当主油口的液体刚好从有油流出到关闭的这一刻，说明单向阀前的压力刚好等于单向阀的开启压力。此时可以根据流量公式 $q=C_dA\ (2\Delta p/\rho)^{1/2}$ 计算出滴嘴口的流量（$C_d$ 为流量系数；$A$ 为节流孔的通流面积；$\Delta p$ 为单向阀的开启压力；$\rho$ 为液体密度）。这样在进行液压阀测试时，可以根据油液的流出状态判定系统的流量，解决开启压力、关闭压力、泄漏量以及出厂设定压力对流量的要求问题。例如，滴嘴的油液从滴状变成线状流量约为 30mL/min，主回油口的油液从有到无的流量是上面流量公式计算出来的流量，同时还可以调整滴嘴节流孔的大小调整流量值。

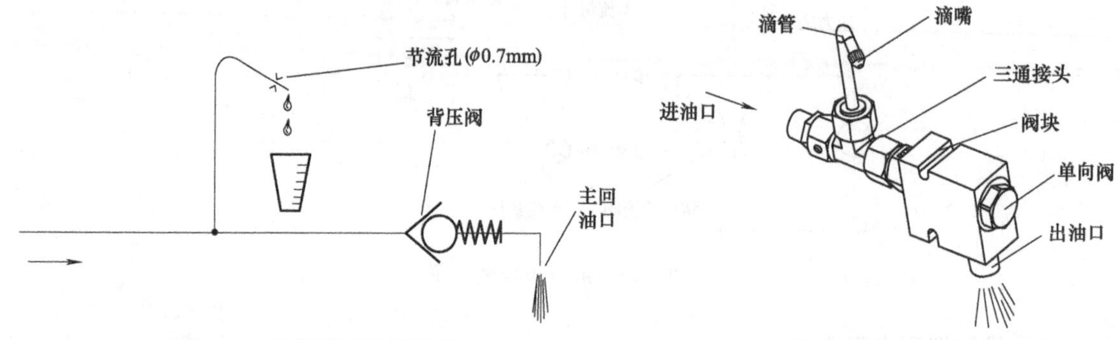


图 4-55 泄漏测试装置原理

图 4-56 泄漏测试装置三维图

**(4) 电磁阀类测试**

同样电磁阀类产品也要检测阀的压力损失和泄漏量，压力损失需要在额定流量下进行检测，泄漏量却又要在流量特别小的情况下检测。在压力损失检测时用大流量计，当检测泄漏量时需要用到的装置与前面的基本一样，增加了两个截止阀，主要是在电磁阀检测时需要使电磁铁得电和失电，在得电或失电时阀会动作，当以一定的速度动作时会存在较大的压力冲击，此时冲击会使单向阀排出一部分油液到油箱，在被试阀和单向阀之间的管道中将会存在一定的空气，此时看泄漏量大小需要等待较长的时间，因为泄漏油必须将空气全部排出并填满管道才能从滴定管滴下。

如果采用图 4-57 所示的系统将解决这个问题，当测压力损失曲线时将截止阀 1 关闭，截止阀 2 开启。当测泄漏量时，在电磁阀得电之前先将截止阀 1、2 全部关闭，让液体全部充满管道。然后让电磁阀得电，此时电磁阀关闭将不会造成管道内的液体排出，此时再打开截止阀 1，可以从滴定管中看到泄漏量的多少。

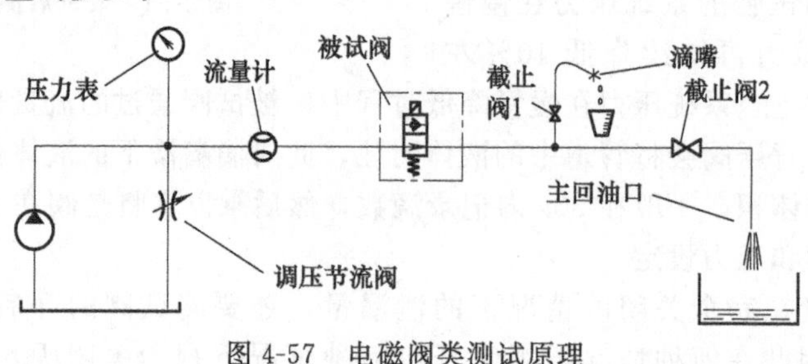


图 4-57 电磁阀类测试原理

# 4.3 数字液压阀试验

## 4.3.1 数字电磁阀测试工艺

**(1) 开关式电磁阀测试工艺**

针对开关式电磁阀仅开（ON）和关（OFF）两种状态，且一般不会用于换挡控制这些油压控制要求精确的场合，因此此类电磁阀的性能测试主要方法为通电法，即直接通电，让电磁阀打开或关闭，测量油压是否可以到达最大值，确定阀芯是否发生卡滞和存在磨损。

**(2) 调压电磁阀测试工艺**

该类电磁阀作为换挡控制的关键元件，关系到换挡品质的改善以及乘员的行车舒适性，因此其测试工艺要求较高。

调压电磁阀的性能测试项目主要包括耐久性测试、油压时域特性测试以及 I（电流）/P（油压）特性测试。耐久性测试主要在新品开发阶段，用于确定阀芯耐磨性和如弹簧等弹性元件的疲劳寿命特点，旨在确认电磁阀设计无缺陷，可以满足使用要求。再制造产业中的电磁阀元件为废旧汽车零部件，耐久性试验在其研发过程中已经完成，因此在其再制造过程中不再进行。

① 油压时域特性测试　具体做法为经过试验确定 2～3 个占空比变化点，一般为油压变化的起始点和终止点。油压变化的起始点对于常开型电磁阀即为从最大油压到油压开始下降的占空比控制点，对于常闭型电磁阀即为油压零点到油压开始上升的占空比控制点；油压变化的终止点对于常开型电磁阀即为油压变为 0 的占空比变化点，对于常闭型电磁阀即为油压达到最大值的控制点。下面就以装载在某宝马车上自动变速器的电磁阀为例阐述该方法。

如图 4-58 所示，电磁阀为常闭型，占空比控制信号从 0%→20%→60%，在 0%时油压为 0psi（1psi=6.895kPa），该电磁阀最低工作频率占空比为 20%，即 0%～20% 的占空比频段，电磁阀不工作，油压也不会有变化。在 50ms 时占空比变为 20%，在 150ms 时占空比由 20%变为 60%，此时检测电磁阀油压的变化可以看出油压在 150～600ms 时间内由 0～72psi。在 600ms 时刻，为电磁阀全开状态，因此油压出现一个阶梯式的变化，最终停留在最大值 72psi 上，第一阶段油压上升阶段结束。第二阶段为油压下降阶段，由 50ms 时刻开始占空比控制信号由 60%变为 20%，检测油压变化，从 50～600ms 的时间段中，50ms 时刻，占空比从 60%变为 20%，检测整个时间段的油压变化，在 600ms 时刻，占空比由 20%～0%，电磁阀处于关闭状态，因此油压发生阶梯变化，最终为 0psi。

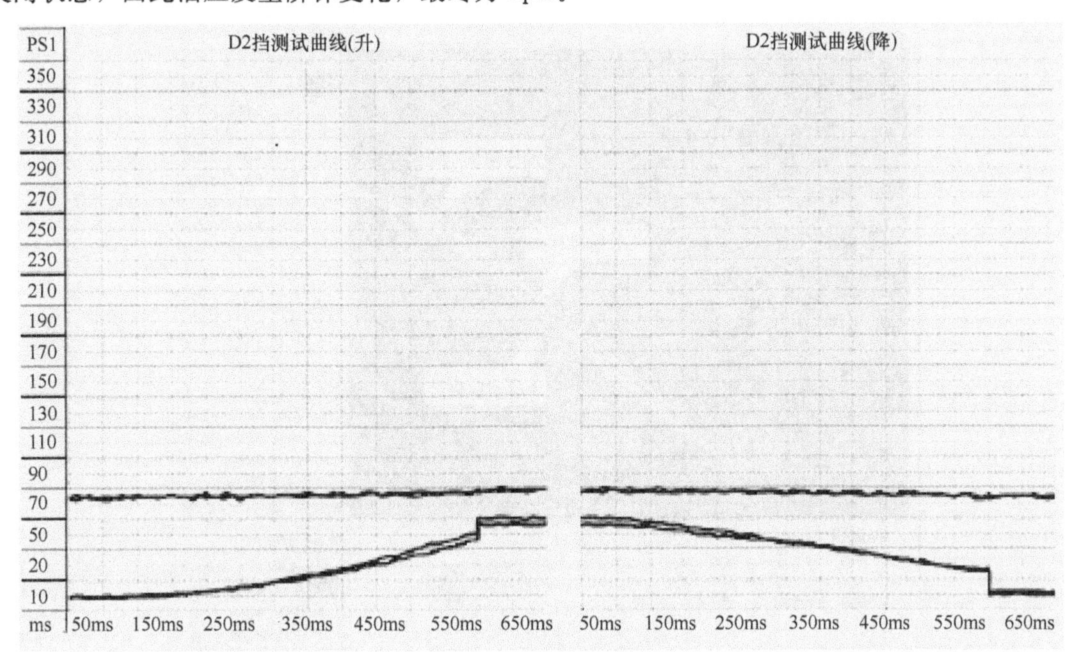


图 4-58　油压变化曲线

以上的电磁阀测试方法主要评价电磁阀油压阶变性能，即由最低占空比控制频率到最高占空比控制频率时，油压是否能在规定时间内完成调节，从而判断电磁阀的调压性能。

② $I$（电流）/$p$（油压）特性测试　$I/p$ 特性测试是建立一条电流与油压的关系曲线，以评价电磁阀各级的电流响应特性。与油压时域特性测试的主要区别在于，油压时域特性测试中，$X$ 轴为油压，而 $I/p$ 特性测试中 $X$ 轴为电流。一般电磁阀的工作电流不会超过 1000mA，因此 $I/p$ 特性测试的电流变化范围由 0～1000mA，变化步长为 1mA，每一刻度扫描 50 次，形成一条 $I$ 与 $p$ 的变化曲线。

下面用与油压时域特性测试同样的例子阐述 $I/p$ 特性的测试方法。如图 4-59 所示，电磁阀为常闭型，电流线由 0mA 开始以步长为 1mA 增大，反之，从 1000mA 开始以步长为 1mA 减少，每 1mA 扫描 50 次，最终形成图 4-59 中的 $I/p$ 曲线。该电磁阀在 0～200mA 前处于关闭状态，在 200mA 后，电磁阀开始逐步开启，一直到 800mA 时，油压调节为最大值，800～1000mA 后油压再无变化。

在该测试方法中最主要有 3 个性能判断指标：

a. 压力曲线是否在标准曲线之上。如图 4-59 所示上升阶段曲线标准和下降阶段曲线标准，油压测试曲线整体在这两条曲线之上，若油压在标准曲线之下，则判断为电磁阀某部分磨损，出现泄压。

b. 压力曲线的斜率。斜率体现压力随电流变化的快慢，即电磁阀对不同级别的电流响应的能力，如测试压力曲线比标准曲线的斜率小，则证明电磁阀卡滞。

c. 滞环量不能大于标准值。滞环量为上升阶段曲线与下降阶段曲线在同一电流级别时油压的差值。滞环量的大小体现电磁阀的自适应能力，对于再制造件而言，由于零件经过一段时间的使用产生磨损或在再制造过程中装配的误差，导致其与原来的图纸尺寸不符，在车辆行驶过程中，自动变速器控制模块会对电磁阀的控制电流进行调整，实施压力补偿，该过程称为自适应，但是滞环量过大，超过了控制模块的自适应范围，压力无法补偿，从而导致换挡不平顺。

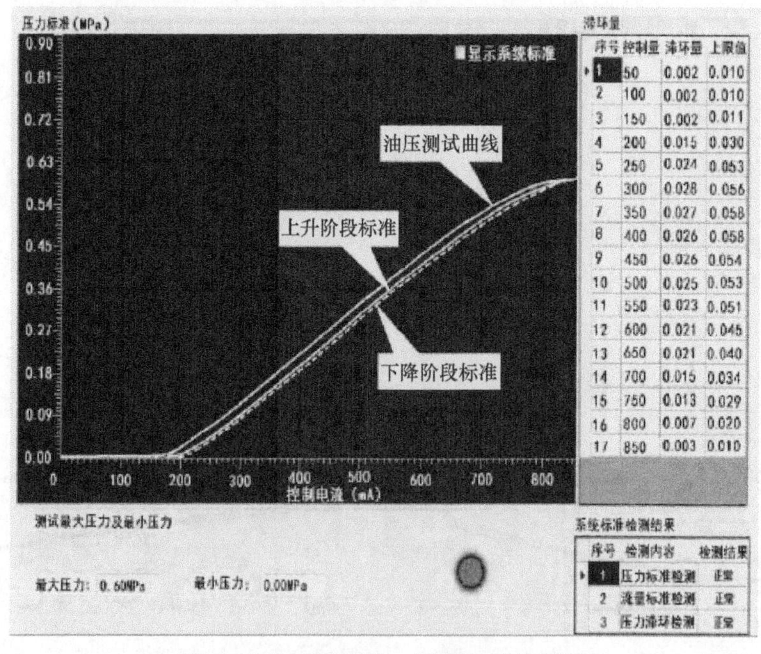


图 4-59　$I$（电流）/$p$（油压）特性测试

## 4.3.2　数字阀的静态性能测试

**（1）压差流量特性**

在研究过程中测试了微型高速数字阀的压差流量特性。阀门的入口压力通过阀前比例溢流阀的闭环控制保持稳定，出口压力随阀后比例溢流阀的闭环控制而变化。控制阀前入口压力为 210bar，阀后出口压力为 140～210bar，使阀门两端压差在 0～70bar 之间变化（按试验标准，设定阀门总压力降低到最大供油压力的三分之一）。将阀门的控制频率设置为 100Hz，工作周期设置为 100%，阀门后面的出口压力首先从 140bar 增加到 210bar，然后从 210bar 降低到 140bar。通过往复两次来测试该阀，特性曲线如图 4-60 所示。从试验结果看，压差流动特性稳定，重复性好。

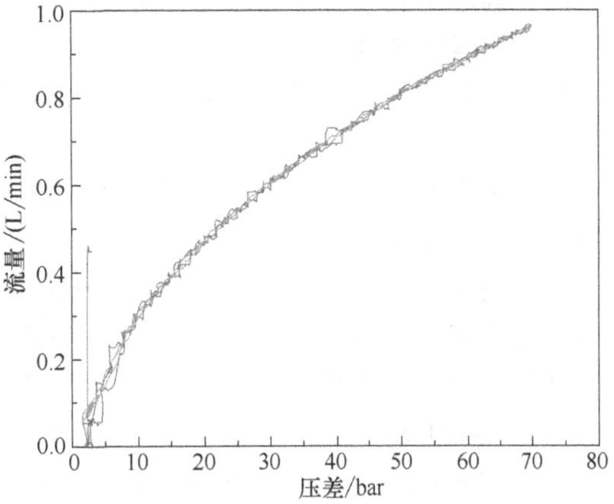

图 4-60　压差-流量特性曲线

**（2）控制信号压力特性**

测试控制信号-压力特性时，将阀门的入口压力控制在 15MPa，将载波频率分别设置为 50Hz、100Hz、200Hz 和 400Hz，并通过改变占空比来测试阀门的压力特性。特性曲线如图 4-61 所示。在低频（50Hz）下，压力特性曲线

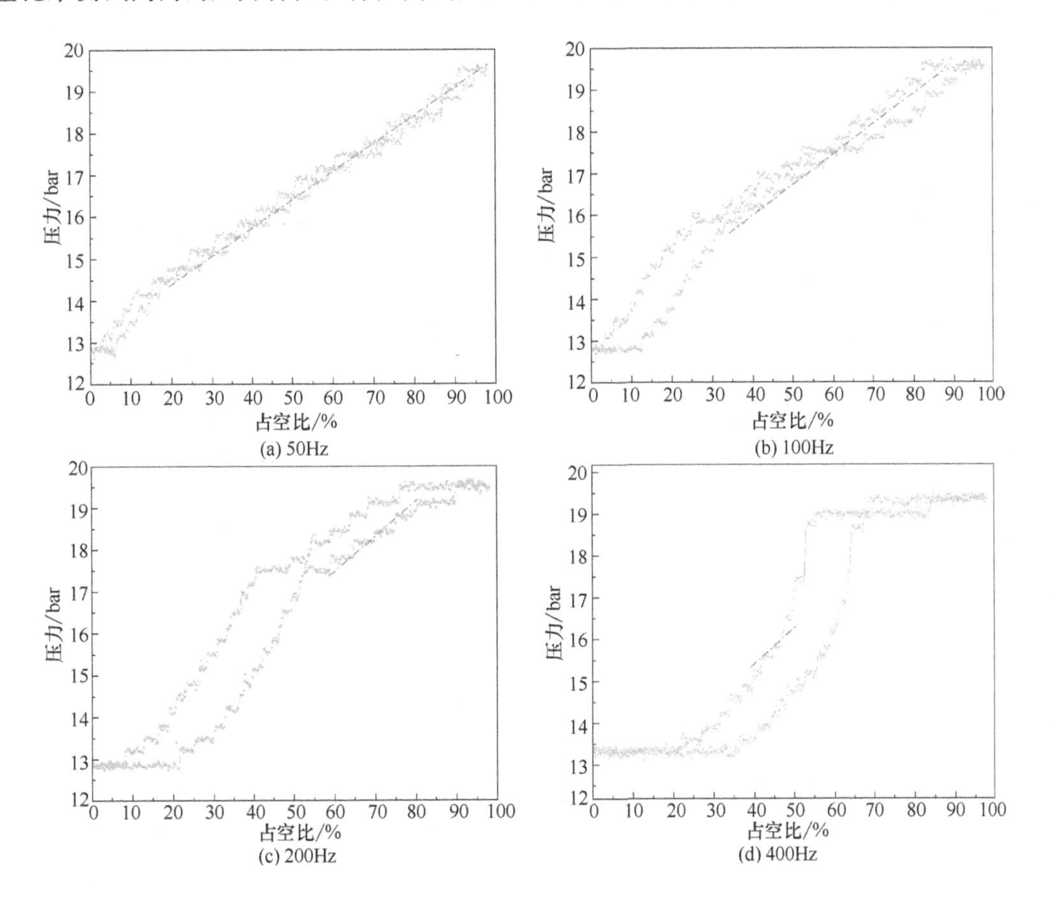


图 4-61　信号-压力特性曲线

滞后较小（4.9%），随着载波频率（400Hz）的增加，压力特性曲线滞后增加（18.6%）。这是因为在低频试验条件下，阀芯的电磁性能可以随着信号的增大或减小而得到更好的恢复，而在高频试验条件下，阀芯的电磁性能不能随着信号的变化而完全恢复，导致电磁力的变化，最终导致压力特性的滞后较大。此外，在低频时，压力特性的线性度优于高频时。这是由于占空比不同，阀芯位置与占空比的线性关系较大。

**(3) 信号流特性**

在测试信号流特性时，对微型高速数字阀的压力进行闭环控制，在不同信号频率下调整占空比，以测试阀门的信号流特性。

从视觉上看，当占空比较小时，流动中存在死区，这是由于高电平时间短，电流没有达到一定值，阀芯无法克服运动阻力而处于静止状态。当占空比较大时，流动中存在饱和区，由于高电平时间长，电流保持在较大的值，阀芯的恢复力小于电磁吸力，阀芯打开。信号流特性曲线如图 4-62 所示。为了显示不同频率下的信号流特性，将五个频率下的特性曲线分为五个图。在测试中，通过阀门两端的比例溢流阀将阀门的压差控制在 3.5MPa。在低频（5Hz，10Hz）时，死区和饱和区较小，但流量波动较大。在高频（100Hz，150Hz）下，盲区和非线性区较大，线性区较小。针对不同频率的信号流特性，综合考虑系统流量、压力波动、盲区、饱和区、线性区范围等因素，理想情况下将微型高速数字阀的载波频率控制在 50Hz。

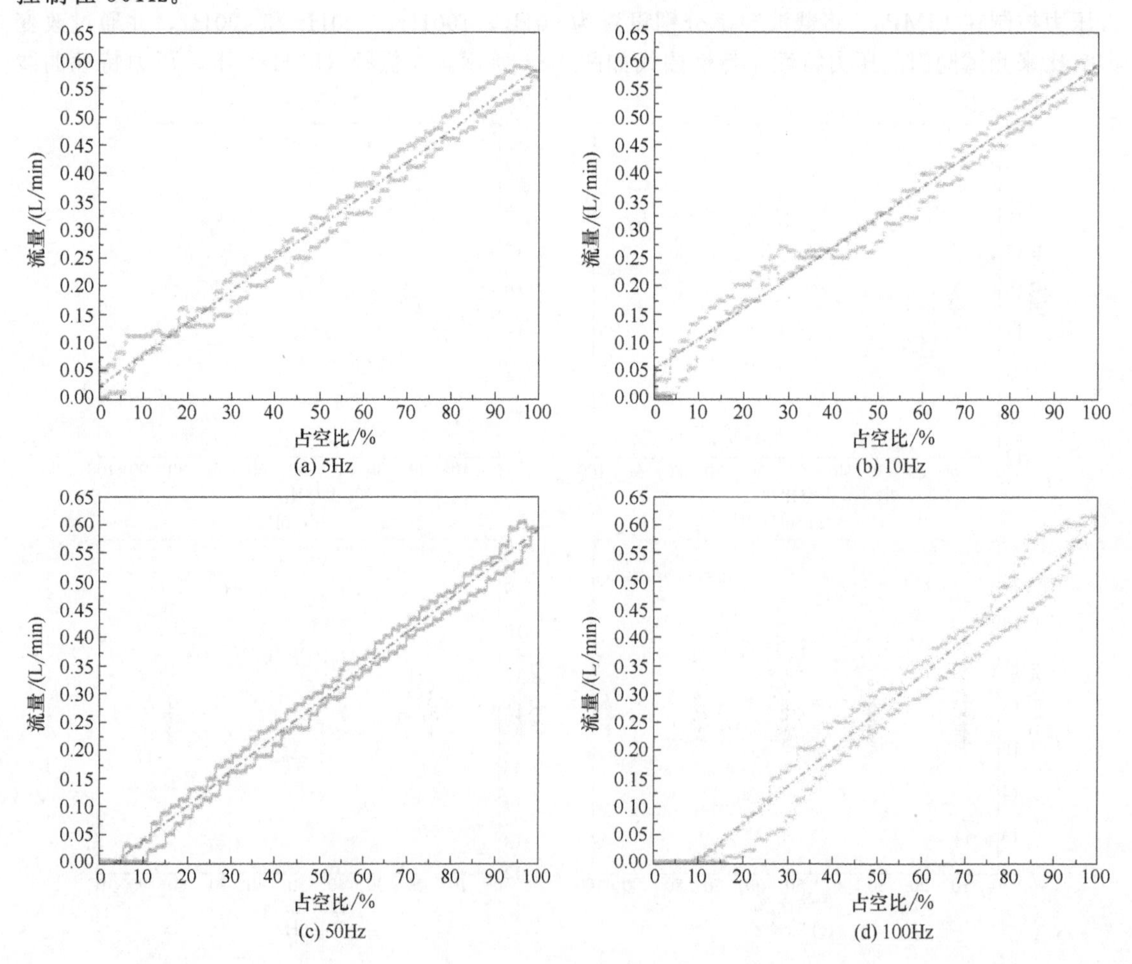


(a) 5Hz　(b) 10Hz　(c) 50Hz　(d) 100Hz

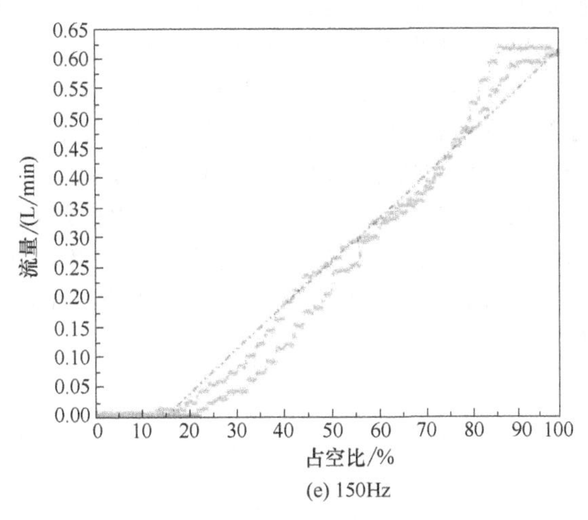

(e) 150Hz

图 4-62　信号流特性曲线

不同频率下信号流特性关键参数的比较如表 4-24 所示。通过比较各频率的线性范围、线性度和迟滞环路，可以看出，在低频（5Hz、10Hz）下，线性范围更小，线性度优于高频频段（100Hz、150Hz），滞后大于高频带。高频带的线性范围较小，迟滞和线性度相对较大。在 50Hz 频率下，线性范围相对较大，线性度和滞后相对较小，整体电平达到传统比例阀的水平。因此，考虑到线性间隔、线性度和滞后，为阀门选择 50Hz 更为合理。

**表 4-24　不同频率下信号流特性的关键参数**

| 参数 | 5Hz | 10Hz | 50Hz | 100Hz | 150Hz |
|---|---|---|---|---|---|
| 线性间隔 | 30%～98% | 45%～98% | 10%～95% | 40%～90% | 60%～75% |
| 线性度 | 8.6% | 16.4% | 3.2% | 9.5% | 21.3% |
| 磁滞回线 | 12.3% | 18.2% | 6.8% | 13.4% | 7.8% |

## 4.3.3　数字阀的动态性能测试

数字阀的动态性能是研究不同激励信号下启闭的延迟特性，它的特性参数是阀芯位移、压力波动和线圈电流。其中，最直接、最准确的方法是检测阀芯的位移。由于微型高速数字阀体积小，安装空间有限，阀芯本身质量小，安装接触传感器相当于给阀芯增加了额外的运动质量，会对测试数据产生较大的偏差，不利于其动态特性的准确表征。如果使用激光位移传感器进行非接触式间接位移测量，虽然从测试中获得的数字阀的动态特性精度很高，但高精度激光传感器的价格很高。激光传感器的激光束需要接触阀芯的端面，阀芯组装在阀体中，阀体安装在阀块上。因此，通过激光传感器进行的位移测量很难实现。

从干流动态响应测试法、阶跃信号下阀门出口压力试验法和湿流动态特性试验法 3 种测试方法考虑了微型高速数字阀的动态特性。

**(1) 干电流动态响应特性的测试方法**

本章采用的干流动态响应特性测试方法是测试无油流的系统。这种方法可以避免油压和流体动力等各种因素的干扰。由于不同脉宽占空比得到的动态特性不同，如果占空比太小，阀芯不能获得足够的电磁能量，无法克服摩擦和弹簧预紧等外部阻力，阀芯没有动作响应，当阀芯到达末端时，动态电流不能出现拐点。如果占空比过大，在阀芯关闭过程中，由于电磁能量过大，弹簧恢复力和摩擦力的结合力难以克服电磁力，使阀芯无法返回初始位置，阀芯到达初始位置时动态电流的拐点无法出现。因此，为了使阀芯完全打开和完全关闭，选择了 50% 占空比的测试条件。干电流动态特性的测试曲线如图 4-63 所示。电流曲线上的 $AB$ 段表示阀芯开启的延迟时间段，持续时间为 1.41ms；*BC* 段表示阀芯开启运动的延迟时间段，持续时间为 0.24ms；*DE* 段表示阀芯关闭的延迟时间段，持续时间为 0.31ms；*EF* 部分表示阀芯关闭运动的延迟时间段，持续时间为 0.33ms。阀芯总开启时间为 1.65ms，阀芯关闭时间为 0.64ms。研究不同占空比信号对动态特性的影响，选择 40Hz 信号频率、20%、30%和 40% 占空比，干电流动态特性的测试曲线如图 4-64 所示。电流曲线上的 $AB(A'B', A''B'')$ 节表示阀芯打开的延迟时间段，$BC(B'C', B''C'')$ 节表示阀芯打开运动的延迟时间段，$DE(D'E', D''E'')$ 节表示阀芯关闭的延迟时间段，$EF(E'F', E''F'')$ 节表示阀芯关闭运动的延迟时间段。每个周期的持续时间如表 4-25 所示。可以看出，相同频率和不同占空比的控制信号对每个动态响应的影响几乎可以忽略不计。

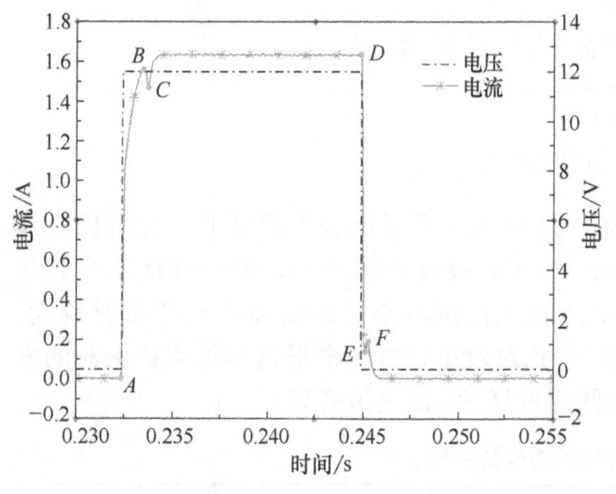

图 4-63 干电流动态特性

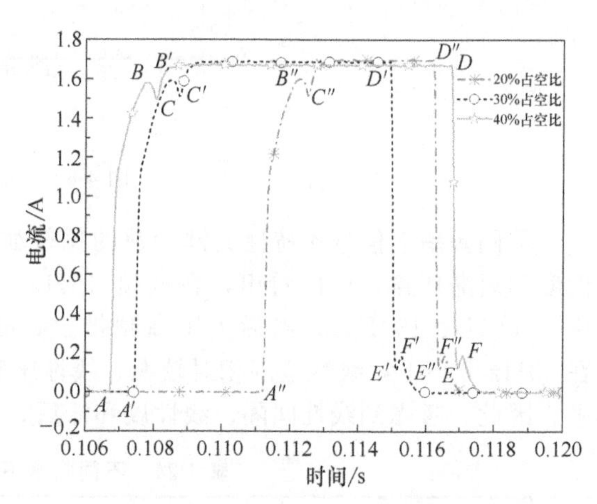

图 4-64 不同占空比下干电流的动态响应

**表 4-25 不同占空比下的动态响应**

| 时间选择 | *AB* | *BC* | *DE* | *EF* | *A′B′* | *B′C′* | *D′E′* | *E′F′* | *A″B″* | *B″C″* | *D″E″* | *E″F″* |
|---|---|---|---|---|---|---|---|---|---|---|---|---|
| 时间/ms | 1.41 | 0.24 | 0.31 | 0.33 | 1.36 | 0.29 | 0.36 | 0.27 | 1.4 | 0.23 | 0.33 | 0.3 |
| 总时间/ms | 1.65 | | 0.64 | | 1.65 | | 0.63 | | 1.63 | | 0.63 | |

**（2）湿电流动态特性测试方法**

湿电流动态特性测试方法是在系统有油流时动态监测电流。在测试过程中，连续输入控制信号以监视当前的动态响应特性。当入口压力为 14MPa 时，控制信号为 40Hz，占空比为 80%，并检测电流响应。测试结果如图 4-65 所示，显示了电流的动态响应曲线。类似于通过电流拐点表征阀芯位移的传统方法，电流曲线上的 *AB* 部分表示阀芯打开的延迟时间段，*BC* 部分表示阀芯打开运动的延迟时间段，*DE* 部分表示阀芯关闭运动的延迟时间段，*EF* 部分表示阀芯关闭运动的延迟时间段。在电流检测方法下，阀芯开启电流延迟时间为 1.22ms，阀芯开启电流上升时间为 0.42ms，阀芯开启总时间为 1.64ms，阀芯关闭电流延迟时间为 0.25ms，阀芯关闭电流下降时间为 0.36ms，阀芯关闭总时间为 0.61ms。

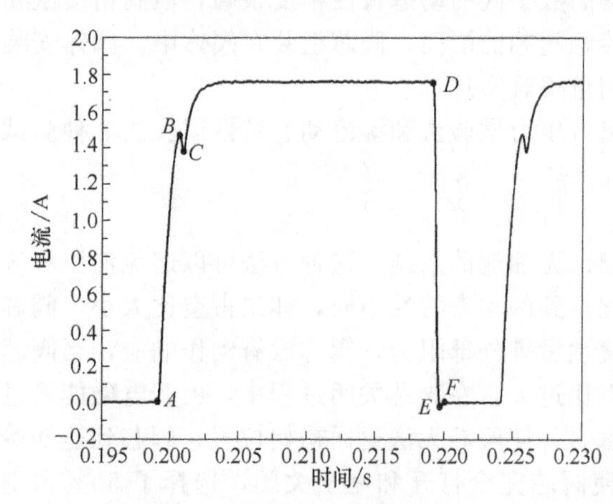

图 4-65 湿电流动态响应曲线

在入口压力为 14MPa 的测试条件下，调整不同的工作频率，研究不同频率对电流响应的影响。在测试中，工作频率分别为 20Hz、40Hz 和 100Hz，占空比为 40%。目前的响应测试结果如图 4-66 所示。在目前的测试方法下，不同频率下阀芯的总开启时间约为 1.64ms，阀芯的总关闭时间约为 1.08ms。不同频率的控制信号对当前开合响应时间影响不大。

在入口压力为 14MPa 的测试条件下，调整控制信号的不同占空比，研究不同占空比对电流响应的影响。在测试中，工作频率为 40Hz，占空比分别调整为 30%、40%和 50%。当前的响应测试结果如图 4-67 所示。在目前的测试方法下，阀芯在不同频率下的总打开时间约为 1.84ms，阀芯的总关闭时间约为 0.69ms。不同占空比的控制信号对阀门启闭的电流响应时间影响不大。

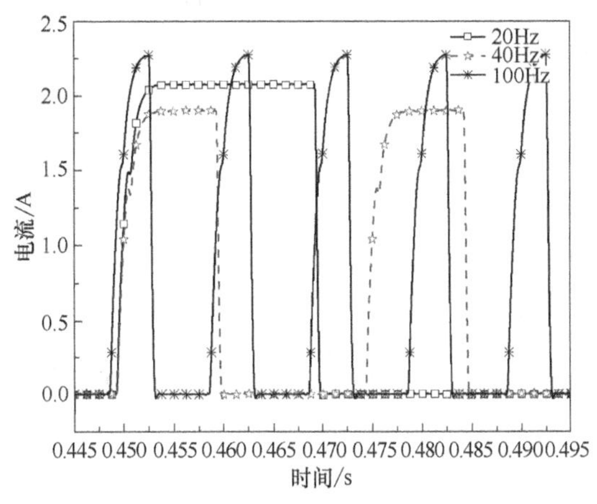


图 4-66　不同频率下的电流动态响应曲线

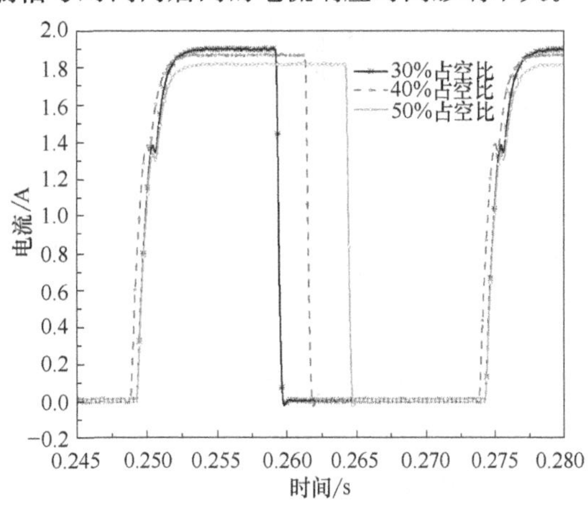


图 4-67　不同占空比下的电流动态响应曲线

**(3) 阶梯信号下的阀门出口压力测试**

第三种动态特性表征方法是压力动态响应时间法，测试示意如图 4-68 所示。微型高速数字阀相当于由可变阀口和固定液压阻力组成的 B 型半桥。当系统压力通过比例溢流阀保持恒定时，即阀门的入口压力保持稳定。

当忽略控制室中油的可压缩性时，压力与数字阀的开口面积呈正相关。因此，通过监测腔体压力的动态变化，可以准确估计数字阀的动态响应时间。

在压力动态性能测试中，微型高速数字阀的控制信号频率为 50Hz，系统压力调整到 10MPa，占空比信号为 0 时，阀门关闭，占空比为 100%时阀门打开。图 4-69 是阀门口打开时工作电压与数字阀出口压力的对应曲线。在阀门由关闭状态变为打开状态的过程中，工作电压在 1ms 时从 0V 跳到 12V，压力响应延迟约为 0.7ms，压力上升时间约为 0.1ms，整个压力上升时间为 0.8ms。

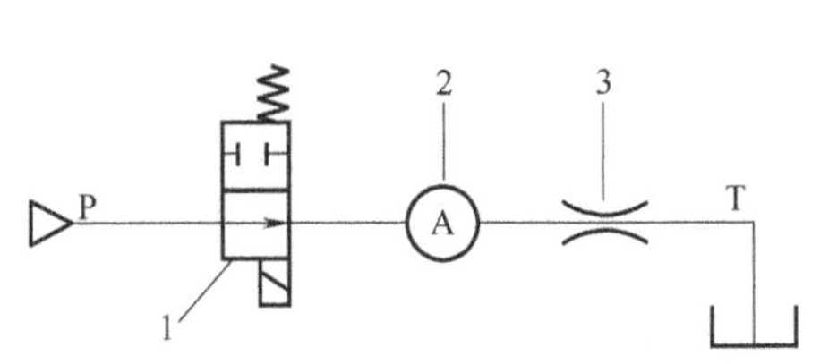


图 4-68　数字阀压力动态性能测试示意
1—数字阀；2—控制室；3—固定孔口

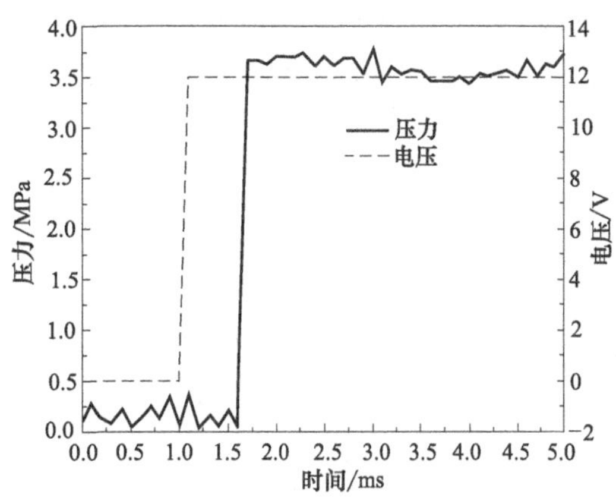


图 4-69　开启压力的动态响应

将数字阀的入口压力分别调节到6.5MPa、7.5MPa和8.5MPa，并测试启闭压力的动态响应。测试结果分别如图4-70和图4-71所示。在阀门开启的情况下，随着入口压力的增加，压差增大，压力上升时间增加；当阀门关闭时，压差增加，压降时间随着入口压力的增加而减少。

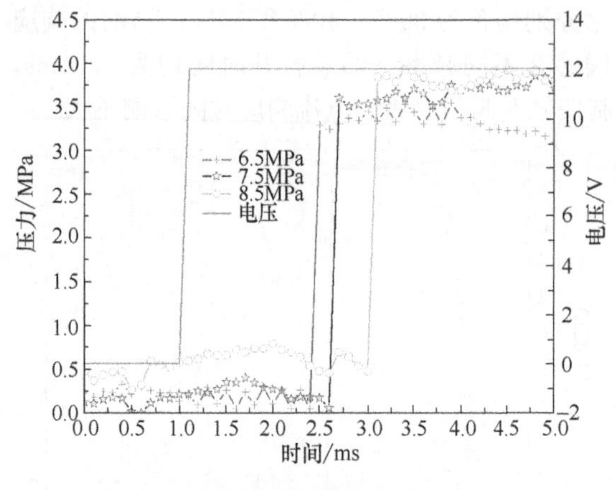


图4-70 不同入口压力下开启动态响应

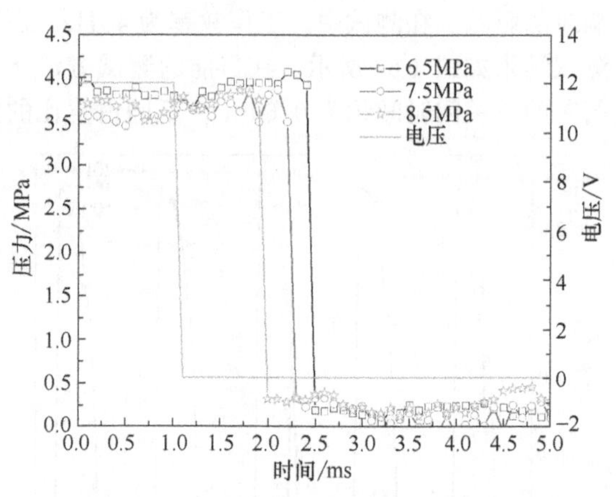


图4-71 不同入口压力下闭合动态响应

## 4.3.4 小结

数字阀的动态和静态特性在整个液压系统的性能中起着关键作用。基于这一考虑，本章重点介绍了微型高速数字阀的动静态特性，重点开展了以下工作：

① 阐述了数字阀和测试系统 重点介绍了测试系统的功能原理和主要参数，并描述了其控制系统的框架。

② 分别测试静态特性 包括压差流特性、信号流特性和信压特性。其中压差流特性好，重复性高；分析了不同断面信压特性的内在原因；综合考虑线性间隔、线性度和迟滞，得出了一个有用的结论，即选择50Hz作为控制频率是合理的。

③ 介绍了三种动态特性试验方法的原理 即干流动态响应特性试验、阶梯信号下的阀门出口压力试验和湿流动态特性试验。将3种试验在不同试验条件下进行，分析了试验结果的影响因素。

借助我国大力发展军工行业和民用高端装备制造业的契机，国内液压测试技术未来将会受到越来越多的重视。液压行业各院校、研究院所及企业对液压测试设备在性能及数量上均会有更多的需求。当然，液压测试技术是为液压产品服务的。液压产品需要在生产流程及工艺方法上固化、提高，使各批次的液压产品性能的稳定性、一致性得到强化，液压测试技术才能有效促进液压行业的发展。

# 第5章 液压缸试验技术及应用

## 5.1 液压缸试验基础

液压缸试验依照相关国家标准与机械行业标准进行。

### 5.1.1 普通液压缸

**(1) 技术要求**

① 一般要求

a. 公称压力系列应符合 GB/T 2346 的规定。

b. 缸内径及活塞杆（柱塞杆）外径系列应符合 GB/T 2348 的规定。

c. 油口连接螺纹尺寸应符合 GB/T 2878 的规定，活塞杆螺纹应符合 GB/T 2350 的规定。

d. 密封应符合 GB/T 2879、GB/T 2880、GB/T 6577、GB/T 6578 的规定。

e. 其他方面应符合 GB/T 7935 中 1.2～1.6 的规定。

f. 有特殊要求的产品，由用户和制造厂商定。

② 使用性能

a. 最低启动压力。双作用液压缸的最低启动压力不得大于表 5-1 的规定。活塞式单作用液压缸的最低启动压力不得大于表 5-2 的规定；柱塞式单作用液压缸的最低启动压力不得大于表 5-3 的规定；多级套筒式单作用液压缸的最低启动压力不得大于表 5-4 的规定。

**表 5-1 双作用液压缸的最低启动压力** MPa

| 公称压力 | 活塞密封型式 | 活塞杆密封型式 | |
|---|---|---|---|
| | | 除 V 型外 | V 型 |
| ≤16 | V 型 | 0.5 | 0.75 |
| | O 型,U 型,Y 型,X 型,组合密封 | 0.3 | 0.45 |
| | 活塞环 | 0.1 | 0.15 |
| ＞16 | V 型 | 公称压力×6% | 公称压力×9% |
| | O 型,U 型,Y 型,X 型,组合密封 | 公称压力×4% | 公称压力×6% |
| | 活塞环 | 公称压力×1.5% | 公称压力×2.5% |

表 5-2　活塞式单作用液压缸的最低启动压力　MPa

| 公称压力 | 活塞密封型式 | 活塞杆密封型式 | |
|---|---|---|---|
| | | 除 V 型外 | V 型 |
| ≤16 | V 型 | 0.5 | 0.75 |
| | 除 V 型外 | 0.35 | 0.50 |
| 20 | V 型 | 公称压力×3.5% | 公称压力×9% |
| | 除 V 型外 | 公称压力×3.4% | 公称压力×6% |

表 5-3　柱塞式单作用液压缸的最低启动压力　MPa

| 公称压力 | 柱塞杆密封型式 | |
|---|---|---|
| | O 型、Y 型 | V 型 |
| ≤10 | 0.4 | 0.5 |
| 16 | 公称压力×3.5% | 公称压力×6% |

表 5-4　多级套筒式单作用液压缸的最低启动压力　MPa

| 公称压力 | 套筒密封型式 | |
|---|---|---|
| | O 型、Y 型 | V 型 |
| ≤16 | 公称压力×3.5% | 公称压力×5% |
| 20 | 公称压力×4% | 公称压力×6% |

b. 内泄漏。双作用液压缸的内泄漏量不得大于表 5-5 的规定；单作用液压缸的内泄漏量不得大于表 5-6 的规定。

表 5-5　双作用液压缸的内泄漏量

| 缸内径 $D$/mm | 内泄漏量 $q_v$/(mL/min) | 缸内径 $D$/mm | 内泄漏量 $q_v$/(mL/min) |
|---|---|---|---|
| 40 | 0.03 | 125 | 0.28 |
| 50 | 0.05 | 140 | 0.30 |
| 63 | 0.08 | 160 | 0.50 |
| 80 | 0.13 | 180 | 0.63 |
| 90 | 0.15 | 200 | 0.70 |
| 100 | 0.20 | 220 | 1.00 |
| 110 | 0.22 | 250 | 1.10 |

注：使用组合密封时，允许内泄漏量为规定值的 2 倍。

表 5-6　单作用液压缸的内泄漏量

| 缸内径 $D$/mm | 内泄漏量 $q_v$/(mL/min) | 缸内径 $D$/mm | 内泄漏量 $q_v$/(mL/min) |
|---|---|---|---|
| 40 | 0.06 | 110 | 0.50 |
| 50 | 0.10 | 125 | 0.64 |
| 63 | 0.18 | 140 | 0.84 |
| 80 | 0.26 | 160 | 1.20 |
| 90 | 0.32 | 280 | 1.40 |
| 100 | 0.40 | 200 | 1.80 |

注：使用组合密封圈时允许内泄漏量为规定值的 2 倍；采用沉降量检查内泄漏时，沉降量不超过 0.05mL/min；本规定仅适用活塞式单作用液压缸。

c. 负载效率。液压缸的负载效率不得低于 90%。

d. 外渗漏。除活塞杆（柱塞杆）处外，不得有渗漏，活塞杆（柱塞杆）静止时不得有渗漏。双作用液压缸、单作用液压缸及多级套筒式单作用液压缸外渗漏量主要包括如下项目。

ⅰ双作用液压缸：活塞全行程换向 5 万次，活塞杆处外渗漏不成滴；换向 5 万次后，活塞每移动 100m，当活塞杆径 $d \leqslant 50$mm 时外渗漏量 $q_v \leqslant 0.05$mL，当活塞杆径 $d > 50$mm 时外渗漏量 $q_v \leqslant 0.001d$ mL。

ⅱ单作用液压缸：主要包括活塞式单作用液压缸及柱塞式单作用液压缸；活塞全行程换向

4万次，活塞杆处外渗漏不成滴；换向4万次后，活塞杆每移动80m时，当活塞杆径 $d \leqslant$ 50mm时外渗漏量 $q_v \leqslant 0.05$mL，当活塞杆径 $d > 50$mm时外渗漏量 $q_v \leqslant 0.001d$mL，柱塞全行程换向2.5万次，柱塞杆处外渗漏不成滴；换向2.5万次后，柱塞每移动65m，当柱塞直径 $D \leqslant 50$mm时外渗漏量 $q_v \leqslant 0.05$mL，当柱塞直径 $D > 50$mm时外渗漏量 $q_v \leqslant 0.001D$mL。

ⅲ多级套筒式单作用液压缸：套筒全行程换向1.6万次，套筒处外渗漏不成滴；换向1.6万次后，套筒每移动50m，当套筒直径 $D \leqslant 70$mm时外渗漏量 $q_v \leqslant 0.05$mL，当套筒直径 $D > 70$mm时外渗漏量 $q_v \leqslant 0.001D$mL。多级套筒式单作用液压缸，直径 $D$ 为最终一级柱塞直径和各级套筒外径之和的平均值。

e. 耐久性。

ⅰ双作用液压缸：当活塞行程 $L \leqslant 500$mm时，累计行程不小于100km，当活塞行程 $L > 500$mm时，累计换向次数 $N \geqslant 20$ 万次。

ⅱ单作用液压缸：活塞式单作用液压缸，当活塞行程 $L \leqslant 500$mm时，累计行程不小于100km，当活塞行程 $L > 500$mm时，累计换向次数 $N \geqslant 20$ 万次；柱塞式单作用液压缸，当柱塞行程 $L \leqslant 500$mm时，累计行程不小于75km，当柱塞行程 $L > 500$mm时，累计换向次数 $N \geqslant 15$ 万次；多级套筒式单作用液压缸，当套筒行程 $L \leqslant 500$mm时，累计行程不小于50km，当套筒行程量 $> 500$mm时，累计换向次数 $N \geqslant 10$ 万次。

耐久性试验后，内泄漏量增加值不得大于规定值的两倍，零件不应有异常磨损和其他形式的损坏。

f. 耐压性。液压缸的缸体应能承受其最高工作压力1.5倍的压力，不得有外渗漏及零件损坏等现象。

③ 装配质量

a. 元件装配技术要求应符合GB/T 7935中1.5～1.8的规定。

b. 内部清洁度检测方法需符合JB/T 7858的规定。具体为：双作用液压缸，内腔污染物质量应符合表5-7的规定；活塞式、柱塞式单作用液压缸，内腔污染物质量应符合表5-8的规定；多级套筒式单作用液压缸，内腔污染物质量应符合表5-9的规定。

**表5-7 双作用液压缸内腔污染物质量**

| 缸内径/mm | 污染物质量/mg | 缸内径/mm | 污染物质量/mg |
|---|---|---|---|
| 40～63 | ≤35 | 180～250 | ≤135 |
| 80～110 | ≤60 | 320～500 | ≤260 |
| 125～160 | ≤90 | | |

注：行程按1m计算，行程每增加1m，污染物质量允许增加指标值的50%。

**表5-8 活塞式、柱塞式单作用液压缸内腔污染物质量**

| 缸径、柱塞直径/mm | 污染物质量/mg | 缸径、柱塞直径/mm | 污染物质量/mg |
|---|---|---|---|
| ＜40 | ≤30 | 125～160 | ≤90 |
| 40～63 | ≤35 | 180～200 | ≤135 |
| 80～110 | ≤60 | | |

注：行程按1m计算，行程每增加1m，污染物质量允许增加指标值的50%。

**表5-9 多级套筒式单作用液压缸内腔污染物质量**

| 套筒外径/mm | 污染物质量/mg | 套筒外径/mm | 污染物质量/mg |
|---|---|---|---|
| 50～70 | ≤40 | 110～140 | ≤110 |
| 80～100 | ≤70 | 160～200 | ≤150 |

注：当行程超过1m时，每增加1m，污染物质量允许增加50%；多级套筒式单作用液压缸套筒外径 $D$ 为最终一级柱塞直径和各级套筒外径之和的平均值。

④ 外观要求 应符合GB/T 7935中1.9、1.10的规定。

**(2) 试验方法**

试验方法按GB/T 15622的规定进行。

**(3) 检验规则**

① 检验分类　产品检验分型式检验和出厂检验。

a. 型式检验：指对产品质量进行全面考核，即按标准规定的技术要求全面检验。型式检验项目需符合 GB/T 15622 的规定。

凡属下列情况之一者，应进行型式检验：新产品或老产品转厂生产的试制定型鉴定；正式生产后，如结构、材料、工艺有较大改变，可能影响产品性能时；正常生产时，定期（一般为5年）或累积一定产量后周期性检验一次；产品长期停产后，恢复生产时；出厂检验结果与上次型式检验结果有较大差异时；国家质量监督机构提出进行型式检验要求时。

b. 出厂检验：指产品交货时必须逐台进行的各项检验。出厂检验项目需符合 GB/T 15622 的规定，其中耐久性试验（抽检）为1万次往复。

② 抽样　批量产品的抽样方案按 GB/T 2828 的规定进行。

a. 型式检验检查。

合格质量水平（AQL）：2.5。

抽样方案类型：一次正常抽样方案。

样本大小：5台。

耐久性试验样本数允许酌情减少。

b. 内部清洁度检查。

合格质量水平（AQL）：2.5。

抽样方案类型：二次正常抽样方案。

检查水平：一般检查水平Ⅱ。

c. 判定规则。按 GB/T 2828 的规定进行。

## 5.1.2 比例/伺服控制液压缸

**(1) 试验装置和试验条件**

① 试验装置

a. 试验原理图。比例/伺服控制液压缸的静态和动态试验原理如图 5-1～图 5-3 所示。

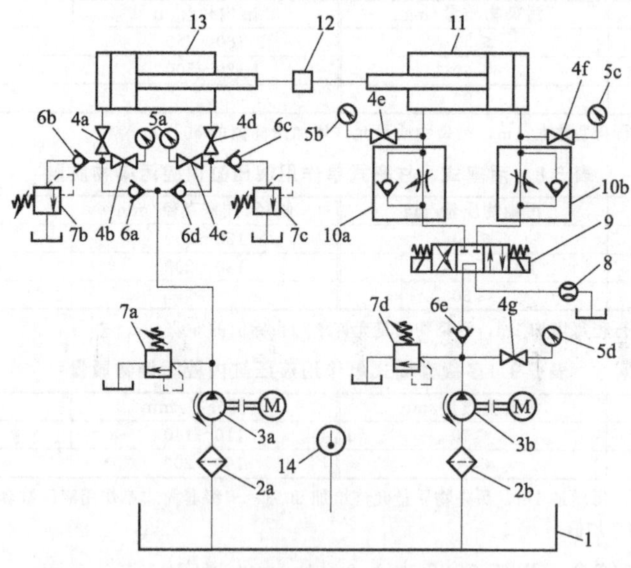


图 5-1　液压缸稳态试验原理

1—油箱；2a,2b—过滤器；3a,3b—液压泵；4a～4g—截止阀；5a～5d—压力表；6a～6e—单向阀；7a～7d—溢流阀；8—流量计；9—电磁（液）换向阀；10a,10b—单向节流阀；11—被试液压缸；12—力传感器；13—加载缸；14—温度计

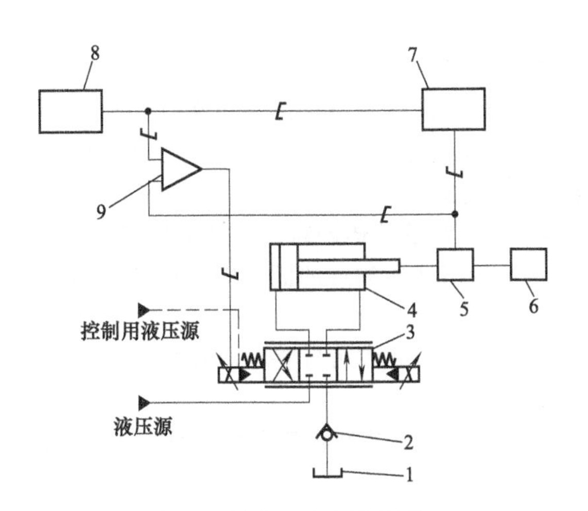


图 5-2　活塞缸动态试验原理

1—油箱；2—单向阀；3—比例/伺服阀；4—被试比例/伺服控制液压缸；5—位移传感器；6—加载装置；7—自动记录分析仪器；8—可调振幅和频率的信号发生器；9—比例/伺服放大器

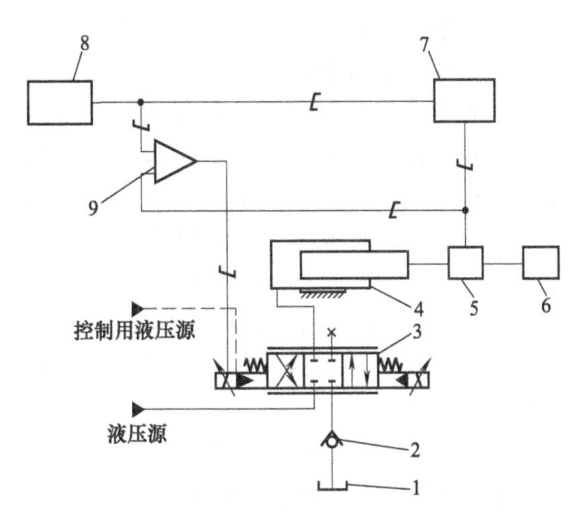


图 5-3　柱塞缸动态试验原理

1—油箱；2—单向阀；3—比例/伺服阀；4—被试比例/伺服控制液压缸；5—位移传感器；6—加载装置；7—自动记录分析仪器；8—可调振幅和频率的信号发生器；9—比例/伺服放大器

b. 安全要求。试验装置应充分考虑试验过程中人员及设备的安全，应符合 GB/T 3766 中 4.3 的要求，并有可靠措施，防止在发生故障时，造成电击、机械伤害或高压油射出伤人等事故。

c. 试验用比例/伺服阀。其响应频率应不小于被试液压缸最高试验频率的 3 倍。其额定流量应满足被试液压缸的最大运动速度要求。

d. 液压源。试验装置的液压源应满足试验用的压力，确保比例/伺服阀的供油压力稳定，并满足动态试验的瞬间流量需要，应有温度调节、控制和显示功能，应满足液压油液污染度等级要求。

e. 管路及测压点位置。试验装置中，试验用比例/伺服阀与被试液压缸之间的管路应尽量短，应尽量采用硬管，管径在满足最大瞬时流量的前提下应尽量小。测压点应符合 GB/T 28782.2 中 7.2 的规定。

f. 仪器。自动记录分析仪器应能测量正弦输入信号之间的幅值比和相位移。可调振幅和频率的信号发生器应能输出正弦波信号，可在 0.1Hz 到试验要求的最高频率之间进行扫频，还应能输出正向阶跃和负向阶跃信号。试验装置应具备对被试液压缸的速度、位移、输出力等参数进行实时采样的功能，采样速度应满足试验控制和数据分析的需要。

g. 测量准确度。按照 JB/T 7033 中 4.1 的规定，型式试验采用 B 级，出厂试验采用 C 级。测量系统的允许系统误差应符合表 5-10 的规定。

**表 5-10　测量系统允许系统误差**

| 测量参量 | | 测量系统的允许误差 | |
|---|---|---|---|
| | | B 级 | C 级 |
| 压力 | $p<0.2$MPa 表压时/kPa | ±3.0 | ±5.0 |
| | $p\geqslant0.2$MPa 表压时/kPa | ±1.0 | ±1.5 |
| 温度/℃ | | ±1.0 | ±2.0 |
| 力/% | | ±1.0 | ±1.5 |
| 速度/% | | ±0.5 | ±1.0 |
| 时间/ms | | ±1.0 | ±2.0 |
| 位移/% | | ±0.5 | ±1.0 |
| 流量/% | | ±1.5 | ±2.5 |

② 试验用液压油液

a. 黏度。试验用液压油液在40℃时的运动黏度应为29～74$mm^2/s$。

b. 温度。除特殊规定外，型式试验应在（50±2)℃下进行，出厂试验应在（50±4)℃下进行。出厂试验可降低温度，在15～45℃范围内进行，但检测指标应根据温度变化进行相应调整，保证在（50±4)℃时能达到产品标准规定的性能指标。

c. 污染度。对于伺服控制液压缸试验，试验用液压油液的固体颗粒污染度不应高于CB/T 14039规定的—/17/14；对于比例控制液压缸试验，试验用液压油液的固体颗粒污染度不应高于GB/T 14039规定的—/18/15。

d. 相容性。试验用液压油液应与被试液压缸的密封件以及其他与液压油液接触的零件材料相容。

③ 稳态工况 试验中，各被控参量平均显示值在表5-11规定的范围内变化时为稳态工况。应在稳态工况下测量并记录各个参量。

表5-11 被控参量平均显示值允许变化范围

| 被控参量 | | 平均显示值允许变化范围 | |
|---|---|---|---|
| | | B级 | C级 |
| 压力 | $p$<0.2MPa表压时/kPa | ±3.0 | ±5.0 |
| | $p$≥0.2MPa表压时/kPa | ±1.5 | ±2.5 |
| 温度/℃ | | ±2.0 | ±4.0 |
| 力/% | | ±1.5 | ±2.5 |
| 速度/% | | ±1.5 | ±2.5 |
| 位移/% | | ±1.5 | ±2.5 |

**(2) 试验项目和试验方法**

① 试运行。应按照GB/T 15622中6.1的规定进行试运行。

② 耐压试验。使被试液压缸活塞分别停留在行程的两端（单作用液压缸处于行程的极限位置)，分别向工作腔施加1.5倍额定压力，型式试验应保压10min，出厂试验应保压5min。观察被试液压缸有无泄漏和损坏。

③ 启动压力特性试验。试运行后，在无负载工况下，调整溢流阀，使被试液压缸一腔压力逐渐升高，至液压缸启动时，记录测试过程中的压力变化，其中的最大压力值即为最低启动压力。对于双作用液压缸，此试验正、反方向都应进行。

④ 动摩擦力试验。在带负载工况下，使被试液压缸一腔压力逐渐升高，至液压缸启动并保持匀速运动时，记录被试液压缸进、出口压力（对于柱塞缸，只记录进口压力)。对于双作用液压缸，此试验正、反方向都应进行。动摩擦力按式（5-1）计算。

$$f=(p_1A_1-p_2A_2)-F \tag{5-1}$$

式中 $f$——动摩擦力，N；

$p_1$——进口压力，MPa；

$p_2$——出口压力，MPa；

$A_1$——进口腔活塞有效面积，$mm^2$；

$A_2$——出口腔活塞有效面积，$mm^2$；

$F$——负载力，N。

⑤ 阶跃响应试验。调整油源压力到试验压力，试验压力范围可选定为被试液压缸额定压力的10%～100%。

在液压缸的行程范围内，距离两端极限行程位置30%缸行程的中间区域任意位置选取测试点，调整信号发生器的振幅和频率，使其输出阶跃信号，根据工作行程给定阶跃幅值（幅值范围可选定为被试液压缸工作行程的5%～100%)。利用自动分析记录仪记录试验数据，绘制阶跃响应特性曲线，根据曲线确定被试液压缸的阶跃响应时间。

对于双作用液压缸，此试验正、反方向都应进行。

对于两腔面积不一致的双作用液压缸，应采取补偿措施，确保正、反方向阶跃位移相等。

⑥ 频率响应试验。调整油源压力到试验压力，试验压力范围可选定为被试液压缸额定压力的10%～100%。

在液压缸的行程范围内，距离两端极限行程位置30%缸行程的中间区域任意位置选取测试点，调整信号发生器的振幅和频率，使其输出正弦信号，根据工作行程给定幅值（幅值范围可选定为被试液压缸工作行程的5%～100%)，频率由0.1Hz逐步增加到被试液压缸响应幅值衰减到−3dB或相位滞后90°，利用自动分析记录仪记录试验数据，绘制频率响应特性曲线，根据曲线确定被试液压缸的幅频宽及相频宽两项指标，取两项指标中较低值。

对于两腔面积不一致的双作用液压缸，应采取补偿措施，确保正、反方向位移相等。

⑦ 耐久性试验。在设计的额定工况下，使被试液压缸以指定的工作行程，以设计要求的最高速度连续运行，速度误差为±10%。一次连续运行8h以上。在试验期间，被试液压缸的零件均不得进行调整。记录累积运行的行程。

⑧ 泄漏试验。应按照GB/T 15622中6.5的规定分别进行内泄漏、外泄漏以及低压下的爬行和泄漏试验。

⑨ 缓冲试验。当被试液压缸有缓冲装置时，应按照GB/T 15622中6.6的规定进行缓冲试验。

⑩ 负载效率试验。应按照GB/T 15622中6.7的规定进行负载效率试验。

⑪ 高温试验。应按照GB/T 15622中6.8的规定进行高温试验。

⑫ 行程检验。应按照GB/T 15622中6.9的规定进行行程检验。

**(3) 型式试验**

型式试验应包括下列项目。

① 试运行［见（2）中①］。

② 耐压试验［见（2）中②］。

③ 启动压力特性试验［见（2）中③］。

④ 动摩擦力试验［见（2）中④］。

⑤ 阶跃响应试验［见（2）中⑤］。

⑥ 频率响应试验［见（2）中⑥］。

⑦ 耐久性试验［见（2）中⑦］。

⑧ 泄漏试验［见（2）中⑧］。

⑨ 缓冲试验（当对产品有此要求时）［见（2）中⑨］。

⑩ 负载效率试验［见（2）中⑩］。

⑪ 高温试验（当对产品有此要求时）［见（2）中⑪］。

⑫ 行程检验［见（2）中⑫］。

**(4) 出厂试验**

出厂试验应包括下列项目。

① 试运行［见（2）中①］。

② 耐压试验［见（2）中②］。

③ 启动压力特性试验［见（2）中③］。

④ 动摩擦力试验［见（2）中④］。

⑤ 阶跃响应试验［见（2）中⑤］。

⑥ 频率响应试验［见（2）中⑥］。

⑦ 泄漏试验［见（2）中⑧］。

⑧ 缓冲试验（当对产品有此要求时）［见（2）中⑨］。

⑨ 行程检验［见（2）中⑫］。

## 5.2 液压缸试验应用实例

### 5.2.1 大缸径长行程液压缸试验

节能、适应范围广的液压缸试验台，可以对多种规格液压缸进行型式试验，主要试验有试运行、启动压力、行程测试、耐压测试、耐久性疲劳测试、高温测试、泄漏测试、负载效率测试。该试验台性能满足以下要求：能够对最大缸径为 320mm、最长行程为 1500mm、最大额定压力为 16MPa 的液压缸进行检测；保证能够对被试缸进行最大压力为 31.5MPa 的耐压测试；试验台架满足不同缸径、不同行程规格、不同安装方式的被试缸的检测需求。

**(1) 试验台液压系统**

试验台液压系统由油箱、主供油系统、比例加载系统、同步定位系统、冷却系统、气控系统等几部分组成。

① 油箱为开式结构，辅件有过滤器、液位计、温度传感器和加热器。

② 主供油系统由高压小流量泵组、低压大流量泵组、比例溢流阀、过滤装置、控制系统等组成，用来提供不同的压力、流量和保证液压油的清洁度。

③ 比例加载系统由比例溢流阀压力调节系统、补液泵组、单向阀、加载液压缸等组成，用来给液压缸提供可调的负载力。

④ 同步定位系统由电磁换向阀、手动换向阀、分流集流阀、液压锁、定位液压缸等组成。电磁换向阀实现远程控制，手动换向阀实现就地微调功能，分流集流阀用于保证两定位液压缸同步运动，液压锁实现定点锁紧功能。通过上述元件对两定位液压缸进行运动控制，调节被试缸与加载液压缸之间的距离，实现不同行程规格的被试缸的安装测试。

⑤ 冷却系统由冷油机和回油过滤器组成，冷油机冷却功率大、安装方便，回油过滤器起到了循环过滤的作用。

⑥ 气控系统由空气压缩机提供气源，通过气源处理元件过滤处理、控制阀控制来实现气动阀门的通断。

大缸径长行程液压缸试验台液压系统原理如图 5-4 所示。

**(2) 行程可调式试验台架**

液压缸试验台的试验台架是用来固定被试缸、加载液压缸以及定位液压缸的，该台架要保证能够安装最大缸径为 320mm、最长行程为 1500mm 的被试缸，同时要保证强度。常用的试验台架主要有框架式、焊接箱体式、桁架式。综合考虑，新型的液压变行程可微调定位锁紧式液压缸试验台架，不仅可以保证强度，而且美观，拆装液压缸方便、可靠。

如图 5-5 所示，底架 5 用来支撑上部台架，前板 2 用来固定加载液压缸 1，中间板 7 通过中间板过渡板 8 安装、固定不同规格的被试缸及定位液压缸的活塞杆，后板 11 用来固定定位液压缸 9，四根光轴 3 用来连接这三块板以及承载拉压力，液压控制元件 12～15 用于控制定位液压缸 9，实现其行程可微调可定位锁紧功能，满足不同行程规格被试缸的安装测试需求。

该台架的结构要综合考虑最大被试液压缸和最小被试液压缸的安装尺寸及伸出和缩回时的长度，加载液压缸和定位液压缸的外形尺寸、行程以及抗拉压强度等参数进行确定。具体设计

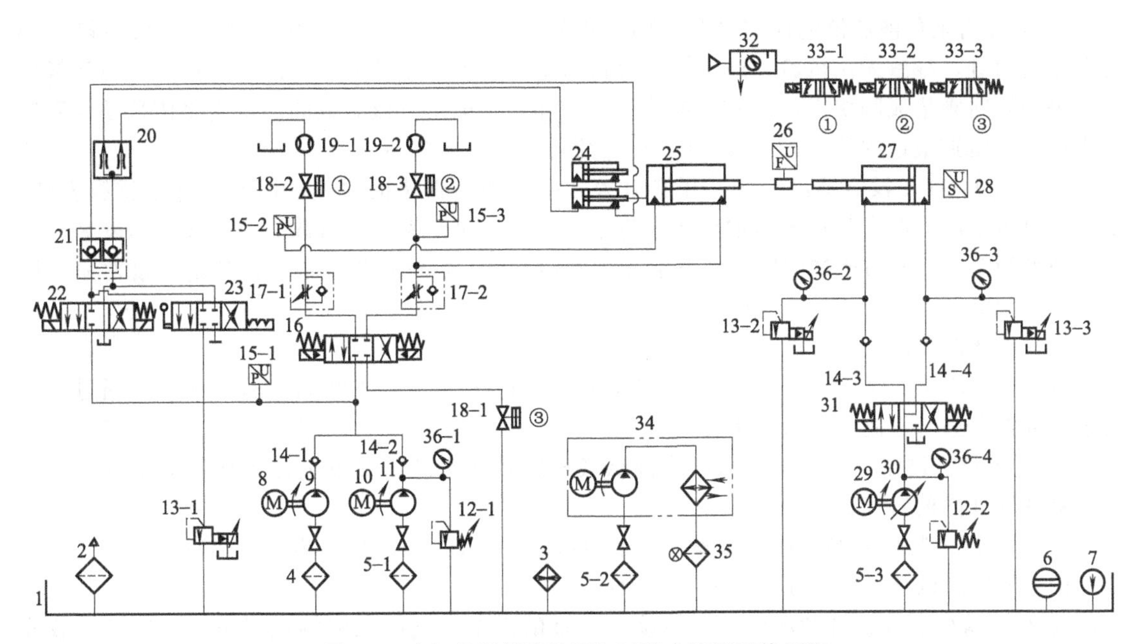


图 5-4 大缸径长行程液压缸试验台液压系统原理

1—油箱；2—空气滤清器；3—加热器；4,5-1～5-3 吸油过滤器；6—液位计；7—温度传感器；8,10,29—电动机；9—小柱塞泵；11—大柱塞泵；12-1,12-2—溢流阀；13-1～13-3—比例溢流阀；14-1～14-4—单向阀；15-1～15-3—压力传感器；16—电液换向阀；17-1,17-2—单向节流阀；18-1～18-3—气动阀门；19-1,19-2—流量计；20—分流集流阀；21—双向液压锁；22,31,33-1～33-3—电磁换向阀；23—手动换向阀；24—定位液压缸；25—被测试缸；26—称重传感器；27—加载液压缸；28—位移传感器；30—叶片泵；32—气动三联件；34—冷油机；35—回油过滤器；36-1～36-4—压力计

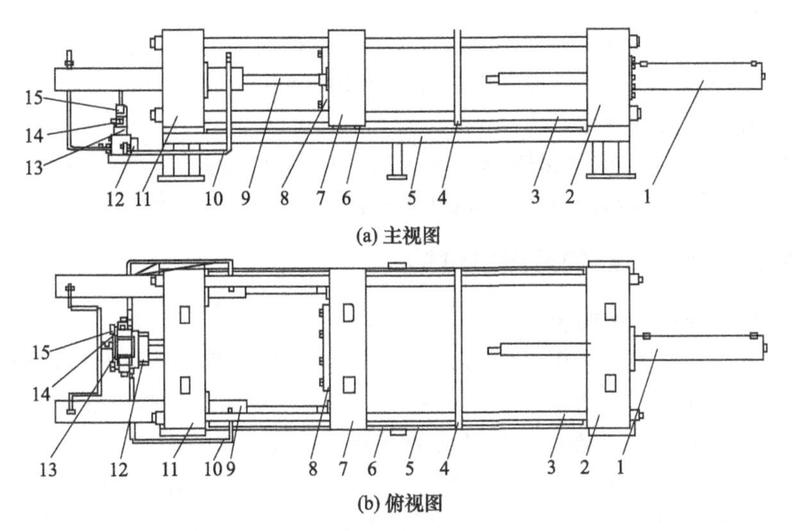


图 5-5 试验台架

1—加载液压缸；2—前板；3—光轴；4—支撑板；5—底架；6—直线滑轨；7—中间板；8—中间板过渡板；9—定位液压缸；10—液压管路；11—后板；12—分流集流阀；13—液压锁；14—电磁换向阀；15—手动换向阀

尺寸为前板长 1300mm、宽 350mm、高 800mm，中间板长 1300mm、宽 300mm、高 800mm，后板长 1300mm、宽 350mm、高 800mm，光轴直径 80mm、长 5200mm。

**(3) 调试过程中的故障及处理**

将加载液压缸、定位液压缸安装到测试台架上，分别开启高、低压泵及补液泵，查看液压缸的动作是否正确，系统是否有设计、装配等问题。

① 当开启定位液压缸的换向阀时，两定位液压缸运动不同步，中间板在定位液压缸的作用下倾斜前进，导致无法试验。通过排查分析得知，此现象是分流集流阀、液压锁、电磁换向阀、手动换向阀集成阀块出口距两定位液压缸的油口距离不一致导致的。重新将阀块整体安装到距定位液压缸最近的位置，同时所用连接管路长度也一致。

② 流量计 19-1 没有输出信号，开始以为是电气线路接错的原因，但通过仔细排查发现，流量计机体里的椭圆齿轮被液压油里的铁屑卡住了，于是对系统进行改进，在泵出口安装一个过滤精度为 10μm 的高压过滤器，保证液压油的清洁度。由此看出，液压油的清洁度对系统的影响是很大的。

**(4) 液压缸测试**

将缸径 200mm、行程 1000mm、额定压力 16MPa 的被试缸安装到试验台架上，通过计算机进行数据采集与控制，进行以下测试。

① 试运行。调整试验系统压力，使被试液压缸在无负载工况下全行程往复运动 5 次，完全排除液压缸内的空气。

② 启动压力特性试验。逐渐调整比例溢流阀 13-1（图 5-4）的压力使液压缸启动，计算机自动记录液压缸的最低启动压力为 0.25MPa。

③ 行程检验。连接加载液压缸，使该被试缸的活塞分别停在两端极限位置，通过加载液压缸里的位移传感器测量其行程，多次测量取平均值，得到测试结果为 1002.5mm。

④ 耐压试验。使被试缸活塞分别停在行程的两端，通过高压泵向工作腔施加 24MPa 的公称压力，保压 1min。进行耐压测试的同时进行了泄漏测试，无杆腔进油时关闭气动阀门 18-1、18-2，打开气动阀门 18-3，通过流量计 19-2 测试内泄漏量为 2.25mL/min；有杆腔进油时关闭气动阀门 18-1、18-3，打开气动阀门 18-2，通过流量计 19-1 测试内泄漏量为 2.01mL/min。保压完成后，被试缸没有变形、没有外泄漏现象。

⑤ 耐久性试验。在 16MPa 压力下，通过控制电液换向阀 16，使被试缸以 50mm/s 速度连续运行 8h，由位移传感器 28 记录的累积行程为 $1.313\times10^{6}$mm，同时观察到液压缸前端盖与活塞杆密封处有轻微外泄漏现象。

⑥ 负载效率试验。使被试缸保持 50mm/s 的匀速运动，通过安装在被试缸活塞杆上的称重传感器 26 测试实际的拉压力，由计算机计算不同压力下的负载效率，并绘制效率曲线。

### 5.2.2 具有功率回收功能的液压缸试验

**(1) 功率回收型液压缸试验台**

功率回收型液压缸试验台液压系统由泵-马达功率回收回路、高压补偿回路以及油缸测试回路组成，其液压系统原理如图 5-6 所示。泵-马达功率回收回路包括变量泵 7、单向阀 13、比例溢流阀 10、变量马达 9 以及连接泵与马达的变频电动机 8。

功率回收系统工作原理为，卸荷阀 6 失电，变频电动机 4 驱动高压补油泵 5，将机械能转化为液压能，假定电液换向阀 15 工作在右位，则高压油通过电磁换向阀 17 右位进入被试缸 19 的无杆腔，从而推动被试缸活塞向右运动，加载缸 20 与被试缸活塞连接，故加载缸活塞也向右运动，液压油从被试缸有杆腔到达加载缸有杆腔，同时加载缸无杆腔输出的高压油经过电磁换向阀 18 的左位及电液换向阀 15 的右位进入变量马达 9 进油口，驱动变量马达旋转，再从变量马达出油口进入油箱，从而使系统的液压能转化为旋转机械能，该过程的能量转化效率取决于变量马达 9 的容积效率及机械效率。变量马达输出机械能带动变频电动机 8，同时变频电动机 8 缓慢启动驱动变量泵 7，使变量泵 7 向系统供油。系统的最高压力由比例溢流阀 11 设定，比例溢流阀 10 的作用是防止高压补油泵 5 的加载压力过高，单向阀 16 可防止由于液压缸和换向阀油液泄漏而引起的油缸吸空。

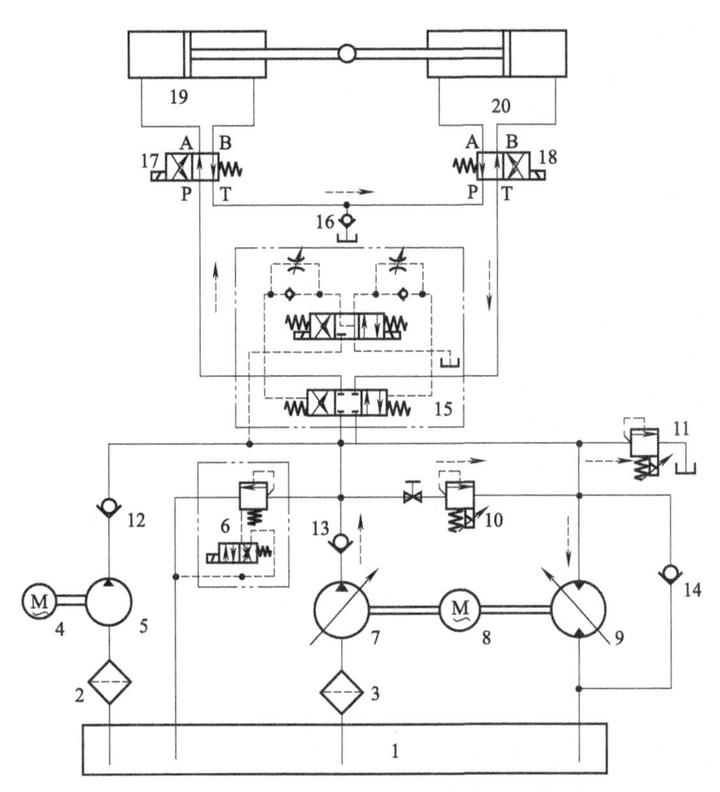


图 5-6　功率回收型液压缸试验台液压系统原理

1—油箱；2,3—过滤器；4,8—变频电动机；5—高压补油泵；6—卸荷阀；7—变量泵；9—变量马达；10,11—比例溢流阀；12～14,16—单向阀；15—电液换向阀；17,18—电磁换向阀；19—被试缸；20—加载缸

试验时通常使加载缸与被试缸尺寸一致，从而使两液压缸的输入与输出流量对称。为了建立系统压力实现加载，需通过调节变频电动机 4 来控制高压补油泵 5 的输出流量，随着封闭容腔注入流量的改变达到改变加载压力的目的。通过电液换向阀 15 可实现被试件的切换，即当电液换向阀右位接通时，液压缸 19 为被试缸，当电液换向阀左位接通时，液压缸 20 为加载缸。电磁换向阀 17、18 可实现被试缸高压腔转换。忽略电磁换向阀 18 和电液换向阀 15 的压力损失，则变量马达进油口的压力与加载缸无杆腔的压力大小基本相等。

在功率循环过程中，由于存在容积和机械损耗，变量马达 9 的输出功率不足以驱动变量泵 7，不足的功率由变频电动机 8 补偿。功率在变量泵 7 和变量马达 9 之间循环，从而实现功率回收，其功率流动如图 5-6 中箭头所示。

当液压缸活塞运动到端部时，电磁换向阀 17、18 换向。在换向的时刻，与电磁换向阀连接的液压管道会突然关闭，即四个油口 P、T、A、B 瞬时全堵，而变量泵 7 和变量马达 9 仍以相同的转速持续运转。一方面，为防止变量马达吸空，增设单向阀 14，通过油箱向变量马达进油口补给油液；另一方面，变量泵 7 的输出油液管路由于“憋压”将产生瞬时高压，通过调节比例溢流阀 10 的设定值与液压缸各试验项目的压力大小相适应，当系统加载压力高于试验项目所要求的压力时，比例溢流阀 10 开启，使高压油溢流向变量马达，可以达到限制高压和防止变量马达 9 吸空的目的。

**(2) 功率回收效率分析**

假设系统功率回收效率为 $\xi$，其值等于系统回收的功率与系统所需功率之比。变量泵 7 的输入功率 $N_{\mathrm{P}}$ 为

$$N_{\mathrm{P}}=\frac{P_{\mathrm{P}}Q_{\mathrm{P}}}{\eta_{\mathrm{Pm}}\eta_{\mathrm{Pv}}} \tag{5-2}$$

式中 $N_P$——变量泵的输入功率；

$P_P$——变量泵的出口压力；

$Q_P$——变量泵的输出流量；

$\eta_{Pm}$——变量泵的机械效率；

$\eta_{Pv}$——变量泵的容积效率。

变量马达的输出功率 $N_M$ 为

$$N_M = P_M Q_M \eta_{Mm} \eta_{Mv} \tag{5-3}$$

式中 $N_M$——变量马达的输出功率；

$P_M$——变量马达的输入压力；

$Q_M$——变量马达的输入流量；

$\eta_{Mm}$——变量马达的机械效率；

$\eta_{Mv}$——变量马达的容积效率。

忽略变量泵和变量马达之间连接的机械损失，则变频电动机 8 的补偿功率 $N_8$ 为

$$N_8 = N_P - N_M \tag{5-4}$$

为了简化问题，略去高压补油泵的消耗功率及液压缸的效率，则该试验系统的回收效率 $\xi$ 为

$$\xi = \frac{N_M}{N_P - N_M + N_M} \tag{5-5}$$

由于 $P_M \leqslant P_P$，为了计算方便，$P_M$ 与 $P_P$ 相差不大，计算时设它们相等，因此系统的功率回收效率 $\xi$ 为

$$\xi = \frac{N_M}{N_P} = \frac{P_M Q_M \eta_{Mm} \eta_{Mv}}{P_P Q_P / (\eta_{Pm} \eta_{Pv})} \approx \eta_{Mm} \eta_{Mv} \eta_{Pm} \eta_{Pv} \tag{5-6}$$

由式（5-6）可知，系统的功率回收效率与变量泵和变量马达的机械效率和容积效率有关，因此提高变量泵和变量马达的效率即可增大系统的功率回收效率。

根据采用的变量泵、变量马达的型号计算可知，$\eta_{Pm}$、$\eta_{Pv}$、$\eta_{Mm}$、$\eta_{Mv}$ 分别取 98%、95%、95%、90%，实验系统功率回收效率在理论上最大能达到 79.6%。

**(3) 系统加载特性分析**

系统的加载缸 20 与变量马达 9 相连，加载缸相当于液压泵的功能，要使加载缸的输出流量大于变量马达的输入流量，才能建立起系统压力。

不考虑泄漏以及变量泵和变量马达的容积损失，加载缸 20 输出的流量和被试缸 19 输入的流量相等，被试缸输入的流量即变量泵 7 与高压补油泵 5 的输出流量之和。油液属于弹性体，受压后压力与体积存在以下关系：

$$\Delta p = -K \Delta V / V_0 \tag{5-7}$$

$$\Delta V / \Delta t = Q_{in} - Q_{out} \tag{5-8}$$

$$\Delta p / \Delta t = K (Q_{in} - Q_{out}) / V_0 \tag{5-9}$$

式中 $K$——压缩系数；

$\Delta p$——液压系统压力增量；

$V_0$——初始容积；

$\Delta V$——容积增量；

$\Delta t$——时间增量；

$Q_{in}$——流入封闭容积的油液流量；

$Q_{out}$——流出封闭容积的油液流量。

因此可通过调节变频电动机 4 的转速，改变高压补油泵 5 的流量，从而调节系统的加载压

力。由变频电动机的性能参数可知，控制信号与变量泵的转速之间为线性关系，而转速与流量、流量与加载压力之间也是线性关系，所以加载压力具有良好的调节特性。

**(4) 液压缸试验**

试验台的适用范围如下：被试缸行程为25～1000mm；调速范围为5～100mm/s；被试缸最大试验压力为0～35MPa；加载力为0～1000kN。通过调节高压补油泵转速，可以实现0～35MPa全压力范围加载。

在试验过程中，高压补油泵转速为477r/min，利用LabVIEW数据采集系统进行数据采集与分析，采集系统加载压力和变量马达入口压力信号，其压力曲线如图5-7、图5-8所示。

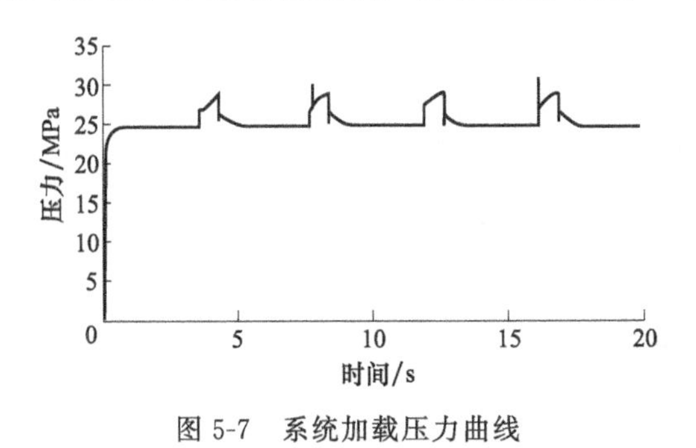


图5-7 系统加载压力曲线

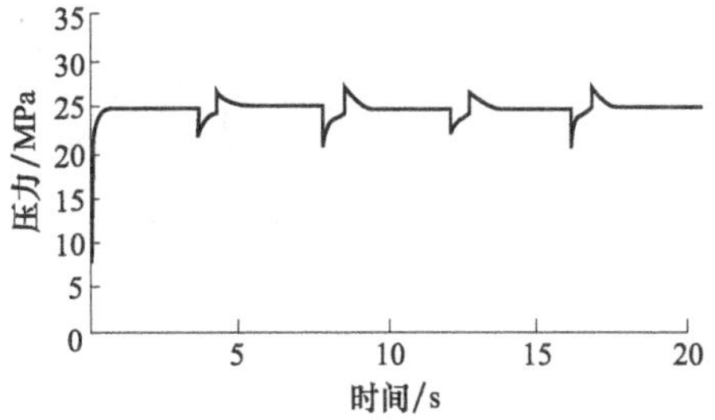

图5-8 变量马达入口压力曲线

## 5.2.3 伺服液压缸试验

大直径伺服液压缸在冶金行业中的应用越来越广泛，作为大型工业设备中液压系统的执行元件，其性能的好坏直接影响着系统的可靠性，影响生产设备的正常运行。为了降低生产设备的故障率、节约维护成本，有必要对伺服缸进行离线检测。伺服缸试验台系统充分利用计算机的硬件资源、数据采集功能及虚拟仪器技术，通过CAT软件来完成数据的采集与分析处理、仪器界面显示等功能。

**(1) 测试系统基本构成与工作原理**

① 概述 该测试系统采用比例压力控制技术，结合现代传感器、微电子以及计算机辅助测试技术，能对缸径1000mm及以下的各类伺服缸进行检验。

试验项目包括全行程内外泄漏、启动压力特性、摩擦力特性、动态特性以及耐压试验等。

系统主要由三台泵组、二级电液伺服阀及由其构成的力伺服控制系统、三级电反馈电液伺服阀及由其构成的位置伺服控制系统、加载缸、摩擦力测试缸及被试缸等构成，其液压系统原理如图5-9（a）所示。

建立一套数据采集和数字控制系统，与液压试验台连接起来，由计算机系统给出控制信号来控制液压系统中的伺服阀，进一步控制执行元件（液压缸），同时，对各试验过程中的各种参数，如压力、位移、流量等参数进行实时数据采集、量化和处理，并输出测试结果，以测试报告的形式打印出来，便于检测人员进行分析。根据本系统测试部分的组成，其结构框图如图5-9（b）所示。

② 摩擦力测试 测摩擦力时所用到的液压元件有被试缸5、摩擦力测试缸13、二级电液伺服阀14、三级电液伺服阀7、压力变送器15和16、位移传感器（行程为4～10mm）、高压球阀17和18等元器件构成，加载缸放在试验机架底部不工作，相当于一个大垫块。

将被试缸5放置于动态加载缸4上，并将被试缸5的压油口与单独泄油口相接。其测试方法是由摩擦力测试缸向被试缸加载，使被试缸向下或向上运动，由位移传感器检测位移，由两个压力变送器测出摩擦力测试缸的负载压差，然后由计算机进行计算处理，获得精确的被试缸的静摩擦力及动摩擦力，或由压力传感器12测出。

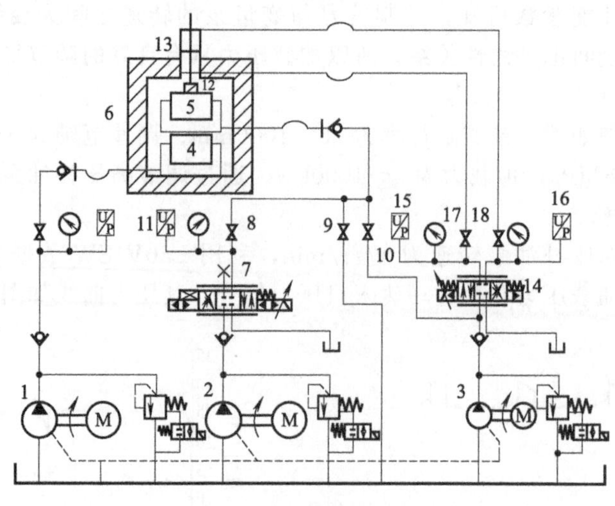


(a)液压系统原理

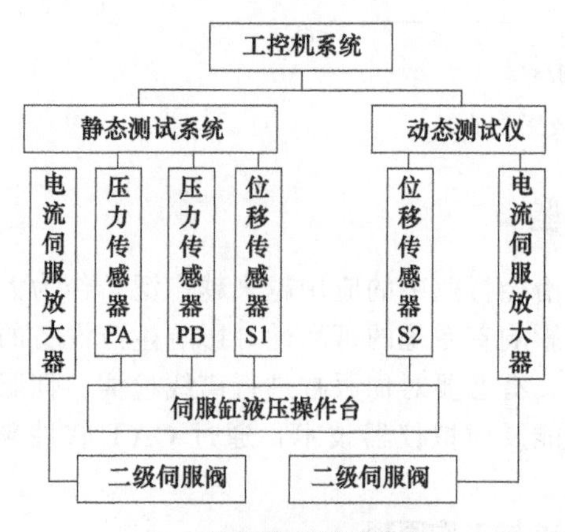


(b) 测试系统结构框图

图 5-9　伺服缸测试系统

1～3—泵电机组；4—加载缸；5—被试缸；6—闭式机架；7—三级电液伺服阀；8～10—截止阀；11,12—压力传感器；13—摩擦力测试缸；14—二级电液伺服阀；15,16—压力变送器；17,18—高压球阀

这种用一小伺服油缸作为加载缸，对被试伺服油缸进行缓慢加载（能上拉或下压）的摩擦力测试方法，比普通油缸的启动摩擦力测试方法，从测试精度上来说要高得多。其次在加载过程中，采用了力闭环伺服控制系统，它由力传感器、前置放大器、电液伺服阀等元件构成，实现对被试柱塞油缸精确的力给定，保证摩擦力测试的顺利完成。

③ 动态测试　加载缸 4 工作腔由泵电机组 1 通恒压油，提供被试缸柱塞回程力；被试缸 5 放置于加载缸上，其柱塞顶在闭式机架 6 横梁上，被试缸的压力油由泵电机组 2 提供，并由三级电液伺服阀 7、位移传感器、压力传感器 11 等元件构成的位置伺服系统控制被试缸的动作。试验时，由 CAT 软件产生 0.01～20Hz 扫频正弦信号，信号幅值可根据被试缸的不同而输入不同的值，其变化范围为 0.01～0.1V，幅值的上限设置为 0.17V 是为了防止信号幅值超过系统“速度限”而产生畸变的正弦波响应。此扫频正弦信号通过伺服放大器驱动三级电液伺服阀，从而使被试缸相应运动。由 CAT 测试系统采集被试缸柱塞的位移信号，对数据进行分析，即可得到被试缸的频率特性，绘制波德图。

在测试过程中，因伺服缸活塞升起时可能出现歪斜，为消除因歪斜而产生的检测误差，在伺服缸的两侧对称装两个位移传感器，取位移信号的平均值进行控制。同时，用位移传感器的信号作为反馈信号，构成低增益的位置伺服系统，保证伺服缸的活塞杆或柱塞处于中位附近，以免撞缸。

**(2) 系统的软件**

系统采用 Visual C++在可视化编程环境下进行编程，大大缩短了测控软件的开发时间。利用数据采集卡 PCI9118DG 在 VC 环境下提供的驱动，较快地实现数据的高速采集与处理，同时运用图形编程语言 LabVIEW 把复杂、烦琐的语言编程简化成菜单或图标，使测试软件更加形象化。

**(3) 测试系统技术特点**

该测试系统满足中大型伺服缸的试验要求，使用效果较好，主要表现在：CAT 系统通用性好，其硬件的可替换性较强；软件的编写是基于图形化的界面进行的，其操作较为直观；采用计算机辅助测试技术；摩擦力测试联合采用摩擦力测试缸和压力传感器，改变了传统的测试方法，提高了摩擦力测试精度；该液压系统模拟轧机的实际工况，提高了测试结果的准确性。

## 5.2.4 电液步进缸的试验

电液步进缸是日本某公司生产的一种集精密机械、电气、液压于一体的高技术专用产品，主要应用在连铸生产线上，如钢厂连铸设备的调宽控制以及钢水液面高度控制等。步进缸试验方法用于步进缸稳态特性的设计，对提高油缸基本性能具有促进作用。

**(1) 原理**

步进缸由液压油缸、内置式伺服阀、滚珠丝杠、步进电机、编码器等组成。配套设备有液压油源、驱动单元、控制单元等。

驱动器产生脉冲使步进电机旋转，通过传动齿轮使滚珠丝杠传动，从而控制阀芯打开阀口。活塞杆的位移通过内置阀芯（安装在活塞杆上）反馈给阀门套筒，阀门套筒跟随阀芯移动，活塞按照阀芯的移动量而移动，当差值变为 0 时，活塞处于一个新的平衡位置，活塞停止。阀门套筒总是跟随阀芯移动。因此，与输入脉冲数成比例的位置可以静态地确定。由于过渡是动态的，阀门套筒以与输入脉冲频率成比例的速度差跟踪阀芯，如图 5-10 所示。

如图 5-11 所示，步进电机旋转，当 $\Delta x>0$ 时，压力油（$p_s$）通过阀芯进入 B 腔（无杆腔)，压力平衡时，$p_sS_A<p_BS_B$，活塞杆向前运动；当 $\Delta x=0$ 时，A、B 油腔封闭，压力平衡时，$p_sS_A=p_BS_B$，活塞杆停止运动；当 $\Delta x<0$ 时，压力油（$p_s$）进入 A 腔（有杆腔)，B 腔液压油经过阀芯回到油箱，压力平衡时，$p_sS_A>p_BS_B$，活塞杆向后运动。

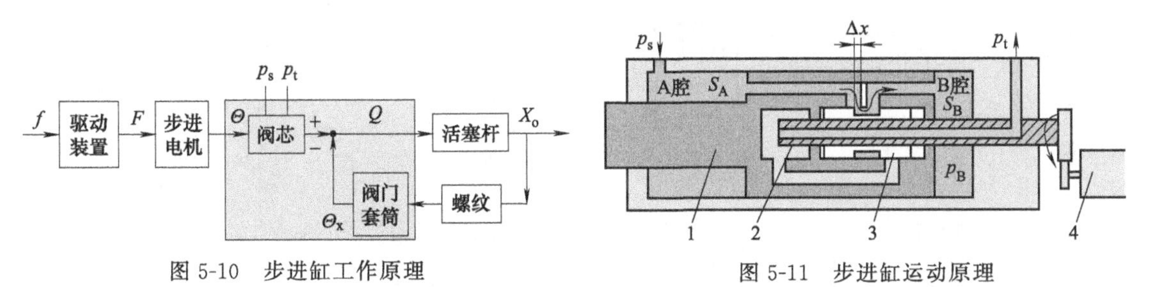


图 5-10 步进缸工作原理

图 5-11 步进缸运动原理

1—活塞杆；2—滚珠丝杠；3—阀芯；4—步进电机

**(2) 设计特点**

① 步进缸采用开环控制，不需反馈传感器，利用油缸内部机械反馈获得较高的响应和稳定性，移动行程由脉冲总数控制，移动速度由脉冲频率控制。

② 步进缸配有电机编码器，实时监控步进电机的运行状况，既能实现故障报警，也可以根据需求实现闭环控制，对外界因素造成的误差进行补偿，进一步提高控制精度。

③ 油缸分辨率高，一个脉冲的分辨率是 0.01mm，无论长行程还是短行程都可完成高分辨率控制。可以实现高精度定位控制和速度控制。

④ 结构紧凑，集成化程度高，不需要复杂的安装工作，抗污染能力强（NAS 11 级），可靠性高，维护费用低。

**(3) 测试技术**

被试油缸采用 ZM/ALMX-1236 型电液步进缸，油缸行程为 360mm，额定压力为 20.6MPa，分辨率为 0.01mm，步进电机选择 5 相，2-3 相励磁，步距角为 0.36°，最大应答周波数为 2000pps。驱动器选择斩波调压式电流控制，驱动电源为交流 110V±10%（1 相），控制电源为交流 110V±10%（3 相），相电流最大为 4A。

① 耐压测试　加工前、后法兰盖板，封堵缸筒，液压泵往 A 口供油 10min，油源压力设定为 30.9MPa，不得有外渗漏及零件损坏等现象，如图 5-12 所示。

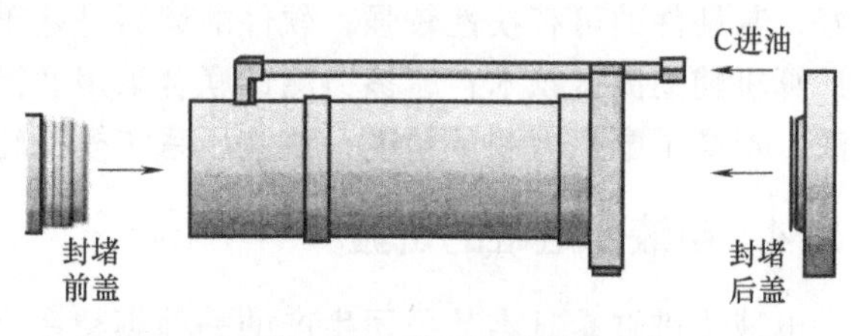

图 5-12　耐压测试原理

② 转矩测试　额定压力为 20.6MPa，给油缸持续供油，在油缸活塞杆最远端施加 1960N 的径向负载，用转矩仪转动丝杠正转与反转，来回运行，如图 5-13 所示，该转矩仪精度应达到 0.1N・m，测量结果最大转矩不超过 1N・m。

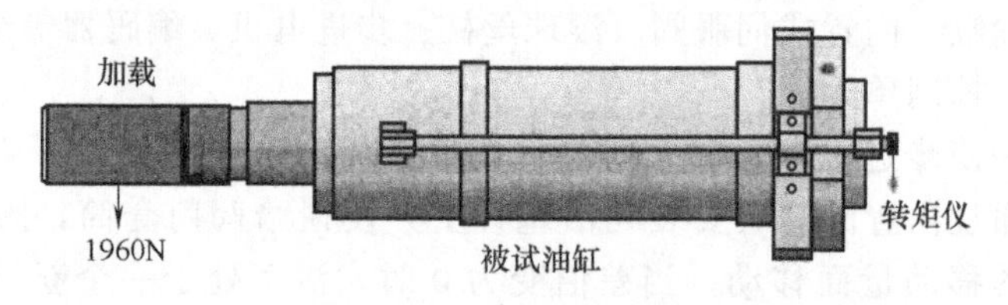

图 5-13　转矩测试原理

③ 精度测试　原理如图 5-14 所示，温度计 1 测量试验油液温度，安全阀 3 限定系统最高压力，起保护作用，比例溢流阀 4 调节试验所需要压力，液压泵组 5 给试验系统供油，过滤器 6 过滤系统油液，压力检测装置 8 检测系统压力，高精度位移传感器 10（精度可达 0.001mm）检测油缸行程。

a. 单步精度测试与十步精度测试。

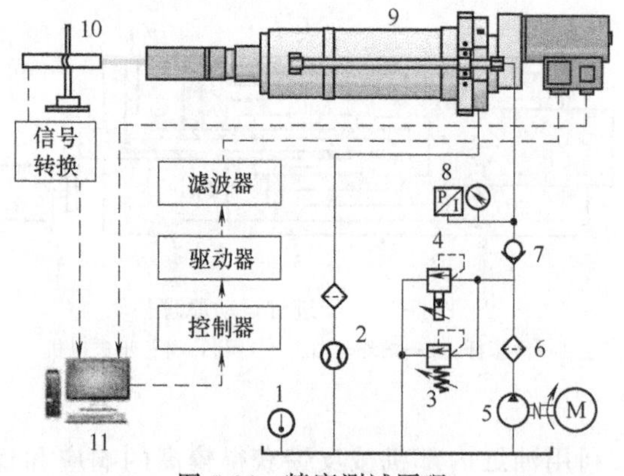

图 5-14　精度测试原理

1—温度计；2—流量计；3—安全阀；4—比例溢流阀；5—液压泵组；6—过滤器；7—单向阀；8—压力检测装置；9—油缸；10—位移传感器；11—PC 控制装置

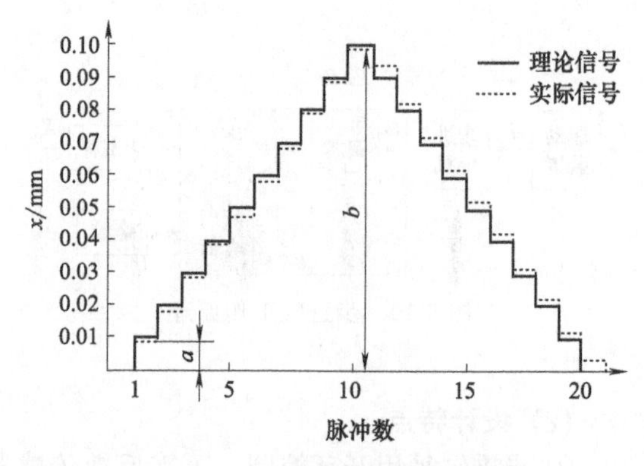

图 5-15　单步、十步精度测试曲线

调节系统压力为 20.6MPa，油温为 30～40℃，无负载，设定手动运行模式，频率为 500Hz，油缸运动到 180mm 处开始试验，分别记录伸出与缩回各 10 个脉冲的位移，如图 5-15 所示，得到 $a$ 值与 $b$ 值，计算误差：

$$\Delta x_{单步}=a_{理论}-a_{实际}$$

$$\Delta x_{十步}=b_{理论}-b_{实际}$$

得到 20 组数据，分别找出伸出与缩回最大误差，误差值不允许超过±0.02mm。

b. 重复精度测试。

调节系统压力为 20.6MPa，油温为 30～40℃，无负载，设定自动运行模式，设定频率为 500Hz，脉冲数为 1000，时间间隔为 4000ms，回数为 10 次，油缸运动到 180mm 处，设定为零点，开始试验，分别记录伸出与缩回各 10 回，如图 5-16 所示，得到 $c$ 值与 $d$ 值，计算误差：

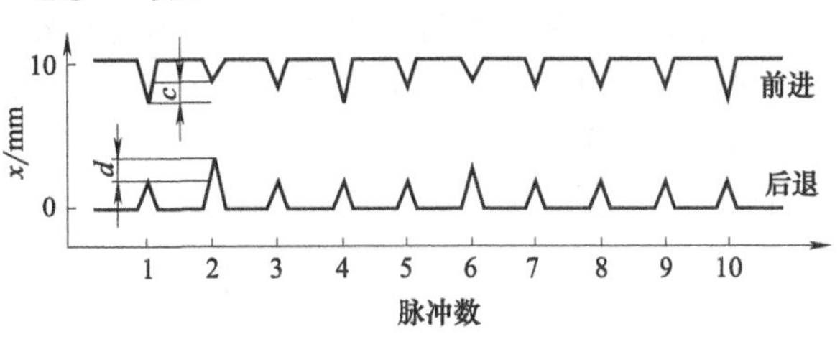


图 5-16 重复精度测试曲线

$$\Delta x_{伸出}=c_{max}-c_{min}$$

$$\Delta x_{缩回}=d_{max}-d_{min}$$

得到 20 组数据，分别找出伸出与缩回最大误差，误差值不允许超过±0.02mm。

④ 泄漏测试

a. 外泄漏测试。

活塞杆缩回，保持油温 30～40℃，系统压力为 30.9MPa，保压 5min，要求无外泄漏。

b. 内泄漏测试。

系统压力为 20.6MPa，油温为 30～40℃，无负载，分别记录活塞处在最末端、最前端、中间三个位置的内泄漏。

活塞处在最末端，主要检测密封件泄漏情况，要求泄漏量小于 2mL/min；活塞处在最前端，主要检测机械配合处的泄漏情况，要求泄漏量小于 5mL/min；油缸处于中间位置，要求所有密封处的泄漏量小于 5mL/min。

**(4) 小结**

上述测试方法能够检测步进缸的基本性能，已经达到日本公司的出厂试验验收标准，实现了先进测试技术的国内应用。这不仅降低了步进缸的生产成本，提高了该设备的市场竞争力，而且大大减少了该型油缸的生产与维修时间，提高了工作效率。

### 5.2.5 基于 WinCC 的液压缸试验

利用西门子公司的组态软件 WinCC5.1 和可编程控制器 S7-300 配合组建液压缸试验台的测控系统，应用效果较好。对于动态指标要求不高的液压 CAT 系统，都可采用该模式，这有利于缩短系统研发周期，提高可靠性和可维护性。

**(1) 试验台液压系统**

图 5-17 是按照液压缸测试国家标准 GB/T 15622—2005 设计的试验台液压系统原理。该系统能完成试运行、全行程、内泄漏、外泄漏、启动压力特性、耐压试验、耐久性试验等各出厂检验项目的测试。

该系统采用手动变量液压泵 12 和 17 供油，当测试小缸时，只需启动一台变量泵，并将变量泵的流量调整到与被试缸所需流量相适应；当测试大缸时，采用双泵联合供油，提供最大流量为 200L/min。溢流阀 13 和 18 安装在两台液压泵出口，作安全阀使用。系统工作压力由比例溢流阀 20 进行精确控制，最高可达 31.5MPa，比例压力控制便于计算机自动测试液压缸启动压力特性曲线。电液换向阀 27 中位设计成“M”型，主要用于液压泵空载启动及工作中卸荷，左右两位用于实现被试液压缸运动方向的换向。电磁换向阀 28 用于更换被试液压缸时，卸除 A、B 腔中的残余高压。双单向节流阀 42 用于实现被试缸精确的流量调整。为了避免被试液压缸内大量残液污染系统，减少过滤器更换频度，在总回油路上设置了一个落地式双筒过滤器 6。为保障系统油温符合标准要求，设置有冷却水阀 8、冷却器 7、加热器 1 和温度传感器 4。系统还设置 5 个压力传感器：压力传感器 29 用来检测泵出口压力；压力传感器 34 和 37 用来检测被试液压缸 A、B 腔压力，可作耐压试验用；压力传感器 33 和 38 属低压、高精度，用来检测被试液压缸 A、B 腔启动压力，可提高测试精度。恒力收绳位移传感器 43 用于液压缸全行程自动检测。

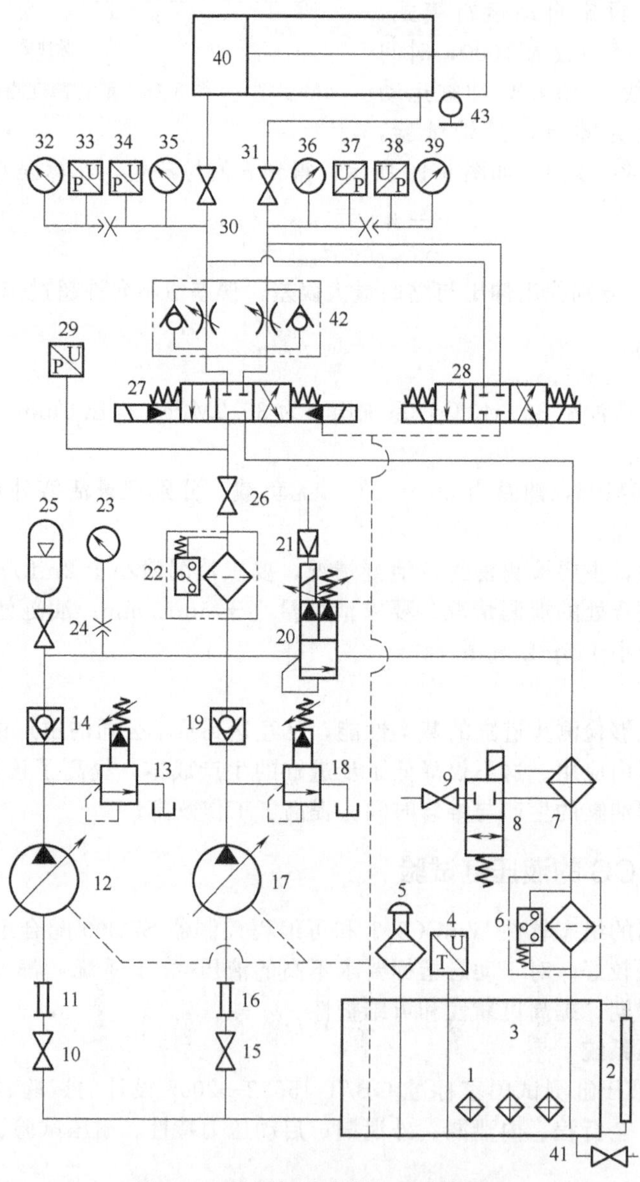


图 5-17　液压缸试验台液压系统原理

1—加热器；2—油位计；3—油箱；4—温度传感器；5—空气过滤器；6—落地式双筒过滤器；7—冷却器；8—冷却水阀；9,10,15,24,26,30,31,41—截止阀；11,16—连接件；12,17—手动变量液压泵；13,18—溢流阀；14,19—单向阀；20—比例溢流阀；21—比例放大器；22—压力表；23—过滤器；25—蓄能器；27—“M”型电液换向阀；28—电磁换向阀；29,33,34,37,38—压力传感器；32,35,36,39—压力表；40—液压缸；42—双单向节流阀；43—恒力收绳位移传感器

(2) 试验台测控系统

① 测控系统硬件 常规液压缸试验台由控制面板、操作台、继电接触器控制柜或可编程控制器、传感器、计算机、数据采集卡和高级语言开发的测试程序等构成测控系统。而基于组态软件 WinCC5.1 的测控系统取消了控制面板、操作台、继电接触器控制柜、数据采集卡、测试程序，直接由组态软件和可编程控制器、传感器组成，具有友好的人机接口和较高的稳定性。测控系统硬件组成如图 5-18 所示：所有传感器的模拟量信号全部进入可编程控制器(PLC) 的 AI 模块；开关量监测信号进入 PLC 的 DI 模块；模拟控制信号由 PLC 的 AO 模块输出；开关量控制信号由 PLC 的 DO 模块输出；PLC 与计算机通过 MPI 接口模块进行数据交换，实现对试验台的各参数进行检测、控制和报警。检测人员可通过由组态软件 WinCC5.1 开发的人机接口 (HMI) 来对测试系统进行干预。

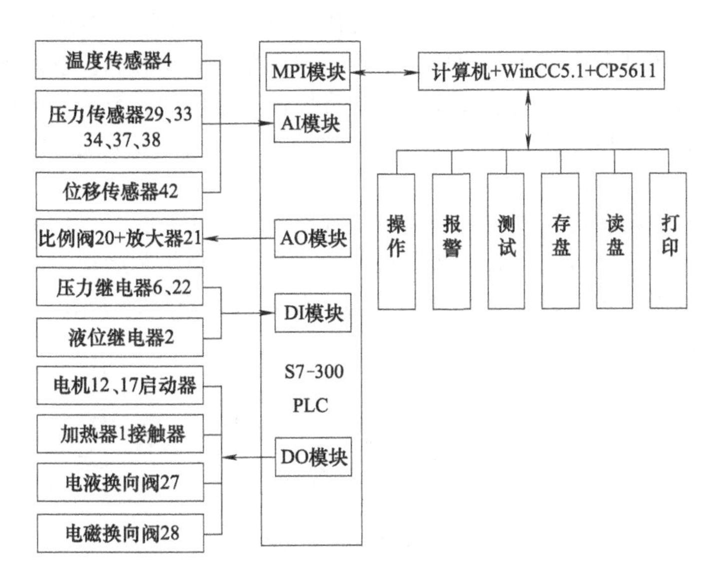


图 5-18 测控系统硬件组成

② 测控系统软件 软件开发分为 PLC 程序和计算机程序两部分：PLC 程序采用模块化梯形图方式进行编写，每个子功能模块 (FB) 完成某一特定的测控功能，所有的 FB 由组织块 (OBI) 统一调用，PLC 采集到的现场数据存放在数据块 (DB10) 中的相应位置，接收到的指令数据也保存在 DB10 中的相应位置，DB10 是 PLC 与现场及计算机进行数据交换的中转站，其数据根据实际情况不停刷新。计算机程序是利用组态软件 WinCC5.1 进行开发的，它分为显示区域、控制区域、报警区域、绘图区域、操作区域等几个部分。显示区域主要用来实时显示系统各运行参数；控制区域是对系统状态进行操作的窗口，测试人员可用鼠标对电机、阀、加热、冷却、压力等进行手动控制；报警区域用来对系统各运行参数进行安全监测，一旦发现异常，立即启动声光报警系统，同时屏幕上显示提示语言；绘图区域可实时测绘液压缸启动压力曲线及各运行参数的趋势图；操作区域是测试人员对试验进程及数据进行控制处理的窗口。软件系统通过西门子公司的接口卡 CP5611 与 PLC 的 DB10 进行实时数据交换，对 HMI 进行实时刷新。

组态软件 WinCC5.1 已经将很多常用功能做成了 ActiveX 控件，在程序开发时可以直接利用这些控件，快速搭建出测试软件系统，避免了编写代码的繁重劳动，提高了可靠性，同时也节约了时间，缩短了开发周期。

基于 WinCC 的液压缸 CAT 系统测试精度达到 B 级。系统操作简便、工作可靠。

# 5.3 数字液压缸试验

## 5.3.1 数字液压缸及控制原理

数字液压缸是将液压缸、数字阀、数字伺服放大器、各类传感器等有机组合成一体的新型高科技液压产品，具有液压传动和控制功能。在外形和功能方面，数字缸与传统的液压缸大同小异，但是在内部结构和原理上二者却有着截然不同的本质区别。在当今的液压领域数字液压缸普遍适用于高精度位置控制、高精度速度控制和协同运动控制等传动系统，尤其在大流量或超大流量、高频或超高频伺服控制方面，数字液压系统具有无可比拟的竞争优势和高性价比。数字液压缸具有位移闭环和力闭环两种控制功能，在应用上有动态和静态两种加载能力，控制器件充分数字化，对外体现出了近乎百分之百的可控性和精确性。与传统的电液伺服液压系统相比，数字液压具有控制精度高、控制技术先进、同步性能好、响应速度快、抗干扰能力强、对油液清洁度要求低等突出优点。

目前的数字液压缸的结构是将控制阀和液压缸设计组合在一起，通过中空活塞杆中的滚珠丝杠机械闭环反馈，步进电机或伺服电机接收脉冲序列，驱动阀芯运动，使用者可以随时随地在缸外部增加力传感器，实现力闭环控制的目的，随时向用户反馈数据，如图 5-19 是数字液压缸及其内部结构。

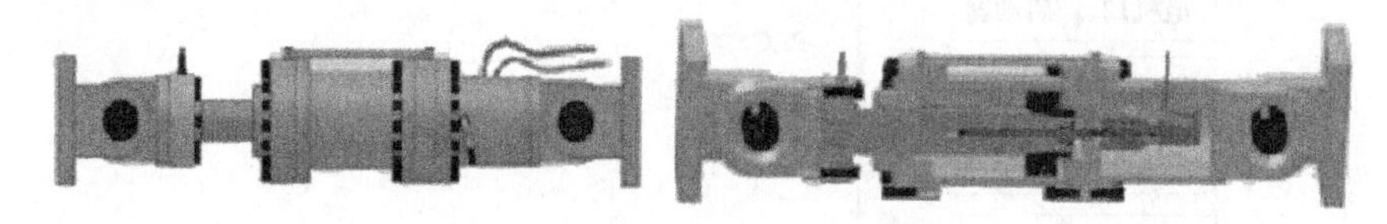

图 5-19 数字液压缸及其内部结构

数字控制的理念是终点目标控制模式，它从根本上摒弃了器件特性控制环节的传统控制方式，人们并不关心控制执行器件的特性，而是比较关注执行机构液压缸的最终体现。数字控制唯一的工作就是向数字执行器发送不同数量、频率的电脉冲信号，而不需要再像传统控制系统那样反复调整比例、温度补偿参数、积分、微分等。专用数字控制器、计算机或 PLC 可编程控制器给步进电机发送一定频率和数目的数字脉冲序列，步进电机通过内部机械转换机构控制数字阀的开口大小，进而控制液压缸的运动，再通过缸体内部活塞杆中的滚珠丝杠的机械反馈来对位移进行控制。

位移信号可以通过传感器反馈给控制器，通过反馈的数据，来增加或减少脉冲数目或脉冲发送频率来实时控制液压缸的位移和速度。数字缸所有的控制功能是通过控制步进电机旋转的角速度、角位移来实现的，步进电机通过驱动器能够接收 PLC 可编程控制器发出的数字脉冲信号，此脉冲信号的发送频率和数量直接影响步进电机的角速度和角位移，从而实现数字化控制，控制活塞杆的运动方向、速度、位移及停止点，具有响应速度快、控制精度高等优点。如图 5-20 所示为四台数字液压缸总体控制图。

数字液压缸及数字控制技术属于正在不断发展的液压新技术，显示出了巨大的潜力和市场竞争力，工业数字化科技的成果已经在冶金、化工、能源、机械制造、国防军事等诸多领域中显示出无可比拟的优势，并且得到广泛推广。数字液压缸系列产品的研究与开发是国家科技攻关计划（“十五”重点攻关项目），经贸委“国家重点新产品计划”项目，工业数字化科技产品被列为国家重点研发的新产品，数字化已经成为新的工业发展方向。

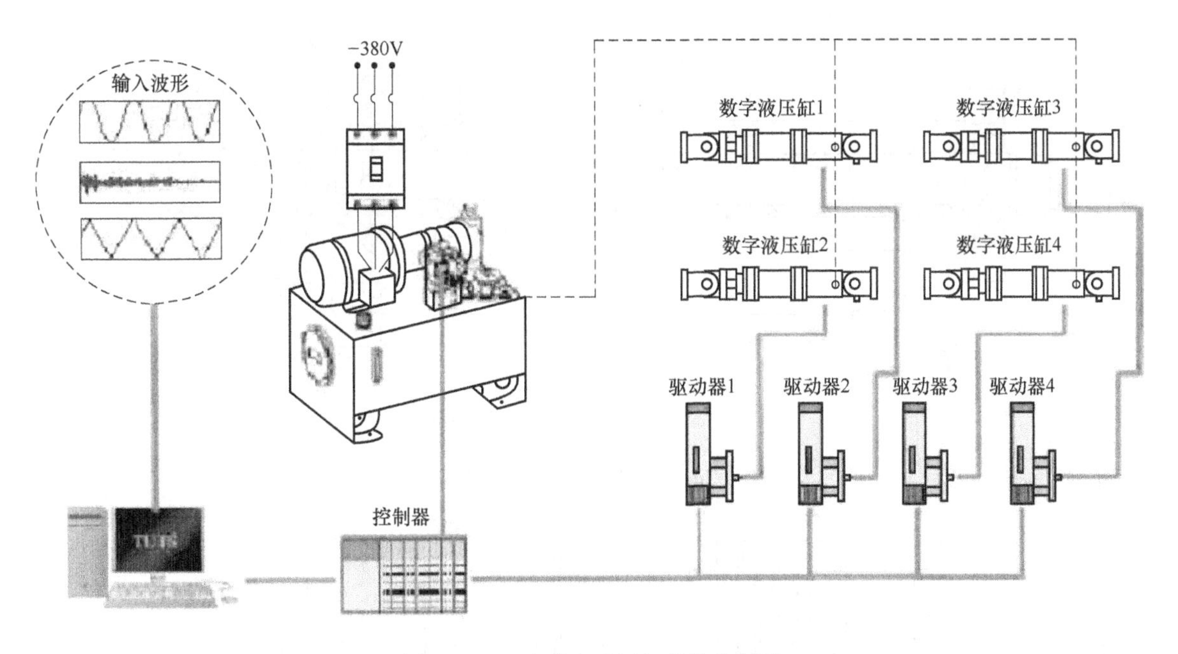


图 5-20　四台数字液压缸总体控制图

步进电机通过驱动器接收到微机或 PLC 可编程控制器发送的脉冲序列，其输出轴旋转一定的角位移，通过数字缸内部转换机构将此旋转运动变为滑阀的直线运动，液压油接通，液压缸运动，最后通过内部机械反馈机构对数字缸进行闭环控制，如图 5-21 所示为本章阐述的数字液压缸的工作原理。图 5-22 是数字液压缸的外形示意，图 5-23 为数字液压缸的局部剖视，图 5-24 为数字液压缸滑阀阀芯示意。本章所阐述的数字液压缸其主要的结构组成包括液压缸、液压滑阀、机械反馈机构、步进电机等部分，现结合以上各图将其具体工作原理阐述如下。

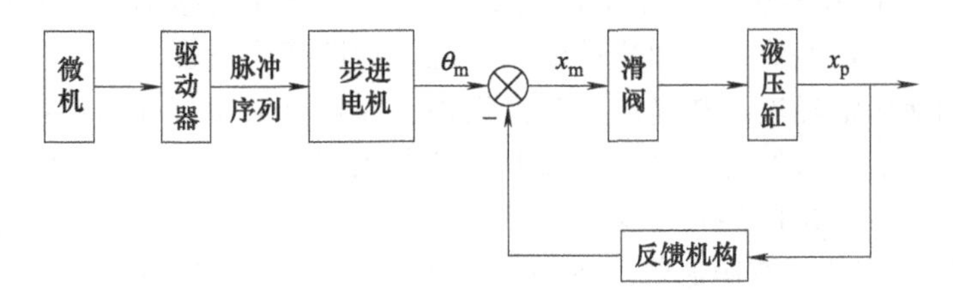


图 5-21　数字液压缸工作原理

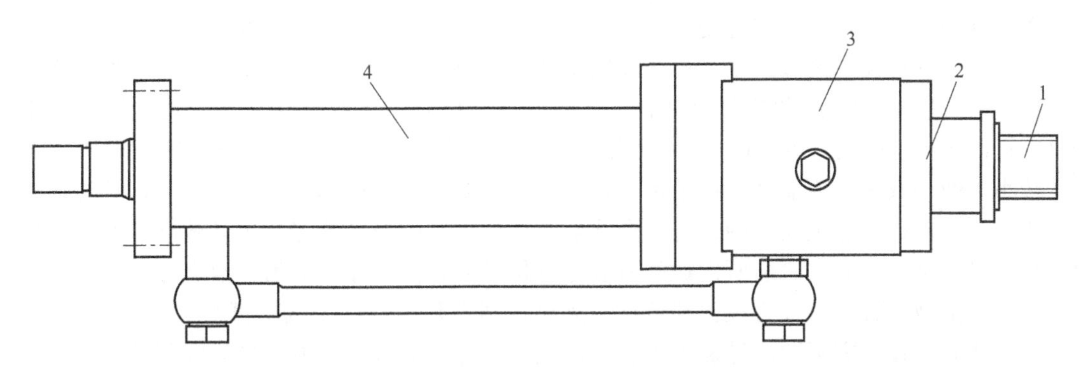


图 5-22　数字液压缸的外形示意

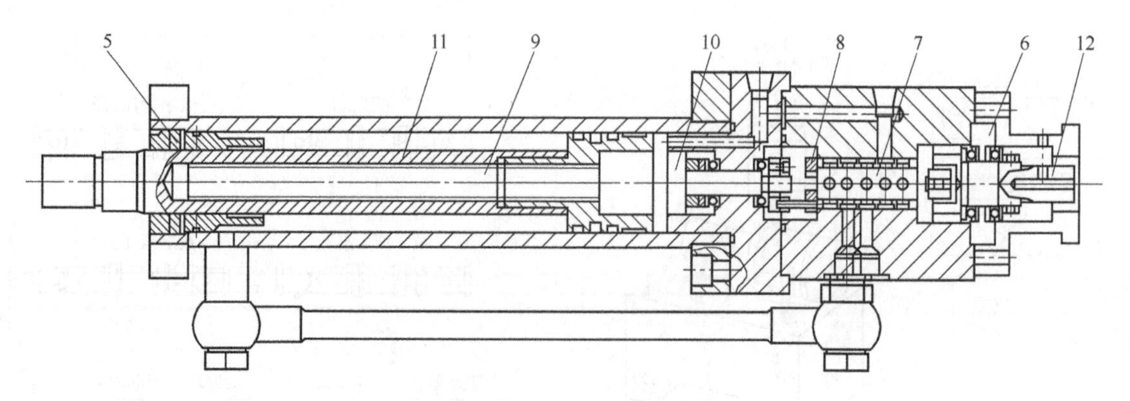


图 5-23 数字液压缸的局部剖视

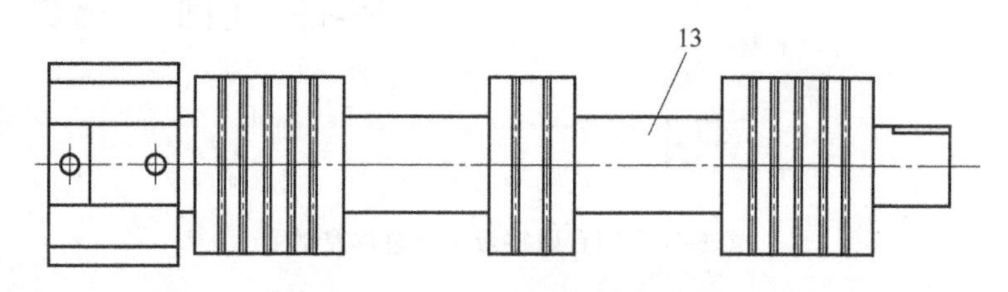


图 5-24 数字液压缸滑阀阀芯示意图

步进电机 1、后端盖 2、数字阀块 3、缸体 4、前端盖 5 依次连接，PLC 可编程控制器发送一个脉冲信号，步进电机 1 通过步进驱动器接收到这个数字脉冲，其输出轴随即旋转一个步距角，此旋转运动通过平键 12 和固定在后端盖 2 内的平面推力轴承 6，带动液压滑阀 7 内的滑阀阀芯 13 旋转一个步距角的位移。

滑阀阀芯 13 的一端为丝杠外螺纹，其与固定在数字阀块 3 内的阀芯螺母 8 相互配合，阀芯螺母 8 位置固定，在旋转运动作用下滑阀阀芯产生一个轴向移动。一旦阀芯有轴向位移，则滑阀阀口打开，高压油经液压滑阀流进油缸后腔，后腔压力增加，空心活塞杆 11 开始向左运动，油缸前腔的液压油经液压滑阀流回到油箱内。在空心活塞杆 11 向左运动过程中，会带动丝杠螺母 10 一起向左运动，丝杠螺母 10 固定在空心活塞杆 11 上，此时滚珠丝杠 9 则产生一个与步进电机 1 旋向相反的旋转位移。滚珠丝杠 9 与滑阀阀芯 13 机械连接，带动滑阀阀芯 13 左端的外螺纹反向旋转，在阀芯螺母 8 的作用下滑阀阀芯 13 向右运动一个轴向位移。阀芯复位，阀口关闭，一个步进过程结束。

数字液压缸活塞杆的位移与 PLC 发送的数字脉冲个数成正比，活塞杆运动速度与 PLC 发送的数字脉冲频率成正比，其运动方向由步进电机的旋转方向控制。将数字控制技术应用到液压领域中，能够用简单的步进电机开环控制系统替代那些极其烦琐的液压伺服闭环控制系统。

数字液压缸 0.01mm 的位移量对应 1 个数字脉冲信号，早期研究开发的数字缸分辨率有 5～10μm，当步进电机接收到前 1～5 个脉冲信号后，由于此时液压缸的静摩擦力较大，阀口开度较小，使得数字缸不能马上产生运动，当其接收到第 6～8 个脉冲信号后，此时阀口开度进一步变大，使得活塞上获得的推力完全能够克服液压缸的静摩擦力，于是数字缸开始产生运动。只有当数字缸接收完之前所发送的所有脉冲信号后，阀口才会关闭，数字缸运动停止，所以只要当数字液压缸的目标行程比其分辨率大时，其重复停位精度就不再受其分辨率的影响。研究人员从完善设计方案和改进加工工艺、制造工艺等方面入手，最终将后续开发的数字液压缸的分辨率提升到 1～3 个脉冲，大幅度地提高了精度。

## 5.3.2　试验项目

数字缸的测试项目有很多，根据不同的测试目的，一件数字缸需要完成不同的测试项目。

**(1) 检验项目**

数字缸的检验分为型式检验和出厂检验，检验项目见表 5-12。

**表 5-12　检验项目**

| 序号 | 检验项目 | 型式检验 | 出厂检验 | 要求的章条号 | 检验方法的章条号 |
|---|---|---|---|---|---|
| 1 | 外观 | ● | ● | 5.1 | 6.4.1 |
| 2 | 材料 | ● | ● | 5.2 | 6.4.2 |
| 3 | 温度 | ● | — | 5.3.1 | 6.4.3 |
| 4 | 倾斜、摇摆 | ● | — | 5.3.2 | 6.4.4 |
| 5 | 振动 | ● | — | 5.3.3 | 6.4.5 |
| 6 | 盐雾 | ● | — | 5.3.4 | 6.4.6 |
| 7 | 工作介质 | ● | — | 5.4 | 6.4.7 |
| 8 | 耐压强度 | ● | ○ | 5.5 | 6.4.8 |
| 9 | 密封性 | ● | ● | 5.6 | 6.4.9 |
| 10 | 最低启动压力 | ● | ● | 5.7 | 6.4.10 |
| 11 | 脉冲当量 | ● | ● | 5.8 | 6.4.11 |
| 12 | 最低稳定速度 | ● | ● | 5.9 | 6.4.12 |
| 13 | 最高速度 | ● | ● | 5.10 | 6.4.13 |
| 14 | 重复定位精度 | ● | ● | 5.11 | 6.4.14 |
| 15 | 分辨率 | ● | ● | 5.12 | 6.4.15 |
| 16 | 死区 | ● | ● | 5.13 | 6.4.16 |
| 17 | 脉冲频率 | ● | — | 5.14 | 6.4.17 |
| 18 | 耐久性 | ● | — | 5.15 | 6.4.18 |
| 19 | 清洁度 | ● | ○ | 5.16 | 6.4.19 |

注：●必检项目；○订购方与承制方协商检验项目；—不检项目。

① 型式检验　数字缸型式检验的液压系统原理如图 5-25 所示。

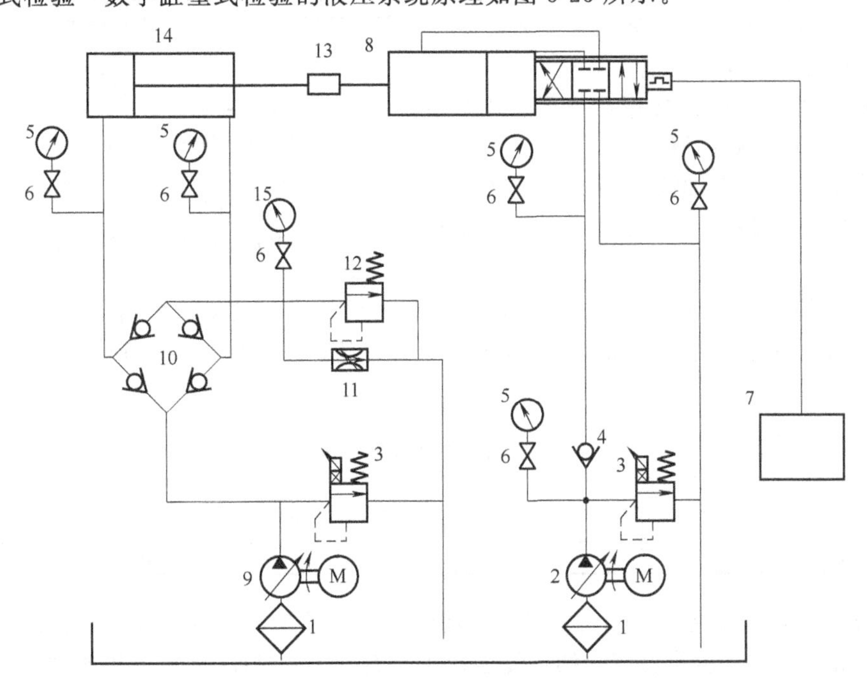


图 5-25　数字缸型式检验的液压系统原理

1—过滤器；2—油泵；3—溢流阀；4—单向阀；5—压力表；6—压力表开关；7—数字控制器（包括 PLC、计算机、专用控制器等）；8—被试数字缸；9—低压供油泵；10—桥式回路；11—加载阀；12—安全阀；13—传感器；14—加载缸；15—加载压力显示

下列情况下，产品应进行型式试验：

a. 研制的新产品（包括老产品转厂）；

b. 产品在设计、工艺或使用的材料上有重大改变时；

c. 正常生产时，每 5 年进行一次；

d. 长期停产后，恢复生产时；

e. 出厂试验结果与上次型式试验有较大差异时；

f. 用户在订货合同中要求做型式试验，并作为产品验收依据时。

数字缸型式检验的样品数量为一台。数字缸全部检验符合要求，判定型式检验合格。若有不符合要求的项目，允许加倍取样复验一次，若复验全部项目合格仍判定数字缸型式检验合格；若复验仍有不符合要求的项目，则判定数字缸型式检验不合格。

② 出厂检验　数字缸出厂检验的液压系统原理如图 5-26 所示。

数字缸应逐台进行出厂检验。数字缸全部检验项目符合要求，判定出厂检验合格。若有不符合要求的项目，允许返修一次，对该项目及相关项目进行复检，符合要求，则仍判定该台数字缸出厂检验合格；若复验仍有不符合要求的项目，则判定该台数字缸为出厂检验不合格。

**(2) 试验项目**

① 外观　用目测法检查数字缸的表面，结果应符合下列要求。

a. 数字缸不应有毛刺、碰伤、划痕、锈蚀等缺陷，镀层应无起皮、空泡。

b. 外露元件应经防锈处理，也可采用镀层或钟化层、漆层等进行防腐。

c. 数字缸外表面在油漆前应除锈或去氧化皮，不应有锈坑。漆层应光滑和顺，不应有疤瘤等缺陷。

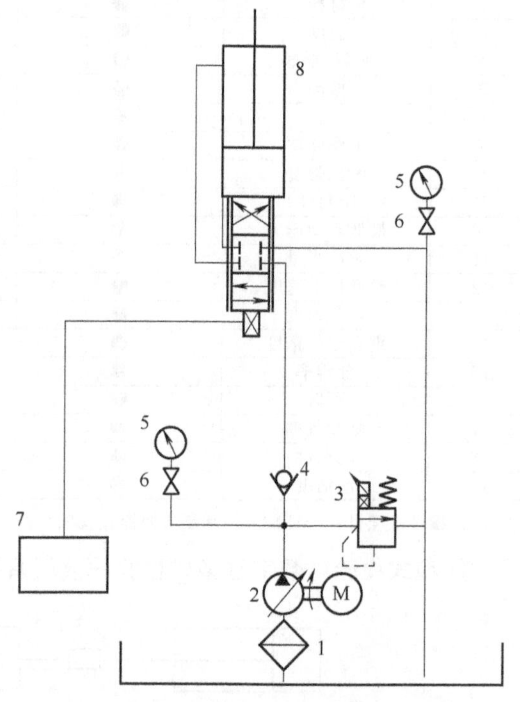


图 5-26　数字缸出厂检验的液压系统原理

1—过滤器；2—油泵；3—溢流阀；4—单向阀；5—压力表；6—压力表开关；7—数字控制器（包括 PLC、计算机、专用控制器等）；8—被试数字缸

② 材料　检查并核对所使用材料的牌号和材料质保书，结果应符合表 5-13 的要求；按 GB/T 5777 规定的方法对缸筒和法兰焊缝进行 100％的探伤，结果应达到 JB/T 47303—2005 中规定的Ⅰ级。

**表 5-13　主要零件材料**

| 名称 | 材料 | 标准号 |
| --- | --- | --- |
| 缸筒 | 20 号无缝钢管 | GB/T 8163—2008 |
| 柱塞或活塞杆 | 45 | GB/T 699—1999 |

③ 温度　在环境温度为 (65±5)℃时，将试验液压液的温度保持在 (70±2)℃，数字缸以 100～120mm/s 的速度全行程连续往复运行 1h，结果应能满足正常工作的要求；在环境温度为－25 ～65℃时；保持 0.5h，然后供入温度为－15℃的液压油，数字缸以 100～120mm/s 的速度工作 5min，结果应能满足正常工作的要求。

④ 倾斜与摇摆　按 CB 1146.8 规定的方法，对数字缸进行倾斜与摇摆试验，结果应符合

表 5-14 工况，能满足正常工作的要求。

**表 5-14　倾斜、摇摆角**

| 横倾/(°) | 纵倾/(°) | 横摇 | 纵摇 |
|---|---|---|---|
| | | 角度/(°) | 角度/(°) |
| ±15 | ±5 | ±22.5 | ±7.5 |

⑤ 振动　按 CB 1146.9 规定的方法，对数字缸进行振动试验。数字缸在振动频率 2～10Hz 时，位移振幅值（10±0.01）mm，或频率 10～100Hz 时，加速度幅值为（7±0.1）m/s 条件下，应能正常工作。

⑥ 盐雾　按 CB 1146.12 规定的方法对数字缸进行盐雾试验。结果应符合数字缸在 GB/T 3783 规定的盐雾性能条件下，满足能正常工作的要求。

⑦ 工作介质　用颗粒计数法或显微镜法测量油液的固体颗粒污染度等级。结果应符合数字缸腔体内工作介质的固体颗粒污染度等级应不高于 GB/T 14039—2002 中规定的—/19/16 的要求。

⑧ 耐压强度

将被试数字缸的活塞分别停留在缸的两端（单作用数字缸处于行程极限位置），分别向工作腔输入 1.5 倍公称压力的油液，保压 5min。结果应符合数字缸在承受 1.5 倍公称压力下，所有零件不应有破坏或永性变形现象、缝处不应有渗漏的要求。

⑨ 密封性　将被试数字缸的活塞分别停留在缸的两端（单作用数字缸处于行程极限位置），分别向工作腔输入 1.25 倍公称压力的油液，保压 5min。结果应符合数字缸在 1.25 倍公称压力下，所有结合面处应无外渗漏的要求。

⑩ 最低启动压力　数字缸在无负载工况下，调整溢流阀，使进油压力逐渐升高，至数字缸启动，测量此时的液压进口压力。结果应符合数字缸的最低启动压力为 0.5MPa 的要求。

⑪ 脉冲当量　将液压缸活塞杆前端固定一个防止其转动的导轨，给定 1000 个脉冲，检查液压缸的行程，连续往该方向运行 5～10 次，最后用总行程除以脉冲总数，得到的平均脉冲当量为脉冲当量的实际值。结果应符合数字缸的脉冲当量的实际值与标定值误差小于 5% 的要求。

⑫ 最低稳定速度　在回油背压小于 0.2MPa，活塞杆无负载的情况下，使数字缸平稳运行，全行程运行不少于 2 次，测量数字缸运行速度。结果应符合数字缸的最低稳定速度不大于每秒 20 个脉冲当量，最低稳定速度的单位是毫米每秒（mm/s）的要求。

⑬ 最高速度　用数字控制器控制数字缸，使速度达到每秒 2000 个脉冲当量并走满行程。结果应符合数字缸平稳运行的最高速度不小于每秒 2000 个脉冲当量，最高度的单位是毫米秒（mm/s）的要求。

⑭ 重复定位精度　用数字控制器控制数字缸，在保证液压缸活塞杆无转动的情况下，用百分表或传感器检测重复定位精度，在不同的位置上重复 3 次，求平均值。结果应符合数字缸的重复定位精度不超过 3 个脉冲当量的要求。

⑮ 分辨率　用数字控制器控制数字缸，在保证液压缸活塞杆无转动的情况下，用百分表或传感器检测分辨率，结果应符合数字缸的分辨率不大于 30 个脉冲当量的要求。

⑯ 死区　用数字控制器控制数字缸，在保证液压缸活塞杆无转动的情况下，用百分表或传感器检测死区。结果应符合数字缸的死区不超过 30 个脉冲当量的要求。

⑰ 脉冲频率

a. 重复向被试数字缸输入 1000 个脉冲，脉冲频率从 2000Hz 开始每次增加 100Hz，直到 3000Hz。结果应符合数字缸在最低脉冲频率为 10Hz，最高脉冲频率为 3000Hz 的范围内，能正常工作的要求。

b. 重复向被试数字缸输入500个脉冲，脉冲频率从50Hz开始每次减少5Hz，直到10Hz。结果应符合数字缸在最低脉冲频率为10Hz，最高脉冲频率为3000Hz的范围内，能正常工作的要求。

⑱ 耐久性　在公称压力下，被试数字缸按图5-26试验回路，以设计的最高速度（误差在10%之内）连续运行时间应不小于8h，试验期间被试数字缸的零件均不应进行调整。结果应符合数字缸在额定工况下使用寿命，即往复运动累积行程不低于100000m的要求。

⑲ 清洁度　按JB/T 7858规定的方法，测量数字缸的清洁度。行程为1m时，结果应符合表5-15的要求。

表5-15　液压油内部污染物重量限值

| 液压缸内径/mm | 污物质量/mg | 液压缸内径/mm | 污物质量/mg |
|---|---|---|---|
| 25～32 | 18 | 180～280 | 135 |
| 40～63 | 35 | 320～500 | 260 |
| 80～100 | 60 | 630～800 | 416 |
| 125～160 | 90 | | |

## 5.3.3 试验技术要领

**(1) 测量点位置**

压力测量点应设置在数字缸的前后腔处。

温度测量点应设置在距压力测量点2～4倍管路直径处。

**(2) 测量准确度**

测量准确度应符合GB/T 7935的规定。

测量仪器、仪表应附有合格印封或检定合格证。

# 第6章 液压试验关键技术

在液压试验技术应用中，保证测试精度、系统安全防护、系统温度控制、振动与噪声控制、加载技术等甚为关键。此处通过实例予以说明。

## 6.1 测试精度的控制

液压试验系统精度的设计是试验系统设计的关键，保证试验系统的精度是各测试能够顺利进行的基本前提。人们对液压试验系统的要求逐步提高，对液压试验系统测试对象的指标要求也越来越严格。但在工程实践试验操作过程中，由于试验方法不完善，试验系统设备不健全或试验环境恶劣等因素的影响，使用试验系统得到的数据与真值之间不可避免地存在差异。因此，液压试验系统的精度分析越来越受到研究人员的重视，在液压试验系统设计过程中，精度分析是必须进行的工作。我国目前设备元件水平与国外发达国家存在相当大的差距，不断提高试验系统的测试水平，对促进机械与设备工业的发展具有重要的意义。

在此结合某工程机械多路阀综合试验系统实例介绍测试精度的控制和保证措施。

### 6.1.1 液压试验系统误差来源及精度指标

**(1) 液压试验系统误差等级**

液压试验系统涉及液压传动、自动控制、测试技术、信号采集与处理和计算机技术等多门学科和理论，在液压试验系统中利用计算机建立一套数据采集和数字控制系统，将计算机与各控制元件与测试元件连接起来，对系统的压力、流量、温度、转矩、转速等关键参数进行实时数据监测和管理。

任何试验过程都会不可避免地产生误差，测试得到的值与在一定条件下存在的真值总是存在一定的差别。误差按其性质可以分为随机误差、系统误差和粗大误差。在同一条件下重复测试时，数值不可控制不可预测的误差称为随机误差。随机误差大多数产生于难以控制的测试因素影响，如电磁扰动、温度波动、振动等因素。这些因素对试验系统的影响随机不定，只能找出影响随机误差的因素并通过尽可能减小这些测试因素的扰动来减小系统的随机误差。系统误差是在重复进行测试时，值基本保持恒定或者保持某一规律变化的误差。影响系统误差的因素主要包括测试设备导致的误差、测试原理导致的误差和测试环境导致的误差，这些因素都可以找出原因并可以尽可能避免或者减小其影响。粗大误差是超过规定条件预期的误差，属于异常值。对于试验系统的测量精度和控制精度也有相关的国家标准按照不同的精度等级进行划分，如表 6-1 和表 6-2。

表 6-1 试验系统允许系统误差

| 测量参量 | 测量准确度等级 | | |
|---|---|---|---|
| | A | B | C |
| 压力(压力表 $p \leqslant 0.2\text{MPa}$)/kPa | ±1.5 | ±3.0 | ±5.0 |
| 压力(压力表 $p \geqslant 0.2\text{MPa}$)/% | ±0.5 | ±1.5 | ±2.5 |
| 流量/% | ±0.5 | ±1.5 | ±2.5 |
| 温度/℃ | ±0.5 | ±1.0 | ±2.0 |

注：型式检验不得低于 B 级测量精度，出厂检验不得低于 C 级测量精度。

表 6-2 被控参量平均显示值允许变化范围

| 被控参量 | 测量准确度等级 | | |
|---|---|---|---|
| | A | B | C |
| 压力(压力表 $p < 0.2\text{MPa}$)/kPa | ±2.0 | ±6.0 | ±10.0 |
| 压力(压力表 $p \geqslant 0.2\text{MPa}$)/% | ±0.5 | ±1.5 | ±2.5 |
| 流量/% | ±0.5 | ±1.5 | ±2.5 |
| 温度/℃ | ±1.0 | ±2.0 | ±4.0 |

注：型式检验不得低于 B 级测量精度，出厂检验不得低于 C 级测量精度。

我国的液压测试设备测试标准中规定，液压试验设备的精度等级出厂试验不得低于 C 级测量精度，型式试验不得低于 B 级测量精度，因此 B 级精度液压试验系统在我国应用依旧不多。对于国内的许多试验系统，难以保证全部指标满足 B 级精度要求。目前国内研制的许多液压试验系统仍然有很多的技术问题尚待解决。

**(2) 液压试验系统误差来源及精度要求**

液压试验系统主要由机械模块、液压模块以及测控模块组成。CAT 技术的发展提高了试验系统的智能化程度，虚拟仪器的应用也使液压试验系统更加方便可行。它以计算机为核心，配套使用相应的测试功能的硬件作为信号接口，进而实现信号的采集、处理以及显示。图 6-1 所示为液压测试部分结构框图，试验系统主要包括信号产生、信号传输、信号采集及处理三部分。压力、温度、流量等传感器检测系统的状态，屏蔽线将传输信号传输给信号采集系统，信号采集卡将测得的信号进行处理和保存。试验系统的智能化在很大程度上缩短了试验周期，加快了研究的进程，但由于试验系统变得更加复杂，在一定程度上也为误差的产生提供了可能性。

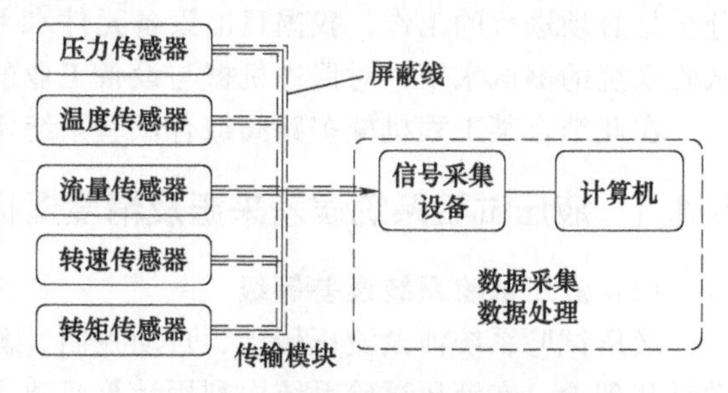

图 6-1 液压测试部分结构框图

液压多路阀试验系统以某工程机械多路阀为测试对象，在该试验系统中需要保证的量包括系统流量、系统压力、主油箱油液温度、主泵泄油口油液温度、油液清洁度、电动机转矩和转速。图 6-2 所示为该试验系统的简图，在试验系统设计过程中要保证系统测试信号满足精度要求。

试验系统中的误差主要考虑随机误差和系统误差两类误差，随机误差可以通过重复测试计算平均误差来剔除不准确的值。系统误差只能减小，而难以从根本上消除。每一过程都会不同程度地引入误差，这些误差最终构成了试验系统的总误差。

$$\Delta y = \alpha(1 + e\%)\Delta x \tag{6-1}$$

式中 $\Delta x$——被测信号进入试验系统时自身所携带的误差；

$e\%$——试验系统自身误差；

$\alpha$——试验系统误差传递总系数；

$\Delta y$——最终系统得到的测试数据的误差。

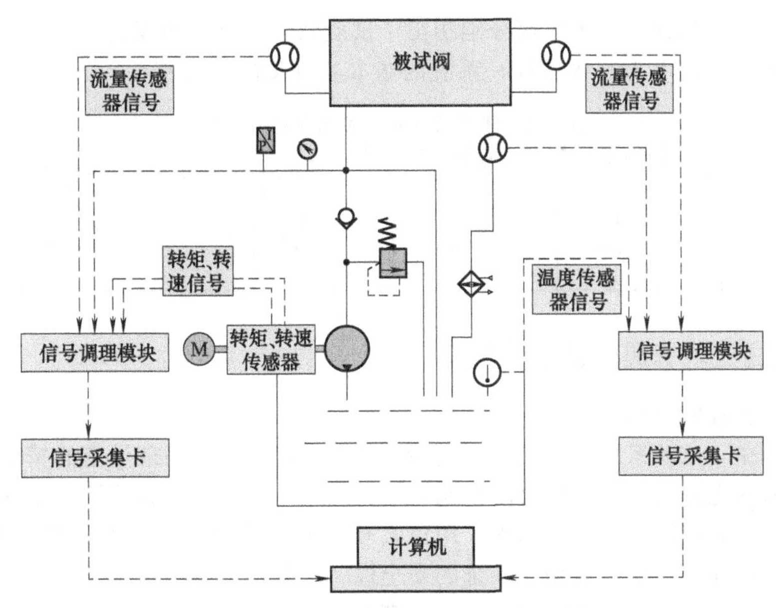


图 6-2　液压试验系统数据采集与处理

在液压试验系统中，测试数据的采集由传感器、信号调理模块、数据采集卡及计算机等完成，试验系统中每一个环节都会引入不同性质的误差，由这些误差可得到一个总误差。如图 6-3 所示，设置各环节的误差传递系数分别为 $\alpha_1$、$\alpha_2$、$\alpha_3$、$\alpha_4$，可得试验系统的误差为

$$\Delta y = \alpha_1 \alpha_2 \alpha_3 \alpha_4 (1 + e\%) \Delta x \tag{6-2}$$

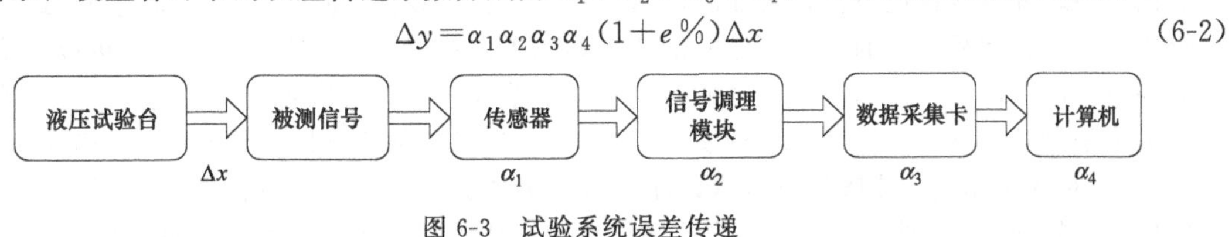


图 6-3　试验系统误差传递

为提高试验系统的精度，应该从系统的每个环节着手，尽可能减小每个环节的误差传递系数。图 6-4 所示为液压试验系统误差分析，从传感器误差、信号传输误差、信号调理误差、数

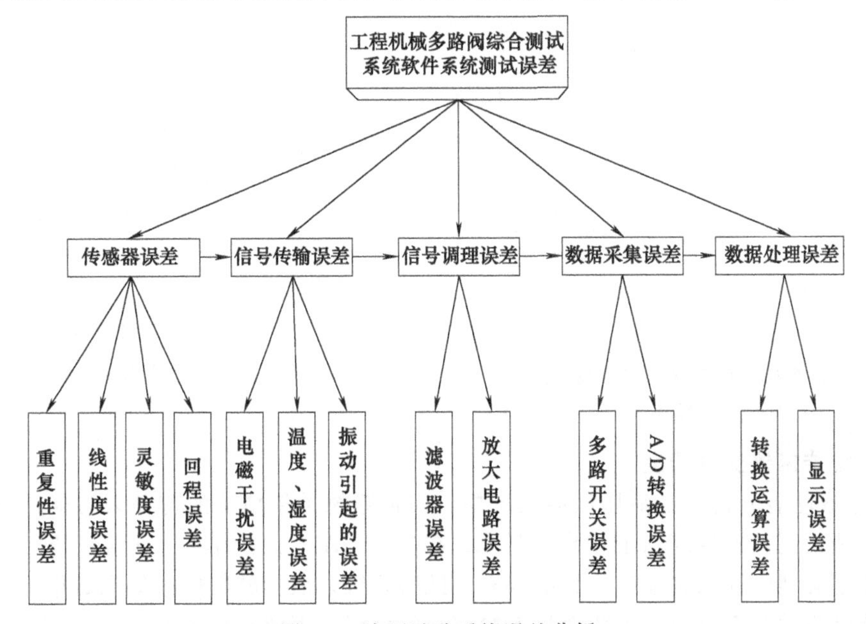


图 6-4　液压试验系统误差分析

据采集误差和数据处理误差五个方面分别指出了试验系统中存在的误差。

某试验系统设计精度为B级精度，系统的基本参数及精度如表6-3所示。

表6-3 液压试验系统基本参数及精度

| 系统指标 | 基本参数 | 精度 | 系统指标 | 基本参数 | 精度 |
|---|---|---|---|---|---|
| 公称压力 | 35MPa | ±1.5% | 工作油温 | 50℃ | ±1.0℃ |
| 耐压试验公称压力 | 52.5MPa | ±1.5% | 高温试验油温 | 80℃ | ±5.0℃ |
| 公称流量 | 500L/min | ±1.5% | 油液污染度 | ≤19/16 | — |
| 泄漏流量 | <4L/min | ±1.5% | | | |

## 6.1.2 液压试验系统提高精度的措施

**(1) 系统压力控制准确度**

在测试过程中，试验系统的精度不仅包括传感器检测得到的物理量值的精度，还包括试验系统中的计算机对电磁阀等元器件自动控制时受控对象的精度。试验系统采用虚拟仪器技术将计算机、仪器硬件和应用软件结合起来，用以实现试验系统的压力、流量和温度控制。同时，为了保证试验系统便捷易用，并提高系统的安全性、可靠性，试验系统中的操作平台上设置了手动操作平台，依靠手自动切换按钮完成手动模式和自动模式的切换。

通过虚拟仪器可以在编写好的软件系统中输入需求的物理量的值，计算机会输出信号到控制板卡进而实现元件的控制。如何保证软件系统中输入数值以后计算机能够精确发送信号给控制元件也是非常重要的问题。

由于系统元件线性度不佳，可能测试所得数据与理论数据之间存在较大误差。因此在试验系统中编写了控制程序，通过手动输入期望得到的压力数值，计算机和控制卡即可以供给比例溢流阀对应的电压值，进而实现压力的控制。试验系统采用力士乐的比例溢流阀进行加载，所选用力士乐的比例溢流阀控制电压为1～10V，对应比例溢流阀的压力为0～350bar（0～35MPa）。对两个比例溢流阀进行测试，通过对比发现实测电压压力特性曲线与理想线性曲线差别较大，如图6-5和图6-6所示，因此需要对电压压力特性进行线性化。在多路阀试验系统中采用插值法对其进行处理，最终得到理想线性化电压压力特性曲线。

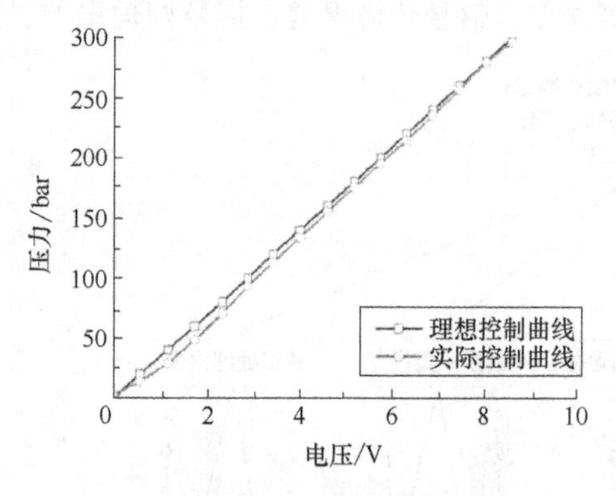


图6-5 系统压力控制阀控制曲线对比

1bar=0.1MPa

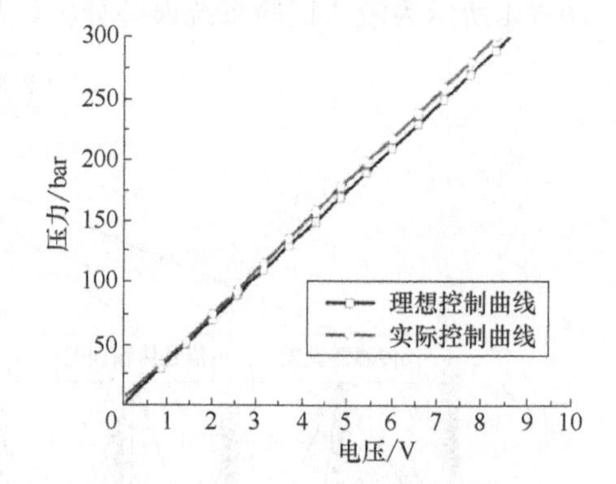


图6-6 负载压力控制阀控制曲线对比

1bar=0.1MPa

**(2) 系统传感器测试精度**

① 传感器性能分析　在液压试验系统中，保证系统采集精度的首要因素就是保证试验系统上使用的测试元件的精度高于其精度要求。在基于CAT技术的液压试验系统中，如果不能通过传感器精确地将被测试量转化为信号输入试验系统，后续的数据采集和数据处理则难以实现。传感器是将试验系统与被测物理量连接起来的桥梁，因此传感器性能将直接影响到试验系

统的精度。传感器的主要技术参数包括量程、静态误差、灵敏度、回程误差、线性度以及重复度等。

a. 回程误差：是指传感器在输入量增加和减小两个行程中输出值不重合的程度，使用正反行程中的最大误差来表示。

b. 灵敏度：即传感器输出变化与输入变化的比值。灵敏度的大小主要反映了传感器的响应能力。

c. 线性度：是一个非常重要的指标，它主要反映传感器的拟合直线与校准直线之间的匹配程度。传感器的非线性会严重影响测量的精度。

d. 重复度：反映了传感器在同一工况下重复工作测得各数据之间的重合程度，属于随机误差。

e. 频响：在很大程度上决定了传感器的使用性能，它是某些传感器的响应速率，如果被测物理量的变化频率很快，传感器频响低时会导致其难以检测到系统参数的变化。

f. 静态误差：可综合评判传感器的静态性能，将测试数据对拟合后直线的残差视为随机分布以后，求出残差的标准差 $\sigma$、$2\sigma$ 或 $3\sigma$ 即为传感器的静态误差。

② 压力传感器测试方案　在试验系统中共需采集26路压力信号，因此压力传感器的选择与精度是系统测试中的一个重要环节。其中系统先导控制压力共12路信号，主系统压力共14路信号。试验系统压力传感器参数如表6-4所示。

表6-4　试验系统压力传感器参数

| 测试压力 | 传感器型号 | 量程 | 精度 |
|---|---|---|---|
| 先导压力 | MBS3000 | 0～60bar | ±0.5%FS |
| 前后泵出口 | MBS3000 | 0～400bar | ±0.5%FS |
| 模拟负载回路 | MBS3000 | 0～400bar | ±0.5%FS |
| 背压 | MBS3000 | 0～60bar | ±0.5%FS |
| 瞬态响应压力 | MBS1250 | 0～400bar | ±0.5%FS |
| 耐压压力 | MBS3050 | 0～600bar | ±0.5%FS |

注：1bar=0.1MPa。

测试中瞬态试验的压力测试要求较高，因为瞬态试验中压力飞升速率非常快，需要保证压力传感器在几十毫秒内检测出压力的变化。在此选用丹佛斯的MBS1250，该传感器的响应时间可以满足瞬态试验。此外，压力传感器的工作频带也应满足系统压力的测试，如果系统压力变化频率过高，传感器也难以满足系统测试要求。

③ 流量传感器测试方案　在试验系统中多处需要对流量进行测试，其中包括模拟负载流量、前泵和后泵流量、回油流量以及被试元件泄漏流量，系统中流量传感器参数见表6-5。

表6-5　试验系统中流量传感器参数

| 测试对象 | 传感器型号 | 量程 | 精度 |
|---|---|---|---|
| 前泵流量 | VS10 | 1.5～525L/min | 0.3%R |
| 后泵流量 | VS10 | 1.5～525L/min | 0.3%R |
| 模拟负载流量 | VS10 | 1.5～525L/min | 0.3%R |
| 回油流量 | EVS3106-A-0600-000 | 40～600L/min | ≤2% |
| 泄漏流量 | VS0.04 | 0.004～4L/min | 0.3%R |

由于试验系统的最大流量为500L/min，前、后泵流量传感器及模拟负载流量传感器测试量程均需达到500L/min，而且在前、后泵流量以及模拟负载流量测试时流量传感器均需承受高压力。为保证系统在这种工况下能够高精度地检测出流量信号，前、后泵流量传感器及模拟负载流量传感器选择齿轮流量计VS10，其精度为0.3%R，满足系统精度要求。在液压试验系统中，微泄漏流量测试智能化一直是液压试验系统中的难题。在多路阀液压试验系统中，待试

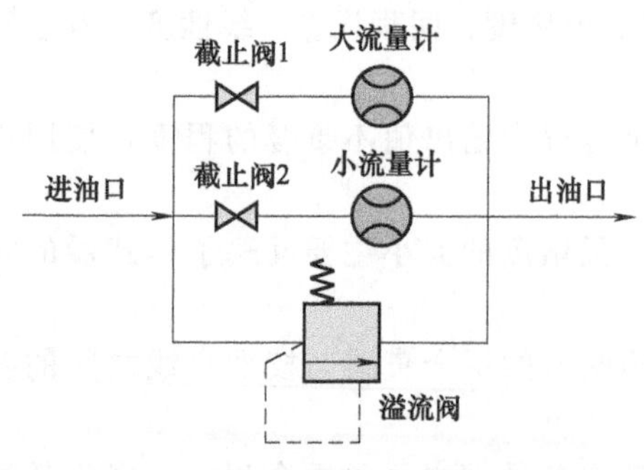

图 6-7 回油流量传感器设计方案

多路阀的泄漏量不大于 4L/min，最小流量为每分钟几毫升，而系统的回油流量测试传感器又需要保证 500L/min 的量程，因此需要保证系统的回油流量传感器测试量程为每分钟几毫升到 500L/min。目前国内外流量计技术水平仍然有限，难以开发出量程比如此大又可以保证精度的流量计，因此系统设计时采用双流量计并联的方案，同时防止误操作，两个流量计前的截止阀均未打开，又在其并联回路上并联一个溢流阀，如图 6-7 所示。当正常回油时，关闭大流量计截止阀 2 打开截止阀 1，油液通过大流量计。当进行泄漏量试验时，关闭截止阀 1，打开截止阀 2，油液通过小流量计。采用此设计方案，在满足测试流量量程的同时又可以保证流量测试的精度。

系统中 VS10 齿轮流量计和 EVS3016-A-0600-000 涡轮流量计均可满足 B 级精度要求。

**(3) 试验系统传感器的精度保证措施**

① 传感器的选择　传感器选择受工作环境的影响。在选用传感器时，应综合考虑传感器的工作环境，因为传感器的工作原理存在差异，不同信号产生机理的传感器在相同场合下受到的影响是不同的。在试验系统中，主系统流量及模拟负载流量的传感器均为齿轮流量计，系统回油流量传感器选用的是涡轮流量计。涡轮流量计依靠油液流过时推动传感器中的叶轮旋转，叶片周期性地切割电磁铁产生的磁力线，改变线圈的磁通量，根据电磁感应原理，在线圈内将感应出脉动的电势信号，即电脉冲信号。本试验系统采用变频电机提供动力，变频电机及变频器在工作时产生的电磁干扰非常严重，变频器产生的强磁场会对该流量传感器产生较大的影响，而齿轮流量计的原理不同，其产生信号的过程受到的影响较小。本试验系统中由于涡轮流量计采取了较好的抗干扰措施才得以保证系统的测试精度，因此在选择传感器时需要考虑传感器的工况。

② 传感器的标定　前面分析了试验系统传感器选择与测试方案设计对试验系统精度的要求。在常规试验系统中，常把传感器理想化为比例环节，当传感器的理论设计方案能够保证试验系统精度时，测试传感器的实际精度将是需要考量的一项重要因素。传感器在出厂时都会进行标定，但是传感器的精确测试结果均为标准环境下所得，在传感器的测试现场，温度、湿度以及其他环境因素的变化，传感器的结果会出现时漂，因此测试的结果也会发生偏差，从而导致测量误差的产生。为了达到规定精度的测量结果，在测试现场对测试传感器进行误差校准是不可缺少的工作。传感器标定是对传感器输入不同的 $x$，测得不同的输出信号 $y$，得到传感器的数学模型，即传感器的输入 $x$ 与输出信号 $y$ 的对应关系。在标定完成后依据标定结果对传感器的测量系数进行补偿，用线性拟合的方式得到变换系数。

**(4) 测试信号传输精度**

① 试验系统干扰信号的来源　在试验系统中传感器信号传输过程中，噪声一直是影响试验系统精度的一个因素。根据试验系统现场的分析，干扰主要分为两方面：一方面是试验系统本身的干扰，随着变频器在测试技术中的广泛应用，绝大部分测控系统中的干扰源均为变频器；另一方面为试验系统外部的干扰，源于试验系统现场的电流、电压引起的扰动及周围产生电磁干扰的设备。其中随机干扰信号相对比较容易解决，因此变频器系统成为试验系统测试信号干扰的主要来源。变频器中大量使用电力电子器件，变频器的输入端为 380V 交流电，通过整流器后变成直流电，然后通过由大量半导体元器件组成的逆变器转化为频率可变的交流电。在逆变器工作过程中产生大量的干扰谐波，对周围的测试设备的正常工作产生很大的影响。

试验系统中主动力源为变频器驱动变频电机，图 6-8 所示为该试验系统中变频器对试验系统影响的方式。

② 抑制干扰的基本措施　干扰的基本要素为干扰源、传播路径和干扰对象，此试验系统中干扰源为变频器，干扰对象为系统中各传感器、显示设备及报警设备。接下来，介绍从隔离、屏蔽、滤波和接地四个方面降低变频器产生的电磁干扰的方法。

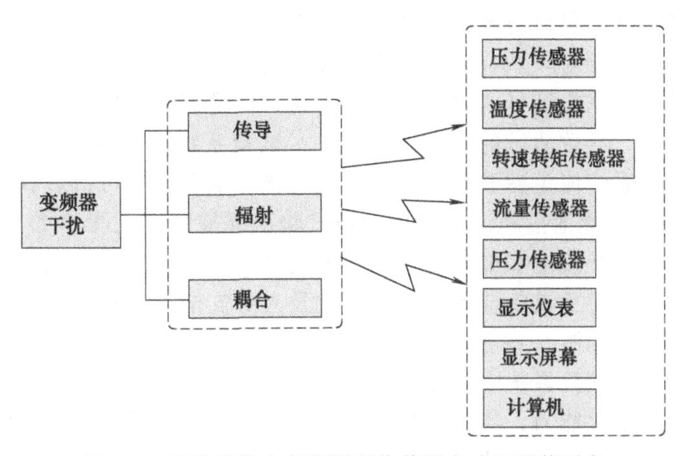


图 6-8　试验系统中变频器干扰传导方式及干扰对象

a. 隔离措施。在测试台布局方案时考虑变频干扰对试验系统的影响，图 6-9 所示为试验系统布局图，在方案设计时，将变频设备与测试设备分别安装在不同的房间内，保证计算机、传感器等易受干扰的设备远离干扰源，削弱干扰对试验系统的影响。

此外，由于变频器中的调理电路和逆变电路均为非线性元件，导致电网中的供电波形发生畸变。当试验系统中的传感器等电子设备与变频器共用一电源时，被噪声污染的电源会严重影响传感器的测试精度，因此需要将传感器等易受到影响的设备的供电电源与变频器的电源隔离开。在本系统中使用开关电源来独立为传感器等设备提供电源，开关电源内的滤波器可有效保护传感器的电源避免受到干扰噪声的污染。

b. 屏蔽措施。有效的屏蔽措施可以抑制变频器产生的干扰，对变频器的屏蔽可以减少变频器内部的电磁波向外传输，对测试设备的屏蔽可以保护其免受干扰电波的影响。屏蔽的主要措施包括以下方面。

将变频器及传感器放入金属外壳中，并将金属外壳有效接地。

信号传输线使用屏蔽保护线，并将屏蔽线有效接地。

由于转矩转速传感器距离干扰源非常近，所以干扰对其造成的影响最大，如图 6-10 所示，将试验系统中转矩转速传感器放入金属外壳内，然后将金属外壳有效接地。此外，变频器作为干扰源，变频电机的电源线会产生非常强烈的干扰信号，因此在试验系统中尽量避免信号传输线与变频电机电源线平行布置，并将变频电机的电源线及接地线进行有效的屏蔽和接地。

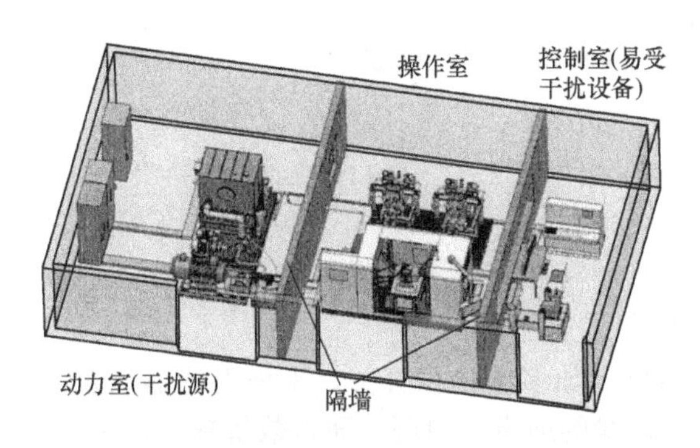


图 6-9　试验系统布局图

图 6-10　试验系统转矩转速传感器屏蔽保护

c. 滤波措施。滤波是降低干扰的有效措施，主要包括对电子设备电源的滤波和对测试信号的滤波。由于变频器会对现场电源产生扰动噪声，为阻止干扰进入测试设备，在传感器、仪表与电源 EMI 之间安装电源滤波器。另外，变频干扰会导致测试信号中混杂着高频噪声信号，通过滤波可以有效减少测试信号中的噪声成分。滤波主要分为软件滤波和硬件滤波。硬件滤波的成本相对较低，但是对元器件的精度要求较高，而且有时会导致振荡。软件滤波可以比较方便地在采集信号的虚拟程序中实现，但是滤波级数高时，会对计算机性能要求比较高，计算量较大，导致测试的实时性降低，本试验系统采用在虚拟仪器中进行软件滤波，图 6-11 所示为试验系统流量滤波前后数据曲线对比，从曲线中可以看到滤波后数据的精度得到显著提高。

d. 接地措施。正确接地是试验系统抑制电磁噪声和干扰的一种有效措施，接地措施主要分为保护接地和屏蔽接地。国家安全标准中规定任何高压机电设备及电子设备外壳均需接地，以有效避免设备金属外壳带电危及人身安全，在本试验系统中，变频器的地线连接到电网的零线上，如图 6-12 所示。

在试验系统中，变频干扰对试验系统中各种传感器信号干扰是非常严重的，为了提高系统的抗干扰能力，传输信号依靠屏蔽线缆进行传输。研究表明，屏蔽线不同接地方法对干扰抑制的效果不同，接地点远离传感器端时抑制干扰的能力强。变频器与变频电机都应有效单独接地，如果变频器接触不良导致地线产生微弱电流时，将严重影响试验系统传感器的测试精度。此外，在多传感器系统中，将多传感器分别接地是最佳方案，但有时不可避免多传感器共同接地，各传感器的对地电流会相互影响产生耦合干扰，采用图 6-13 所示的接地方式，将最容易受影响的传感器放在前面，抗干扰能力最强的传感器放在最后。

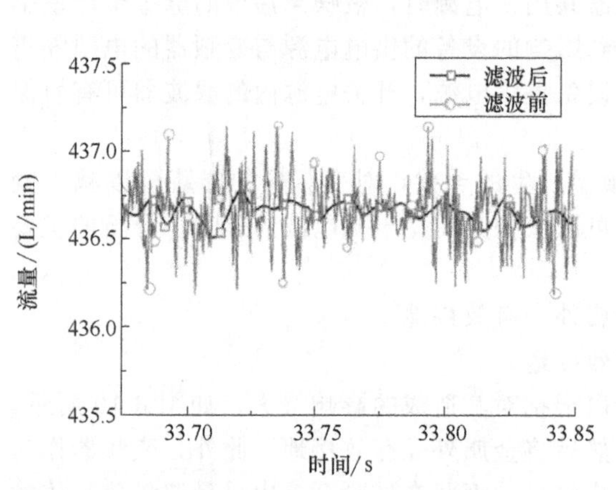


图 6-11　试验系统流量滤波前后数据曲线

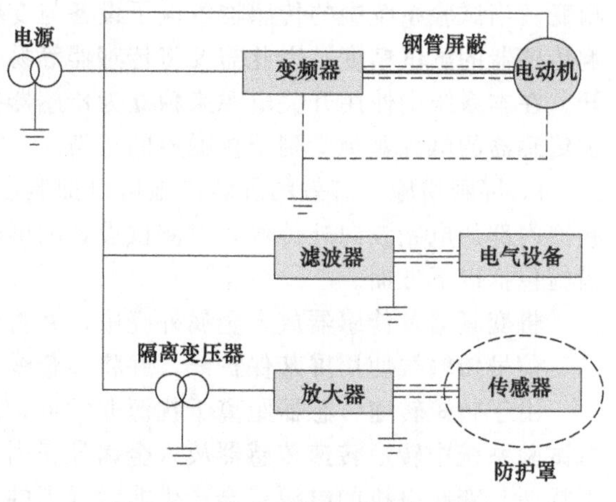


图 6-12　试验系统抗干扰接地方式

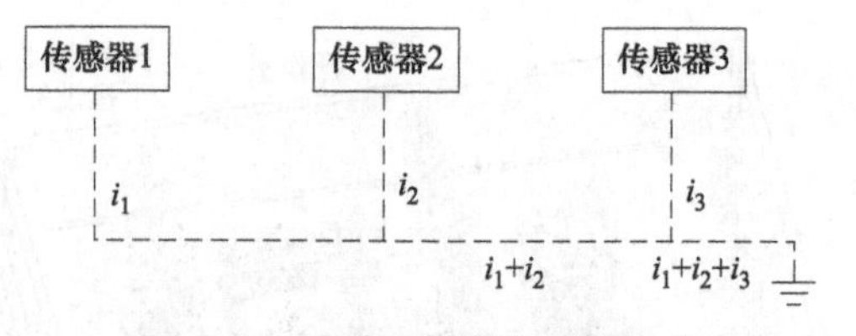


图 6-13　多传感器共地接地方式

图 6-14 所示为本试验系统总回油流量计的抗干扰措施测试对比曲线，由于总回油流量计为涡轮流量计，传输信号为 4～20mA 电流信号，较容易受到变频干扰，传感器在没有流量流过时的信号采用抗干扰措施后噪声明显减小。

**(5) 测试数据采集及处理精度**

数据采集框图如图 6-15 所示，可以观察到在数据采集过程中，有多个环节会影响数据采集的精度，如多路模拟开关，采样保持器以及 A/D 转换器等。其中多路模拟开关的作用是切换数据采集的通道，原则上通道数量越多，系统的误差就会越大。采样保持器可以保持数据在 A/D 转换过程的周期时间内输入端电压，有效地减少采样误差。而 A/D 转换器作为数据采集系统的核心，它是模拟信号转为数字信号的通道，它的基本性能对数据采集系统的精度有着至关重要的影响。A/D 转换器的精度越高，转化时间越短，采集到数据的误差越小。

在本试验系统中采集数据选用 NI9205 型数据采集卡，其基本参数为 32 路单端或 16 路差分模拟输入，16 位分辨率，250KS/s 总采样速率。在试验系统中设置的采样速率越高，对计算机的性能要求越高，在单位时间内系统能够采集到的数据点就越多，数据可以反映出来的内容也就越丰富。

数据保存到计算机时对数据的处理也是导致数据误差的一项因素，计算机存储的数据长度有限，由于数据的截断将导致数据精度的降低，但是这部分误差与前面所述的误差相比非常小，基本可以忽略。

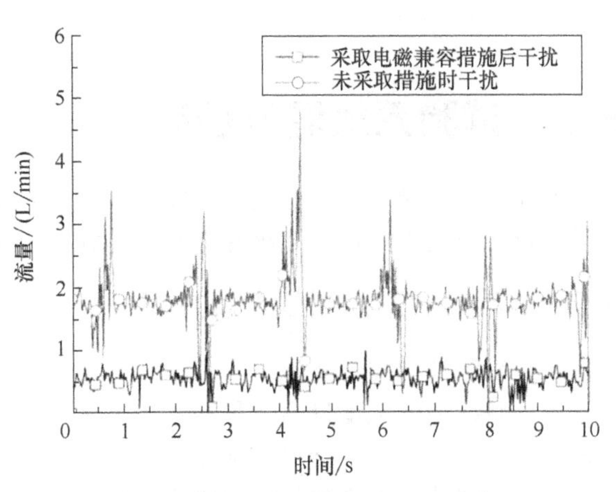


图 6-14　抗干扰措施测试对比曲线

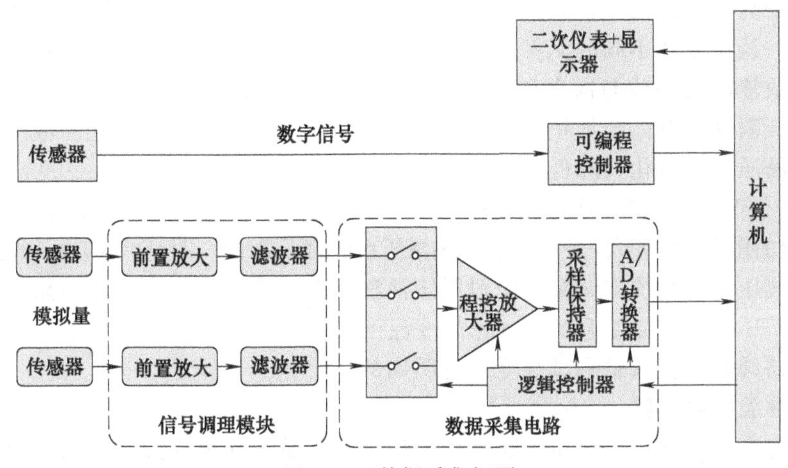


图 6-15　数据采集框图

在计算机或者二次仪表显示时，显示的位数也是有限的，也会存在同样的问题，数据被进一步处理，导致试验系统得到的数据精度进一步降低。

图 6-16 和图 6-17 分别表示在采用提高精度措施后本试验系统的压力和流量测试曲线，由曲线可以看到压力和流量均在系统要求精度范围内。

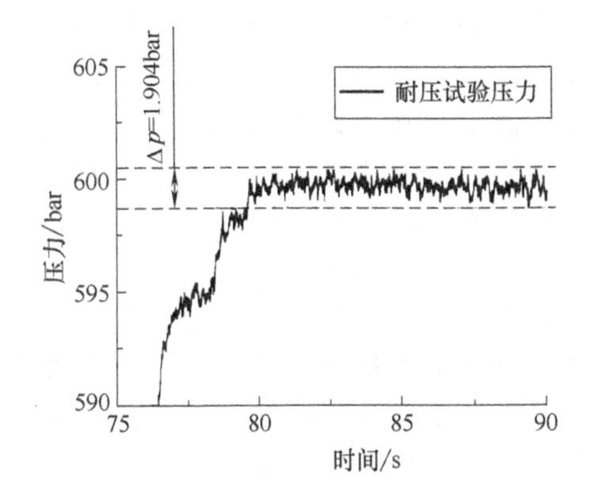


图 6-16　耐压试验压力曲线

1bar＝0.1MPa

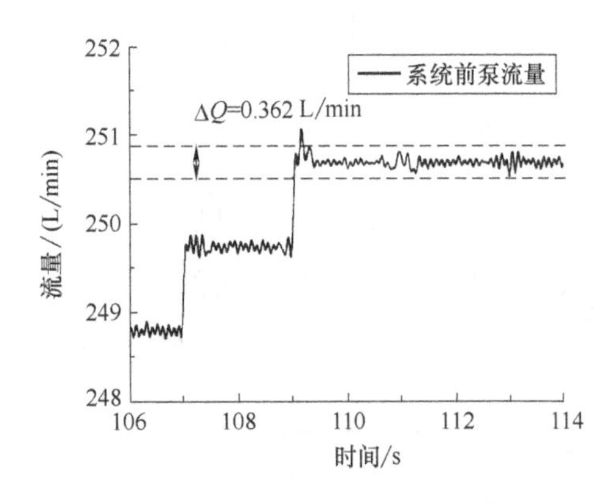


图 6-17　试验系统前泵流量测试曲线

## 6.2 试验系统温度控制

液压试验系统的油温控制模块需合理设计，以实现系统油液温度的准确控制。在此结合某工程机械多路阀综合试验系统介绍温度的控制措施。

### 6.2.1 系统油温控制要求及方案

**(1) 系统油温控制要求**

液压系统油液温度过高会影响系统正常工作，油温过高会使液压油的黏度降低，导致液压系统的泄漏增大，并且会严重影响系统中节流元件的节流特性，进而影响系统的稳定性。同时，液压系统油液黏度降低后会影响系统中油膜的形成，油液黏度越小，油液越不容易形成油膜，会导致液压元件的磨损增加，泵、马达、液压阀等元件的寿命降低。油液温度过高还会加速液压系统中密封橡胶的老化，缩短液压软管等元件的使用寿命。对于含有运动副的系统，油液温度过高时，线胀系数不同的元件由于温度变化产生的形变不同而导致运动副之间的摩擦增大。例如会导致液压阀阀体与阀芯的磨损，降低液压阀的寿命，严重时可能会导致事故的发生。此外，油液温度的升高会加快油液中水分的蒸发，加速液压油的汽化。液压系统油液温度过高也会加速液压油的氧化，降低油液的使用寿命。

当液压系统位于气候寒冷、温度较低的地方时，油温过低会导致液压油的黏度增大，油液流动性变差，液压系统的压力损失变大，严重时会影响液压系统的正常工作，且会引起设备的损毁。

因此，在液压试验系统测试标准中对系统油液的温度有严格要求，在多路阀测试国家标准中规定，A级、B级、C级液压试验台的油液温度波动分别应控制在±1℃、±2℃、±4℃范围内，且对多路阀的高温试验测试温度也有明确的规定。

**(2) 系统油温控制方案**

液压油作为良好的热传递介质，在系统工作时可将系统功率损失产生的热量带到方便进行热交换的位置，通过系统油液进行热量传递是对系统进行温度控制的主要方式，其中试验系统中油液温度控制的主要设备为加热器和冷却器。液压系统在做功的同时，液压试验系统很大一部分输入功率都转化为了热能。系统发热导致油液温度上升的影响因素很多，大部分热量都被系统油液携带进入了液压油箱，维持油液温度恒定在一定精度范围内，在液压系统中需要合理设计加热和冷却回路。

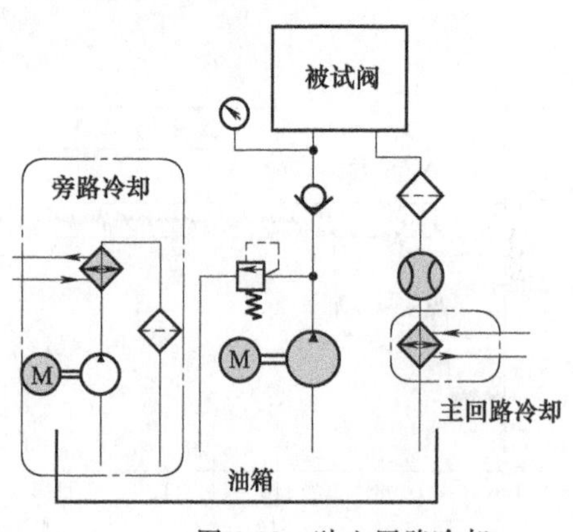

图 6-18 独立回路冷却

油液冷却方式主要包括回油路冷却、独立回路冷却（图 6-18）和闭式系统补油回路冷却三种方式。回油路冷却方式中液压系统的冷却器安装在系统的回油路中，系统的回油及系统定压溢流阀溢流出的油液流经冷却器后再流入油箱。独立回路冷却方式即设置独立油路对油箱内油液进行冷却，而且还可以在该冷却回路中增加过滤装置对油液进行净化。闭式系统补油回路冷却方式主要应用于闭式系统中，通过冷却补油系统中的油液达到冷却系统油液的目的。

油液加热通常包括溢流加热、电加热及蒸汽加热三种方式。溢流加热是应用最广泛的油液加热措施，通过油液溢流对油液做功产生热量的方式对油液进行加热。电加热方式即在油箱中安装一个电加热器以实现对油液的加热，但是此种方式加热会因油液流动不畅导致局部油液过热，加热器局部油液寿命降低。蒸汽加热即让油液流经换热管，让热蒸汽与油液进行热交换实现对油液的加热。

系统中除了通过油液进行热量交换外，系统热量会以热辐射的方式向空气扩散。当环境温度较低时，系统热量会大量扩散到空气中。因此可以通过在油箱上安装保温棉等隔热层对油箱进行保温，可以改善低温环境下系统的油液温度保持效果。

## 6.2.2 油温控制方式与策略

**(1) 系统油液温度控制方式**

图6-19所示为本试验系统的油液温度控制系统，综合考虑选择独立控制冷却模块和加热模块对系统油液温度进行控制。本试验系统在高温试验时需要保证油液温度为80℃。系统功率输入难以稳定系统油温，因此需要设置加热模块在必要时对系统油液进行辅助加热，本试验系统选用的加热方式为溢流加热。油液温度的维持是一个加热和冷却的动态过程，且为提高系统的冷却功率，本试验系统中选用了主回路冷却系统。由于油箱、管路等液压部件会向空气中进行热传导，因此选用合适的加热、冷却功率也是保证油液温度维持在要求范围内的重要因素。

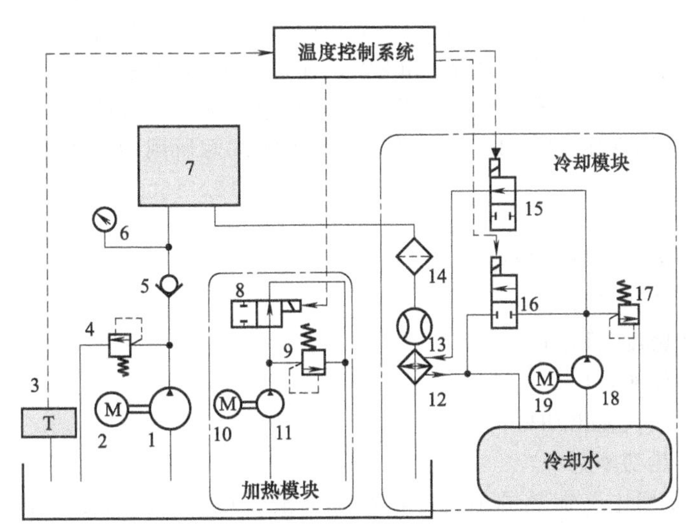


图6-19 液压试验系统的油液温度控制系统

1—液压泵；2—电动机；3—温度传感器；4—溢流阀；5—单向阀；6—压力表；7—被试溢流阀；8—电磁阀1；9—辅助加热系统安全阀；10—加热泵电机；11—辅助加热泵；12—换热器；13—流量计；14—过滤器；15—电磁阀2；16—电磁阀；17—安全阀；18—冷却水泵；19—水泵电机

液压试验系统的最大流量为500L/min，开式液压系统的油箱容积为系统流量的3～5倍，在油箱容积为2000L在开式液压系统中，油液的体积一般占油箱总容积的80%，因此油液的总容积为

$$V=0.8V_T=0.8\times2000\times0.001=1.6\text{m}^3 \tag{6-3}$$

根据回油过滤器和液位液温计等尺寸要求，取油箱尺寸为长$d_1=1.5$m，宽$d_2=0.95$m，高$h=1.4$m，则油箱表面积$A$为

$$A=2\times(d_1d_2+d_1h+d_2h)=2\times(1.5\times1.4+1.4\times0.95+1.5\times0.95)=9.71\text{m}^2 \tag{6-4}$$

为保证油箱经久耐用，油箱选用不锈钢材料。多路阀测试高温试验标准中要求油液温度为80℃，因此在试验前，首先要将油液从室温加热至80℃，因此辅助加热模块功率将会影响油

液加热的速度。液压油加热有电辅助加热和辅助液压油路加热，但是在油箱中安装电辅助加热器加热油液会造成油液温度分布不均，电加热器易造成局部油液温度过高而降低油液的品质和寿命，因此在本系统中采用辅助液压回路溢流加热。

为保证辅助加热回路能够正常加热油液，辅助加热回路的功率必须能够补偿液压系统的油液扩散功率，因此需要综合考虑环境温度，计算极端环境下液压系统的散热功率。在冬天温度较低时，油箱的散热功率为

$$P_1=KA\Delta T=KA(T_2-T_1)=15\times9.71\times(80-0)\times0.001=11.652\text{kW} \tag{6-5}$$

式中 $K$——油箱散热系数，取 15W/(m$^2$・℃)；

$A$——油箱表面积，m$^3$；

$T_1$——初始温度，取冬天最低为 0℃；

$T_2$——需保持的油液温度，℃。

根据经验，假设管路及系统其他部件的散热功率等于油箱的散热功率，则在工作时，系统的总散热功率为

$$P_2=2\times P_1=2\times11.652=23.304\text{kW}$$

因此，为保证油液能够维持在 80℃的工况，系统辅助加热模块的输出功率应大于系统的总散热功率 23.304kW。在本系统中，辅助加热模块的公称压力为 14MPa，公称流量为 138L/min，系统的加热功率为 32.2kW，可以满足该液压系统在高温试验时的温度要求。

本系统试验用主泵最大输出功率为 130kW，在系统加热油液时，可以先使用主泵对油液进行加热。油液温度从 0℃上升至 80℃过程中，油箱散热随着温度的上升线性变化，且油液温度为近似均匀增加，则采用主泵加热系统从 0℃上升至 80℃所用的时间为

$$t=\frac{\Delta Tc\rho V}{(P_1-P_{散热})\times60}=\frac{80\times1.88\times0.915\times1600}{(130-2\times11.652)\times60}\approx34.4\text{min} \tag{6-6}$$

式中 $\Delta T$——油液需要上升的温度；

$c$——油液的比热容；

$\rho$——油液密度，kg/m$^3$；

$V$——油液体积，L；

$P_1$——主泵最大输出功率；

$P_{散热}$——总散热功率。

综上，假定只使用主泵加热的情况下，系统油液可以在 34.4min 内将油液从 0℃加热至 80℃。如果辅助加热模块同时工作，油液达到 80℃所需时间会更少。

系统的热交换设备分为水冷和风冷两种方式，在多路阀测试过程中，系统装机功率较大，需要选择合适的冷却方式对系统温度进行控制。风冷的主要特点是成本低，维修简单，依靠空气进行热量交换，不会对系统造成损害，但是其制冷能力受环境温度影响较大，而且同等冷却功率所占空间较大。水冷的主要特点是体积小，有固定的制冷能力，但需要水源并存在因冷却水渗漏而损害试验系统的可能。

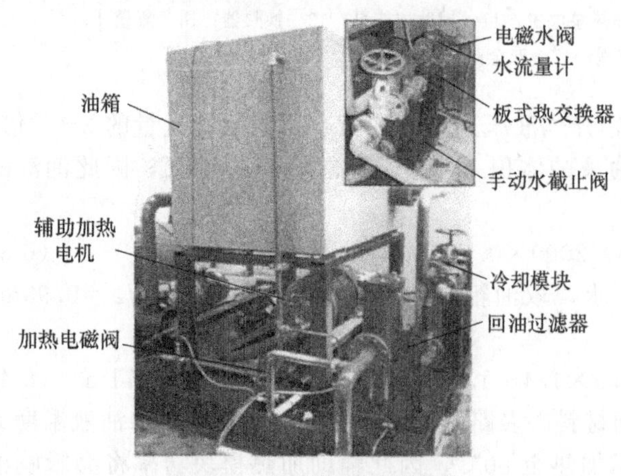

图 6-20 温度控制系统实物

由于试验系统现场水源获得比较方便，且通过选用合适的水冷却器可以满足温度控制要求，因此本试验系统采用板式水冷却器作为油液的冷却装置。图

6-20 所示为多路阀试验系统的温度控制系统实物。

冷却回路原理如图 6-21 所示，通过控制电磁换向阀 1 和电磁换向阀 2 的开关状态，控制换热器的工作状态，此外为保护水冷却回路中的元件，在冷却回路中设计了水过滤器。为保证水冷却器堵塞时防止元件损坏，在水冷却器上并联一个单向阀。

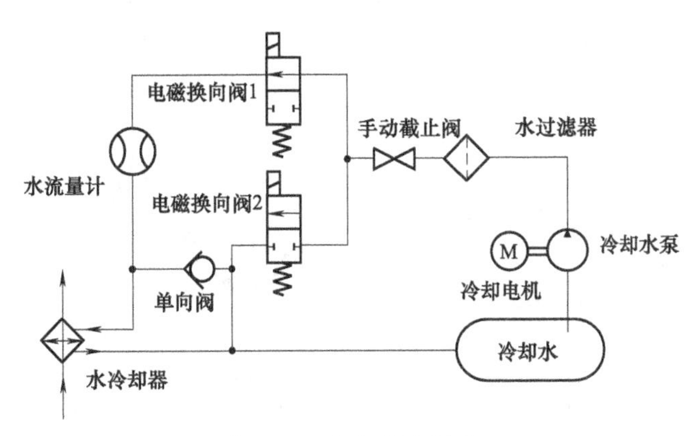


图 6-21　冷却回路原理

**(2) 试验系统开关阀油温控制策略**

本试验系统为 B 级精度，标准中规定油液温度波动需控制在±2℃范围内，在本试验系统油液的正常工作温度为（60±2)℃，高温试验的试验温度为（80±2)℃。试验系统的油液总容积为 1600L，大容积液压油箱温度控制是大惯性、大时滞、严重非线性的时变系统。针对液压系统油温控制已经有诸多研究，模糊控制系统、神经网络控制系统等复杂的控制原理都运用到温度控制上。本试验系统通过控制开关电磁阀来控制系统的加热和冷却，图 6-22 所示为试验系统油温控制结构框图，PID 控制系统中可以通过手自动切换按钮切换手自动控制模式，同步控制电磁换向阀控制加热系统和冷却系统的工作状态。本试验系统绝大多数输入功率都转化为热能，自动控制模式下控制器实时监测油箱温度及系统的输入功率，通过控制算法控制冷却电磁阀和加热电磁阀。

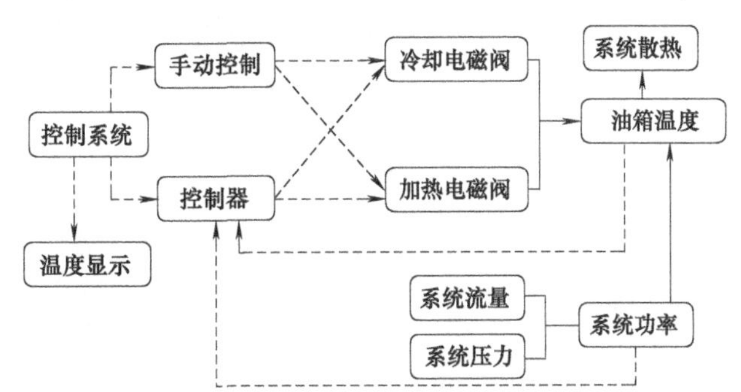


图 6-22　试验系统油温控制结构框图

图 6-23 所示为试验系统油液温度控制原理，通过试验系统控制界面设定目标控制温度为 $T_0$，点 1 表示系统油液温度上升到 $T_1$ 时，冷却系统启动，点 2 表示系统油液温度下降至 $T_2$ 时，系统停止冷却，点 3 表示系统油液温度下降到 $T_3$ 时，系统辅助加热启动，点 4 表示系统油液温度下降到 $T_4$ 时，系统辅助加热停止。由于在不同系统输入功率下，系统油液温度上升的速率不同，只有系统冷却和加热的温度控制在阈值也不同，才可以保证将系统温度控制在要求的范围内。

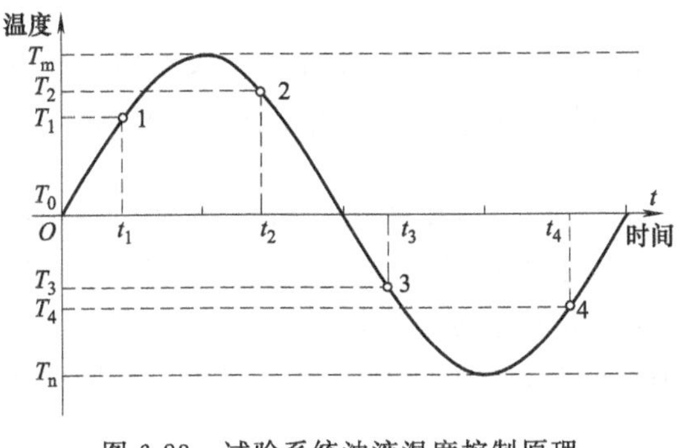


图 6-23　试验系统油液温度控制原理

因此，通过实时监测液压系统的压力和流量，对不同输入功率的状态进行分组，设定不同 $T_1$、$T_2$、$T_3$、$T_4$ 的值来调节系统冷却和加热状态。

采用上述控制方式对液压多路阀试验系统的油温进行控制，图 6-24 和图 6-25 分别为将油液温度控制在 61℃和 80℃的曲线，均将系统油液温度波动控制在±2℃范围内。

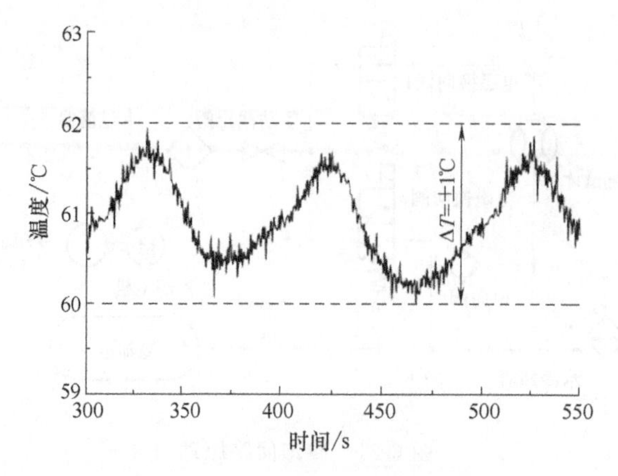


图 6-24 低温试验油液温度曲线

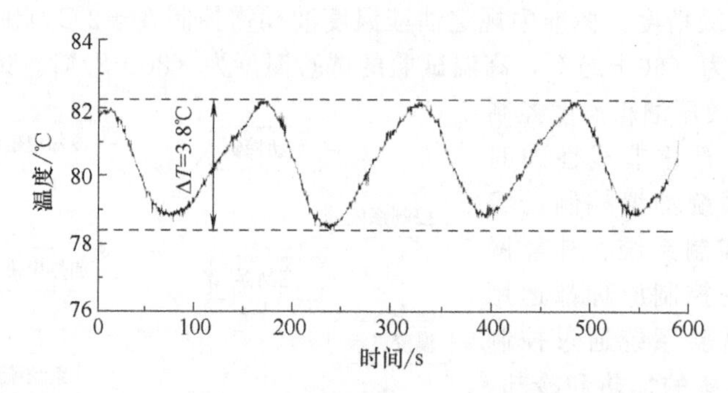


图 6-25 高温试验油液温度曲线

# 6.3 振动与噪声控制

液压系统的振动和噪声分为机械振动噪声和流体振动噪声。

## 6.3.1 机械振动与噪声

机械振动噪声是由于零件之间发生接触、冲击和振动引起的。例如，液压系统中的电动机、液压泵和液压马达这些高速回转体，如果转动部分不平衡会产生周期性的不平衡离心力，引起转轴的弯曲振动，因而产生噪声。

电动机噪声除机械噪声外，还有通风噪声（如冷却风扇声和风声）和电磁噪声（电动机通电后的电磁噪声和蜂鸣声）。当电动机和液压泵不同轴以致联轴器偏斜时也会引起振动和噪声。

齿轮泵工作时，齿轮啮合的频率、齿轮啮合受到圆周方向的强制力引起圆周方向的振动，而轮齿啮合产生圆周方向的振动，使齿面受到动载荷而引起轴向振动（产生径向方向的振动的同时产生轴向振动）。

滚动轴承中滚动体在滚道中滚动时产生交变力而引起轴承环固有振动形成的噪声；滚动体

移动引起噪声；滚动体和滚道之间的弹性接触引起噪声；滚道中的加工波纹使轴承处于偏心转动引起噪声；滚动体中进入灰尘或有伤痕或锈蚀时发出噪声。

液压零件频繁接触而引起噪声，电磁铁的吸合产生蜂鸣声、换向阀阀芯移动时发出冲击声、溢流阀在泄压时阀芯产生高频振动声。

油箱噪声。油箱本身并不发出噪声，但如果液压泵和电动机直接装在油箱上，它们的振动引起油箱产生共振，会使噪声进一步扩大。液压油在油箱中的涡流也产生噪声。

## 6.3.2　流体振动与噪声

流体噪声由油液的流速、压力的突然变化及气穴爆炸等引起。在液压系统中，液压泵是主要噪声源，其噪声量约占整个系统噪声的75%，主要由泵的压力和流量的周期性变化以及气穴现象引起。在液压泵吸油和压油循环中，产生周期性的压力和流量变化形成压力脉动，引起液压振动，并经出口向整个液压系统传播，液压回路的管道和阀类将液压泵的脉动液压油压力反射，在回路中产生波动而使液压泵共振，以致重新使回路受到激振，发出噪声。

从阀里喷出的高压流体，在喷流和周围流体之间产生剪切流，紊流或涡流，由此产生高频噪声（涡流一般从阀开始，一直遍布到最下边的液流）。

在流动的液体中，由于流速变化引起压力降而产生气泡（即气穴现象）。这是因为在油液中，一般都混入少量的空气，其中一部分溶解在油中，也有一部分在油中成为微小的气泡；当油液流经管路或元件特别狭窄的地方时，速度急剧上升，压力迅速下降，当压力低于工作温度下油液的气体分离压力时，溶解于油中的气体迅速地大量分离出来，油液中出现大量气泡；当气泡随液流到达压力较高部分时，气泡被压缩而导致体积较小，此时在气泡内蓄存了一定的能量，当压力增大到某一数值时，气泡溃灭，产生局部的液压冲击（局部压力可达几百个大气压），同时产生爆炸性噪声。

在管路内流动的液体常因突然关闭阀门而在管内形成一个很高的压力峰值。液压冲击不仅引起巨大的振动和噪声，压力峰值有时还会大到足以使液压系统损坏的程度。

## 6.3.3　液压泵和液压马达的振动与噪声

液压泵有多种振动与噪声，其原因与机理差异很大。

液压泵的运动件磨损，轴向、径向间隙过大，引起压力与流量的脉动，同时使噪声增大。液压泵的压力波动使阀件产生共振，因而增大噪声。控制阀节流开口小，流速高，易产生涡流，有时阀芯迫击阀座，振动很大。产生这种现象时，可用小规格的控制阀来替换，或将节流口开大。

油的黏度太高，吸油过滤器阻塞或油面过低，引起泵吸油困难，产生气穴，引起严重的噪声。

电网电压发生变化、负载发生变化、本身的压力波动和流量脉动等均能引发液压泵的噪声和振动。电网电压波动将引起液压泵的流量脉动，致使泵的出口及管路压力波动，这是外因引起的流量与压力波动所产生的流体噪声。要使液压泵的噪声最低，电网容量要足够大；在选择液压泵时，在保证所需的功率和流量的前提下，尽量选用转速低的液压泵；也可选用复合泵，提高溢流阀的灵敏度，增设卸荷回路等来降低噪声。

困油区的压力冲击，液压泵也可产生流体噪声。如斜盘式轴向柱塞泵，其缸体在旋转过程中位于上止点时，柱塞腔内的液体在与排油腔接通的瞬间，吸油压力突然上升到排油压力，产生较大的压力冲击，同理，在位于下止点时，也产生压力冲击，它们是液压泵的另一个主要噪声源。电机与泵轴的连接不同轴或松动，会引起机械噪声。

轴向柱塞泵由于油污染，吸油不畅，引起滑靴与斜盘干摩擦，发出尖厉的声响。柱塞泵的柱塞卡死或移动不灵活也会引起振动。

叶片泵转子断裂，叶片卡死，会引起压力波动及噪声。

当油泵中有困油现象，齿轮泵齿形的误差较大会导致振动。

一般情况下，齿轮泵与轴向柱塞泵的噪声比叶片泵大得多。

液压马达的振动与噪声主要有下列几种原因：轴承及零部件磨损；液压马达传动轴与负载传动轴连接不同轴；轴向柱塞式液压马达因结构原因产生脱缸与撞击。

## 6.3.4　溢流阀的振动与噪声

在各类阀中，溢流阀的噪声最为突出。在大型溢流阀上，症状比较明显，主要的振动与噪声原因是阀座损坏，阀芯与阀孔配合间隙过大，阀芯因内部磨损、卡滞等引起动作不灵活。溢流阀调压手轮松动也导致振动，压力由调压手轮调定后，如松动则压力产生变化，引起噪声，所以压力调定后手轮要用锁紧螺母锁紧。调压弹簧弯曲变形引起噪声。由于弹簧刚性不够，当其振动频率与系统频率接近或相同时，产生共振，解决办法是更换弹簧。

阀的不稳定振动会引起压力脉动而产生噪声，如先导式溢流阀在工作中导阀处于不稳定高频振动状态时产生的噪声。溢流阀也可能由于谐振而产生严重的噪声及压力波动。

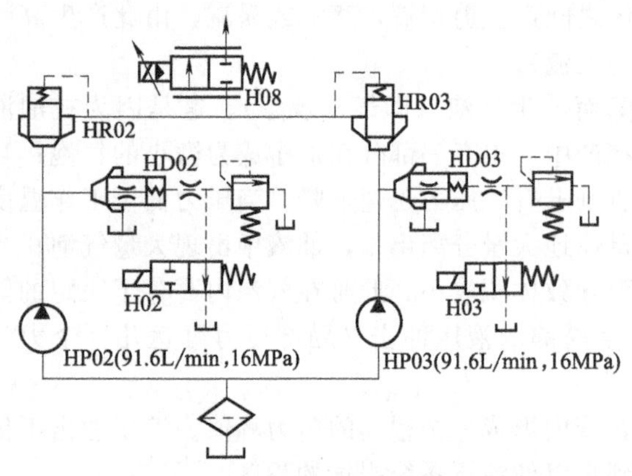


图 6-26　产生谐振的液压系统

下面是溢流阀引起振动与噪声的实例。液压系统如图 6-26 所示。故障症状为当电液比例阀未通电，H02 与 H03 电磁铁同时得电时，系统出现严重的噪声及压力波动，但 H02 或 H03 一个电磁铁通电时没有这种现象。

振动与噪声来自溢流阀。溢流阀在液压力和弹簧力的相互作用下极易激起振动而产生噪声。对于这个系统，双泵输出的压力油经单向阀合流，发生流体冲击与波动，引起流体振荡，又由于泵输出的压力油本身就是脉动的，因此泵输出的压力油波动加剧，激起溢流阀振动。两个溢流阀结构相同，固有频率也相同，引起溢流阀共振，发出异常噪声。

将溢流阀 HD03 的调定压力调低至 15MPa，症状消失。此时，两溢流阀的调定压力不等，比例阀 H08 未打开，HR03 不会打开，两泵供出的压力油分别经各自的溢流阀回油箱，不至于因合流而发生共振。

## 6.3.5　其他原因造成的振动与噪声

**(1) 阀类元件引起的振动与噪声**

油中杂质把阀阻尼孔堵塞，阀中弹簧疲劳或损坏，杂质过多使阀芯移动不灵活等会引起振动与噪声。

阀芯与阀体配合不好：过松，内泄漏严重，产生噪声振动；过紧，阀芯移动困难，产生振动噪声。因此，装配时要掌握合适的间隙，以阀芯在阀孔内可以自由移动但不松、不卡为度。

换向阀换向时产生噪声：快速换向，引起压力冲击，产生波及管道的机械振动；换向阀铁芯与衔铁杆吸合端面有污物，吸合不良；换向阀铁芯与衔铁杆吸合端面凹凸不平，吸合不良；衔铁杆过长或过短。解决方法：避免或减少快速换向，清洁换向阀铁芯与衔铁杆吸合端面，改善端面平整度，校正衔铁杆长度。

电磁铁的振动与噪声：电磁铁因阀芯卡滞、电信号断续或电磁阀两对电磁铁同时得电而产生明显的振动与噪声。

控制阀的气穴作用产生流体噪声。这是由于油流通过阀体时产生节流作用，在节流口处产生很高的流速，流速变化压力也变化，当压力低于大气压时，溶解于油中的空气便分离出来产生大量的气泡，此时的噪声频率是很高的。另外，在射流状态下油流速度不均匀而发生涡流，或由于油流被切断也产生噪声。解决方法是提高节流口下游侧背压，使其高于空气分离压力的限值，也可用多节减压的方法防止气穴现象的发生。

控制元件之间连接松动，也能引起振动与噪声。

**(2) 管道的振动与噪声**

各类刚性管道，因安装不牢，或过长的管道没有合适的支承座，会产生明显的振动与噪声，且系统压力越高，问题越严重。由于谐振，管网有时会产生严重振动。

液压泵产生的流量脉动经过管路的作用，形成压力脉动，流体的振动通过管路传至系统。

随着流体动力技术向着高压、大流量和大功率方向发展，由动力源产生的流量压力脉动和由此诱发的管道振动与噪声问题越来越突出。生产中遇到的液压系统振动多数是压力脉动引起的，破坏性的剧烈振动则是压力脉动激发管网而产生的谐振。

**(3) 液压系统中混入空气而产生振动与噪声**

大气压下液压油中一般溶解了体积为 5%～6%的空气，气体在油液中的溶解度与压力成正比。当油箱中油位过低、吸油管浸入油中太短，在吸油口附近形成旋涡使空气进入油泵；吸油管和回油管在油箱中没有用隔板隔开或相距太近，回油飞溅、搅起泡沫使空气进入油泵；回油管没有浸入最低油面以下，回油冲击在油面与箱壁上，在油面上产生大量气泡，使空气与油一起进入系统；由于密封不严、接头不严，空气从系统中压力低于大气压的部位进入系统，如油泵的吸油腔、吸油管、压油管中流速高（压力低）的局部区域，停车后回油腔的油经回油管返回油箱时形成局部真空的地方。

**(4) 装配、操作与维修不当产生振动与噪声**

油泵内零件损坏严重，装配松动或零件装错，引起油泵噪声过大。解决方法：立即停车，解体检查校正或更换有关零件。

零件外部的几何形状不规则或有毛刺或接合面平整度不合要求等原因造成元件间的密封不良，混入空气，产生空气噪声，如有此种情况只能更换零件。

如长时间不开机，在突然开机时产生的振动与噪声，在平常工作中按要求工作则能避免。工作要求：长时间不开机，在开机时应对液压泵注满清洁的液压油（从回油孔注入），平时最好每周开机一次。

### 6.3.6 振动与噪声的控制方法

振动与噪声对液压试验危害与干扰大，主要是对测试精度、试验系统的安全可靠性等造成不良影响。液压元件试验台设计制造应尽量降低其噪声水平。

在选择组成试验系统的各种元件时，特别是远控溢流阀，在质量上应该是高标准的。

设计或选用理想的联轴器，按照 GB/T 9239.1 设定电机-联轴器-液压泵旋转体系的平衡品质。

选用低噪声、高速运行平稳的液压泵。液压源的液压泵-电机组合的基座下设置防振橡胶垫或减振弹簧，衰减机械振动，并防止机械振动外传造成噪声。设计时使此系统的固有频率 $\omega_n$ 为泵轴转动频率的 1/2～1/4 为好。

$$\omega_n=\sqrt{\frac{k}{m}} \tag{6-7}$$

式中　$k$——减振弹性零件的弹簧刚度；

$m$——液压泵-电机组合（带基座）的总体质量。

在泵的进、出口处安装一段软管，可以吸收部分高频振动，阻止振动沿压力管道传播和沿油管传至油箱引起共振。

正确设计安装油管，消除管路振动，要求如下：弯曲半径不宜过小（参见表6-6）；设计正确的管路支撑（参见表6-6），支撑要求牢固；刚度要好；管道和支撑之间采用弹性管夹。

表6-6 管道弯曲半径和支撑距离

| 管路外径 $D$/mm | 10 | 14 | 18 | 22 | 28 | 34 | 42 | 50 | 63 |
|---|---|---|---|---|---|---|---|---|---|
| 弯曲外径 $R$/mm | 50 | 70 | 75 | 80 | 90 | 100 | 130 | 150 | 190 |
| 支撑距离 $L$/mm | 400 | 450 | 500 | 600 | 700 | 800 | 850 | 900 | 1000 |

采用隔声罩把声源部分（如液压泵-电机组合）罩起来，但必须注意下列问题：罩内装置的机械振动不能传至隔声罩上；罩内侧需要加吸声材料的衬里，以使罩内回声不会放大；隔声罩是尽可能密封的，必须注意内部装置的散热问题。

把作为噪声源的液压泵安装在油箱中油面以下，既隔声，又散热，但要求油箱的刚度要好。

采用蓄能器减振降噪。蓄能器对中频脉动（200～400Hz）比较敏感，效果较好。要求：连接管道短而粗；充气压力为系统最低工作压力的60%～80%或系统平均工作压力的50%。

采用分支油路（或称歧管）减振降噪。

在大功率动力源的地基周围挖出一定宽度和深度的防振沟，里面填充疏松物质，防止动力源运行时的振动通过地基传播。

# 6.4 系统安全防护

## 6.4.1 系统安全性概述

任何产品的安全性均为该产品的固有属性，通过设计过程来赋予和提高安全性作为各产品的首要设计要求，在军用设备、汽车、飞机等与人们的生活息息相关的各项产品中已有诸多研究，系统的安全性及可靠性同样也是液压试验系统非常重要的特性，因此液压试验系统安全性设计也逐渐成为研究的重点。

为了更好地解决试验系统安全防护的问题，首先应找出诱发故障的因素和导致故障的原因，才可以有针对性地采取措施。通过分析事故原因，诱发故障的主要因素包括设备的不安全状态和操作人员的不安全行为。

根据导致设备的不安全状态和人的不安全行为的因素，可得出图6-27所示故障致因系统模型。

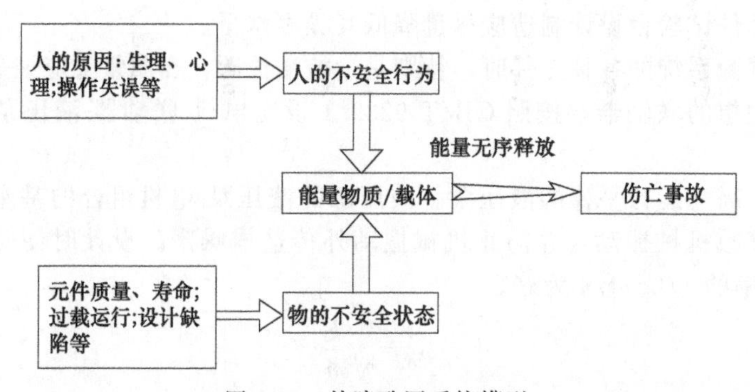


图6-27 故障致因系统模型

随着试验技术的进步，液压试验系统也变得越来越复杂。液压试验系统均由液压系统、电气控制系统及软件测控系统三部分组成：液压系统是液压试验系统的动力源；电气控制系统担负着控制试验系统正常运作的任务，将计算机发出的控制信号传输给各部件，控制各电动机、电磁阀等元件协调动作；软件测控系统负责对系统运行状态和指令状态进行监测，采集相关运行参数并进行数据的运算、处理和存储，同时将系统参数反馈给电气控制系统来控制液压系统。因此，在液压系统、电气控制系统、软件测控系统中均需进行相应的安全防护才可以最大程度上提高液压试验系统的安全性和可靠性。对影响液压试验系统安全性因素进行分析，有针对性的安全管理措施也可有效改善事故发生率。液压试验系统的安全性主要分为元件可靠性、信号安全性、机械结构安全防护、故障报警指示和操作安全等，由此可得出液压试验系统安全防护结构，如图 6-28 所示。

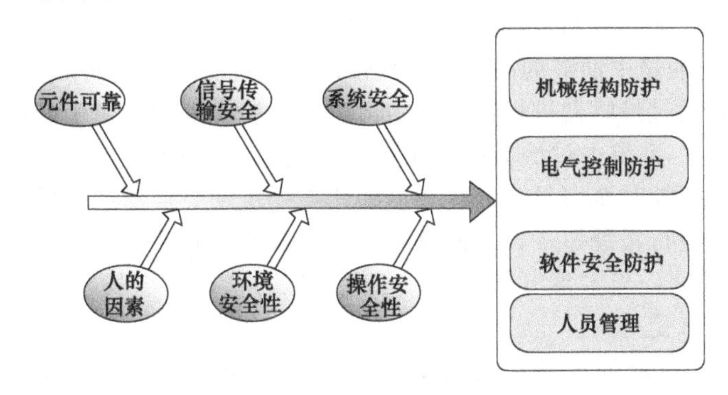


图 6-28　液压试验系统安全防护结构

## 6.4.2　机械结构与液压系统的安全

**(1) 机械结构的安全**

机械结构作为试验台的重要组成部分，结构的可靠性严重影响液压试验系统的安全性能。尤其在机械结构受力比较复杂、冲击力较大时，更加需要对关键机械部件进行校核计算。例如选用螺栓作为连接方式时，需要对设计进行校核计算并选择合适强度等级的螺栓。

在系统设计过程中，系统元件的寿命及可靠性会影响整个系统的安全性。

从试验台结构方面可以将液压试验系统分为开放式液压试验系统和封闭式液压试验系统。两者的主要区别在于液压试验平台是否在一个封闭空间，开放式液压试验系统操作空间相对较大，进行管路连接和试验元件更换较方便，但与封闭式液压试验系统相比系统的安全性较低。

随着液压试验系统朝着高压大流量方向发展的同时，试验系统对试验人员的安全威胁日益增加。所以采用机械方式将危险源隔离开可以作为安全事故发生后对人身安全的最后一道安全屏障，试验系统将被试元件放置在防护罩内，可大大提高试验系统的安全性。

**(2) 液压系统的安全**

液压系统应满足以下安全要求。

① 系统安全压力为试验压力的 1.15 倍以上，系统中必须有过压保护。

② 系统的设计与调整必须使冲击压力最小。冲击力不致影响设备的正常工作且不会引起危险。

③ 系统的设计应考虑失压、失控（如意外断电等），防止液压执行机构产生失控运动并引起危险。

④ 油管及其附件应具有足够的强度并能承受系统内可能产生的最高波动压力。

⑤ 橡胶软管抗破断压力应不小于 4 倍最大工作压力。

### 6.4.3 电气控制系统的安全

在液压试验系统中，电气控制系统安全在系统可靠性中起着至关重要的作用。由于事故发生的偶然性，在系统设计时，除了需要在电气控制系统中设计必要的断路器、熔断器等安全保护元件外，还需要设计一系列安全保护策略来保障整套系统的安全性。

**(1) 关键状态监测**

在液压试验系统运行过程中，意外总是不可预知的。绝大多数情况下事故总是在不可控、不可知的情况下发生。而试验系统的运行状况、运行参数是不能直接观察到的，所以通过对关键状态的监测，保障绝大多数试验系统的故障能够在第一时间得到解决。

① 油温的监测：由控制系统通过温度传感器对系统中的油温进行监测，由智能化温度控制器实时显示，并结合加热冷却装置进行温度的控制。

② 液位的监测：油箱中油液的高度通过液位液温计进行监测，将其继电器输出与 PLC 的开关输入端相连，并通过蜂鸣器进行报警提示，防止系统中油液不足引起的系统故障。

③ 过滤器的监测：系统中过滤器在用了较长时间后，可能会出现堵塞，使系统的压力损失增大，造成能量的损耗甚至引发系统故障，因此需要定期更换滤芯，通过对过滤器两端压差的监测，结合蜂鸣器进行报警提示，从而及时了解过滤器滤芯的状态，保证系统工作正常。

④ 主泵压力的监测：当主泵出口压力高于设定压力值时，会发出报警信号，以防止系统压力超过元件的压力承受范围。

⑤ 主电机转速与转矩的监测：实时监测主电机的转速和转矩，例如当电机转速超过 2300r/min 时系统报警，当电机转速超过 2500r/min，报警并立刻卸荷停机。

⑥ 高压截止阀的监测：通过手动截止阀上的限位开关实时监测手动截止阀的开关状态，提供油路状态与安全互锁判断，防止发生误操作。

⑦ 系统电压与电流监测：用于电气系统状态安全监测。

⑧ 电机启停状态监测：各电机运行状态的监测。

⑨ 电磁阀状态监测：用于监测试验系统中各关键电磁阀的运行状态。

⑩ 各报警蜂鸣器状态监测：当对应报警蜂鸣器响起时，方便查找故障位置和原因。

监测通过软件和硬件两种方式保证系统安全。试验系统通过程序来实现参数的监测和虚拟显示。试验系统通过在操作平台上设置二次仪表及蜂鸣器，实时监测试验系统运行状态，及时发现运行故障。

**(2) 串、并联联锁保护**

在液压试验系统中，试验系统的操作有严格的逻辑关系限制，例如液压泵出口油路未连通时，不允许启动电机。因此，可以通过电气控制系统设计过程中的逻辑互锁限制，通常串、并联设计可以在硬件和软件两个方面进行。

① 硬件信号互锁　急停装置：当发生危险状况来不及通过试验系统开关来终止设备运行时，不能通过一个总开关控制关闭试验系统所有运动部件或在测控系统控制台位置不能观察到整个试验系统每个位置时，需要在每个操作位置和试验系统需要的位置设计急停按钮装置。在紧急情况发生时，通过按下急停按钮，进入到对应安全处理程序。急停按钮的设计是为了紧急处置重大安全事故采取的停机措施，如果急停信号通过 PLC 处理程序，不但 PLC 需要的接口数增多，而且不利于快速、安全、可靠地处理安全事故。绝大多数情况下，急停按钮直接作用于试验系统总电源的控制器件。

双按钮启动设计：在试验系统设计中，为防止操作人员误操作引发安全事故，主电机及变频器的启动应采用双按钮启动。在启动时，只有两个按钮同时按下，才可以实现相应元件的启动。在停机时，只需要按下一个停止按钮即可，降低了事故发生的可能性。

② 软件信号互锁

a. 顺序联锁控制：在试验系统和试验装备中，某些部件的运动或启动需要按照规定顺序依次进行，因此，在依次动作的部件之间，可采取顺序联锁控制的方式。在PLC控制系统中，将前一个运动部件的常开触点串联在后一个运动部件的启动线路中，这样前一个部件启动后才可以启动后一个部件，通过程序严格限制各运动部件按照限定的顺序启动，较大地提高了试验系统的安全可靠性。

在试验系统中，如果油箱上的蝶阀未开启时，各动力泵启动会导致吸空损坏，在管路拆卸过程中，油箱蝶阀使用频率较高，较容易漏开蝶阀。为防止操作疏漏，要在油箱进油口和出油口蝶阀上安装位置传感器，通过位置传感器监测油箱进油口和出油口蝶阀的开关状态，只有两个蝶阀均处于开启状态时，各电机才可正常启动。

此外，在一些液压试验系统中，主变频电机由变频器控制，在启动变频电机时，需要先启动变频器，在设计控制软件时，将变频器和变频电机的启动顺序编入控制程序中。

b. 不能同时启动的联锁控制：在电控系统设计过程中如果两个元件不可以同时启动，也可通过控制程序控制在一个部件接通时限制另一个部件接通。

c. 系统空载启动控制：在一些液压试验系统中，电机在未完全启动时运行状态不稳定，因此液压泵的启动需要保证空载工况，此时如果在控制程序中设定液压泵启动到运行稳定这段时间，液压泵出口电磁溢流阀处于卸荷状态，可以较好地保护电机，防止电机过流损坏，延长电机的寿命。

**(3) 故障报警策略设定**

试验系统通过检测压力、温度等信号来实时监控系统的运行状态，为了能够在发生故障时第一时间进行处理，在液压试验系统上设计了报警装置，在故障发生时报警并且在显示屏幕上提示报警原因，试验系统维护人员需要把故障解决后才可解除报警。

对于试验系统的故障，在软件系统中需要分为不同的安全等级。将检测到的故障自动识别其隶属的安全等级并选择处理办法。液压试验系统的安全等级如表6-7所示。

**表6-7 液压试验系统的安全等级**

| 安全等级 | 测试系统处理办法 | 对应系统异常指标 |
|---|---|---|
| 1 | 报警 | 压力过高、转速过高、高压截止阀位置不对、电磁阀误操作等 |
| 2 | 紧急卸荷 | 压力过高、转速超高、主泵转矩过大等 |
| 3 | 报警5min后卸荷 | 油箱液位过高或过低 |
| 4 | 报警5min后停机 | 过滤器堵塞 |
| 5 | 紧急停机 | 电压或电流异常 |

## 6.5 加载技术

液压试验往往需要施加一个模拟载荷，来考核液压系统在实际载荷下的技术性能。一般情况下可通过机械方式或液压方式施加载荷。加载与液压试验的精度密切相关。液压试验对加载的要求是较精确地模拟实际载荷，节约能源。在此通过实例介绍加载技术。

### 6.5.1 飞机液压试验加载系统

**(1) 概况**

飞机附件液压系统包括液压能源系统和流量负载系统，作为飞机的重要能量传递系统，其工作状态对飞机的安全起着至关重要的作用。液压能源系统主要用于为液压系统的工作提供液压能源，流量负载系统主要用于为液压功能子系统提供在实际飞行过程中所需的流量。在发动机的地面台架试车过程中，为了检验发动机的功率分出能力和考核机载液压泵工作时对发动机各个状态性能和相关部件强度的影响，需要对液压系统的性能参数进行考核。由于液压能源系统由试车台架的工艺设备提供，其工作特性一般进行考核，因此流量负载系统成为飞机附件液压系统的主要考核对象。

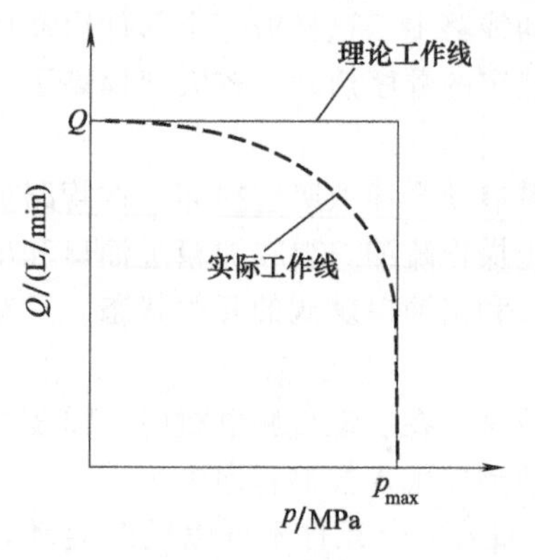

图 6-29　恒压式柱塞变量泵工作曲线

某发动机地面试车台液压加载系统以西门子S300PLC为核心，采用模块化设计理念，根据不同型号发动机机载液压泵的加载需求分开设计。

流量负载系统的性能参数主要包括加载流量与加载压力，在发动机的地面试车中，通常选用的是恒压式柱塞变量泵，其流量特性如图 6-29 所示。加载流量是发动机地面试车中液压加载系统的主要考核参数。

**(2) 液压系统**

某发动机试车台的液压加载系统采用节流嘴加电磁阀联合控制的方式来实现飞机附加加载系统的流量调节。通过节流嘴控制流量时，其进出口的流量特性为

$$Q=C_{\mathrm{d}}A\sqrt{\frac{\Delta p}{\rho}}$$

式中　$C_{\mathrm{d}}$——流量系数；
　　$A$——节流嘴面积；
　　$\Delta p$——节流嘴进出口压差；
　　$\rho$——流体密度。

由流量公式可知，在通过节流嘴的流体介质确定和节流嘴进出口压差一定的情况下，通过节流嘴的流量只与节流嘴面积有关。因此选用节流嘴进行液压加载流量调节时需要通过多个节流嘴的联合动作以满足各种流量需求。但现实情况中，节流嘴的个数通常是一定的，而所需满足的飞机附件加载需求却是多样化的。因此为了满足多型号发动机的试车需求，需要根据实际情况综合设计以满足不同型号发动机的飞机附件加载需求。

**(3) 液压加载系统原理**

为了满足多型号发动机的试车需求，根据该试车台现有的液压加载系统，有以下几种方案可以选择：增加液压站的现有设备，通过在硬件上增加管路、节流嘴、电磁阀等实现；在现有的控制线路上进行优化设计，通过改进电磁阀的控制线路满足试车需求；采用更加优化的控制方式，从控制逻辑上解决，将满足固定需求的液压加载系统拓展为满足多种需求的加载系统。对比上述方案，方案一改动量大，成本较高且耗费时间与精力；方案二在理论上可行，但在实际使用中往往会由于硬件线路的复杂性，使故障率大大提高，增加维护的时间与成本；方案三修改控制可行，具有较好的可行性与维护性，且能很好地保证延续性。因此为实现多型号液压加载系统的试车，选用方案三作为执行方案。

考虑到控制系统的安全、稳定性以及应用技术的成熟性，试车台飞机附件液压加载系统采用了西门子 S300 PLC 作为现场控制器，搭建了以工业现场总线 PROFIBUS-DP 为基础的分布式控制系统，采用 WinCC V6.2 组态软件完成上位机实时监控与处理，通过 VB.NET 编写通信程序实现对上位机数据的读取以及与远程数采计算机的数据交互。

在满足多型号发动机的加载需求上，液压加载控制系统根据不同型号发动机的加载图

谱对控制系统建立了模块化的运行程序，根据试车型号调用不同的程序模块满足加载需求。试车中，通过PLC的信号模块对各个节流嘴对应的电磁阀和液压泵进行控制，并实时采集液压加载系统的流量、压力、报警指示灯等信号，在上位机中以数字或画面的形式进行动态显示，操纵员根据当前状态进行判断形成闭环控制。液压加载系统总体架构如图6-30所示。

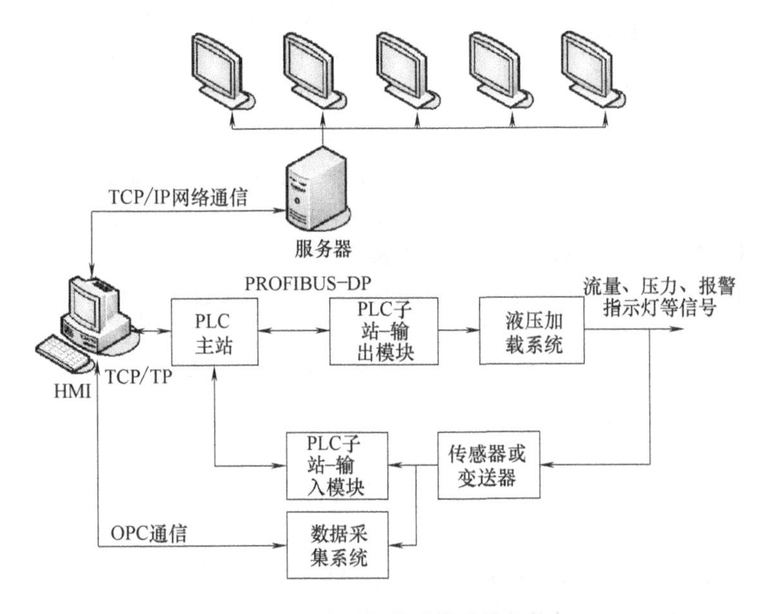


图6-30 液压加载系统总体架构

(4) 控制系统硬件

液压加载系统硬件主要包括分布式PLC控制系统、液压加载系统、传感器或变送器、上位机等。分布式PLC控制系统主要包括中央处理器、分布式子站、通信模块、接口模块、数字量输入输出模块、模拟量输入输出模块等；液压加载系统主要包括电机、增压泵、液压泵、电磁阀、节流嘴等；传感器主要对液压加载系统的工作参数（温度、压力、流量）等进行监测，并将采集到的信号转换为标准量程的电信号（4～20mA或0～10V），以便于控制系统对数据进行处理；上位机作为整个控制系统的核心，主要用来将PLC工作站或数据采集系统采集到的信号通过HMI进行实时显示并将操作员发出的指令传输给PLC工作站。

① PLC控制系统　以S300系列的CPU315 2DP为核心搭建基于PROFIBUS-DP工业现场总线的分布式控制系统，子站采用ET 200M接口模块的IM 153与CPU相连，由主站根据硬件地址对子站进行轮询。在数字量输出模块选择中选择了晶体管输出型，通过外加中间继电器对直流负载或交流负载进行控制。对于现场模拟量信号或开关量报警信号，采用信号模块或数采系统进行采集。为了实现主站与人机界面的快速通信，PLC控制系统采用了CP343-1通信处理器模块，通过TCP/IP网络实现信息交互。

② 液压加载系统　液压加载控制设备主要用于满足不同型号的发动机地面试车时的加载要求。为了实现对液压加载流量的调节，在机载液压泵的进口处安装单向阀、电磁阀、节流嘴等流量调节设备，在试车中只需根据加载需求控制相应的电磁阀。为了实时监控液压加载系统的工作参数，在加载管路上安装了压力、流量、温度等传感器或变送器。

(5) 控制系统软件

① 下位机软件　其设计是以满足多型号发动机不同的加载需求为原则，在具体实现上是以模块化的程序为主。根据多型号发动机的加载需求，可将程序块分为液压加载系统控制程序

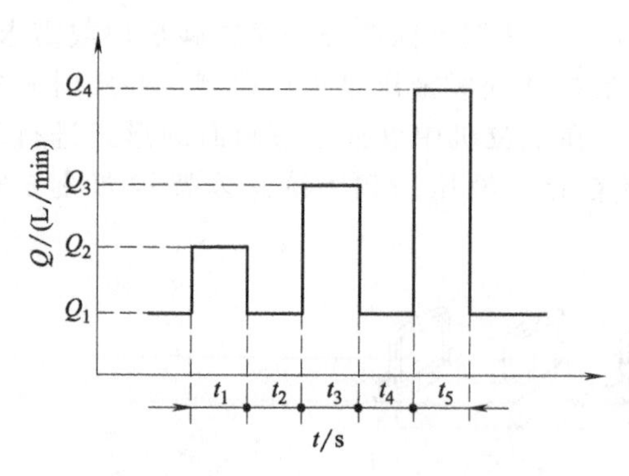


图 6-31　某型号发动机液压加载图谱

块、A 型号加载程序块、B 型号加载程序块、C 型号加载程序块等。A 型号、B 型号、C 型加载程序块需要根据液压加载图谱通过中间变量和定时器建立标准化的程序块，然后根据具体的加载流量和时间要求予以区分。建立液压加载系统控制程序，主要依据具体的输入输出变量与来自型号加载子程序的中间变量，主要目的是将控制要求具体化。某型号发动机的液压加载图谱如图 6-31 所示，为了满足其他型号发动机液压加载需求，只需将图谱中的流量 $Q$ 与时间 $t$ 进行修改，模块化的程序建立后再将程序中的中间变量传递给液压加载系统控制程序块，从而实现控制需求。

加载系统所有的程序块都包含在系统组织块 OB1 中，通过主循环流程轮询执行。为了避免由于 PLC 突然断电或人员异常操作造成的安全事故，在组织块 OB100 中加入初始化处理程序块。为了使 PLC 在工作中对出现的中断、故障、数据溢出等情况进行处理及响应，在程序中加入了组织块 OB35、OB82、OB83 等模块。

液压加载系统下位机软件的工作流程如图 6-32 所示。

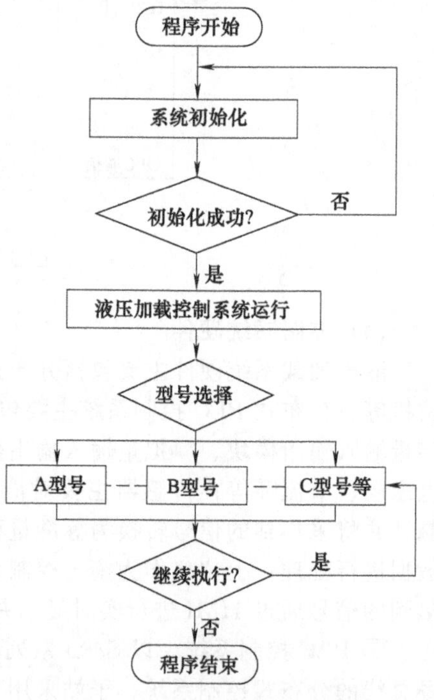


图 6-32　下位机软件的工作流程

② 上位机软件　上位机监控系统采用 WinCC V6.2 组态软件开发，它集成了丰富的图形文件库，可以用直观的动画效果实时显示液压加载系统的工作状态。液压加载上位机监控系统主要分为以下几个功能：液压加载系统工作状态实时显示、系统报警记录、参数趋势记录、报表处理。图 6-33 所示为液压加载系统的监控画面。

在上位机监控画面中，液压加载系统实时地显示阀门、电机、泵的工作状态，阀门或电机正常工作时显示为绿色，关闭状态时显示为红色。当需要对某个型号机载液压泵进行考核时，需要点击对应的按钮，然后将弹出窗口，根据对应的窗口选择相应的图谱按钮即可实现加载功能。为了方便操作员对当前的按钮状态进行判断，当点击相应的按钮时按钮将改变颜色，给操纵员直观提示。

上位机监控画面中，为了实时地接收来自数据采集系统的监控数据（温度、压力、流量等信号），需要建立与数采服务器之间的网络通信。此控制系统采用了国际标准的 OPC 接口与数据采集系统之间进行通信。上位机作为 OPC Server 与自行开发的 OPC Client 进行数据交互，并通过 TCP/IP 发送给远程数采服务器端。服务器端将数据进行显示与存储，为设计人员进行分析提供有效依据。

**(6) 试验结果与分析**

多型号液压加载系统设计完成后，经过静态调试投入运行。根据某型号发动机台架试车任务书要求，对图谱进行对比分析。试验任务书要求的图谱与实际运行图谱分别如图 6-34 和图 6-35 所示。

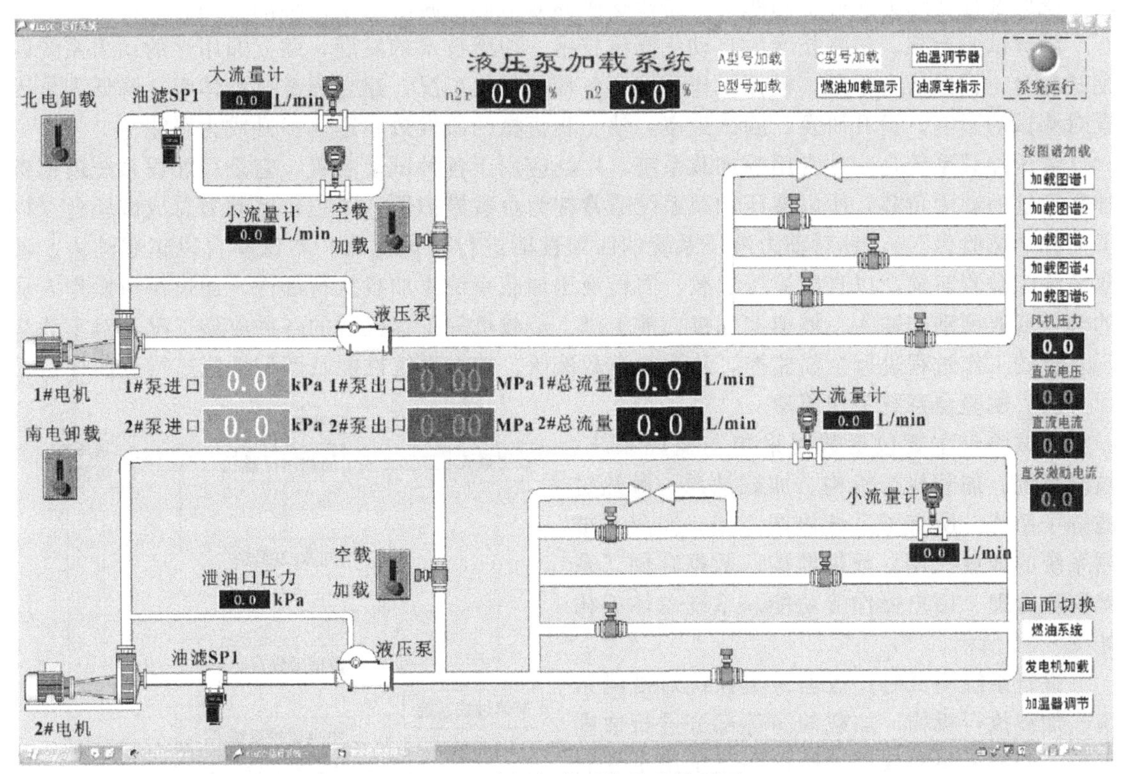


图 6-33　液压加载系统的监控画面

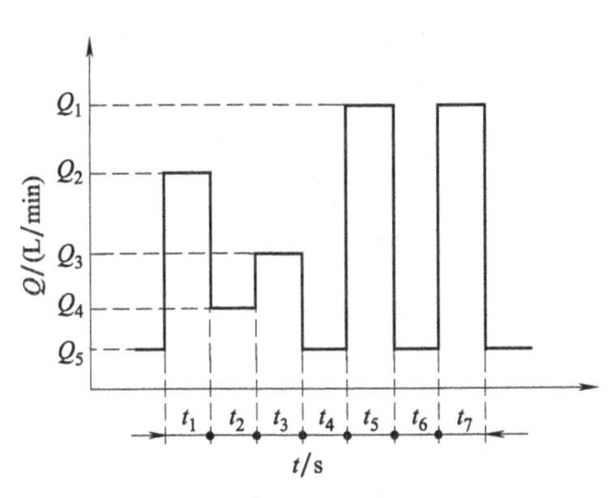


图 6-34　某型号发动机理论加载图谱

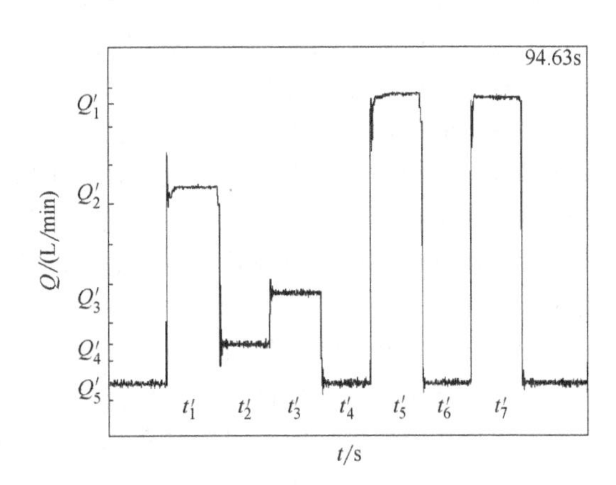


图 6-35　某型号发动机实际加载图谱

根据上述所示的两个图谱进行对比分析可以看出：液压加载系统按照预定加载图谱完成加载需求；阀门运行准确可靠；图谱中每个阶梯对应的时间调节精确，误差为 0.1s；流量调节准确，可达 5 L/min；满足发动机台架试验任务书要求。当发动机型号改变时，只需点击相应的按钮即可满足对应的机载液压泵加载需求。

## 6.5.2　工程机械动力总成试验台液压加载系统

工程机械，特别是挖掘机，是典型的机、电、液一体化综合系统。挖掘机工况恶劣，载荷波动大，多关节运动对协调性要求高，整机性能的优劣主要体现在工作效率、操作的协调性、油耗的高低、可靠性及寿命等方面。而液压动力系统集成匹配性能的优劣直接决定了油耗、效率、协调性等整车性能。目前，国内外对液压挖掘机节能技术的研究主要集中在改进动力和传动系统以及优化动力匹配等问题上，希望达到高效节能及减小环境污染的目的。

随着试验台架、仿真技术、自动化测试技术、传感技术的发展，建立通用性的动力系统匹配试验台，辅以仿真手段，模拟工作环境和各种挖掘机工况，建立标准试验体系，降低人员因素对测试的影响，提升研发、测试效率，使工程机械的研发效率迅速提升成为可能。

液压加载系统是一种常用的加载系统，广泛应用于各种试验装置，它是用加载系统模拟被加载系统的动力负载，所以液压加载系统通常称为负载模拟器。工程机械动力总成试验台（以下简称“试验台”），针对动力液压系统的匹配性能进行测试优化。本试验台以车载动力、液压系统为被测对象，以直线液压加载、回转液压加载系统为加载执行部件，通过模拟操作人员的输入或典型动作输入，模拟挖掘机、推土机、装载机等工程机械的各种典型工况，对车载液压系统的工作过程进行全面监控，从而对车载液压、动力系统性能及匹配性能进行全面评估。

**(1) 试验台系统工作原理**

本试验台主要包括数据采集与监控系统、被测系统、加载执行机构、加载油源、散热过滤等子系统。所有子系统协调工作，完成对被测系统的加载控制、数据监控、数据存储、系统安全管理、用户操作等功能。系统总体架构如图 6-36 所示。

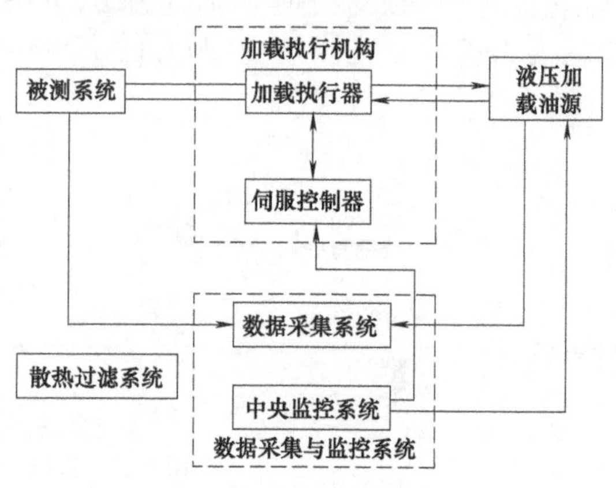


图 6-36　系统总体架构

进行系统测试时，数据采集系统对被测系统、加载执行机构、加载油源等部分进行数据采集，并将采集的数据供给控制系统用于控制指令输出；控制系统根据现场数据解算控制指令，发送至伺服控制器。伺服控制器根据控制指令，对加载执行器（直线作动器、回转作动器）进行实时闭环反馈控制，从而实现对被测系统的加载。液压加载油源为加载执行机构进行液压油源，散热过滤系统对液压加载系统、被测系统进行散热冷却。整个试验过程中，人机监控软件对测试数据进行实时显示，并将所有数据存储在本地服务器中。安全报警系统进行全程监控，提供多级报警，从而保证系统安全。试验结束后，系统后分析与处理软件进行数据的后分析，并导入试验数据结果至客户现有的服务器系统中。

**(2) 液压加载系统工作原理**

液压系统实现对挖掘机的执行机构（包括挖掘机的动臂油缸、斗杆油缸、铲斗油缸、回转马达）进行实时加载，同时向控制系统反馈位移、力、力矩信号，并根据控制系统发出的指令调节伺服阀，从而实时改变输出力或力矩的大小，实现对被测挖掘机液压系统的执行机构按照载荷谱进行加载。本系统的核心部分为液压加载系统，该功能模块包括伺服阀、作动器、蓄能器、安全阀、反馈控制装置等。伺服油缸和马达分别作为直线和回转作动器。

① 直线作动器加载　系统采用油缸对顶的结构，对挖掘机油缸进行加载。两油缸之间连接力传感器，直线作动器内置位移传感器，反馈力、位移、速度信号。反馈控制利用在线域信息（时间或位移）、在线被控信息（力、力矩等），进行双闭环反馈控制，实现试验台的加载功能。直线加载系统原理如图 6-37 所示。

主动加载工况下，由高压恒压油源和蓄能器站提供 35MPa 的油源，通过伺服阀调节直线作动器进出油液的压差，对被测油缸进行加载，使载荷的方向与被测系统油缸的运动方向相同，监控油缸的作用力，闭环控制，使加载油缸的压力随被测油缸的位移根据载荷谱进行加载。

同理，被动加载工况下，通过伺服阀调节直线作动器进出油液的压差，对被测油缸进行加

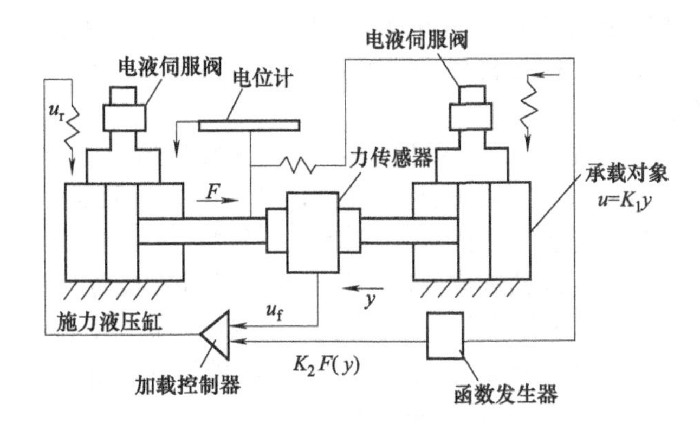


图 6-37 直线加载系统原理

$y$—被测油缸的位移；$K_1$—位移传感器系数；$K_2$—伺服放大器放大系数；
$F(y)$—行程域的载荷力函数；$u_f$—力传感器系数；$u_r$—加载系统伺服阀输入信号

载，使载荷的方向与被测系统油缸的运动方向相反。监控油缸的作用力，闭环控制，使加载执行机构的压力随油缸位移根据载荷谱进行加载。

② 回转作动器加载　回转作动器的加载工作原理与直线作动器加载相同。采用加载马达与被测马达对顶结构，中间连接转矩仪，反馈转矩、角度等信号至主控制器，进行双闭环反馈控制，实现马达的加载功能。马达加载示意如图 6-38 所示。

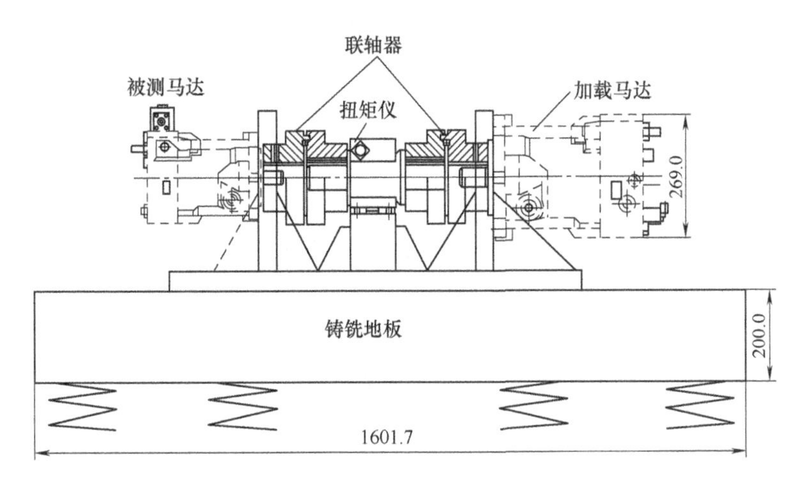


图 6-38 马达加载示意

③ 单动作及多动作协调加载　在测试系统中，根据功能模块划分，将挖掘机的执行元件（动臂油缸、斗杆油缸、铲斗油缸、回转马达）分为四个独立的测试模块，每个模块包括伺服阀、作动器、蓄能器、安全阀、反馈控制装置等，由一个总的泵站提供油源。每个模块可实现对执行元件根据输入信号进行单独模拟加载，满足挖掘机常见的单动作测试需求，也可通过 MOOG 的伺服控制系统，实现同时对多个执行元件进行加载，而加载需求根据挖掘机实际工况需求，定义不同姿态下的载荷，实现多动作协调加载。

**(3) 加载系统的精度及动态响应性能**

加载系统的精度及动态响应性能主要决定于伺服阀、作动器、传感器、控制系统等。

① 伺服阀选型　直线作动器的最大流量为 1745L/min。挖掘机的起调压力为 18MPa 左右，主泵流量最大，油缸速度最快。当压力达到系统溢流压力时，主泵流量仅为最大流量的一半左右，伺服阀在最大压力下，流量为 800L/min 左右，故选用 792 系列三级伺服阀。21～

36t挖掘机回转马达测试用马达最大流量为434L/min，载荷较稳定，选用MOOG伺服阀D664。推土机行走马达及45t挖掘机回转马达测试用马达的最大流量为949.2L/min，选用MOOG三级伺服阀D665。

② 伺服控制系统　根据技术要求，采用MOOG公司提供的成熟的多通道协调加载控制系统。本方案中配置一套机柜，共六路伺服控制通道，可实现一个或多个通道同时加载。当复合加载时，各通道加载的动态性能、稳态性能、精度互不影响。

③ 液压加载测控　本子系统预装成熟的测控软件，软件在配置后，接收中央监控系统的实时指令，对液压加载系统进行实时控制，具有完备的测试、监控、安全监视的功能。

④ 系统压力稳定性　伺服系统的加载响应及精度与液压油源的压力有关，系统采用恒压变量油源，系统压力的稳定性是保证测试精度的一个重要因素。

保证系统压力的稳定性有以下几个方面：采用蓄能器进行稳压；在系统中采用性能可靠的恒压变量泵；系统中多处采用安全溢流阀。

# 第7章 液压试验新技术

随着液压技术及相关技术的进步，液压试验技术在不断创新。液压试验新技术体现了先进性、实用性、精确性、灵活性、节能性，由此拓宽了液压试验的应用范围，并取得了更好的应用效果。

## 7.1 液压系统半实物仿真技术及应用

### 7.1.1 半实物仿真技术

半实物仿真是指在仿真试验系统的仿真回路中接入所研究系统的部分实物的仿真。半实物仿真只是我国仿真界对这一类系统仿真的方法和应用的一种统称，其准确的英文名称为 Hardware In the Loop Simulation，首字母缩写为 HILS，即回路中含有硬件的仿真。

半实物仿真与数字仿真都是系统研发类工作的重要工具，具有加快研发速度、缩短研发周期、提高研发质量和节省研发费用等优点。与数字仿真的方法相比，半实物仿真具有更高的真实度和可信度。在许多工业控制研发过程中，难以建立起系统的数学模型或者建立起的数学模型不准确而无法使用，这些情况在数字仿真中就无法适用。利用半实物仿真，可建立起数学模型的系统采用数字仿真，不可建模的系统用实物代替，从而解决了单个仿真系统无法适用系统开发的问题。

半实物仿真具有以下特点。

① 对于很难建立起准确的数学模型的系统，在半实物仿真中直接让实物参与进来，从而可以避免难以建立模型的困扰。

② 在半实物仿真中，可以利用实物的参与不断修正系统的数学模型，直至得到与实物模型结果相统一的数学模型，方便对系统的仿真研究。

③ 利用半实物仿真可以直接有效地检测系统设备的功能和性能，便于评估系统开发的水平和质量，是提高系统开发设计能力的重要手段。

在实际的控制过程中，半实物仿真通常有三种情况：一是控制器是实物，而被控对象用数学模型；二是混合型半实物仿真，大型系统的研发由许多小的系统组合而成，往往需要许多的数字仿真系统和实物的参与，无论是被控对象还是控制器的设计，都可能成为数字仿真系统和实物的一部分，实际上系统既可能全是数字仿真系统，也可能全是实物，而两个系统的相互连接却需要用到半实物仿真接口技术；三是对于一般工业控制系统，在进行半实物仿真时，用计算机建立起被控对象的模型，而将控制器原型放置在回路中，构建起半实物仿真。

液压系统半实物仿真为模拟液压系统实际工作状态提供了条件。利用不同的数字仿真模型和实物模型，可以对液压系统的动作响应、控制规律、油路状态等进行深入研究，为系统设计和优化提供参考。

以下是液压系统半实物仿真技术应用实例。

### 7.1.2 数字液压减摇鳍半实物仿真

减摇鳍作为船舶主要的减摇装置，在多种船舶中已得到广泛应用，它对船舶航行的安全性、舒适性等起着重要作用。为了更好、更快、更经济地开发减摇鳍控制系统，采用半实物仿真方式对减摇鳍系统进行研究具有很多优点，如能加快减摇鳍系统的开发速度，节省人力、物力和时间，更真实地仿真实际减摇鳍装置在船舶减摇运动中的情况等。

**(1) 技术方案**

国内减摇鳍通常采用传统伺服液压系统，液压元件主要是电液伺服阀，其在船舶上的应用存在油液精度要求高、PID 参数调节困难、控制信号容易受干扰、系统不稳定等较为严重的问题，致使不少舰船的减摇鳍使用效果都不太好，经常处于故障状态，未能发挥其应有的作用。数字液压减摇鳍具有集成度高、控制简单、控制精度高、稳定性好、抗污染能力强等优点。

数字液压系统在硬件上保证了闭环，从控制的角度来看近似于开环控制，这些特点有效地提高了减摇鳍系统的可靠性。

半实物仿真是将实际模型放在仿真系统中进行仿真试验。数字减摇鳍半实物仿真系统由仿真计算机、PLC 与驱动器、数字液压随动机构三部分组成。其中仿真计算机完成海浪与船舶横摇仿真、减摇控制算法及人机交互界面设计。系统结构与数据流如图 7-1 所示。海浪与船舶横摇运动仿真系统采用 Simulink 编程，分别产生遭遇波倾角信号和横摇角信号（包括减摇前、后横摇角）。控制算法（控制器）及人机交互界面采用虚拟仪器软件 LabVIEW 编程实现，在线调节控制参数，生成鳍角控制信号并进行真实鳍角及减摇前、后横摇角等的实时监视和数据存储。PLC 对鳍角控制信号进行处理，转化为数字液压随动机构能执行的脉冲信号，同时采集随动机构中码盘反馈脉冲，转化为实际减摇鳍鳍角。数字液压随动机构采用实物样机，该机构与实船安装设备基本一致。

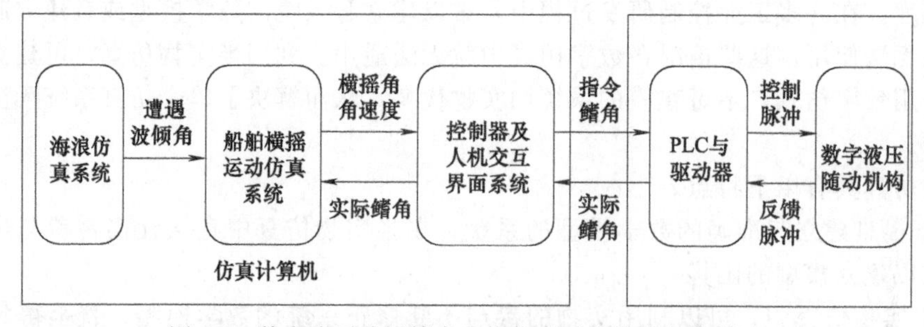


图 7-1 数字液压减摇鳍半实物仿真系统结构与数据流

**(2) 减摇控制器及人机界面**

以虚拟仪器软件 LabVIEW 为平台，进行控制器及人机界面的设计，具有编程简单、接口丰富、便于在线调整参数的优点。

① 减摇控制器 目前绝大多数减摇鳍控制器为 PID 控制，在 LabVIEW 中设计 PID 控制器非常简单，LabVIEW 提供了专门的 PID 控件，通过该控件，可以轻松地在线进行 PID 参数的设置，其中期望值为 SP，输入值为 PV，$e=\mathrm{SP}-\mathrm{PV}$ 为偏差值，比例系数为 $K_p$，积分参数为 $T_i$，微分系数为 $T_d$，PID 控制算法为

$$u(t)=K_{\mathrm{p}}\left(e+\frac{1}{T_{\mathrm{i}}}\int_{0}^{t}e\mathrm{d}t+T_{\mathrm{d}}\frac{\mathrm{d}e}{\mathrm{d}t}\right) \tag{7-1}$$

② 人机界面　采用 LabVIEW 设计人机交互界面具有编程简单，界面美观的特点。系统界面主要包括减摇前、后横摇角对比显示，减摇鳍鳍角显示，PID 控制参数输入，横摇角速度、角加速度、仿真波浪扰动力矩和减摇鳍扰动力矩显示，数据存储五个部分。

③ LabVIEW 与 Simulink 通信　本系统通过 NI 的界面仿真工具包 Simulation Interface Tookit (SIT) 与 Matlab/Simulink 进行通信。利用这一工具包，可以将 LabVIEW 和 MathWorks 的 Simulink 联系起来，在 LabVIEW 环境下控制 Simulink 仿真模型运行和参数设置与查看。

SIT 服务器（图 7-2）是通过 TCP/IP 协议进行 LabVIEW 与 Matlab 之间通信的。该方法实现简单，在 Simulink 仿真模型中，只需加入 NI Signal Probe 即可；在 LabVIEW 中，通过 Tools→SIT Connection Manage，选择 Simulink 仿真模型 (Current Model)，配置 LabVIEW 中输入输出与仿真模型中参数之间的对应关系（Current Mappings)，即可实现 LabVIEW 对仿真模型参数的实时控制与显示。

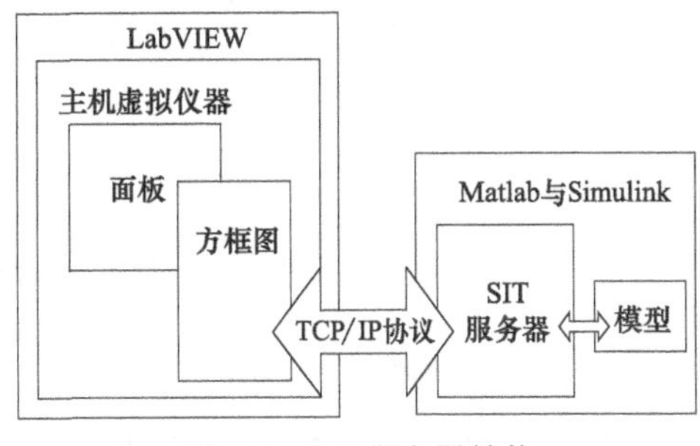

图 7-2　SIT 服务器结构

减摇鳍半实物仿真系统中数据交换包括船舶横摇运动仿真模型从人机交互界面输入航速、减摇鳍攻角和遭遇波倾角等参数；而仿真模型输出减摇前、后横摇角、角速度、角加速度、波浪扰动力矩、减摇鳍扰动力矩等给人机交互界面。

### (3) PLC 控制器

PLC 控制器采用松下 FP-SIGMA 系列可编程控制器，它将减摇控制器输出的鳍角指令信号转化为脉冲信号量，从而控制步进电机带动数字液压缸运动，同时进行减摇鳍鳍角零位检测和减摇鳍实际攻角码盘信号采集。程序结构如图 7-3 所示。

PLC 控制器与上位机 LabVIEW 采用松下 MEWTOCOL 通信协议，通过 LabVIEW Instrument I/O 实现通信。经过试验，该通信方式响应快，编程简单，实时性强。

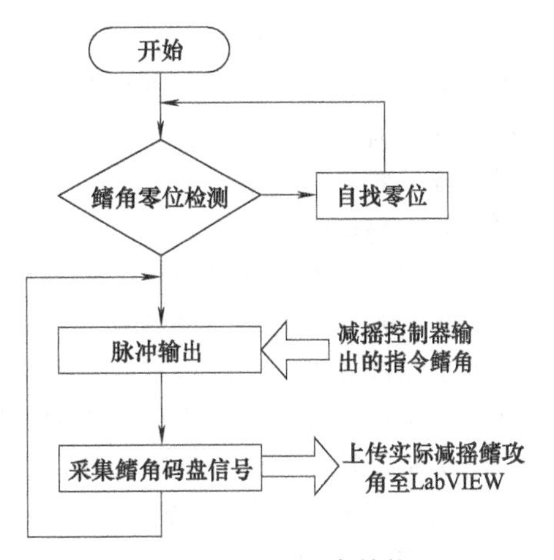

图 7-3　PLC 程序结构

### (4) 数字液压随动机构

减摇鳍随动机构采用数字液压系统，如图 7-4 所示。工作时，PLC 根据鳍角指令控制数字液压阀使液压缸运动，液压缸驱动减摇鳍转动，反馈信号实时将减摇鳍攻角通过丝杆螺母转化为滑阀阀芯直线位移，它与步进电机的作用方向相反，使阀口开度减小直至关闭，编码器实时地将实际减摇鳍攻角上传至 PLC 控制器进行监测，达到控制减摇鳍攻角的目的。

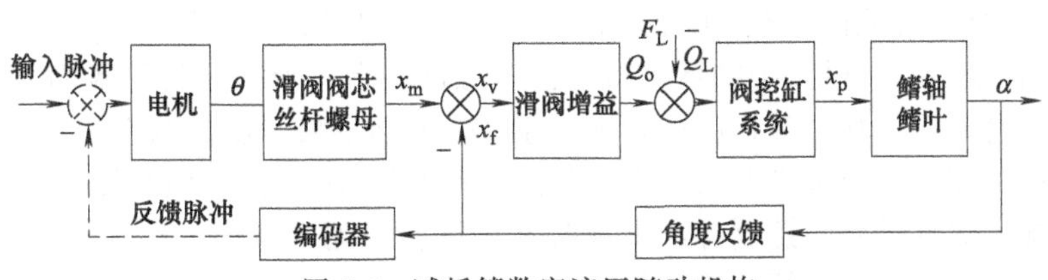

图 7-4　减摇鳍数字液压随动机构

**(5) 试验调试结果及分析**

以该半实物仿真系统仿真模拟实际减摇鳍工作，并进行PID调节，能得到较理想的试验结果，试验曲线如图7-5和图7-6所示。

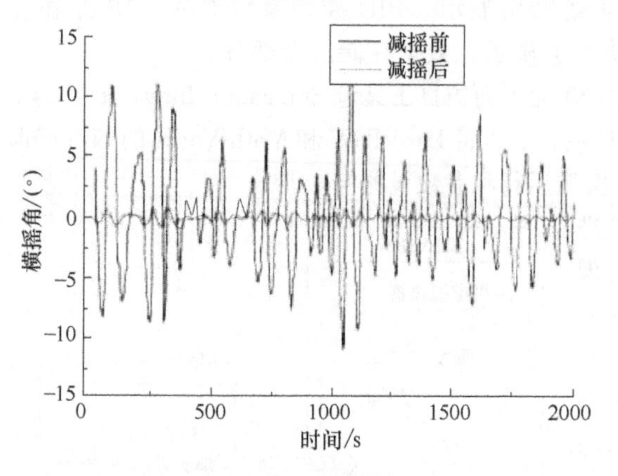


图7-5 减摇前、后横摇角比较

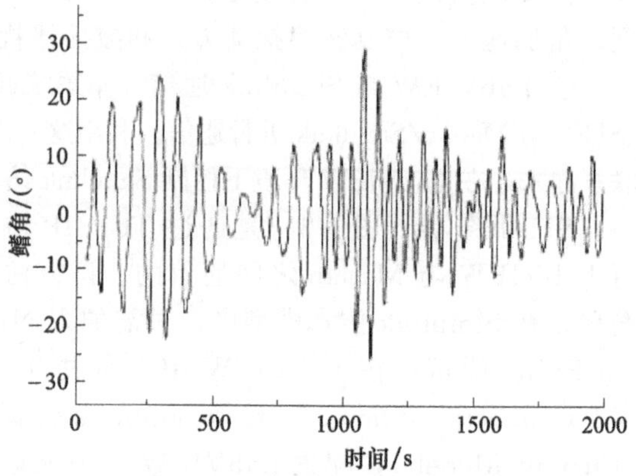

图7-6 减摇鳍实际攻角曲线

试验结果显示，该减摇鳍半实物仿真系统能有效地进行减摇鳍控制的仿真，并能通过调节PID参数，得到较理想的减摇效果。同时，对于实船减摇鳍控制系统，只需将此处的船舶横摇运动模型以实际采集的横摇角、角速度信号代替，即可直接应用于实船减摇鳍的调试、控制及数据采集。

## 7.1.3 发射车液压系统半实物仿真

建立半实物仿真模型，利用数字模型模拟液压系统的环境参数、控制规律及简单回路，利用实物模型模拟难以建立数学模型的液压元件，可较好地实现液压系统的仿真分析。在此针对某型导弹发射车快速调平、起竖系统的研制需要，结合液压仿真技术和自动化测试技术，建立液压系统半实物仿真平台。

**(1) 布局结构**

半实物仿真在仿真过程中，包含实际硬件装置的运行情况。其基本原理是利用数据采集控制模块将实时运算的数学模型和实际运行的实物模型构成一个整体，模拟实际系统的运行情况。在仿真过程中，实时运算的数学模型产生实物模型运行所需的控制参数，并通过数据采集控制模块实现对实物模型运行过程的控制；同时数据采集控制模块获得实物模型运行参数，并传递给实时运算的数学模型进行处理计算。

在液压半实物仿真系统中，数学模型可以由Matlab/Simulink、Stateflow以及Sim Mechanics等工具在普通计算机上建立，数学模型的运算通过实时仿真计算机完成，实物模型的运行则在液压试验台上完成，而试验台的测控系统与实时仿真计算机的采集控制系统进行通信，构成数据采集控制模块。液压系统半实物仿真平台布局结构如图7-7所示。

上位机采用高性能微机，主要实现模型建立、仿真过程管理和数据处理等功能；实时仿真计算机采用DSpace，完成实物模型测试信号的采集和实时仿真计算功能；数据通道由高性能串口总线组成，在实时仿真计算中实现通用试验测控系统与实时仿真计算机之间的数据传输。

通用试验测控系统、监控/维护计算机、液压缸试验台、液压系统试验台和其他试验台按液压试验标准建设。在仿真试验过程中，液压系统试验台和液压缸试验台上安装仿真系统中的一些主要实物模型部分，如调平回路、车腿油缸、起竖回路、起竖控制系统和起竖油缸等。通用试验测控系统在仿真过程中控制各测试设备完成试验、测试工作，实现试验过程的自动化，同时与实时仿真计算机实现数据传输工作。

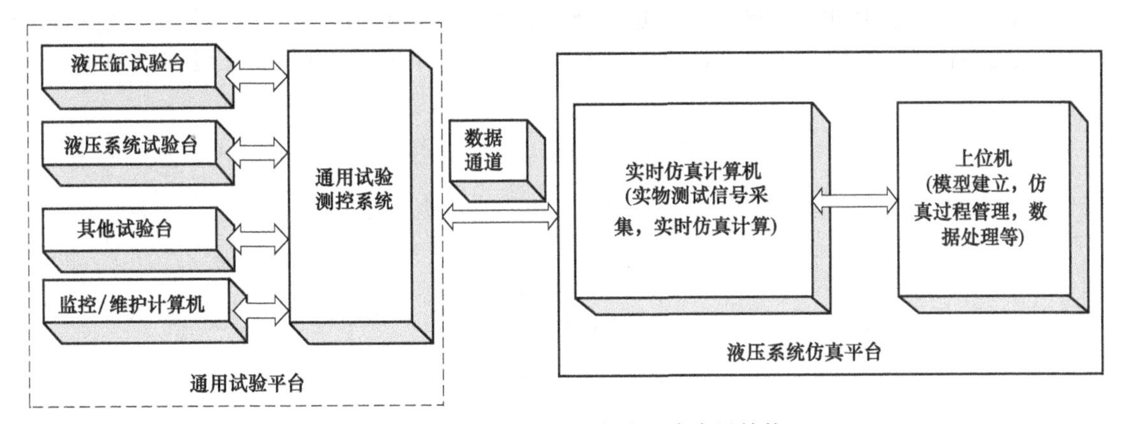


图 7-7 液压系统半实物仿真平台布局结构

**(2) 仿真模型**

① 数学模型

a. 液压回路模型 液压回路由液压元件和管路组成，液压元件通常具有多个油口并与管路相连，通过管路相连的多个元件之间构成液压容腔。因此，在数字仿真中，可以采用节点法建立液压系统的数学模型，即把液压管路的汇交节点定义为节点，对每个节点建立流量平衡方程，以表达节点压力和进出该节点流量之和的关系，从而得到一组方程。设$\sum Q_i$ 是进出容腔流量总和，则容腔压力为

$$p_i = \frac{1}{C}\int \sum Q_i \mathrm{d}t = \frac{E_0}{V_i}\int \sum Q_i \mathrm{d}t \tag{7-2}$$

式中 $V_i$——容腔的油液体积；

$E_0$——有效体积弹性模量。

在建立了各个容腔的压力-流量方程后，再分别建立各个液压元件的特性方程，以确定各个油口的流量计算公式 $Q_i=f(\Delta p，a_1、a_2\cdots)$（$\Delta p$ 为进出液压元件油口压力差，$\Delta p$ 后的自变量为影响元件流量的其他因素）。

b. 控制系统模型 控制器模型采用 Stateflow 工具建立，Stateflow 基于有限状态机理论，能够快速建立和仿真复杂事件驱动系统的逻辑行为。依据起竖过程控制规律，建立控制器模型如图 7-8 所示。

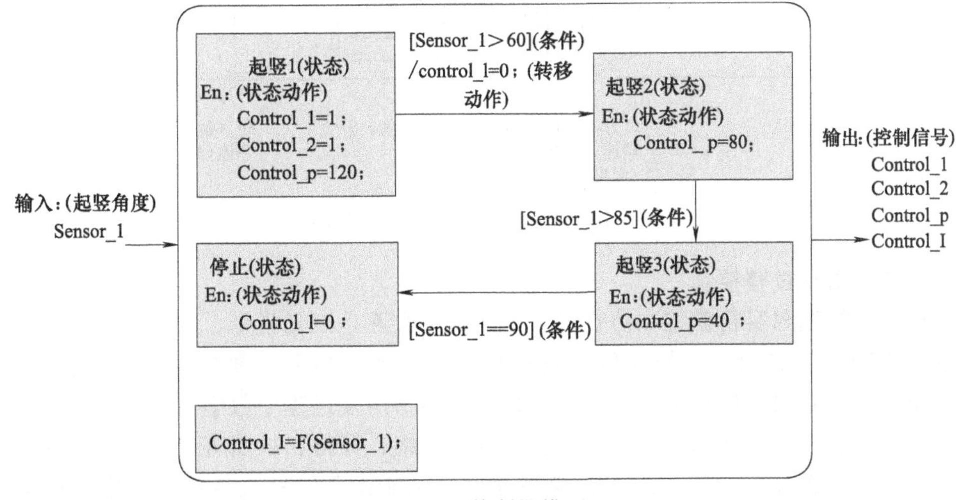


图 7-8 控制器模型

c. 载荷计算　为模拟发射装置起竖过程液压缸所受到的载荷，考虑以车体、发射箱和液压缸构成的多体动力系统，系统拓扑结构如图 7-9 所示。动力学仿真模型采用 Sim Mechanics 建立。

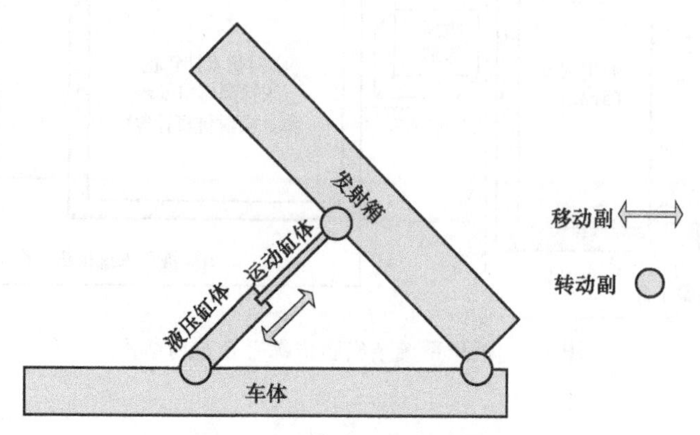


图 7-9　动力学系统拓扑结构

② 实物模型

a. 试验台及测控系统　为保证实物模型运行，建立液压缸试验台、液压系统试验台等试验台，保证实物液压缸及液压系统组合的供油、动作以及信号采集。为了实现试验过程的自动化，同时又能够保证测试系统的可靠性，采用嵌入式测控计算机作为每个试验台的测控核心。嵌入式测控系统结构框图如图 7-10 所示。

b. 实物模型　采用实际液压系统中的元件，本系统中主要包括实物液压缸和部分液压系统组合。

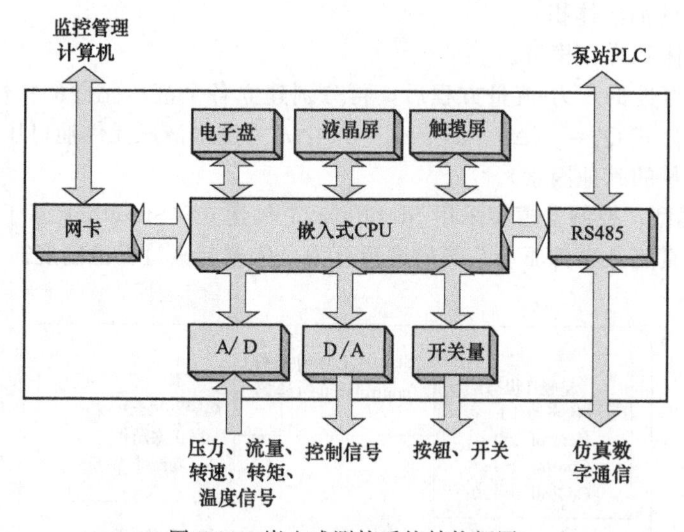


图 7-10　嵌入式测控系统结构框图

### (3) 半实物仿真过程控制

为实现数学模型与实物模型在仿真过程中的信息交互，定义指令、数据和状态三种信息形式，通过以 RS485 串口为介质的通信模块实现信息传递。指令主要包括准备、启动、中断、停止等控制指令，实现对仿真过程的控制；数据主要指仿真过程中数学模型和实物模型进行交互的流量、压力、载荷等仿真数据；状态包括准备就绪、等待、故障等对指令信号的回复。在仿真控制过程中，通过指令和状态实现应答通信，保证指令的有效传输和响应；在仿真过程中，数据交互非应答通信，以提高数据传输速率，保证数学模型计算和通信过程的实时性。半实物仿真过程控制结构（实时仿真机端）如图 7-11 所示，测控平台端半实物仿真控制结构与实时仿真机端类似，只是数学模型由实物模型代替。同时由于实物模型本身运行在自然时间下，而工作状态也由接收到的指令控制，因此系统控制器不需要输出仿真计算时序和工作状态控制，仿真机工作状态相应改为测试平台工作状态。

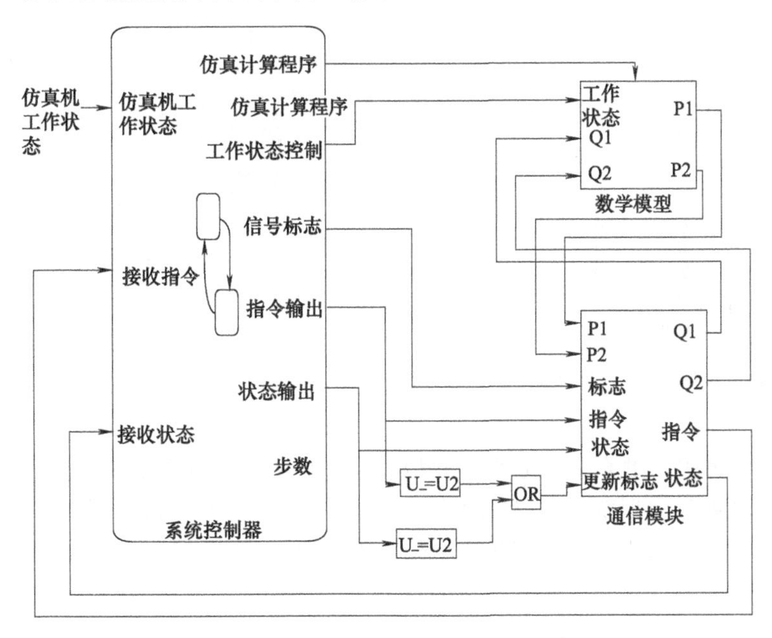


图 7-11　半实物仿真过程控制结构（实时仿真机端）

半实物仿真控制器仿真机端由 Stateflow 状态机实现，编译后下载到实时仿真机中，在实现对数学模型实时计算控制的同时，通过通信模块实现与实物测试平台的信息交互。测试平台端仿真控制器由 C 语言编程实现，在进行测试过程控制的同时，通过通信模块实现与实时仿真机的信息交互。

**(4) 应用分析**

为检验液压系统半实物仿真平台的运行情况，并分析某型导弹发射车起竖过程中多级液压缸的压力变化情况，针对某型导弹发射车起竖系统，以多级液压缸为实物模型，并建立上述完整的液压起竖系统数学模型和发射车起竖过程动力学响应模型，进行半实物仿真试验。试验结果如图 7-12～图 7-15 所示。

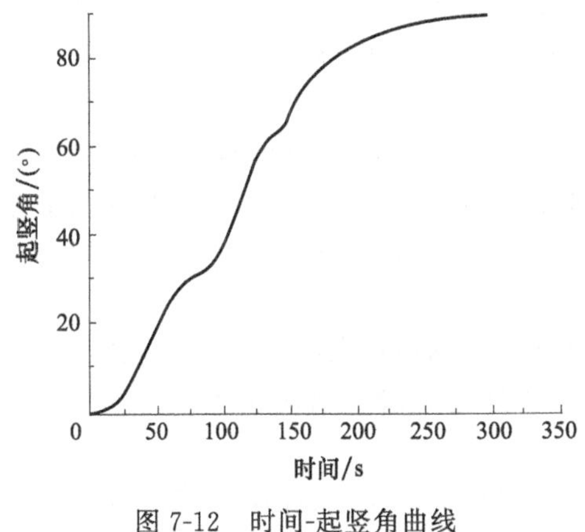


图 7-12　时间-起竖角曲线

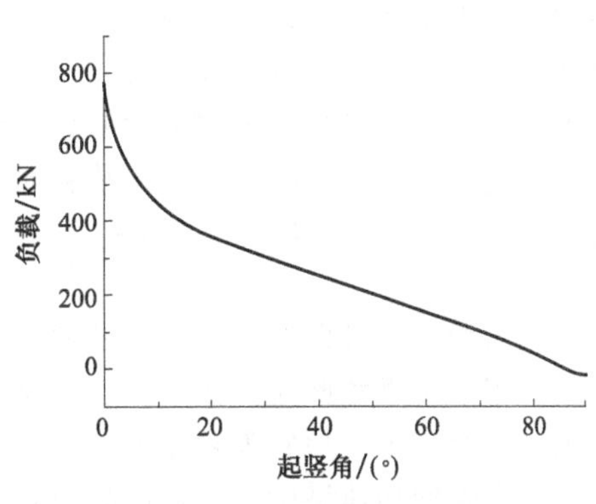


图 7-13　起竖角-负载曲线

图 7-12 和图 7-13 中的曲线由实时仿真机计算生成，图 7-14 和图 7-15 中的曲线由试验台测控系统通过试验采集获得。图 7-14 中 $q_1$ 为进油口流量，$q_2$ 为出油口流量；图 7-15 中 $p_1$ 为液压缸无杆腔压力，$p_2$ 为多级液压缸内腔压力，$p_3$ 为液压缸有杆腔压力。受多级液压缸换级缓冲过程影响，流量和压力在整个行程中产生多次突变。

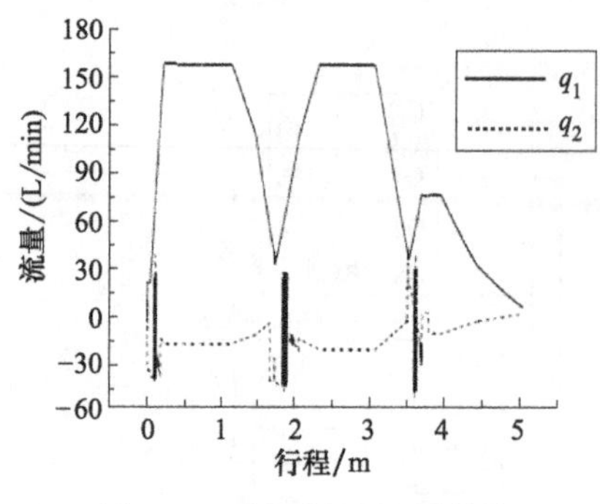


图 7-14　油缸行程-流量曲线

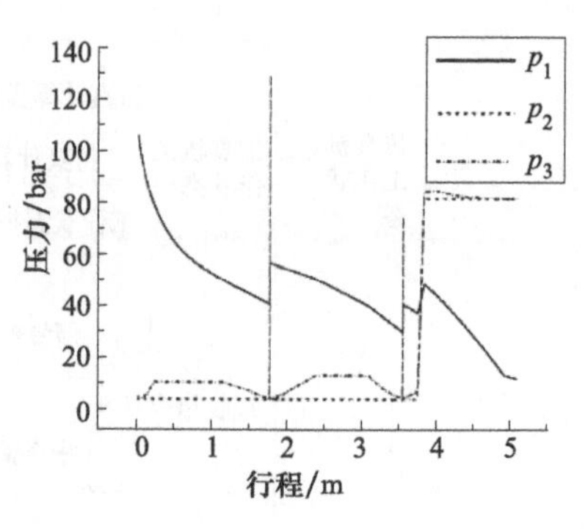


图 7-15　油缸行程-压力曲线

1bar=0.1MPa

试验过程不仅通过试验台测试获得了模拟起竖过程中多级液压缸内压力、流量等参数变化情况，同时也通过数学模型获得了液压系统中各元件的参数变化情况以及系统动力学变化情况，为进一步针对多级液压缸进行优化改进提供了依据。

## 7.2　液压元件加速试验技术

随着机电技术的发展，主机对液压元件的寿命要求越来越长，可靠性要求越来越高。若采用传统的试验方法进行试验，需耗费大量的试验时间和经费，更无法满足装备的研制进度要求。采用加速寿命试验（加速试验）能够使液压元件试验时间比正常应力下试验时间大大缩短，并大幅降低研制成本，满足主机研制进度要求。因而，研究和应用加速试验方法具有十分重要的现实意义。

### 7.2.1　液压元件加速试验基本原理与方法

**(1) 加速试验的概念**

加速寿命试验又称加速等效试验。美国罗姆航空中心首次给出了加速试验的统一定义，即加速试验是在进行合理工程及统计假设的基础上，利用与物理失效规律相关的统计模型对在超出正常应力水平的加速环境下获得的寿命信息进行转换，得到试件在额定应力水平下寿命特征可复现的数值估计的一种试验方法。

加速试验一般可概括为在不改变故障模式和失效机理的条件下，用加大应力的方法加速产品失效的进程，并运用失效分布函数和加速模型（或退化参数分布规律），在短时间内取得必要的参数（估参），再推算到正常应力下产品的寿命特征值（称为定寿）的一种可靠性试验方法。

加速试验不仅可以对产品的可靠性进行评价，并可通过质量反馈来提高产品的可靠性水平，还可用于可靠性筛选、确定产品的安全余量等，故加速试验可以应用于产品的验收、鉴定、出厂分类、维修检验等多方面。

一个完整的加速试验应掌握产品的如下信息：故障模式与机理，加速应力与使用范围，失效分布函数与加速模型，加速与额定状态下的寿命特征值转换。其难点是建立加速模型与两者寿命特征值转换的统计方法。针对具体液压泵和加速应力的加速模型需要通过专门的应用基础研究才能得出，或通过类比借用有关资料的加速模型。

**(2) 加速试验的基本条件**

① 加速试验出现的故障模式及机理应与额定应力作用下的相一致。

② 存在规律的加速性。

③ 加速与额定状态下的寿命分布与损伤退化量应具有同一性或相似规律性。

该基本条件说明加速试验时间只要持续到某一退化特征值并能找出衰退规律性即可，未必一定要做到产品失效。实际应用上存在的问题是对于某些类型液压泵其加速性不好，需要用较长的试验时间，才能得出可描述的损伤退化规律性。

**(3) 可利用的合理工程假设**

在制定加速试验方法时要遇到液压元件的失效模式和机理、寿命分布、磨损、疲劳、老化等问题，可充分利用合理工程假设。

① 液压元件的寿命服从于威布尔 Weibull 分布。根据可靠性理论，凡是因某一局部失效或故障而导致全局机能停止运行的元件、系统的寿命服从 Weibull 分布，液压元件属于这一类元件。

② 国产液压元件的失效模式和机理为磨损类型，原因是，国产液压元件的磨损寿命远低于疲劳寿命，关键摩擦副的磨损制约着泵的寿命；根据相似原理，相同结构、相同材料、相同功能的元件在正常工作的条件下具有相同失效机理。

③ 在温度低于 50℃条件下，不考虑密封件的老化过程。

④ 在温度低于 200℃时，温度对钢制件的疲劳强度的影响不明显，而不予考虑等。

**(4) 对批生产产品的加速试验方法应用**

进行加速试验的程序设计为：泵的失效模式分析→失效机理类型→加速模型类型→加速应力及水平选择→加速试验方案制定→摸底试验→辅助试验→鉴定试验→数据处理，估参评寿。

由于批生产产品寿命数据较为齐全，加速性又较好，通过摸底试验能很快找出加速的规律性，并能很好地通过鉴定试验及数据处理进行额定状态下的估参评寿，但花费时间较长。

**(5) 对新研制液压元件的加速试验方法的应用**

对新研制的产品来讲，往往研制周期短、寿命长而交付时间紧，其寿命数据又较少，该如何进行加速试验，这是从生产实践中提出的新问题。由于可靠性工程的发展远快于可靠性科学的发展，国内对加速试验的基础性研究和应用研究尚不够，致使符合国产液压元件情况的寿命分布类型、加速模型、寿命特征值的统计分析等方法没有形成规范，造成推广加速试验方法的困难。

在充分利用国外资料进行类比，使用合理工程假设的基础上，结合液压元件生产和使用经验，可进行新研制产品加速试验方法的探索，并在产品使用中不断积累寿命数据，使方法更完善，使确定的加速系数更合理。

液压元件的加速试验步骤如下。

① 对液压元件进行故障机理分析并提取综合应力，初步编制液压元件加速寿命试验大纲、加速寿命试验载荷谱，邀请行业内专家对加速寿命试验大纲和加速寿命试验载荷谱进行分析论证，并确定最终的加速寿命试验载荷谱。

② 根据加速寿命试验大纲要求，抽取试验子样并按加速寿命试验载荷谱进行加速试验。

③ 跟踪试验过程，对每阶段的试验数据进行对比分析，密切关注液压元件退化过程。加速试验完成后分解液压元件，对各零、组件进行微分计量和无损探伤检查。

④ 整理加速试验数据和编写液压元件加速寿命试验报告，形成试验结论并提交会议评审，评审通过后即通过加速试验完成该液压元件的首翻期定寿试验。

### 7.2.2 液压泵失效模式及加速试验

在此以某航空液压泵为例，进一步介绍加速试验方法。

**(1) 液压柱塞泵的典型失效模式**

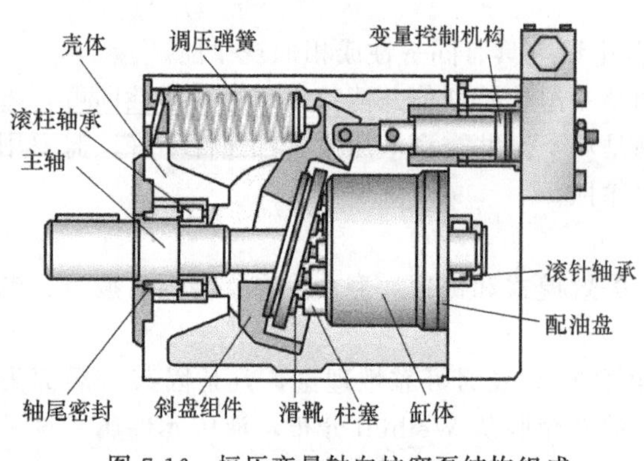


图 7-16 恒压变量轴向柱塞泵结构组成

图 7-16 所示为典型恒压变量轴向柱塞泵结构组成。在液压柱塞泵典型的三种失效模式中，磨损主要涉及柱塞-缸体副（柱塞副）、斜盘-滑靴副（滑靴副）、缸体-配油盘副（配油盘副）、轴承、变量调节机构的阀芯-阀套运动副、轴尾密封机构等。恒压变量液压柱塞泵除壳体和安装座之外几乎都是运动部件，并且在运动过程中均承受交变应力（变量控制机构外的壳体也承受交变应力），因此也会导致疲劳失效。老化则主要和液压柱塞泵的橡胶密封件相关。

① 磨损　分为磨粒磨损、粘着磨损、疲劳磨损、腐蚀磨损四种主要类型。液压柱塞泵的磨损主要涉及柱塞副、滑靴副、配油盘副，不同运动副的主要磨损形式不同，但主要是弹性流体动力润滑（Elasto Hydrodynamic Lubrication，EHL）情况下的磨粒磨损和黏着磨损。泵的磨损过程是典型的多场、多因素耦合作用的结果，影响因素很多，包括温度、比热容、速度、污染程度、接触面材料、表面加工水平、润滑情况、载荷情况等。

EHL 磨损模型用于分析柱塞泵摩擦副磨损特性时具有局限性，主要是由于模型中的变量参数不能直接获得。其中最重要的影响参数是摩擦副的油膜厚度。但油膜厚度的影响因素很多，包括泵的压力、流量、温度、转速等工况参数，也包括摩擦副的结构形式、尺寸参数、材料属性等。

② 疲劳　涉及柱塞泵所有的运动部件和壳体（壳体部位承受交变应力）。关于疲劳寿命的研究，已经有了 100 多年的历史，也有了大量的研究成果。在诸多的疲劳寿命分析模型中，基于应力的 $S\text{-}N$ 曲线方法是最早也是最常用的方法。此外，基于累积疲劳损伤的模型，包括基于线性累积损失理论的 Pallmgren-Miner 公式、基于双线性累积损伤理论的 Grover-Manson 公式、基于双线性疲劳累积损伤理论的 Corten-Dolan 公式、Marco-Starkey 公式和 Henry 公式等，也得到了广泛的应用。根据这些成熟的研究成果，国内外的商业机构开发了能够应用于疲劳寿命分析的多种商业软件，其中应用比较广泛的有 nCode、MSC Fatigue、ANSYS Fatigue，LMS Virtual Lab Durability 等。

具体到液压泵相关部件，由于疲劳导致的失效主要包括壳体开裂，调压弹簧折断，斜盘、主轴、缸体等结构件的开裂，轴承损坏和断裂等故障模式。结构件疲劳属于典型的失效模式，基于 $S\text{-}N$ 曲线方法和累积疲劳损伤模型分析可知，柱塞泵结构件疲劳失效模式的敏感应力主要包括转速（交变应力频率）、压力和排量（交变应力幅值）、柱塞个数（压力脉动频率）、流量切换频率（流量切换机构的疲劳特性相关）等。

③ 老化　与橡胶密封件相关。关于橡胶产品老化过程与寿命方面的研究，有大量的研究成果。俄罗斯标准中关于温度与密封件老化寿命之间的关系也进行了描述。

液压柱塞泵中的橡胶密封件，主要是用于静密封结构，其老化失效会引起外部泄漏。综合航空液压泵的使用及外场返修情况，外部泄漏故障现象极为少见。

对液压柱塞泵关键失效模式、相关部件（组件）、敏感应力以及外在表现的总结见表 7-1。

表 7-1 液压柱塞泵主要部件失效模式与影响因素

| 失效模式 | 相关部件 | 外在表现 | 敏感应力 |
|---|---|---|---|
| 磨损 | 柱塞副 | 内部泄漏<br>容积效率下降<br>机械效率下降<br>频率响应降低 | 介质<br>温度<br>输出压力<br>转速<br>污染度<br>排量 |
| | 滑靴副 | | |
| | 配油盘副 | | |
| | 流量调节阀 | | |
| | 斜盘调节活塞 | | |
| | 轴承 | | |
| 疲劳 | 斜盘 | 裂纹<br>断裂<br>噪声 | 转速<br>压力<br>流量<br>调节<br>频率 |
| | 缸体 | | |
| | 主轴 | | |
| | 轴承 | | |
| | 壳体 | | |
| | 调节弹簧 | | |
| | 柱塞 | | |
| 老化 | 橡胶<br>密封件 | 外部泄漏<br>效率降低 | 温度<br>介质属性 |

**(2) 常用加速手段**

① 温度　由表 7-1 可以看出，温度主要影响泵摩擦副的磨损和橡胶密封件的老化过程。

首先，温度是加剧液压泵磨损的主要因素。温度升高可降低材料力学性能，增大表面接触凸点的金属扩散与塑性变形。其次，温度升高降低油液黏度，破坏边界油膜，从而加速磨损。

温度与磨损速率之间的关系，国内已经有针对性的研究成果。

在液压泵工作状态下的温度范围内，温度变化对疲劳的影响很少。在介质温度低于 200℃时，通常不考虑温度对钢制件疲劳强度的影响，所以温度对泵疲劳过程的影响可以不予考虑。

通过提高介质温度可以加速液压泵的磨损和老化过程，并且具备以下优点：比较容易实施，介质温度控制相对比较容易；加速效率高。大量工程使用经验表明，温度对液压柱塞泵寿命影响明显，也从侧面说明通过升高温度实施加速寿命试验效率较高。

但是温度加速也有显著问题：介质温度与泵（磨损）寿命之间的定量关系无法确定；对各个部件的加速效果不一致。温度对滑靴副和配油盘副的磨损过程影响明显，但是对于柱塞泵容积效率下降的主要运动副（柱塞副）的摩擦过程加速效果一般。

② 转速　也是直接影响磨损和疲劳寿命的因素之一。在液压泵的设计或使用速度范围内，转速（摩擦副运动行程）与磨损和疲劳寿命之间通常呈线性比例关系。通过提高转速开展泵加速寿命试验的优点：比较容易实施，提高试验件的转速比较简单可行；转速与寿命之间定量关系简单。由于寿命与摩擦副行程成比例关系，容易得到加速试验寿命与常规工况下的寿命对比关系。

提高转速开展加速试验的缺点也比较明显：加速空间有限，由于液压柱塞泵的额定转速通常已经在一个较高水平，转速升高的幅度有限，导致加速效率不高；提高转速通常还会引起与常规使用工况下不一致的故障模式，还会导致系统不稳定；转速增大会使液压泵运动副油膜特性（尤其是滑靴副和配油盘副）发生较大的变化，改变摩擦副的磨损机理。

③ 压力　提高液压泵的出口压力可以增加摩擦副的载荷水平，从而加速磨损和疲劳过程。提高压力开展加速试验具有以下优点：加速效率较高，液压泵输出压力是影响摩擦副载荷和运动部件疲劳损伤程度的敏感应力，压力与磨损和疲劳寿命之间呈指数关系；容易实施，开展液压泵寿命试验过程中调整压力比较容易，不需要增加试验设施。

升高压力进行加速同样存在缺陷：压力与寿命之间的定量关系难以获得，虽然关于磨损和疲劳的研究比较成熟，但对于不同结构形式的液压柱塞泵，以及不同的摩擦副结构和材料，额定压力与磨损寿命、疲劳寿命之间的定量关系很难获得；容易导致试验失败，压力过高容易导致故障机理发生变化，出现额定工况下不会出现的故障模式，这是加速寿命试验所不允许的。

④ 排量（斜盘倾角） 柱塞泵的容积效率是泵到寿的主要判据，而容积效率的降低，对于柱塞泵来说，主要是由于柱塞副的长期磨损后柱塞副间隙增大引起的泄漏增加所致。

提高排量是一种比较有效的加速手段。斜盘倾角变大会显著增加柱塞副径向载荷，同时也增加了运动部件的载荷，加速柱塞副磨损和运动部件的疲劳过程。通过提高排量实施加速的优点：由于斜盘倾角的变化被限制在一个设计允许的范围内，所以提高排量这种加速手段不会引起失效机理和模式的变化；斜盘倾角变化对柱塞副的径向载荷影响较大，加速效率（尤其是针对柱塞副磨损失效）较高。

增加排量实施加速试验也有一定局限：加速部位具有局限性，只能显著加速柱塞副的磨损过程，对于滑靴副和配油盘副，由于通过增加斜盘倾角不能有效增加其摩擦面载荷，所以不能很好地加速其磨损过程；排量和柱塞泵磨损及疲劳寿命之间的定量关系不明确，对于不同结构形式、不同材料和工艺的液压泵很难得到通用的排量和柱塞泵寿命定量关系。

⑤ 介质污染度 大量的研究和工程经验表明，液压泵主要运动副的磨粒磨损主要是油液污染造成的。介质污染水平提高会显著加速柱塞泵的磨损过程。国内外关于介质污染水平与磨损及性能退化过程之间的关系已经有了较多的研究成果。一些文献主要研究了以下内容：液压泵寿命与介质污染水平之间的定量关系，给出一个液压泵的统计模型；从元件和系统性能角度，分析介质污染的影响；无论是元件或者系统，液压介质污染水平都会影响其性能，并间接影响其寿命，国外也有专门的工程软件（HyPneu）用于分析介质污染对液压系统寿命的影响。

通过增加介质污染程度加速液压泵寿命试验过程，优点和缺点都比较明显。优点是加速效率高，可以达到 1∶10 甚至更高的加速比。局限性在于只能加速液压泵的磨粒磨损过程，不能加速其他形式的磨损及疲劳过程；系统污染控制水平要求高，难度较大；污染度增加会导致试验系统中其他元部件出现不可预知的故障，容易引起非关联失效，导致难以判断液压泵元件或系统的真实寿命。

从表 7-2 可以看出：实施加速寿命试验的主要技术瓶颈在于各加速因素与寿命之间的定量关系不明确；在液压柱塞泵可用的加速手段中，主要是针对疲劳、磨损两种失效模式；如果考虑实施的可行性，不建议通过增加污染度开展加速试验，如果对加速效率要求高，并且主要是磨损导致的失效，则可以通过增加污染度开展加速；每种加速手段都具有一定的局限性，如果要综合考虑磨损、疲劳故障模式，并且要求液压泵整体与部件加速寿命具有较高的匹配度，则需要综合采取多种加速方式开展试验。

**表 7-2 液压柱塞泵不同加速手段的对比分析**

| 加速手段 | 相关故障模式 | 优点 | 局限 |
|---|---|---|---|
| 温度 | 磨损(滑靴副、配油盘副)<br>橡胶密封件老化 | 易实施<br>加速效率较高 | 温度-寿命定量关系不明确<br>对柱塞副磨损加速效率不高 |
| 转速 | 磨损、疲劳 | 易实施<br>寿命-转速定量关系明确 | 加速效率低<br>导致系统不稳定<br>可能改变失效机理 |
| 压力 | 磨损、疲劳 | 易实施<br>加速效率较高 | 压力-寿命定量关系不明确<br>容易改变失效机理 |
| 排量 | 磨损、疲劳 | 易实施<br>不会改变失效机理<br>柱塞副磨损加速效率高 | 加速部位具有局限性<br>排量-寿命定量关系不明确 |
| 污染度 | 磨损 | 加速效率高 | 考虑故障模式单一<br>污染控制要求高<br>易引起非关联失效<br>污染度-寿命定量关系不明确 |

**(3) 加速寿命试验的基本准则**

对于液压柱塞泵来说，其加速手段有两种：增加载荷和劣化使用环境。其中增加转速、压力、排量属于增加载荷的加速方式；提高介质温度和增加介质污染度属于劣化使用环境方式。在实际的工程应用过程中，采用的具体加速手段，单应力及综合应力加速方法选择，需要考虑常规使用条件下液压泵的使用工况、常见的故障模式、设计裕度等。

结合我国液压泵研制的实际情况，以及液压泵研制厂家开展液压泵加速寿命试验过程中的工程经验，总结基本准则如下。

① 主要考虑磨损、疲劳和热老化失效模式，具体考虑哪种故障模式，要结合泵结构、材料以及现场使用情况综合权衡。

② 可以采用的加速手段包括提高出口压力、提高流量（排量）、增加转速、增加污染度、提高介质温度，实际采用的加速手段还要综合试验台能力、泵性能指标（最大排量、最大出口压力、最大转速）、设计裕度等因素。

③ 对于恒压变量泵，需要将加速试验与额定工况试验的流量切换频次相同（保证流量调节机构的疲劳失效模式与额定工况下一致）。

④ 泵总体加速试验时间和部件加速时间要具有较高的匹配度。

⑤ 加速寿命试验的载荷谱应以额定工况为基准进行编制。

**(4) 加速寿命试验效果分析方法**

为验证加速寿命试验效果，通常需要对比加速寿命试验后与常规寿命试验后液压泵的技术状态参数、物理状态参数。

① 技术状态参数　其变化主要是由于耗损性磨损导致的。通过监测这些量，可以评价常规试验和加速试验对于磨损过程的匹配程度，验证加速试验的效果。需要对比监测的技术状态参数有零供油压力、最大流量压力、额定流量、零流量壳体回油量、全流量壳体回油量、容积效率、总效率。

② 物理状态参数　其变化主要是由于磨损和疲劳引起的。需要对比监测的物理状态参数有摩擦面表面状态（配油盘端面尺寸、滑靴底面尺寸、缸体柱塞孔外径）、弹簧压缩量（流量调节弹簧、中心弹簧）、密封件残余变形量（端面密封、轴密封件）、疲劳损伤累积量（主轴、斜盘耳轴、斜盘）、运动副间隙（柱塞-柱塞孔、滑靴-斜盘、缸体-配油盘）。

**(5) 小结**

① 在开展液压泵加速寿命试验时，主要考虑的故障模式为磨损、疲劳和老化。

② 可以通过提高介质温度、出口压力、排量、转速、介质污染度开展加速试验，但每种加速手段都具有一定的局限性。如果要综合考虑磨损、疲劳故障模式，并且要求液压泵整体寿命与部件寿命加速效果具有较高的匹配度，则需要综合采取多种加速手段开展试验。

③ 加速寿命试验的效果，需要通过对比与常规试验工况下（或现场使用工况下）的物理状态参数、技术状态参数来验证。

## 7.3 液压试验功率回收技术

### 7.3.1 液压试验功率回收的意义与方式

**(1) 功率回收的意义**

液压试验是用于对液压元件进行性能测试、可靠性考核以及相关规律研究的必要手段。早期的液压试验台采用溢流节流方式实施加载，电动机输出的能量几乎全部转化为热能。这一方面使试验所耗能量很大，另一方面因油液的发热还需增设冷却装置，另需消耗额外的电能。特别是进行高压、大流量试验时，所耗能量更大。此外，这种状况严重影响试验台使用寿命。

因此，开展功率回收型液压试验研究显得尤为重要。为此，人们提出了功率回收节能试验方法。

功率回收型液压试验台是将负载输出能量通过适当的方法进行回收并反馈给系统供能元件进行循环再利用，以达到节能、改善工况的目的。

**(2) 功率回收的方式**

① 电力功率回收方式　它将被试泵的出口与加载马达入口直接相连通，加载马达驱动发电机产生电能，电能经逆变回馈电网来实现功率回收。由于回馈电网需要一套装置保证再生电与电网具有同相位，实现起来技术复杂，价格昂贵，效果也不理想，并且为防止加载发电机逆转，还需增加安全控制系统，造成整个试验设备复杂而庞大。

② 机械补偿功率回收方式　被试泵与电动机、加载马达三者同轴机械连接，被试泵输出的压力油驱动加载马达旋转，加载马达再通过机械传动又带动被试泵，功率在电动机、被试泵、加载马达、被试泵之间往复循环，达到功率回收的目的。其存在如下不足：一是由于加载马达和电动机同时驱动被试泵，会存在“寄生”功率损耗；二是不可避免地存在溢流损失，且溢流损失的大小在很大程度上取决于被试泵与加载马达之间的流量匹配，匹配不当，则功率回收效果不理想；三是试验压力易受多种非线性因素的影响。

③ 液压补偿功率回收方式　液压泵与马达同轴机械相连，泵的出口与马达入口通过一用于加载的节流阀相连通，补偿泵串联或并联在液压油路中，提供一定的压力油，以液压能来补偿系统不足的能量。该方式多用于高速液压马达、低速大转矩马达的试验，而对液压泵则不适合，并且因需通过调节节流口的大小来进行加载调压，即存在节流损耗，影响功率回收效果。

## 7.3.2 液压泵功率回收试验系统

此处介绍一种液压泵功率回收试验系统。

**(1) 系统组成**

如图 7-17 所示，液压泵自适应功率回收试验台主要由被试泵 1、加载马达 8、补偿泵 11 以及控制元件、辅助元件、检测元件等构成。被试泵 1 通过整流阀组 14 与左换向阀 2、加载马达 8 的出油口相互连通起来。左换向阀 2 为二位三通换向阀，其两工作油口中一个与油箱 13 连通，另一个则通过可调节流阀 5、单向阀 6 与加载马达 8 的进油口连通。

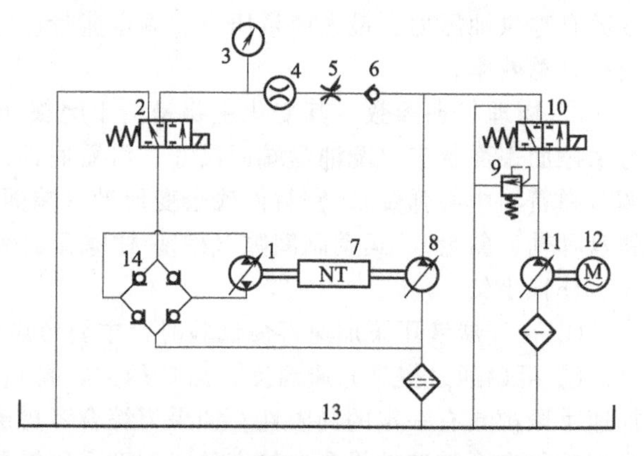


图 7-17　液压泵自适应功率回收试验台

1—被试泵；2—左换向阀；3—压力表；4—高压流量计；5—节流阀；6—单向阀；7—转矩转速传感器；8—加载马达；9—安全阀；10—右换向阀；11—补偿泵；12—电动机；13—油箱；14—整流阀组

加载马达 8 为变量马达，与被试泵 1 同轴机械连接。补偿泵 11 为变量泵，由电动机 12 驱动，补偿泵 11 进油口通过吸油过滤器与油箱 13 连通，补偿泵 11 出油口分别与安全阀 9 的进油口、右换向阀 10 的进油口连通。右换向阀 10 为二位三通换向阀，两工作油口分别与油箱 13 和加载马达 8 的进油口连通。

检测元件包括压力表 3、高压流量计 4、转矩转速传感器 7，其中压力表 3 和高压流量计 4 都设置在加载马达 8 与被试泵 1 之间的连通管路上；转矩转速传感器设置在被试泵 1 与加载马达 8 之间的机械连接之间。

(2) 工作原理

将加载马达8的排量调到最大值，将补偿泵11的排量调到较小值，并分别将左换向阀2和右换向阀10均置于左位，使被试泵1和补偿泵11的出油口均与油箱13直接连通，同时将节流阀5的开口大小调到最大。

启动电动机12，补偿泵11输出的油液直接经右换向阀10回到油箱13；这时再将右换向阀10置于右位，补偿泵11输出的压力油进入加载马达8，使加载马达8驱动被试泵1低速运转，被试泵1输出的油液经整流阀组14、左换向阀2直接回到油箱13；然后，再将左换向阀2置于右位，被试泵1输出的压力油依次经整流阀组14、左换向阀2、高压流量计4、节流阀5和单向阀6进入加载马达8的入口，实施功率回收。

如果需要增大被试泵1的转速，则可通过将补偿泵11的排量调大来实现；如果需要增加被试泵1的试验工作压力，则可逐渐将加载马达8排量调小来实现；如果试验过程中出现系统压力不稳定，则可通过适当调小节流阀5的开口大小来配合实施。

被试泵1的转速和输入转矩可通过转矩转速传感器7进行检测，试验工作压力可通过压力表3进行检测，实际输出流量可通过高压流量计4进行检测；安全阀9实现对系统最高压力的控制，对系统起保护作用。

(3) 技术特点

① 将被试泵与加载马达机械相连，加载马达是被试泵的负载，而被试泵输出的压力油又进入加载马达的入口而驱动加载马达，被试泵与加载马达之间加设的节流阀仅起到使被试泵出口与加载马达入口之间形成一定压力差的作用，且其压差值可设置得很小，不存在其他溢流损失，具有良好的节能效果。

② 系统压力的建立是通过加载马达与被试泵两者间的排量匹配来实现的，加载马达排量与被试泵排量的比值越大，系统压力越低，反之则越高。

### 7.3.3 多功率回收形式的液压泵马达测控系统

对于大排量液压泵及液压马达的测试，存在能源浪费、测试成本高、操作复杂等问题，一种多功率回收形式的液压泵马达测控系统，可用于大功率泵马达的测试，可节约大量能源。

试验台采用机械补偿功率回收与液压补偿功率回收两种方式实现功率回收。

液压系统原理如图7-18所示，试验台的基本测试项目包括跑合及空载排量试验、压力加载试验、容积效率试验、总效率试验、变量泵/变量马达的变量特性（恒功率、恒流量、恒压、恒转矩）试验、耐冲击试验、外泄漏试验、耐久性等试验。

试验台通过将机械补偿与液压补偿功率回收结合，集成一套泵马达功率回收系统，同时脱开马达与主电机的联轴器，还可进行无功率回收的液压泵试验。

典型的液压补偿回路：开启补油泵电机及加载油泵电机，打开插装阀9-2及马达进出口的插装阀，即形成典型的液压补偿功率回收系统。

典型的机械补偿回路：开启补油泵电机及双输出轴主电机，打开马达进出口的插装阀，即形成典型的机械补偿功率回收系统。

无功率回收泵测试回路：脱开双输出轴电机与马达之间的联轴器11-2，直接从油箱引出进油管至泵的进油口，开启主电机，即可进行泵的试验。

## 7.4 电液谐振疲劳试验新方法

电液疲劳试验机主要用于需要大载荷的疲劳试验，波形种类多，性价比高，但受伺服阀频

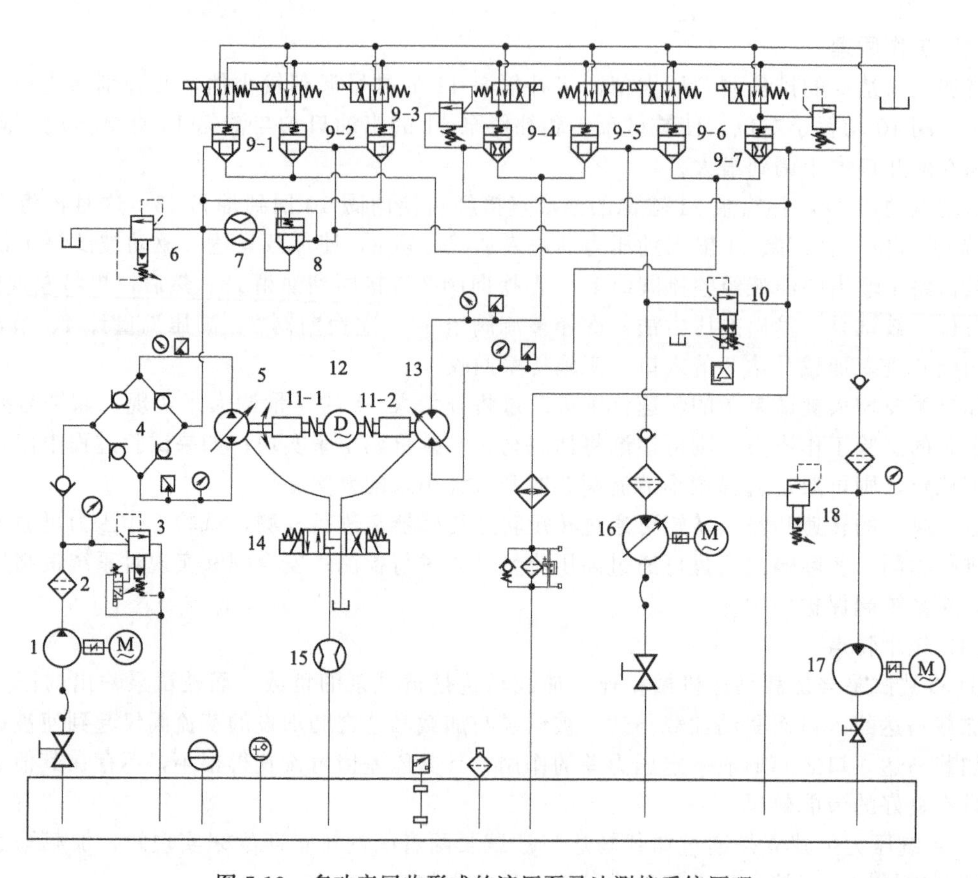


图 7-18 多功率回收形式的液压泵马达测控系统原理

1—补油油泵、电机；2—过滤器；3—补油溢流阀；4—补油桥式回路；5—被试（加载）泵；6—系统溢流阀；7—流量计；8—节流阀；9-1～9-7—插装阀；10—比例溢流阀；11-1,11-2—转矩转速仪、联轴器；12—主电机；13—被试（加载）马达；14—换向阀；15—泄漏流量计；16—加载油泵、电机；17—控制油泵、电机；18—控制溢流阀

宽的限制，激振频率较低。电液谐振疲劳试验机是利用谐振原理进行工作的，即激振力作用频率与系统固有频率相等，与一般电液疲劳试验机相比，具有高负荷、高频率、低消耗的特点，能大大缩短试验时间，降低了试验费用。

## 7.4.1 电液谐振疲劳试验工作原理

常见的电液谐振疲劳试验机有两种，即弹簧/质量谐振系统和液压杠杆谐振系统。弹簧/质量谐振系统（图 7-19）是在砝码上直接装有带伺服阀的液压作动器，对试样施加平均载荷，作动器上有很大的蓄能器，当砝码在谐振中上下移动时，作动器两侧的油就流出或流入蓄能器，使作动器像个软弹簧那样工作，系统中还有一个小的伺服作动器，用来激励弹簧/质量组件的谐振频率。由于试样作为弹簧，砝码作为质量，受附加质量的限制，最大负荷有限。

液压杠杆谐振系统（图 7-20）是以小质量通过杠杆系统放大到大的附加质量，在试验系统中，大作动器装置在主机底座上，伺服阀对作动器施压使试样承受平均载荷，放大质量用的长管道，通过伺服阀接到作动器上，管道上的蓄能器起保持试样上平均载荷的软弹簧作用，在大作动器下面有一个小伺服作动器作为固有频率激振系统。对于一个给定的弹簧/质量组合，只有一种频率，而且由于弹簧就是试样，故必须通过打开或关闭管道中阀门来变换质量以取得各种试验频率。加装蓄能器的目的是增加系统等效运动质量，降低液压固有频率，使系统谐振频率处于伺服阀频宽之内。

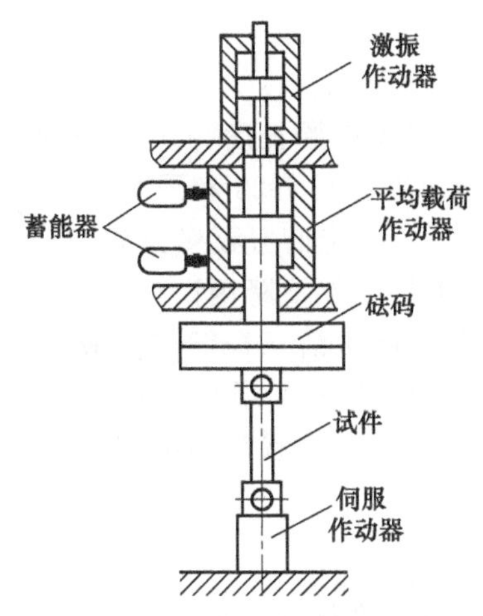


图 7-19　弹簧/质量谐振系统

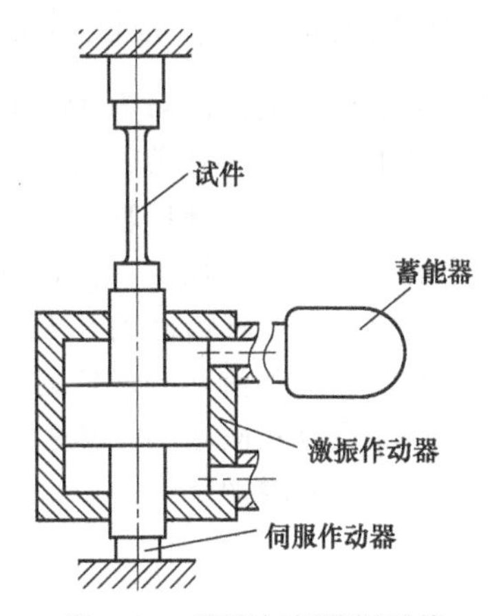


图 7-20　液压杠杆谐振系统

2D 高频转阀突破常规伺服阀频宽极限，能确保 2D 高频转阀控单出杆液压缸疲劳试验台在较大频宽范围内实现谐振，提高了电液谐振疲劳试验系统的频率上限，有效扩展了电液谐振疲劳试验系统使用范围。

谐振式 2D 高频转阀控高频疲劳试验台主要包括 2D 高频转阀和单出杆液压缸（图 7-21），2D 高频转阀控制单出杆液压缸无杆腔，液压缸有杆腔恒通高压油源，为了便于控制，活塞无杆端面积是有杆端面积的 2 倍。2D 高频转阀阀芯有两个台肩（图 7-22），每个台肩均匀分布 $Z$ 个沟槽（$Z$ 是 4 的倍数），沟槽外周对应圆心角为 $\theta_0$［式（7-3）］，相邻沟槽圆心角为 $4\theta_0$，两台肩相邻沟槽圆心角为 $2\theta_0$；阀套在与阀芯台肩沟槽对应位置上均匀开有布置方式相同的两组窗口，每组窗口数量均为 $Z$ 个，窗口内周圆心角为 $\theta_0$，同组相邻窗口内周圆心角为 $4\theta_0$，则 2D 高频转阀阀芯旋转一周阀芯沟槽与阀套窗口沟通 $Z$ 次［式（7-4）］，即通过增加 2D 高频阀阀芯台肩沟槽数或提高阀芯转速比较容易提高疲劳试验台的振动频率，通过改变阀口轴向开度可以实现试验台振动幅值的控制。

$$\theta_0=\frac{\pi}{2Z} \tag{7-3}$$

式中　$\theta_0$——阀芯台肩沟槽或阀套窗口的圆心角；

$Z$——阀芯台肩沟槽数。

$$f_p=Zf \tag{7-4}$$

式中　$f_p$——活塞杆输出振动频率；

$f$——阀芯转动频率。

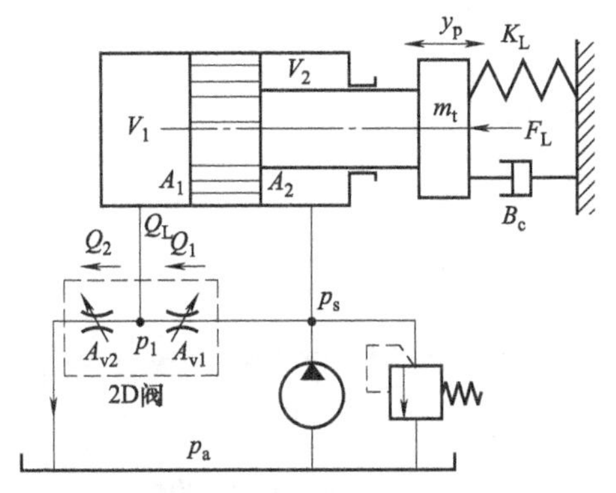


图 7-21　2D 高频转阀控高频疲劳试验台液压原理

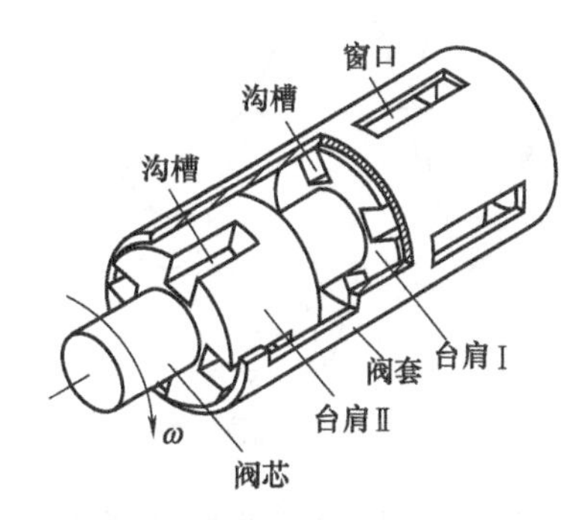


图 7-22　2D 高频转阀结构原理（以 $Z=4$ 为例）

### 7.4.2 电液谐振疲劳试验技术应用

搭建试验平台，油源压力为 12MPa，单出杆液压缸无杆腔初始长度为 145mm 时，对 2D 高频转阀控单出杆液压缸疲劳试验系统进行谐振疲劳试验研究。图 7-23 和图 7-24 分别为载荷力和载荷流量幅频特性，阀口轴向开度分别为 20％和 100％，系统谐振频率为 710Hz。在谐振点，系统输出载荷力幅值最大，载荷流量幅值最小，系统流量陡然下降因谐振工况时 2D 高频转阀阀口角相位与活塞杆运动的角相位相差 180°，即阀口开启时活塞杆缩进使液压缸无杆腔容积变小，阀口关闭时活塞杆外伸运动所致。图 7-24 高频段流量不断增加，而图 7-23 中高频段载荷力幅值却没有相应增加，这主要是由阀口 $A_{v1}$ 和 $A_{v2}$ 开、关状态高频切换，导致能量在阀口节流损失急剧增加所致。

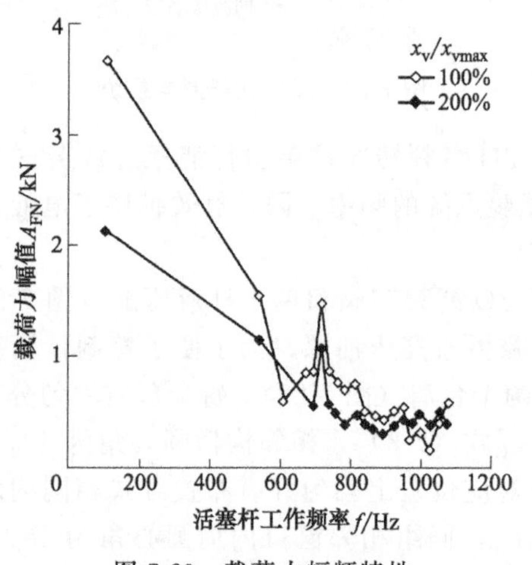


图 7-23 载荷力幅频特性

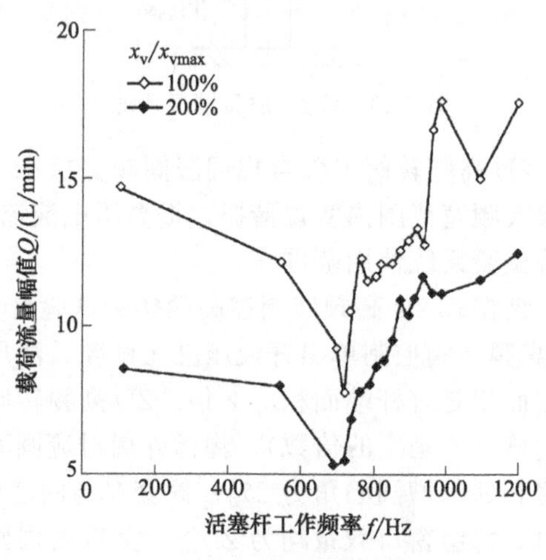


图 7-24 载荷流量幅频特性

图 7-25 所示为谐振点工况不同阀口轴向开度时，活塞杆输出载荷力幅值比，图 7-26 所示为载荷力的频谱特性，该图表明谐振点载荷力波形主要由谐振频率基波组成，其他高频分量幅值比可以忽略。

图 7-27 所示为改变单出杆液压缸无杆腔初始长度所测得系统谐振频率的曲线，可见液压

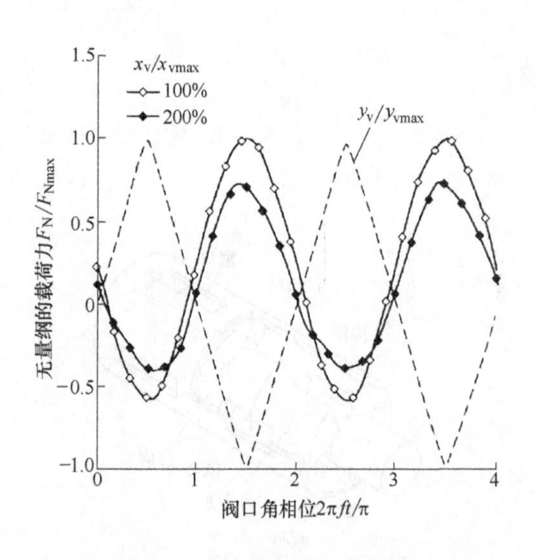


图 7-25 谐振工况无纲量载荷力

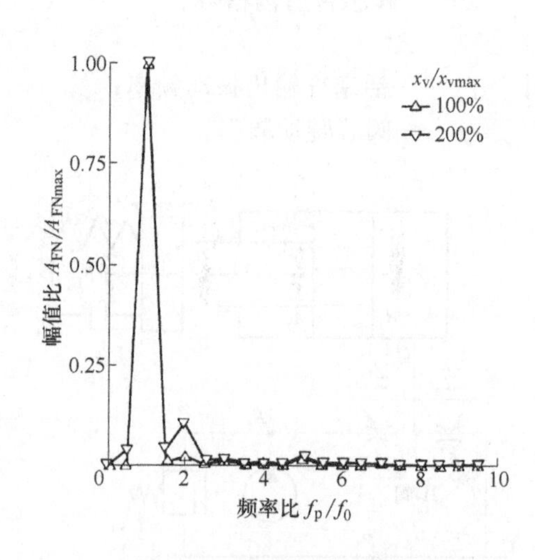


图 7-26 载荷力频谱特性

缸无杆腔初始容积的变化可以控制系统谐振频率，而且液压缸无杆腔初始容积越小，系统谐振频率越高，但是较理论计算谐振频率要低，这主要是受2D高频转阀与液压缸无杆腔之间连接管路长度的影响。

由2D高频转阀控单出杆液压缸谐振疲劳试验方案，得出以下结论。

① 液压缸无杆腔初始容积变化可以改变2D高频转阀控单出杆液压缸疲劳试验台的谐振频率，且随着液压缸无杆腔容积的增加，系统谐振频率是递减的。

② 疲劳试验系统处于谐振工况时，2D高频转阀阀口轴向开度 $x_v$ 的变化可以控制液压缸活塞杆输出载荷力的幅值，且载荷力波形主要以基频波形为主，高频叠加波所占幅值较小。

③ 谐振工况时，载荷力波形出现偏置现象，这主要是由于液压缸活塞两端容积不同引起的，可以通过并联伺服阀联合控制液压缸予以纠正。

采用2D高频转阀控单出杆液压缸疲劳试验台，容易实现高频谐振，而且谐振频率与幅值控制方便，能够提高电液疲劳试验台谐振频率上限，有效扩展其使用范围。

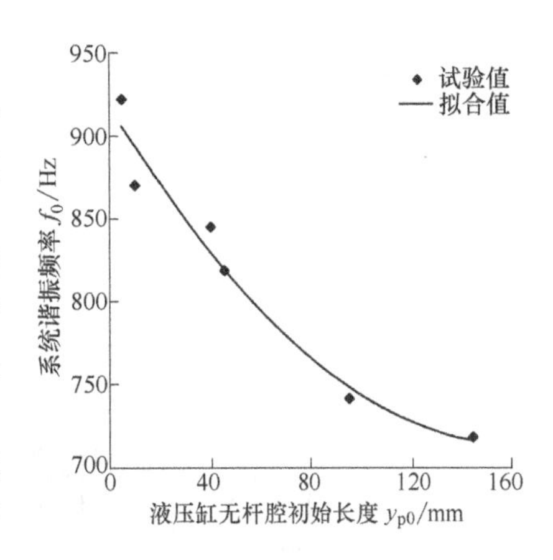


图7-27 无杆腔初始长度对系统谐振频率的影响

# 7.5 纯水液压元件的设计开发及试验

纯水液压传动是直接以纯水（淡水和海水、高水基溶液等）代替矿物油作为工作介质的一种传动技术，具有无污染、不燃烧、系统简单、使用维护方便等独特的优越性，是流体传动及控制领域国际学科前沿的研究方向。然而由于水介质的低黏度、高汽化压力和腐蚀性等物理性质，使纯水液压元件的设计与试验面临着腐蚀、汽蚀以及高压下密封困难等诸多技术难题。

在此以纯水液压电磁溢流阀的设计及试验为例，介绍纯水液压元件的设计开发及试验方法。

## 7.5.1 纯水电磁溢流阀设计开发

基于先导式控制原理的纯水电磁溢流阀，主要适用于以海水、淡水、高水基溶液等为工作介质的中、高压水液压系统的卸荷及调压。在中、高压条件下，能有效减小阀口的泄漏、汽蚀、振动、噪声及提高调压精度、增大调压范围。

**(1) 先导式纯水电磁溢流阀的结构设计**

水介质的低黏度、润滑性差、汽化压力高、电导率高、对金属的腐蚀性强使纯水溢流阀的设计面临着众多技术难题。纯水溢流阀的结构原理如图7-28所示。该溢流阀主要由主阀芯、主阀座、主阀套、主阀弹簧、主阀体、先导阀座、先导阀芯、先导阀弹簧、先导阀体、小流量二位二通常开型换向阀、电磁线圈等组成。

**(2) 先导式纯水电磁溢流阀的主要特点**

① 主阀芯采用带圆弧的平端锥阀结构。锥阀结构能在出口压力没有达到调定压力时，实现完全密封，避免了泄漏。同时，锥阀在水压阀中还具有以下优点：过流能力强、结构简单、能完全卡死从而减少拉丝侵蚀、抗污染能力强。

② 主阀及先导阀的锥角均较小，且阀芯锥角大于阀座锥角。当阀芯锥角小于阀座锥角时，

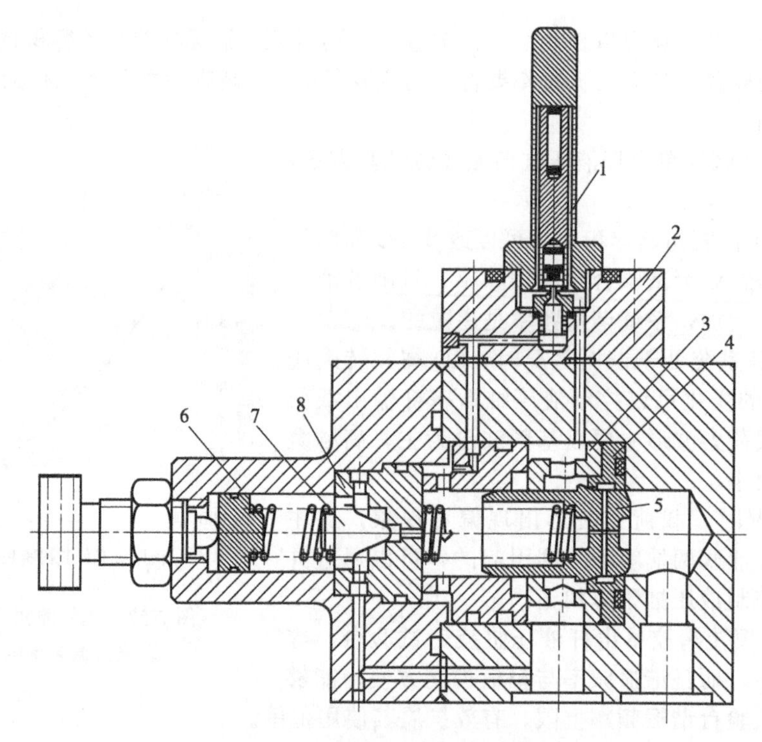


图 7-28 纯水溢流阀的结构原理

1—电磁铁；2—换向阀体；3—主阀套；4—主阀座；5—主阀芯；6—先导阀体；7—先导阀芯；8—先导阀座

阀口较容易出现气穴和流量饱和现象。对外流式锥阀，流体收缩小，出口压力较高，不易出现气穴现象。

③ 主阀芯与主阀套的密封采用车氏组合密封件。主阀芯与主阀套之间若泄漏量过大，将会导致先导阀对主阀的控制作用减弱，使阀的静态性能大大降低，为避免格莱圈安装变形对阀的静、动态特性产生影响，将主阀套设计成开式结构。

④ 主阀芯的中心开有能影响主流束的高压引流径向通孔，且主阀芯为有效抑制汽蚀、降低噪声、减小振动的二级节流结构，先导阀芯上的阻尼孔与主阀芯的液阻串联，可以有效提高溢流阀的定压精度，从而提高溢流阀的工作稳定性。二级节流就是一个节流部位含有两个节流口，两个串联的节流口共同分担节流口两端的压差，使节流口两端的压差均减小，节流口的流速下降，从而达到减少汽蚀和拉丝现象的发生。

⑤ 选择硬度高的材料。提高材料硬度不仅可以增强材料的抗气蚀性能，而且有利于提高材料的抗流体侵蚀能力。为了防止阀芯与阀座在工作时相互咬死，在阀芯与阀座的材料选择上，一般要求阀芯材料比阀座材料的硬度高 15HRC 以上。

⑥ 主阀口前设置固定节流孔。该固定节流孔能承担一定的压差，有效降低主阀和先导阀的阀口压差，以达到减小气蚀的目的。

**(3) 主要零件的材料选择**

材料的选择是水压阀的技术难题之一，不仅要求材料本身要具备良好的性能，还要从摩擦磨损的角度考虑，要求摩擦副材料具有摩擦因数小、热导率高、线胀系数小、磨损率低等优点。

为了获得较高的使用寿命要求的摩擦副材料，在海、淡水 MU-10F 腐蚀摩擦磨损试验机上进行工程材料的配对试验，通过改变配对材料在不同相对运动速度、正压力、润滑介质等条件，得到其摩擦磨损特性。配对的金属材料有铝青铜 QAL9-4、普通不锈钢 1Cr18Ni9Ti、沉淀硬化不锈钢 17-4PH，工程塑料有 PEEK、TX、PTFE，陶瓷材料有氧化锆陶瓷、氧化铝陶瓷、氮化硅陶瓷。金属材料分为不进行任何处理、固溶技术、等离子渗氮技术、QPQ（低温盐浴）技术，然后按工程塑料与工程塑料、金属与金属、金属与陶瓷、陶瓷与陶瓷、金属与工程塑料、陶瓷与工程塑料配对方式进行摩擦磨损特性试验。

17-4PH 与 PTFE 的摩擦因数在 350N 压力、1000r/min 条件下进行试验。试验中 $p$ 为 1.16MPa，$v$ 为 1.257m/s，$p_v$ 为 1.458MPa·m/s，17-4PH 的表面硬度为 67.1HRC。试件的摩擦因数是 0.0467。

17-4PH 与 TX 的摩擦因数在 350N 压力、750r/min 条件下进行试验。试验中 $p$ 为 1.16MPa，$v$ 为 0.942m/s，$p_v$ 为 1.093MPa·m/s，17-4PH 的表面硬度为 67.8HRC。试件的摩擦因数是 0.0217。

17-4PH 与 TX 材料摩擦配对时摩擦因数较小，磨损量较小，摩擦磨损性能较好。

最后选定溢流阀的主阀芯材料为等离子渗氮和低温盐浴渗氮强化的沉淀硬化不锈钢 17-4PH。主阀座采用 TX，主阀套采用 QAL9-4，导阀芯采用 17-4PH，导阀座采用铝青铜 QAL9-4，换向阀的阀芯也是采用 17-4PH，阀座采用 QAL9-4，阀体均采用奥氏体不锈钢 1Cr18Ni9Ti。电磁部分的动铁芯及定铁芯采用铁镍软磁合金 1J50，该软磁合金具有在外磁场的作用下容易磁化，去除磁场后磁感应强度又基本消失的特点，能提高换向阀工作的可靠性及换向的稳定性。

## 7.5.2 纯水电磁溢流阀试验

溢流阀的性能指标包括静态性能指标和动态性能指标。

静态性能包括如下内容。

① 压力调节范围：在给定的调压范围内，要求溢流阀的性能符合要求。

② 启闭特性：指溢流阀从开启到闭合的过程中，通过溢流阀的流量与其控制压力之间的关系，是衡量溢流阀性能好坏的一个重要指标。

③ 溢流阀的响应性和密封性。

④ 压力流量特性：指通过溢流阀的流量与其控制压力之间的关系。

⑤ 最大流量和最小稳定流量。

动态特性指标包括如下内容。

① 压力超调量：即最高瞬时压力峰值与额定压力的差值。

② 卸荷时间和压力回升时间：卸荷时间为溢流阀由额定压力降至卸荷压力时所需要的时间；压力回升时间为溢流阀从卸荷压力回升到额定压力时所需要的时间。

③ 压力稳定性：随外界的干扰溢流阀在调定压力附近压力摆动的大小。

溢流阀动态特性的要求是工作稳定、超调小、响应快。静态特性仅对调压范围和压力流量特性进行了试验分析。动态特性是针对溢流阀的动态响应特性、卸荷压力特性进行分析的。该溢流阀的主要性能要求有调压范围大、调压偏差小、压力振摆小、动作灵敏、过流能力大、压力损失小、噪声小。

**(1) 静态试验**

参照同类油压溢流阀的国家有关设计标准（GB 8105），图 7-29（a）所示为先导式纯水溢流阀的静、动态性能试验系统原理，其中元件 9 是被测试的溢流阀，试验介质水经过过滤器 1、纯水液压泵 2 形成的高压水进入到系统中，被试阀的进口压力由压力表 5b 测得，出口压力和流量分别由压力表 5c 和流量计 10 测得。系统中纯水溢流阀 3 作安全阀用。图 7-29（b）所示为实验室自制的海水液压综合试验台系统原理，该试验台由主动力源、测压单元、调压单元、马达单元、回流单元、水箱单元六大部分组成，可以对泵、马达、阀进行性能测试，系统采用的元件均能够耐海水腐蚀。该试验台溢流阀的测试是通过调整节流阀的开口大小，使高压水达到液压阀的额定流量，将 B、B1 分

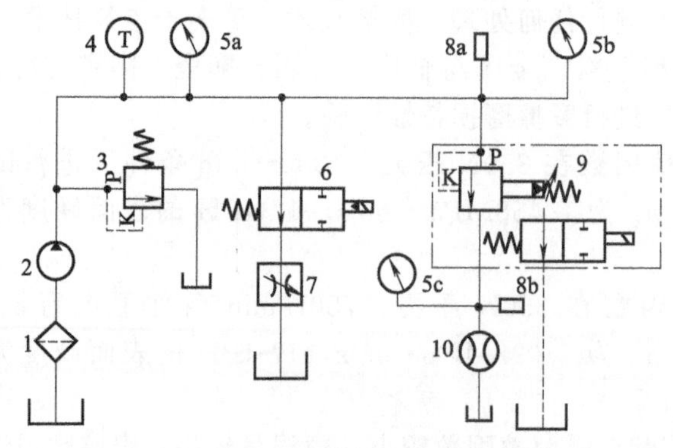


(a) 纯水溢流阀试验系统原理

1—过滤器；2— 纯水液压泵；3— 纯水溢流阀；4— 温度计；5a～5c— 压力表；6— 纯水换向阀；7— 节流阀；8a，8b — 压力传感器；9 — 被试阀；10 — 流量计

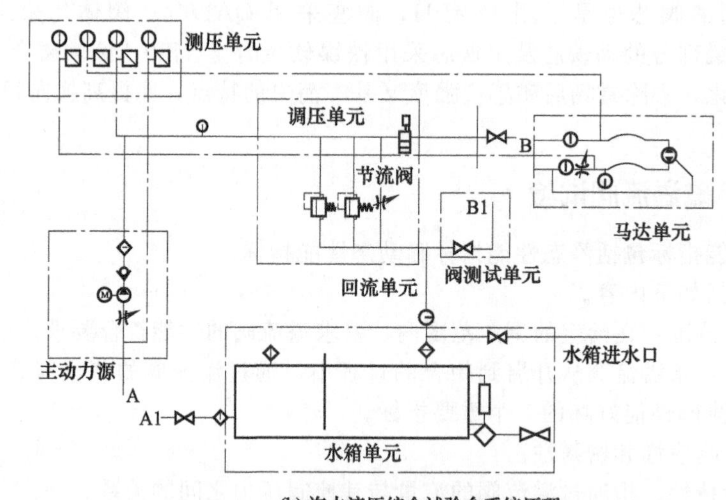


(b) 海水液压综合试验台系统原理

图 7-29 纯水溢流阀试验系统原理及海水液压综合试验台系统原理

别与溢流阀的进、出水口连接，对阀的静、动态特性进行分析。

① 调压范围试验 试验系统中泵的最大压力为 14MPa，流量为 25L/min，溢流阀压力由调压弹簧调定，由于主阀弹簧的预压紧力、组合密封件和主阀芯的摩擦力、主阀芯和阀套之间的摩擦力等因素的存在，使阀的最低调定压力是 0.5MPa，试验过程中阀在 7MPa 时曲线较为平稳，此时的压力是最为稳定的。当阀进口压力达到溢流阀的最大调定压力 9MPa 时，被试阀的电磁铁断电，使系统卸荷，阀的进口压力迅速下降至零。溢流阀的调压范围如图 7-30 所示，为 0.5～9MPa。

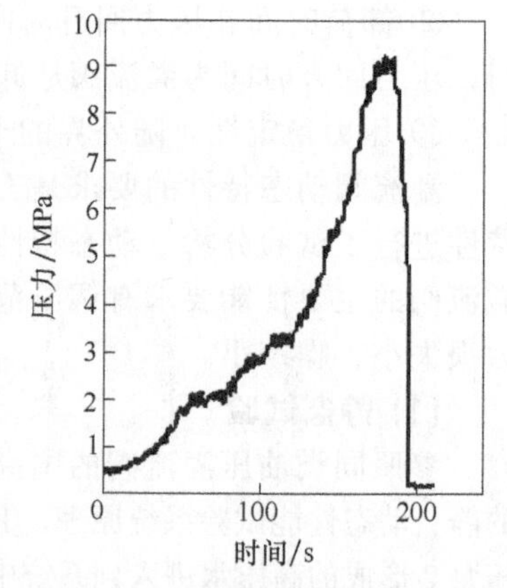


图 7-30 溢流阀调压范围试验

② 压力流量特性试验 溢流阀 3 的压力调定在 8MPa，按两个不同的工况 6MPa 和 8MPa 调定被试阀 9 的压力，同时改变泵 2 的转速，使通过被试阀 9 的流量从零逐渐增加到最大，通过试验测量流量为 5～10L/min 时的进口压力值，绘制出压力流量特性曲线。其中图 7-31（a）所示为 6MPa 时的压力流量特性曲线，由于流量的调节不均匀导致横坐标出现变量不均匀现象。当阀的进口压力达到 6MPa 时阀开始溢流，进口压力突然降低，然后突然加大泵的流量，使阀进口压力随之增大最

后恒定在 8MPa。图 7-31（b）所示为 8MPa 时的压力流量特性曲线。由于溢流阀 3 和被试阀 9 的压力调定均为 8MPa，压力由 3MPa 逐渐上升到 8MPa 后，被试阀开始溢流，维持系统的压力为一种稳定状态。由图 7-31 中可知，溢流阀的压力随着流量的增加而增大。

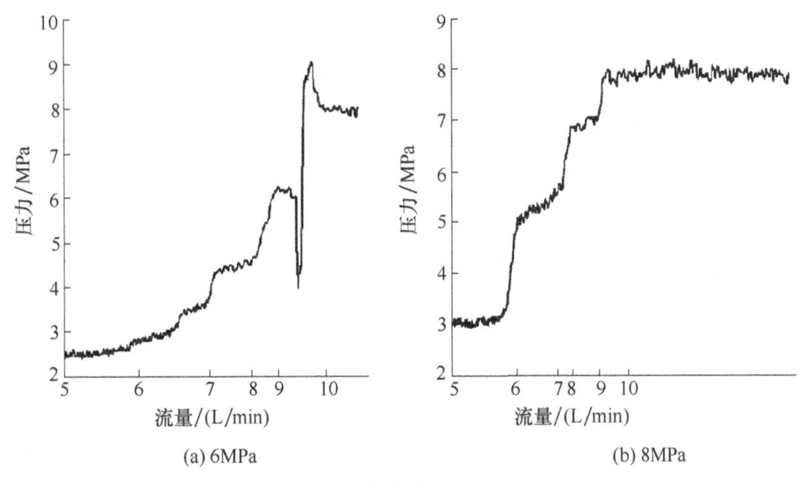


图 7-31　压力流量特性曲线

**（2）动态试验**

先导式纯水电磁溢流阀的动态试验系统原理同静态试验系统原理，如图 7-29 所示。

① 动态响应特性试验　溢流阀 3 的压力调定为额定值，对系统起安全保护作用。改变泵 2 的转速，测得被试阀 9 的流量为试验流量。当被试阀 9 得电时，通过被测阀 9 的流量发生阶跃变化，被测阀 9 入口处压力由压力传感器 8a 测定，从压力表 5b 中读出。图 7-32（a）所示为被试阀 9 在 6MPa 时的动态响应特性曲线，响应时间为 0.4s，由于溢流阀是质量-阻尼-弹簧系统，当阀得电时，系统压力迅速升高，然后振荡逐渐衰减到调定压力。图 7-32（b）所示为 7.3MPa 时的动态响应特性，响应时间为 0.46s。由图 7-32（a）和图 7-32（b）可知，该阀动态响应性能较好，阀调定压力越高，阀的起始稳态压力也越大。

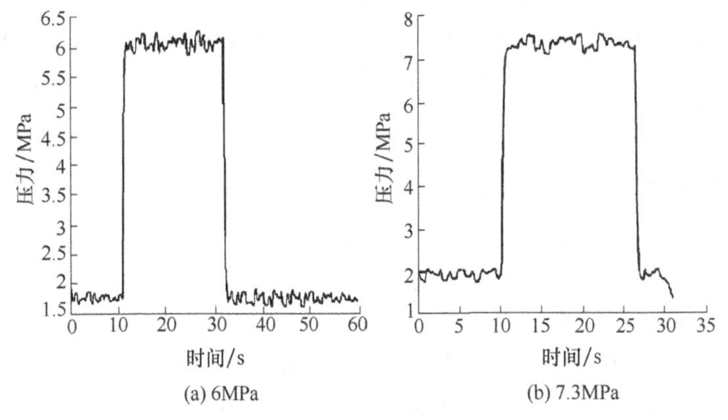


图 7-32　动态响应特性曲线

② 卸荷压力曲线　将溢流阀分别调定在 6MPa 和 7.3MPa，先使电磁换向阀带电工作，突然断电，水路即被切断，被试阀 9 溢流，压力降低。被试阀的入口压力由压力表 5b 测得，出口压力由压力表 5c 测得，两端产生的压力差即为卸荷压力。图 7-33 中的曲线均是通过三次电磁铁的通断电得到的。通电时，换向阀处于关闭状态，溢流阀口处的压力分别为 6MPa 和 7.3MPa，当电磁铁断电时，换向阀恢复常开状态，此时溢流阀进行卸荷，得到卸荷后的阀的进口压力分别为 1.5MPa 和 2MPa。

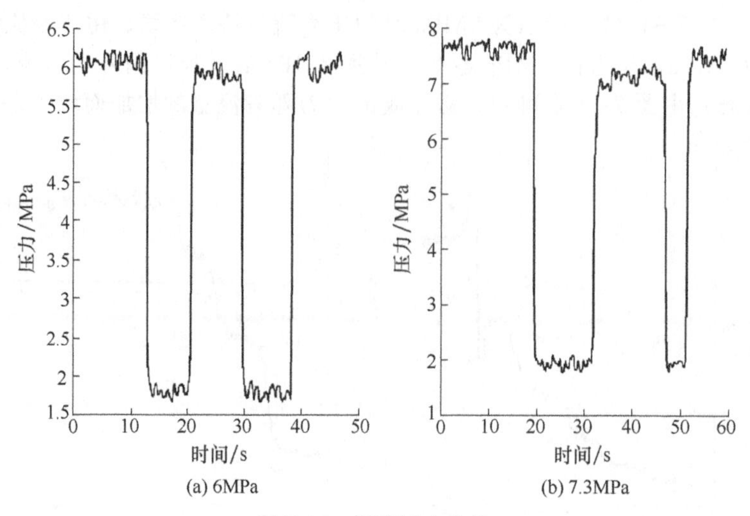


图 7-33 卸荷压力曲线

## 7.6 并行节能可靠性液压测试技术

液压元件具有使用功率范围大、不同工况下使用寿命评估难的特点，对其进行可靠性试验时需要耗费大量的时间和能源。国内外的厂家和用户在对液压元件进行可靠性试验时，基本上还是沿用过去几十年的传统方法和标准，其单次试验的样本数量有限，并且每种试验回路只能测试一类液压元件。当被测样本数目较大或被测样本类型较多时，需多次进行重复的可靠性试验和搭建不同的可靠性试验台架，在试验时间、能源动力、试验场地、试验人员等方面造成巨额的试验费用。因此，传统的可靠性试验方法已经不适应当代液压元件可靠性试验的基本需求。

针对传统液压元件可靠性试验台耗时长、能耗高、测试效率低的缺点，本节提出一种基于并行原理的可靠性试验方法。通过增加单次可靠性试验的样本种类和数量，有效缩短了试验时间，并对能源进行了多次循环利用。试验结果表明，基于并行原理的可靠性试验台的功率损耗得到大幅下降，具有较大的应用推广价值。

### 7.6.1 并行可靠性测试原理

目前，虽然国内外普遍采用新元件、新技术、新方案来降低试验系统的功率消耗和故障率，实现液压系统的节能。如北京航空航天大学曾针对航空泵加速寿命试验台，提出用机械补偿功率回收方法对系统进行功率回收。挪威的 Leif S. Drablos 采用 4 种不同的串联方式组合液压泵与马达，通过试验验证了从海水淡化系统中回收能量的可行性。但此类试验台的单次试验样本种类和数量少，试验耗时较长。而且仅在能量的一次利用后进行功率回收，未对能量进行循环有效利用，并没有改变传统方法串行的本质，在应用上存在一定的局限性。

并行可靠性试验原理是指在动力源功率不增加的条件下，将多个同类型被测元件同时运行，也可以由多个不同类型元件同时组成被测试系统运行，期间采用合适的功率回收系统，来增加单次可靠性试验中的样本种类和数量。此试验方法具有单次试验样本种类多、数量多、耗时短、效率高且节约能源的优点，可以有效解决传统可靠性试验方法能耗高、耗时长的不足。

燕山大学根据传统液压元件可靠性试验台的缺点，提出了一种液压元件并行节能型可靠性试验方法。针对同类元件和不同类元件或小系统的组成，提出了并行节能型可靠性试验装置的组成原则，与宁波恒力液压股份有限公司搭建了多种并行节能液压元件可靠性试验台，从理论和试验的角度来验证该试验方法对试验时间和能耗的影响。

## 7.6.2 并行可靠性试验

### (1) 相同类元件间的并行试验

根据军用船舶上液压泵的可靠性寿命要求，研制了一种液压泵多机并行节能型可靠性试验装置，其液压系统原理如图 7-34 所示。与常规液压泵可靠性试验装置相比，该试验装置和试验方案采用并行设计理念，通过一台双轴伸电机对 4 台 A4V 系列国产液压柱塞泵同时进行测试，即单次试验中样本数量为 4 个。

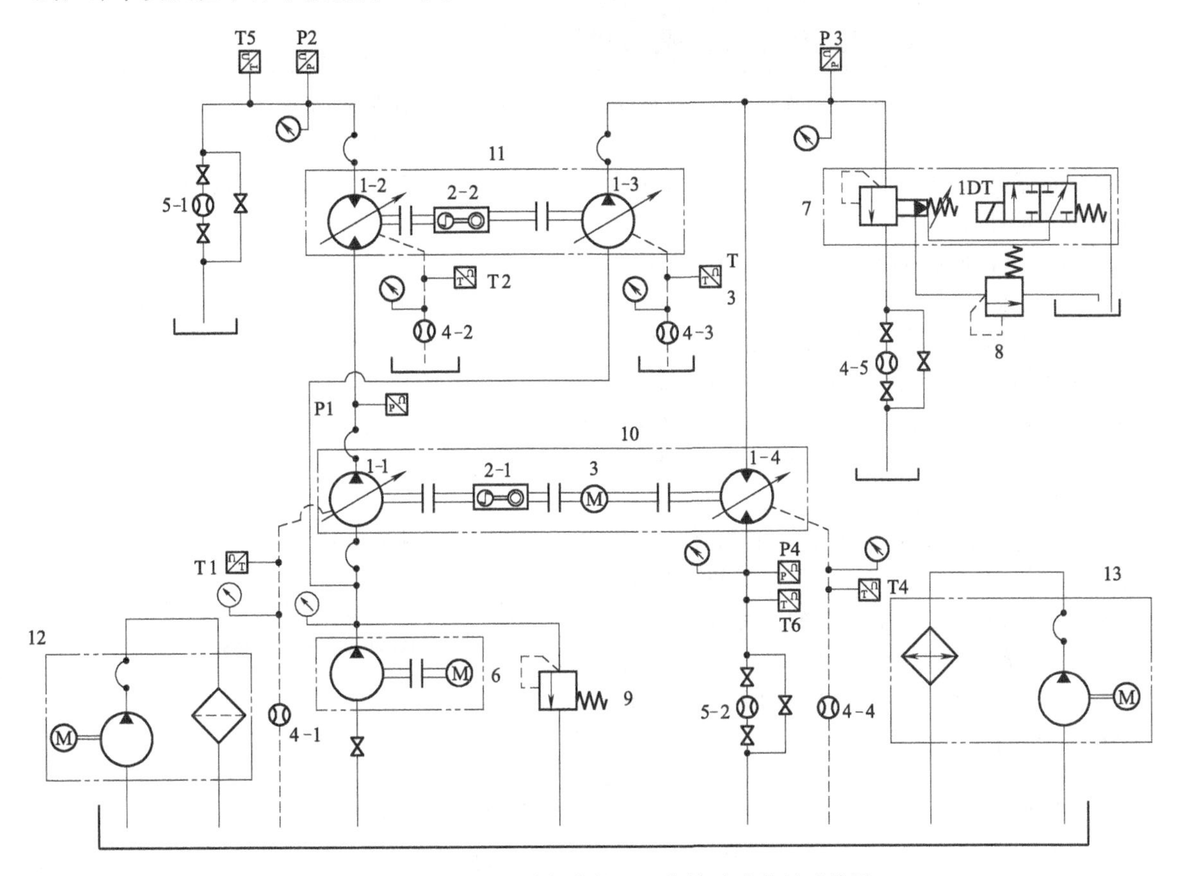


图 7-34　液压泵多机并行节能型可靠性试验装置系统图

1-1—1 号液压泵；1-2—2 号液压泵；1-3—3 号液压泵；1-4—4 号液压泵；2-1,2-2—转矩转速仪；3—电动机；4-1～4-5,5-1,5-2—流量计；6—补油泵电机组；T1～T6—温度传感器；P1～P4—压力传感器；7—系统加载装置；8—远程调压阀；9—溢流阀；10—1 号试验台架；11—2 号试验台架；12—过滤系统；13—冷却系统

试验样本中，1 号液压泵是排量 250mL/r 的开式回路液压泵，2 号液压泵是排量 125mL/r 的闭式回路液压泵，3 号液压泵是排量 125mL/r 的开式回路液压泵，4 号液压泵是排量 250mL/r 的闭式回路液压泵。试验对象为大排量和中等排量液压泵，均为液压轴向柱塞泵主流产品，并且包含应用于开式回路和闭式回路两种形式液压泵。

试验采用步进应力加速方法，以压力为加速因子，在第一阶段 35MPa 应力下试验 1030h，在第二阶段 41MPa 应力下试验 846h。以被试柱塞泵的容积效率为性能退化参数和失效判据，最终得到以时间为量纲的寿命数据。

因为轴向柱塞马达和轴向柱塞泵在结构上具有可逆性，2 号和 4 号闭式液压柱塞泵可以作为液压马达使用。双轴伸电机的一端通过转矩转速仪与1号液压泵连接，拖动其持续旋转，另一端与4号液压泵连接；1号液压泵输出的压力油驱动2号液压泵，2号液压泵作为液压马达与转矩转速仪连接，转矩转速仪再与3号液压泵相连；2号液压泵用于拖动3号液压泵旋转，3号液压泵输出的压力油用于驱动4号液压泵，4号液压泵作为液压马达拖动电机。按照该设计方案搭建完成的液压泵多机并行节能型可靠性试验台如图7-35所示。

图7-35 液压泵多机并行节能型可靠性试验台

试验系统中，4号液压泵作为被试对象的同时，完成对液压系统功率的回收，并将回收的能量用于拖动电机旋转，一方面能减少电机的输入功率，减少电能消耗；另一方面，由于高压时经过加载阀的流量特别小，因此大大减少了液压系统的发热量，降低了对散热系统的要求，同样减少了散热系统的能量消耗。

系统的输入总功率由采集到的1号泵输入转矩和转速计算得到，回收功率由采集到的4号泵输出流量和压力计算得到，损耗功率可以通过系统输入总功率减去回收功率得到。对整个试验的流量和被试泵的转速进行匹配后，调节1号泵排量为$V_1=165\text{mL/r}$，4号泵排量为$V_4=111.6\text{mL/r}$，电动机转速为$n=1500\text{r/min}$，其中4号泵的总效率为$\eta=0.907$。当试验压力为35MPa时，测得输入转矩$T=849.3\text{N}\cdot\text{m}$，试验的功率分布如图7-36所示，有

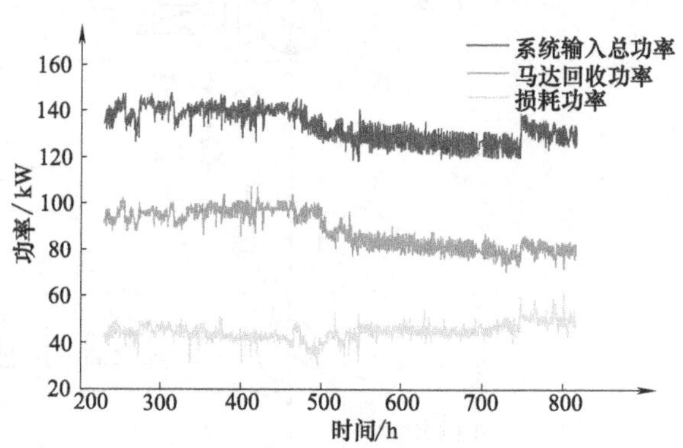

图7-36 35MPa下系统输入总功率、回收功率和损耗功率

系统输入功率 $$P_{输入}=\frac{Tn}{9550}=133.4\text{kW} \tag{7-5}$$

回收功率平均值 $$P_{回收}=V_4 n p_1 \eta=88.6\text{kW} \tag{7-6}$$

损耗功率平均值 $$P_{损耗}=P_{输入}-P_{回收}=44.8\text{kW} \tag{7-7}$$

系统功率回收率 $$\sigma=\frac{88.6}{133.4}\times 100\%=66.4\% \tag{7-8}$$

同理，计算出41MPa下系统的输入功率为159.7kW，损耗功率为63.5kW，则整个可靠性试验的实际耗电量为

$$Q_1=44.8\times 1030+63.5\times 846=99865\text{kW}\cdot\text{h} \tag{7-9}$$

如果采用传统的单台泵可靠性试验方法，试验所需的总耗电量为

$$Q_2=4\times(1030\times 133.4+846\times 159.7)=1090032.8\text{kW}\cdot\text{h} \tag{7-10}$$

所以，试验电能的节约率为

$$\eta_1=\frac{1090032.8-99865}{1090032.8}\times 100\%=90.8\% \tag{7-11}$$

因为4台泵同时完成可靠性试验，试验时间的节约率为

$$\lambda_1=1-\frac{1}{4}=75\% \tag{7-12}$$

**(2) 不同类元件间的并行试验**

液压促动器作为 500m 口径球面射电望远镜（FAST）中的核心动力控制单元，对其液压系统进行分析可知，齿轮泵、溢流阀和单向阀是其可靠性薄弱环节，为此研制了一种基于并行原理的液压促动器多种元件并行可靠性试验装置，其液压系统原理如图 7-37 所示。对齿轮泵样本 1.1 和 1.2 进行高温冲击试验及加速寿命试验的同时，也对单向阀样本 5.1 和 5.2、溢流阀样本 6.1 和 6.2 进行加速启闭可靠性试验，即被试样本类型有齿轮泵、溢流阀和单向阀 3 种，每种类型的样本数量为 2 个。

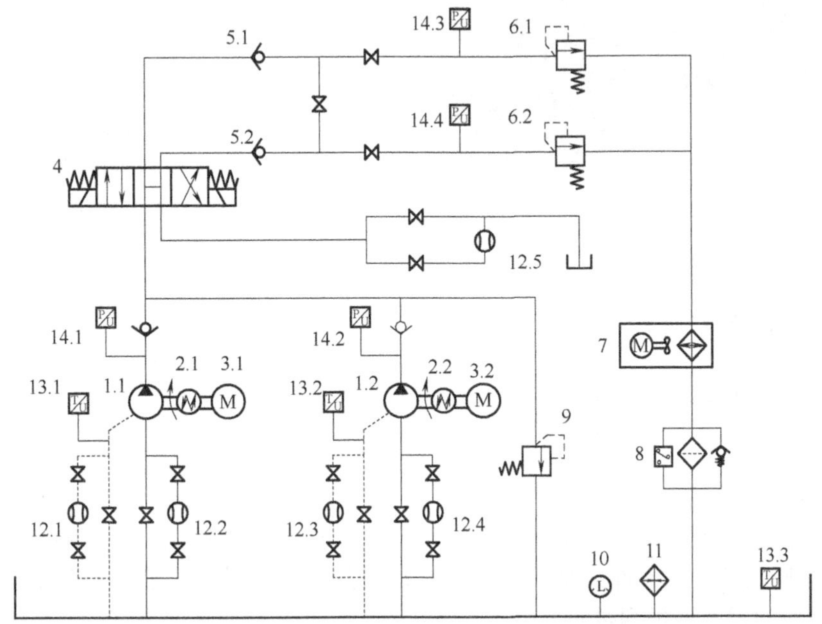


图 7-37　液压促动器多种元件并行可靠性试验装置系统图

1.1,1.2—被试齿轮泵；2.1,2.2—转矩转速仪；3.1,3.2—电动机；4—电磁换向阀；5.1,5.2—被试单向阀；6.1,6.2—被试溢流阀；7—冷却器；8—过滤器；9—安全阀；10—液位继电器；11—加热器；12.1～12.4—流量计；13.1～13.3—温度传感器；14.1～14.4—压力传感器

额定工况下，齿轮泵的冲击次数是 15.1 万次，溢流阀和单向阀的启闭次数为 47.1 万次。试验采用恒定应力加速方法，以压力为加速因子，设定电磁阀的换向频率为 1Hz，在第一阶段应力 17MPa 下试验 131h，在第二阶段应力 24MPa 下试验 131h。试验结束后，齿轮泵样本完成的冲击次数刚好是单向阀和溢流阀样本启闭次数的 2 倍。其中齿轮泵、溢流阀、单向阀分别以容积效率、阀口开启压力、逆向泄漏量作为性能退化参数和失效判据，待达到额定的冲击次数后，得到以冲击次数为量纲的寿命数据，最终折算成以时间为量纲的寿命数据。

简易伺服电机与转矩转速仪带动被试齿轮泵运转，由电磁换向阀协调两组被试元件的同时运行，被试齿轮泵输出的压力油直接开启被试单向阀，再开启被试溢流阀，被试溢流阀作为被试齿轮泵的液压负载，由其来调节系统的试验压力。通过在系统中安装的若干个压力传感器、温度传感器、流量计来实时采集和监测各样本的可靠性指标，并能及时对样本的故障情况做出准确判断。按照该设计方案搭建完成的液压促动器可靠性试验台，如图 7-38 所示。

试验系统的能量依次在电机、被试齿轮泵、被试单向阀和被试溢流阀之间传递利用，简易伺服电机只需从电网吸取较少的能量，就能同时测得 3 类液压元件的可靠性指标，避免了多次试验造成的能量浪费。系统的输入总功率为 2 台齿轮泵的输入功率和，由其输入转矩与转速计算得到。经计算，系统在 17MPa 下的耗电量为 44.1kW・h，试验时间为 131h。如果采用传统的一件一试可靠性试验方法，对 6 个样本进行可靠性试验需要的总耗电量为 95.3kW·h，试验总时间为 566h。传统试验方法与并行试验方法的功率对比情况如图 7-39 所示。

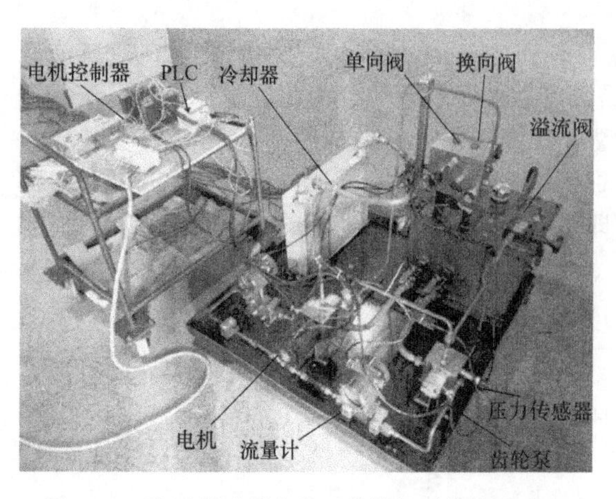


图 7-38　液压促动器多种元件并行可靠性试验台

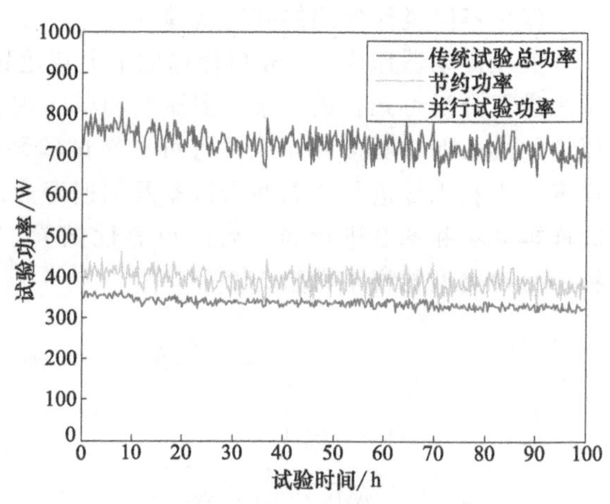


图 7-39　17MPa 下传统试验总功率、节约功率和并行试验功率

由上可知，试验电能的节约率为 $\eta_2=\frac{95.3-44.1}{95.3}\times 100\%=53.7\%$　　(7-13)

试验时间的节约率为 $\lambda_2=\frac{566-131}{566}\times 100\%=76.9\%$　　(7-14)

**(3) 结论**

通过上述两种并行可靠性试验装置的介绍，可知并行可靠性试验装置的设计原则有如下几点。

① 针对不同被试液压元件的主要失效原因，合理选择可靠性试验的检测项目。

② 利用不同被试液压元件在结构和功能上的特殊性，设计出一套并行试验方案，尽可能多地增加试验中的样本种类和数量。

③ 分析试验对象之间的耦合关系，通过试验验证所设计的并行试验方案的合理性。

④ 根据并行可靠性试验装置的类型，采取合理的功率回收方式，包括电功率回收、液压补偿功率回收、机械补偿功率回收方式等。

⑤ 对不同被试元件进行压力、流量等参数的匹配验算，合理选择各个参数，保证并行可靠性试验装置的正常运行。

综上所述，可得出结论：根据并行节能理念设计的可靠性试验台较一般可靠性试验台相比，试验设备简单，自动化程度高，单次试验样本种类和数量多，大幅减少了试验时间和系统发热，节能率可达 50%～90%，节能效果显著。研究成果对国内核心液压元件可靠性试验台的节能设计和加速设计具有重要的理论指导意义和实际工程应用价值。

## 7.7 极端气候环境可靠性模拟试验技术

### 7.7.1 极端气候的概念

世界气象组织规定，当某个（些）气候要素达到 25 年一遇时才称之为极端气候。极端气候包括干旱、洪涝、高温热浪和低温冷害等。随着环境污染日渐严重，出现极端气候的现象将变得频繁，次数也将大幅增加。

极端气候的气候指标有极端温度、极端降水和其他指标。

**(1) 极端温度**

极端温度是指一天中观测到的气温最高或最低值超过一定界限的情况，其统计方法如下。

① 对一年中各月的每日观测项目中的最高温度和最低温度（逐日），统计其最高和最低温度的平均值，就得到各月平均最高温度和最低温度。

② 从一年的各月逐日观测项目中的最高温度和最低温度中挑出最大值和最小值，即得到各月的绝对最高温度或绝对最低温度，并记下其出现日期，即得到绝对最高温度或绝对最低温度及其出现日期。因此，绝对最高温度或绝对最低温度，是指某一日、一月或一年中所仅仅发生的最高温度、最低温度。

③ 年平均最高温度和最低温度，一般是指一年中最热月或最冷月的平均最高和最低温度。也有人统计其相应的平均温度。在历年的各月绝对最高温度或绝对最低温度及出现日期中，选出最大和最小值即作为极端最高（低）气温与其出现日期（年份日期）。以同样的方法，对于地面温度也可求得上述相应的极端项目。例如，最高地面温度和最低地面温度（逐日）；平均最高地面温度和最低地面温度；绝对最高地面温度或绝对最低地面温度及其出现日期；年平均最高气温和最低气温；极端最高（低）地面温度与其出现日期（年份日期）等。

**(2) 极端降水**

极端降水是指日降水强度大，达到或超过 1979/1980～2010/2011 冬季日降水序列第 90 百分位的阈值、持续时间超过 3 天或不中断的大范围强降水现象，其统计方法如下。

对于某一地点或地区而言，首先应以该地逐日降水量记录资料为基础，从中挑选出各个月份的一日最大降水量及其出现日期；各个月份的最长连续雨日数；各个月份的最长连续无雨日数。也可就此挑选出各季（或年）的上述统计指标。这里需要注意的是，最长连续雨日数或最长连续无雨日数都是对所统计时期而言的“连续”，不能有“中断”。为了研究和业务需要，有时还要求对一段历史时期（多年）中的历年统计其相应的极端降水指标，比如，30 年中的极端最大降水量及其出现日期（年份）；最长连续雨日数；最长连续无雨日数等。

**(3) 其他指标**

上述这些极端气候指标，都是从逐日气候资料记录中，经过极其简单的统计得到的。其他各种气候要素，如风速、风向、湿度、云量、日照时数与日照百分率、各种特殊天气日数（如沙尘暴、雾、冰雹、雷暴、积雪、霜日及其初终期与间隔日数等）的极端值也都可作类似的统计。各级气象部门一般都有现成的整编过的资料为用户提供。然而，为了研究气候变化，尤其是为了研究极端气候事件及其变化的需要，原有的常规观测项目中所能简单获取的极端气候指标，往往不需要。不但要从整体上增加项目的覆盖面，而且更应深刻揭示其内涵。

## 7.7.2 极端气候环境模拟技术

根据我们对于“极端气候”的概念理解，从工程学的角度来分析“极端气候”主要包含 2 个因素：温度、湿度。所以，如果要在实验室内模拟出“极端气候”，就只需要产生一个高低温、不同温湿度的环境。

**(1) 国内研究现状**

国内的环境试验研究起步较晚，我国于 20 世纪 50 年代中期开始进行环境试验，机械工业部在新疆、海南岛等地建立了湿热、辐射、沙尘等环境试验站，对以电工为主的产品及相关材料、电镀及涂料等样品进行了大量的试验研究；同时化工、兵器、电子等行业也都各自建立了环境试验站进行试验。这些试验对提高产品的可靠性，以及推动我国工业的快速发展有着重要意义。我国在 20 世纪 80 年代以前还普遍采用苏联的环境技术，总体水平落后，大多数是单因素的环境试验设备，综合性的环境试验设备几乎没有，以引进为主。到 90 年代后，通过对国外产品和技术引进，自行设计和更新设计，我国的环境试验设备设计和制造水平有了长足的进步。目前在小型环境试验设备方面我国已接近国际水平，不仅能生产单因素设备，也能生产综合环境设备。

2001年，清华大学盛选禹、温诗铸等人在自主研发的试验台上通过控制相对湿度的大小，得到了相对湿度对金属摩擦副的影响。2002年，浙江大学研究了一种线加速度下热与振动的环境试验装置。该装置温度箱位于离心机臂的末端，由电阻丝加热提供环境箱内的温度，通过机械振动激励试验台产生正弦振动。2003年，北京航空材料研究院和楠尧环境试验设备有限公司合作研制了一台CET-2000综合环境试验机，该环境试验机能模拟温度、湿度、光照、雨水、雾、振动六个因素，该试验机采用三级控制结构，能进行上述六个因素任意组合的试验。2004年，燕山大学杨育林团队研制了用于超硬涂层材料滚动接触疲劳试验的试验机，将试验装置分成传动、润滑及冷却、监测三个子系统进行设计，其中加载时利用杠杆原理，通过调节一端砝码，来控制载荷大小。2005年，天津大学材料学院杨景顺、王惜宝、刘在今等人提出并设计了一台多功能高温磨损腐蚀试验机，模拟高温条件下各种液体介质和气体介质的中的摩擦磨损，其试验加载系统采用砝码-杠杆加载，采用电加热炉加热，水冷系统制冷。

南京工业大学肖飚通过CFD软件求解环境试验室内送风过程数学模型，分析探讨了不同送风风速，不同送风口位置，不同送风口结构对环境试验室流场及温度场的影响。郭庆堂、吴进发给出了环境试验装置冷负荷的计算方法，着重介绍了环境试验室（箱）稳态传热时的冷负荷计算，提出了降温过程的冷负荷计算方法。降温过程冷负荷粗略计算可由两部分组成：

① 室内一侧的壁板试验台架、室内空气及蒸发器等热容量应全部计入，其冷负荷为总热容量乘以温降再除以所要求的降温时间。

② 隔热材料的冷负荷，为隔热材料质量乘以比热并乘以室内外温差的平均值，再除以所要求的降温时间。

李兆坚对环境试验室围护结构在降温过程中的传热特性进行了非稳态传热数值计算，指出采用该计算方法误差很大，必须采用非稳态传热的计算方法计算围护结构在降温过程中的放热量。陈谋义对各种加湿方式的加湿能力与效率相比较，并分析了加湿方式对环境试验箱内温度的影响。合肥工业大学张宇从自动控制角度来研究环境试验中湿度的调节，其特点是利用PID控制算法将采样值与设定值相减，得到控制偏差 $e$ 的比例、积分、微分，通过线性组合构成控制量，对湿度进行控制。

**(2) 国外研究动态**

美国开展自然环境试验始于1905年建立的美国涂料厂，1931年在距离迈阿密市35km的佛罗里达建立占地24公顷试验场，属亚热带湿热环境，是目前世界上占地面积和规模最大的试验场。

1914年J. A. Capp在美国材料试验学会ASTM第十七届年会上首次提出了盐雾试验，用于鉴定各种电镀层的质量和保护性能。1943年，美国陆、海、空三军制订了环境试验方法，环境试验主要内容是高温、湿热、沙尘、盐雾、阳光辐射等，主要为了解决车辆、武器、飞机等在热带沙漠环境下作战的质量问题。20世纪40年代IEC对环境试验进行研究，并于1961年成立了TC50“环境试验技术委员会”，主要研究环境条件分类和分级。20世纪50年代苏联开始大范围建立环境试验站，并进行大量的环境试验。1962年，东德成立了环境试验委员会，针对电信设备和元件等相关方面进行环境试验。20世纪70年代后期，AGARD组织相关的研究机构，开展CFCTP和FACT研究计划，针对舰船动力装置的典型部件，开展了温湿、盐雾以及盐雾SO等典型环境对疲劳寿命影响的研究。80年代，美国通用电气船用发动机公司对船用发动机的关键部件的涂层寿命进行了试验研究，提出了施加温湿、冲击、中温疲劳和盐雾四个环境影响因素，并按照这四个试验顺序进行加速试验研究。英国等国家也针对舰船的寿命进行研究，开展了大量的加速模拟腐蚀试验，并取得一定的成就，使涂层防护技术处于世界领先地位。1992年，日本建设省木研究所为了制定日本的环境因子及腐蚀度分类标准，开始在全日本选择了41座桥梁环境，对普通钢SM50A进行7年的大气环境试验，并据此试验结果对该地区大气环境进行了腐蚀性分级。

总之，环境试验虽然在我国有接近60年的历史，但在国外已有百年的历史因此存在着较大的差距。目前国内外对环境试验的重视的程度越来越高，应用越来越广泛，相应地产生了各种用于环境试验的设备。与此同时，国内外也相应地形成若干标准和规范，如我国的GB2423.151《电工电子产品基本环境试验规程环境试验》，GJB 150.1～25《军用设备环境试验方法》，JJF 11012003《环境试验设备温度、湿度校准规范》，GJB 4239《装备环境工程通用要求》，美国MIL-STD-810《环境工程考虑和实验室试验方法》等。

**(3) 环境试验设备现状**

据工信部于2010统计仪器仪表行业的资料，我国仪器仪表行业进出口总额为600亿美元，其中出口为252亿美元，进口为348亿美元。从数据上看，我国还没有摆脱外国的试验设备，但相对于以前常年依赖进口设备已有所改善。据资料显示，截至2010年，我国从事试验设备生产、销售等相关企业已增加到7154家。从我国的试验设备行业上看，在功能和精度及技术上还处于劣势地位，主要差距表现在可靠性差，虽然功能上和国外的设备水平相近，但是一些关键技术，如精密加工、焊接技术等方面存在严重不足。另外在智能化、高新技术方面，我国的环境试验设备也存在很大的差距，如低功耗、现场总线、实时监控等基础薄弱。

随着科学技术的发展，我国近几年环境设备的发展也有了很大的进步，从单一的环境试验装置逐渐发展为综合环境试验装置，逐步克服只应用单一环境因素而不能很好地模拟实际工作情况这一缺点，如高低温交变试验箱、高低温振动综合试验等设备的出现。但是这些试验设备大都体积较小，用于较小的试验品，对于较大体积的试验品需要定制相应大小的试验设备。表7-3是国内厂家生产的几款温湿度环境箱的对比。

**表7-3 国内温湿度环境箱的参数对比**

| 型号 | 尺寸/$m^3$ | 温控范围/℃ | 温度偏差/℃ | 湿控范围/%RH | 湿度偏差/%RH |
|---|---|---|---|---|---|
| XB-OTS-800W-T | 1000×1000×800 | −20～+150 | ±2 | 20～98 | ±5 |
| GP/GDJS225 | 500×600×750 | −20～+150 | ±1 | 30～98 | ±3 |
| GD(J)S-500 | 700×800×900 | −40～+150 | ±0.5 | 30～98 | ±3 |
| STH1070 | 1000×1000×1000 | −40～+150 | ±2 | 25～98 | ±3 |

## 7.7.3 环境试验设备总体方案

**(1) 环境试验设备的构成**

为了使试验台实现对温度、湿度、风量的环境模拟，试验台拟定由如下几个部分组成，即试验箱、制冷系统、加热系统、湿度系统和空气循环系统，其基本逻辑框架如图7-40所示。

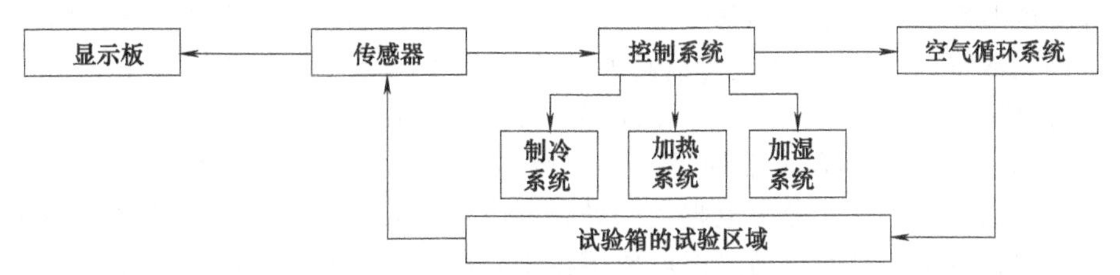


图7-40 温湿度环境试验平台的组成系统

由于试验的温度和湿度范围跨度大，直热式和单一加湿的方式不能满足试验台的参数要求。因此试验台将通过试验箱、制冷系统、加热系统、湿度系统、风道测量段以及连接风道，串联连接组成一个闭式循环系统。空气循环系统中的风机为整个试验台提供循环风，循环风经过风道测量段的测量获取试验中介质的流量大小，然后经过制冷、加热、加湿系统的工作进入到试验箱中，不断往复循环，直到温度、湿度、风量到达试验的要求，其方案示意如图 7-41 所示。

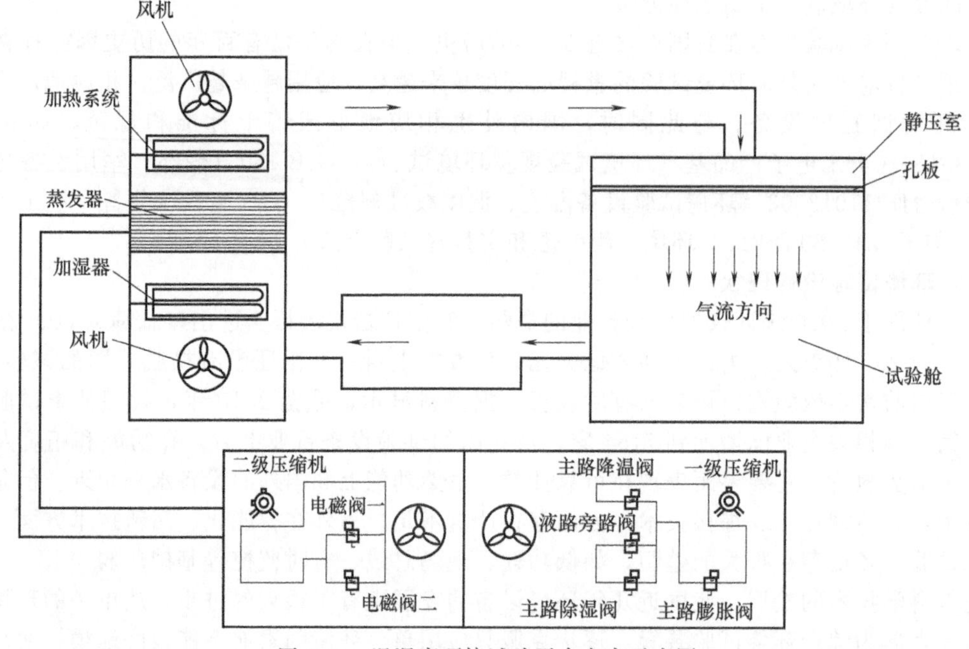


图 7-41　温湿度环境试验平台方案示意图

**(2) 主要组成系统分析**

① 试验箱　为试验件提供一个密闭的均温均湿空间，内部设计有用于稳流的进风孔板，箱壁由特殊的保温材质构成，箱体内设置有多点温度及湿度传感器，其结构设计的关键在于形成均匀温湿度场的气流组织。气流组织设计的好坏，直接决定试验箱指标能否达到标准，所以环境箱的气流组织将成为研究的核心部分。

② 制冷系统　主要由压缩机、冷凝器、蒸发器、制冷剂、制冷剂循环管路等组成。利用制冷剂在相变过程中的吸热和放热原理，通过蒸发器与所需被冷却空气介质进行换热，达到制冷的目的。一般来说，制冷方式常采用蒸汽压缩式制冷，根据蒸发器工作温度（蒸发温度）范围以及制冷速率的不同，按效率从低到高，制冷形式主要分为单级制冷、双级制冷和复叠式制冷。由于这里环境试验箱设计低温工作区间为室温至－45℃，温度变化率≥7K/h，而不大于3K/min，因此采用复叠式制冷形式。复叠式制冷通常由两个单独的制冷系统组成，分别称为高温部分和低温部分。高温部分使用中温制冷剂，低温部分使用低温制冷剂。高温部分系统中制冷剂的蒸发是用来使低温部分系统中制冷剂冷凝，用一个冷凝蒸发器将两部分联系起来，它既是高温部分的蒸发器，又是低温部分的冷凝器。低温部分的制冷剂在蒸发器内向被冷却对象吸取热量（即制冷量），并将此热量传给高温部分制冷剂，然后再将高温部分制冷剂输送到冷凝器，通过外部冷却介质（水或空气）将高温部分制冷剂降温。

③ 加热系统　利用电阻丝发热原理，对流经高温电阻丝的空气介质进行加热。它相对制冷系统而言比较简单，主体部分为电阻丝。如果要求升温速率较大，则加热丝功率也比较大：加热系统的加热量可由控制系统通过温度传感器采集出口段实时温度后计算温度偏差值，通过闭环反馈原理来不断调节。

④ 湿度系统　分为加湿和除湿两个部分。加湿方式采用蒸汽加湿法，即将液体水加热产生常压水蒸气，再由循环风直接带入试验箱空间加湿。这种加湿方式加湿能力强、速度快，加

湿控制灵敏，特别在降温时容易实现强制加湿。除湿有两种方式：冷却除湿和干燥器除湿。冷却除湿是将空气冷却到露点温度以下，使大于饱和含湿量的水汽凝结析出，这样就能降低湿度。干燥器除湿是利用气泵将试验箱内的空气抽出并送入干燥器进行干燥，干燥完后又送入试验箱内，如此反复循环进行除湿。由于后者需要设计独立的空气循环系统，并且可能会对试验平台主循环系统产生一定的影响，因此本研究利用试验平台配套的制冷系统采用冷却除湿的方法。

⑤ 空气循环系统 一般由风机、驱动电机、节流及稳流装置等构成。工作过程中，强迫密闭空间内空气平稳、均匀地不断循环，以达到均温均湿的目的。驱动电机采用变频调速电机，以满足不同温度变化率对风量的需求。

## 7.7.4 试验台整机结构设计

根据上述环境试验平台的设计方案可知，试验台是通过试验箱、制冷系统、加热系统、湿度系统、风道测量段以及连接风道，串联连接组成的一个闭式循环系统。风机提供的一定流量的风在循环系统中经各功能部件的工作，达到高低温及湿度的环境条件，设计试验台结构正视图及俯视图如图 7-42 所示。

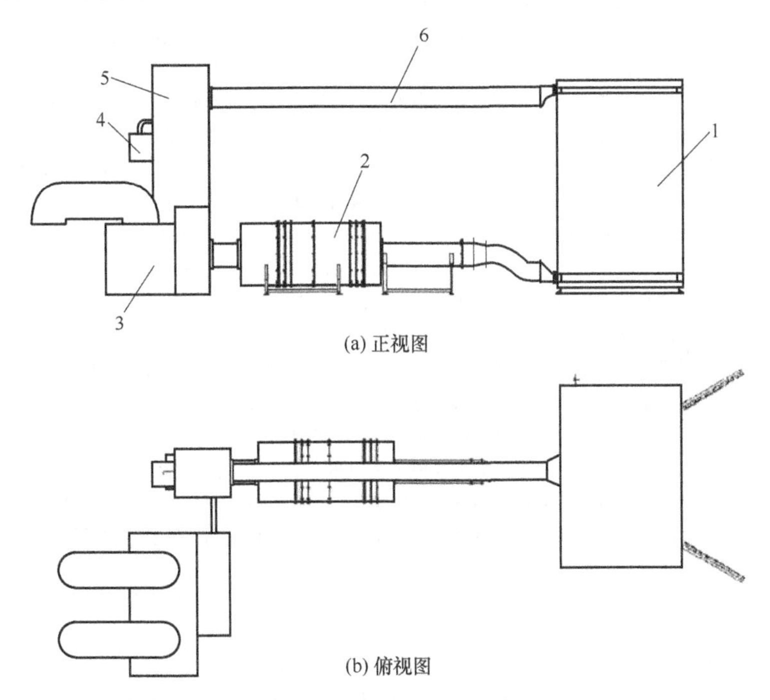


图 7-42 试验台结构示意

1—环境试验箱体；2—风量测量段；3—压缩机组；4—补水装置；5—柜体；6—风道

试验台主要由环境试验箱、风量测量段、压缩机组、补水装置、柜体、风道组成，通过风道的连接构成一封闭的循环系统。安装在柜体内的风机、加热器．蒸发器等部件以及压缩机组为试验台提供高低温、湿度、不同风量的环境；循环风通过风量测量段中内设的喷嘴，利用压差法测量试验中风量的大小，然后空气介质进入环境试验箱中对产品进行试验。当系统采用蒸汽加湿法对试验箱体进行加湿时，盛水槽中的水将不断减少，若水低于某一液面时通过补水装置自动补水，保证系统正常运行。

环境试验箱是其中最核心的部分，其结构设计的好坏直接决定工作区域能否形成良好的气流组织，进而影响试验箱的控制精度及均匀性。

# 参考文献


[1] 湛丛昌，陈新元等．液压元件性能测试技术与试验方法［M］．北京：冶金工业出版社，2014.

[2] 黄志坚，王起新．挖掘与铲土运输机械液压故障案例分析［M］．北京：机械工业出版社，2013.

[3] 章宏义．基于虚拟仪器的泵-马达综合试验台CAT系统研究与开发［M］．广州：广东工业大学，2012.

[4] 李青松，吴勇，汪忠士等．应用PLC实现大型液压实验平台网络监控［J］．机电工程，2004（6），23-26.

[5] 叶敏，易小刚．蒲东亮等．液压泵效率与排量特性试验研究［J］．中国工程机械学报，2013（2），157-161.

[6] 李平，李帮，刘胜．航空液压泵气蚀理论分析与试验验证［J］．航空维修与工程，2016（1），43-44.

[7] 马纪明，金智，卢岳良等．基于虚拟样机的航空液压泵寿命试验方法［J］．液压与气动，2016（3），7-13.

[8] 闻德生，商旭东，顾攀等．双定子摆动液压马达泄漏与容积效率分析及密封改进［J］．农业工程学报，2017（12），74-81.

[9] 汤何胜，闻耀保，杜广杰．带螺纹插装式溢流阀的液压马达特性及试验研究［J］．中南大学学报（自然科学版），2014（1），77-83.

[10] 吕永福，金侠杰，张平平等．电液换向阀出厂试验研究［J］．机械制造，2015（3），59-62.

[11] 陈轶辉，赵树忠，孟宪举等．比例溢流阀特性测试与分析系统的设计［J］．机床与液压，2012（10），59-62.

[12] 谢鲲，杨成东．电液比例阀综合性能试验台的研制［J］．机床与液压，2017（22），172-175.

[13] 杨林，李笑，李传军．基于PLC的液压多路阀试验台设计［J］．机床与液压，2014（4），75-78.

[14] 周连佺，陈思瑶，包磊．起重机液压多路换向阀试验台的研制［J］．机床与液压，2014（14），79-82，85.

[15] 朱海燕，曹文琴，向毅．铝合金液压阀岛溢流阀静动双态特性的测试［J］．现代制造工程，2014（4），118-121.

[16] 唐治，陈慧岩．自动变速器液压系统动态响应特性试验研究［J］．液压与气动，2015（8），44-46.

[17] 单俊峰，罗占涛，柳华．液压阀泄漏量的测试方法研究［J］．液压气动与密封，2017（1），31-33.

[18] 侯小华，林荣珍，王起新等．多路阀试验台液压系统的改进［J］．工程机械与维修，2013（10），206-207.

[19] 陈东宁，徐海涛，姚成玉．大缸径长行程液压缸试验台设计及工程实践［J］．机床与液压，2014（3），79-85.

[20] 胡悦，胡军科，吴志鹏等．具有功率回收功能的液压缸试验设计及研究［J］．现代制造工程，2017（3），130-134.

[21] 董玉祥．基于VI的板带轧机电液伺服性能CAT系统研究开发［J］．计算机测量与控制，2010（18），2076-2079.

[22] 孙春双．液压多路阀测试系统设计与关键技术研究［M］．杭州：浙江大学，2014.

[23] 雷双江．多型号液压加载系统的设计［J］．机床与液压，2017（10），105-108.

[24] 麦云飞．工程机械动力总成试验台设计［J］．中国工程机械学报，2017（1），52-56.

[25] 彭利坤，徐鑫，邢继峰等．数字液压减摇鳍半实物仿真系统设计［J］．舰船科学技术，2010（11），30-33.

[26] 傅德彬．液压系统半实物仿真平台设计［J］．系统仿真学报，2007（15），3422-3424.

[27] 常真卫，彭秀英．液压柱塞泵加速寿命试验方法浅谈［J］．企业技术开发，2013（18），120-121.

[28] 马纪明，阮凌燕，付永领等．航空液压泵典型失效模式及加速方法［J］．液压与气动，2015（7），1-6.

[29] 陈国安，范天锦，曹斌祥．一种液压泵功率回收试验台设计［J］．流体传动及控制，2013（3），30-33.

[30] 潘超，缪正成，邢科礼．一种液压泵马达测控实验台功率回收率的分析［J］．测量与测试技术，2016（7），43-44.

[31] 白继平，阮建．电液谐振疲劳试验新方法［J］．机械工程学报，2015（2），161-168.

[32] 潘娜，聂松林，张小军等．纯水液压电磁溢流阀的设计及试验研究［J］．机械科学与技术，2013（10），1412-1416.

[33] 董荣宝，谢吉明．电液步进缸测试方法的探讨［J］．液压与气动，2018（6），73-75.

[34] 赵静一，姚成玉．液压系统的可靠性研究进展［J］．液压气动与密封，2006（03），50-52.

[35] 付永领，汪明霞．航空泵加速寿命试验台功率回收率的分析［J］．北京航空航天大学学报，2010（05），505-508.

[36] Leif S. Drablos. Testing of danfoss app 1.0-2.0 with app pumps as water hydraulic motors for energy recovery［J］. Desalination，2005，183（1）：41-54.

[37] 郭锐，石玉，赵静一，等．液压泵可靠性短时试验方法研究［J］，农业机械学报，2016，47（3）：405-412.

[38] 张春辉，赵静一，荣晓瑜，郭锐，张明星．并行式可靠性试验台节能研究［J］．液压与气动，2015，0（04）：83-87.

[39] 朱明，赵静一，王启明，威力旺，张毅，张春晖．FAST液压促动器关键元件并行节能型加速寿命试验台的研制［J］．液压与气动，2015，0（05）：9-13.

[40] GUO Rui，ZHANG Rongbing，ZHAO Jingyi，ZHANG Zhenmiao. Reliability evaluation of bladder accumulator with no failure data［J］. High Technology Letters，2018，24（03）：322-329.

[41] 郭锐，赵之谦，贾鑫龙，赵静一，张生．基于ANFIS的外啮合齿轮泵寿命预测研究［J］．仪器仪表学报，2020，41（01）：223-232.

[42] 郭锐，张荣兵，赵静一，汪晋锋．单失效数据情形下蓄能器可靠性评估［J］．中国机械工程，2018，29（16）：1891-1899.

[43] 杨尚尚，赵静一，刘杰，郭言，赵伟哲，李文雷．电功率回收液压马达试验台功率回收效率研究 [J]. 液压与气动，2019 (05)：30-37.
[44] 吴平，赵静一，郭锐，朱明，王启明．液压元件并行节能型可靠性试验方法研究 [J]. 冶金设备，2017 (03)：9-13.
[45] 姚成玉，赵静一，杨成刚．液压气动系统疑难故障分析与处理 [M]. 北京：化学工业出版社，2010.
[46] 丁裕国，江志红．极端气候研究方法导论 诊断及模拟与预测 [M]. 北京：气象出版社，2009.
[47] 周修源，江鲁．环境试验技术与设备发展概述 [J]. 科学仪器与装置，2008，(6)：88-92.
[48] 盛选禹，雒建斌，温诗铸．相对湿度对几种摩擦副静摩擦系数的影响 [J]. 摩擦学报．2001，21 (1)：42-46.
[49] 蔡健平，汤智慧，张晓云等．CET-2000 综合环境试验机及其应用前景 [J]. 腐蚀科学与防护技术，2004，16 (6)：411-412.
[50] 杨景顺．多功能高温金属磨损腐蚀试验机的研制 [D]. 天津：天津大学，2005.
[51] 肖飚人工环境试验室空气流场与温度场的研究 [D]. 南京：南京工业大学，2006.
[52] 张宇高精度恒温箱温度控制理论研究与系统设计 [D]. 合肥：合肥工业大学，2005.
[53] 芦丹，金家楣，赵淳生．超声电机湿热环境试验研究 [J]. 压电与声光，2011，33 (6)：411-412.
[54] 宋亚峰．基于组态与 OPC 的高低温环境试验集中监控方法研究与应用 [J]. 北京：中国科学院研究生院，2011.
[55] Buriesci L G，Cook E I，Hackett J P，et al. Flight electrorics for vibration cancellation incryogenic refrigerators：performance and environmental testing results [J]. Proceedings of SPIE，1996，2814：154-165.
[56] 苏少燕．船舶电子设备防腐涂层体系自然环境与实验室试验结果对比研究 [D]. 广州：华南理工大学，2010.
[57] 徐冠华．动力学综合环境试验环境若干理论及技术问题的研究 [D]. 杭州：浙江大学，2014.